建设工程造价工程师一本通系列手册

市政工程造价工程师一本通

(第2版)

巩 玲 主编

中国建材工业出版社

图书在版编目(CIP)数据

市政工程造价工程师一本通/巩玲主编.—2版
.—北京:中国建材工业出版社,2014.12
(建设工程造价工程师一本通系列手册)
ISBN 978-7-5160-0992-5

Ⅰ.①市… Ⅱ.①巩… Ⅲ.①市政工程-工程造价
Ⅳ.①TU723.3

中国版本图书馆 CIP 数据核字(2014)第 239473 号

市政工程造价工程师一本通(第2版)
巩 玲 主编

出版发行:中国建材工业出版社
地　　址:北京市海淀区三里河路1号
邮　　编:100044
经　　销:全国各地新华书店
印　　刷:北京紫瑞利印刷有限公司
开　　本:787mm×1092mm　1/16
印　　张:25
字　　数:672千字
版　　次:2014年12月第2版
印　　次:2014年12月第1次
定　　价:62.00元

本社网址:www.jccbs.com.cn　　微信公众号:zgjcgycbs
本书如出现印装质量问题,由我社营销部负责调换。电话:(010)88386906
对本书内容有任何疑问及建议,请与本书责编联系。邮箱:dayi51@sina.com

内容提要

本书第 2 版以《建设工程工程量清单计价规范》（GB 50500—2013）、《市政工程工程量计算规范》（GB 50857—2013）和《全国统一市政工程预算定额》为依据进行编写，详细阐述了市政工程造价工程师的工作要求及市政工程造价编制与管理的基础理论和方法。本书主要内容包括市政工程造价基础知识、市政工程造价常用公式与资料、建设项目决策阶段工程造价控制、建设项目设计阶段工程造价控制、建设项目招标投标管理、建设项目施工阶段工程造价控制、市政工程定额体系与工程量计算、市政工程工程量清单与计价、市政工程计量与计价、市政工程措施项目计量与计价等。

本书具有较强的实用性、适用性和可操作性，既可供市政工程造价工程师工作时参考使用，也可供高等院校相关专业师生学习时参考。

市政工程造价工程师一本通

编写组

主　编：巩　玲
副主编：王端杰　张冬燕
编　委：方水林　王　燕　卢晓雪　崔奉伟
　　　　郤建荣　韩　轩　徐晓珍　高航海
　　　　陈有杰　张家驹　畅艳惠　蒋林君
　　　　梁帅婷　何晓卫　代洪卫　宋延涛
　　　　李　璐　杨东方

第 2 版前言

造价工程师是既懂工程技术又懂工程经济和管理，并具有实践经验，为建设项目提供全过程造价确定、控制和管理，使工程技术与经济管理密切结合，达到人力、物力和建设资金能最有效地利用，使既定的工程造价限额得到控制，并取得最大投资效益的人员。造价工程师的执业范围包括：建设项目投资估算的编制、审核及项目经济评价，工程概（预、结）算和工程招标控制价、投标报价的编制与审核，工程变更及合同价款的调整和索赔费用的计算，建设项目各阶段的工程造价控制，工程经济纠纷的鉴定等。造价工程师的工作始终贯穿于项目的全过程。从项目立项到竣工投产，造价工程师是建设项目造价工作的重要组织者和负责人，具有工程计量审核权、支付工程进度款审核权和工程造价审批权，对维护业主和承包商利益，有着不可替代的地位和作用。在项目投资多元化、提倡建设项目全过程造价管理的今天，造价工程师的作用和地位日趋重要。

随着建设市场的发展，住房和城乡建设部先后在 2008 年和 2012 年对清单计价规范进行了修订。现行的《建设工程工程量清单计价规范》(GB 50500—2013) 是在认真总结我国推行工程量清单计价实践经验的基础上，通过广泛调研、反复讨论修订而成，最终以住房城乡和建设部第 1567 号公告发布，自 2013 年 7 月 1 日开始实施。与《建设工程工程量清单计价规范》(GB 50500—2013) 配套实施的还包括《房屋建筑与装饰工程工程量计算规范》（GB 50854—2013)、《仿古建筑工程工程量计算规范》(GB 50855—2013)、《通用安装工程工程量计算规范》(GB 50856—2013) 等 9 本工程计量规范。

2013 版清单计价规范及工程计量规范的颁布实施，不仅对广大建设工程造价工程师的工作提出了更高的要求，也促使编者对《建设工程造价工程师一本通系列丛书》进行了必要的修订。本书的修订以《建设工程工程量清单计价规范》(GB 50500—2013) 及《市政工程工程量计算规范》(GB 50857—2013) 为依据进行，修订时主要对书中不符合当前市政工程造价工作发展需要及涉及清单计价的内容进行了重新梳理与修改，从而使广大市政工程造价工作者能更好地理解 2013 版清单计价规范和市政工程工程量计算规范的内容。

本次修订主要做了以下工作：

(1) 以本书原有体例为框架，结合《建设工程工程量清单计价规范》

(GB 50500—2013)，对清单计价体系方面的内容进行了调整、修改与补充，重点补充了工程合同签订、工程计量与价款支付、合同价款调整、索赔和竣工结算等内容，从而使结构体系更加完整。

（2）根据《建设工程工程量清单计价规范》（GB 50500—2013）对工程量清单与工程量清单计价表格的样式进行了修订。为强化图书的实用性，本次修订时还依据《市政工程工程量计算规范》（GB 50857—2013）中有关清单项目设置、清单项目特征描述及工程量计算规则等方面的规定，结合最新工程计价表格，对书中的市政工程计价实例进行了修改。

（3）修订后的图书内容更加翔实、结构体例更加清晰，在理论与实例相结合的基础上，注重应用理解，从而能更大限度地满足造价工程师实际工作的需要，增加了图书的适用性和使用范围，提高了使用效果。

本书修订过程中参阅了大量相关书籍，并得到了有关单位与专家学者的大力支持与指导，在此表示衷心的感谢。限于编者的学识及专业水平和实践经验，丛书中错误与不当之处，敬请广大读者批评指正。

第1版前言

工程建设的核心工作是对工程项目实施造价、质量、进度三方面的控制，是工程项目在保证质量和满足进度要求的前提下，实现实际造价不超过计划造价。造价管理工作的好坏直接影响到工程的工期和质量，而造价管理的方法是否合理，更会直接影响到整个项目的预期效果，这就需要一个既懂工程技术又懂经济、管理和法律，又具有丰富的实践经验、有着良好职业道德素质的复合型人才——造价工程师来进行工程项目造价管理工作。造价工程师的工作始终贯穿于项目的全过程，它涵盖了从立项、规划、设计、招投标、施工及使用等各个阶段的全方位、全过程的造价计价管理。

造价工程师的工作内容涉及面广、综合性强，需要集专业性、知识性、法律法规、政策性于一身，还要不断学习，更新观念、与时俱进，不断提高自身的综合素质。而且随着我国建设市场的快速发展，招标投标制、合同制的逐步推行，工程造价管理改革的日渐加深，工程造价管理制度的日益完善，市场竞争的日趋激烈，也需要造价工程师在工程建设中发挥更大的作用。为帮助广大工程造价工程师更好地做好工程造价控制与管理工作，我们组织工程造价领域的相关专家学者编写了《建设工程造价工程师一本通系列手册》。

本套丛书集全面与实务于一体，具有很强的针对性和实用性；主要包括以下分册：

1. 建筑工程造价工程师一本通
2. 安装工程造价工程师一本通
3. 市政工程造价工程师一本通
4. 公路工程造价工程师一本通
5. 装饰装修工程造价工程师一本通
6. 水利水电工程造价工程师一本通

与市场上同类图书比较，本套图书具有以下特色：

（1）丛书内容全面、充实、实用，其将建设工程各专业造价工程师应了解、掌握及应用的专业知识，融会于各分册图书之中，有条理、有重点、有指导性地进行介绍、讲解与引导，使读者由浅入深地熟悉、掌握相关专业知识，从而提高个人素质，提升业务水平。

（2）丛书以"易学、易懂、易掌握"为编写指导思想，书中文字通俗易懂，图表形式灵活多样，对文字说明起到了直观、易学的辅助作用。丛书中还列举了大量的造价编制实例，以帮助读者轻松掌握工程造价编制的方法。

（3）丛书依据最新国家标准《建设工程工程量清单计价规范》(GB 50500—2008) 及建设工程各专业概预算定额进行编写，具有一定的科学性、先进性、规范性，对指导各专业造价工程师规范、科学地开展本专业造价工作具有很好的帮助作用，也能达到宣传、推广工程量清单计价，规范建设市场造价管理的目的。

（4）丛书结构清晰、讲解细致、版式新颖，以定额计价与清单计价相互对照的形式，分别阐述了两种计价方法的规则与特点，有助于读者将两种计价方法相互联系、相互区别，有助于读者在实际工作中具体掌握与应用。

限于编者的专业水平和实践经验，虽经推敲核证，但丛书中仍难免有疏漏或不妥之处，恳请广大读者及业内专家批评指正。

目 录

第一章 市政工程造价基础知识 (1)

第一节 工程造价概述 (1)
一、工程造价的概念与特性 (1)
二、工程造价的计价特征 (2)

第二节 建筑安装工程费用项目组成 (2)
一、按照费用构成要素划分 (2)
二、按照工程造价形成划分 (5)

第三节 建筑安装工程费用参考计算方法 (7)
一、各费用构成要素参考计算方法 (7)
二、建筑安装工程计价参考公式 (9)
三、建筑安装工程计价程序 (10)

第四节 造价工程师执业要求 (13)
一、造价工程师的素质与能力要求 (13)
二、造价工程师的工作内容 (13)
三、我国造价工程师注册考试制度 (14)

第二章 市政工程造价常用公式与资料 (16)

第一节 实体项目工程量计算常用公式 (16)
一、常用数学基本公式 (16)
二、常用面积、体积和表面积计算公式 (20)
三、常用几何图形截面积计算公式 (27)

第二节 实体项目工程量计算常用资料 (30)
一、常用符号 (30)
二、常用代号 (36)
三、我国法定计量单位与非法定计量单位 (39)
四、常用材料基本性质、名称及符号 (43)
五、常用钢材横断面形状及标注方法 (45)
六、常用钢材截面积与理论质量 (47)
七、单位质量钢材展开面积 (48)

第三章 建设项目决策阶段工程造价控制 (50)

第一节 工程造价管理概述 (50)

一、工程造价管理的含义 (50)
二、工程造价管理基本内容 (50)

第二节 建设工程项目可行性研究 (52)
一、可行性研究的概念 (52)
二、可行性研究的阶段与内容 (52)
三、可行性研究的依据及工作步骤 (54)
四、可行性研究报告的评估 (55)
五、可行性研究报告的审批 (55)

第三节 建设项目投资估算 (56)
一、建设项目投资估算概述 (56)
二、投资估算编制依据 (56)
三、投资估算的费用构成 (57)
四、投资估算编制办法 (58)

第四节 建设项目财务评价 (61)
一、财务评价概述 (61)
二、基础财务报表编制 (62)
三、财务评价指标体系与方法 (68)

第五节 不确定性分析 (74)
一、盈亏平衡分析 (74)
二、敏感性分析 (75)
三、概率分析 (77)

第四章 建设项目设计阶段工程造价控制 (78)

第一节 工程设计概述 (78)
一、工程设计 (78)
二、设计阶段影响工程造价的因素 (78)
三、设计阶段工程造价控制程序 (80)

第二节 设计方案的优选 (81)
一、设计方案评价 (81)
二、设计招标与投标 (84)
三、设计方案竞选 (85)
四、设计阶段技术经济指标体系 (85)

第三节 设计概算编制与审查 (87)
一、设计概算的概念与内容 (87)
二、设计概算的作用 (88)
三、设计概算文件组成 (88)

四、设计概算编制方法 ································· (89)
　　五、设计概算审查 ····································· (94)
 第四节　施工图预算编制与审查 ···························· (97)
　　一、建设工程施工图预算概述 ··························· (97)
　　二、建设项目施工图预算编制方法 ······················· (98)
　　三、建设项目施工图预算审查 ·························· (100)

第五章　建设项目招标投标管理 ······························ (103)

 第一节　建设项目招标投标概述 ··························· (103)
　　一、建设项目招标投标的概念与性质 ···················· (103)
　　二、建设项目招标的条件、范围、种类与方式 ············ (103)
　　三、建设项目招标投标的原则与意义 ···················· (108)
　　四、建设项目招标与投标 ······························ (109)
 第二节　招标控制价编制 ································· (120)
　　一、一般规定 ·· (120)
　　二、招标控制价编制要求 ······························ (120)
　　三、投诉与处理 ······································ (121)
 第三节　投标报价编制 ··································· (122)
　　一、一般规定 ·· (122)
　　二、投标报价编制与复核 ······························ (123)
 第四节　竣工结算文件编制与工程造价鉴定 ················· (124)
　　一、竣工结算文件编制 ································ (124)
　　二、工程造价鉴定 ···································· (127)

第六章　建设项目施工阶段工程造价控制 ······················ (129)

 第一节　施工阶段工程造价管理概述 ······················· (129)
　　一、施工阶段工程造价管理基本原理 ···················· (129)
　　二、施工阶段工程造价管理工作流程 ···················· (129)
　　三、施工阶段工程造价管理内容 ························ (129)
　　四、施工阶段工程造价控制措施 ························ (129)
 第二节　合同价款约定 ··································· (131)
　　一、一般规定 ·· (131)
　　二、合同价款约定内容 ································ (132)
 第三节　工程计量与合同价款调整 ························· (132)
　　一、工程计量 ·· (132)
　　二、合同价款调整 ···································· (134)

第四节　工程索赔与现场签证 …………………………………………………… (142)
　一、工程索赔概念与特征 …………………………………………………… (142)
　二、索赔作用 ………………………………………………………………… (142)
　三、工程索赔分类 …………………………………………………………… (143)
　四、工程索赔处理 …………………………………………………………… (144)
　五、工程索赔证据 …………………………………………………………… (145)
　六、工程索赔计算 …………………………………………………………… (146)
　七、索赔报告 ………………………………………………………………… (148)
　八、反索赔 …………………………………………………………………… (150)
　九、现场签证 ………………………………………………………………… (154)
第五节　合同价款支付 …………………………………………………………… (155)
　一、合同价款期中支付 ……………………………………………………… (155)
　二、竣工结算价款支付 ……………………………………………………… (158)
　三、合同解除价款结算与支付 ……………………………………………… (159)
第六节　合同价款争议的解决 …………………………………………………… (160)
　一、监理或造价工程师暂定 ………………………………………………… (160)
　二、管理机构的解释和认定 ………………………………………………… (161)
　三、协商和解 ………………………………………………………………… (161)
　四、调解 ……………………………………………………………………… (161)
　五、仲裁、诉讼 ……………………………………………………………… (162)
第七节　工程计价资料与档案 …………………………………………………… (162)
　一、工程计价资料 …………………………………………………………… (162)
　二、计价档案 ………………………………………………………………… (163)
第八节　投资偏差 ………………………………………………………………… (163)
　一、投资偏差形成 …………………………………………………………… (163)
　二、投资偏差分析方法 ……………………………………………………… (164)
　三、偏差原因分析 …………………………………………………………… (167)
　四、纠偏 ……………………………………………………………………… (168)

第七章　市政工程定额体系与工程量计算 …………………………………… (169)

第一节　工程定额概述 …………………………………………………………… (169)
　一、工程定额的概念 ………………………………………………………… (169)
　二、工程定额的性质 ………………………………………………………… (169)
　三、工程定额的分类 ………………………………………………………… (169)
　四、工程定额计价程序 ……………………………………………………… (170)
第二节　市政工程定额编制 ……………………………………………………… (170)

一、消耗定额 …………………………………………………………………… (170)
　　二、预算定额编制 ……………………………………………………………… (179)
　　三、预算定额手册应用 ………………………………………………………… (182)
　第三节　通用项目定额工程量计算 ………………………………………………… (183)
　　一、定额工程量计算说明 ……………………………………………………… (183)
　　二、定额工程量计算方法 ……………………………………………………… (188)
　　三、全国统一定额编制说明 …………………………………………………… (193)
　第四节　道路工程定额工程量计算 ………………………………………………… (195)
　　一、定额工程量计算说明 ……………………………………………………… (195)
　　二、定额工程量计算方法 ……………………………………………………… (197)
　　三、全国统一定额编制说明 …………………………………………………… (198)
　第五节　桥涵护岸工程定额工程量计算 …………………………………………… (201)
　　一、定额工程量计算说明 ……………………………………………………… (201)
　　二、定额工程量计算方法 ……………………………………………………… (206)
　　三、全国统一定额编制说明 …………………………………………………… (209)
　第六节　隧道工程定额工程量计算 ………………………………………………… (214)
　　一、定额工程量计算说明 ……………………………………………………… (214)
　　二、定额工程量计算方法 ……………………………………………………… (221)
　　三、全国统一定额编制说明 …………………………………………………… (222)
　第七节　给排水工程定额工程量计算 ……………………………………………… (234)
　　一、定额工程量计算说明 ……………………………………………………… (234)
　　二、定额工程量计算方法 ……………………………………………………… (237)
　　三、全国统一定额编制说明 …………………………………………………… (237)
　第八节　排水工程定额工程量计算 ………………………………………………… (238)
　　一、定额工程量计算说明 ……………………………………………………… (238)
　　二、定额工程量计算方法 ……………………………………………………… (246)
　　三、全国统一定额编制说明 …………………………………………………… (249)
　第九节　燃气与集中供热工程定额工程量计算 …………………………………… (249)
　　一、定额工程量计算说明 ……………………………………………………… (249)
　　二、定额工程量计算方法 ……………………………………………………… (252)
　　三、全国统一定额编制说明 …………………………………………………… (252)
　第十节　路灯工程定额工程量计算 ………………………………………………… (253)
　　一、定额工程量计算说明 ……………………………………………………… (253)
　　二、定额工程量计算方法 ……………………………………………………… (256)
　　三、全国统一定额编制说明 …………………………………………………… (258)

第八章　市政工程工程量清单与计价 (260)

第一节　工程量清单编制 (260)
一、工程量清单概述 (260)
二、工程量清单编制依据 (261)
三、分部分项工程项目清单 (261)
四、措施项目清单 (262)
五、其他项目清单 (262)
六、规费 (263)
七、税金 (264)

第二节　工程量清单计价相关规定 (264)
一、计价方式 (264)
二、发包人提供材料和机械设备 (265)
三、承包人提供材料和工程设备 (266)
四、计价风险 (266)

第九章　市政工程计量与计价 (268)

第一节　土石方工程计量与计价 (268)
一、工程计量与计价说明 (268)
二、工程量清单项目设置与工程量计算规则 (270)
三、工程量清单计量与计价编制实例 (272)

第二节　道路工程工程量清单与计价 (275)
一、工程计量与计价说明 (275)
二、工程量清单项目设置及工程量计算规则 (276)
三、工程量清单计量与计价编制实例 (284)

第三节　桥涵工程 (290)
一、工程计量与计价说明 (290)
二、工程量清单项目设置及工程量计算规则 (292)
三、工程量清单计量与计价编制实例 (301)

第四节　隧道工程工程量清单与计价 (309)
一、工程计量与计价说明 (309)
二、工程量清单项目设置及工程量计算规则 (309)
三、工程量清单计量与计价编制实例 (317)

第五节　管网工程工程量清单与计价 (322)
一、工程计量与计价说明 (322)
二、工程量清单项目设置及工程量计算规则 (322)

三、工程量清单计量与计价编制示例 ……………………………………………… (328)
第六节　水处理工程工程量清单与计价 …………………………………………… (345)
一、工程计量与计价说明 …………………………………………………………… (345)
二、工程量清单项目设置与工程量计算规则 ……………………………………… (345)
第七节　生活垃圾处理工程清单与计价 …………………………………………… (349)
一、工程计量与计价说明 …………………………………………………………… (349)
二、工程量清单项目设置及工程量计算规则 ……………………………………… (349)
第八节　路灯工程工程量清单与计价 ……………………………………………… (352)
一、工程计量与计价说明 …………………………………………………………… (352)
二、工程量清单项目设置及工程量计算规则 ……………………………………… (355)
第九节　钢筋工程工程量清单与计价 ……………………………………………… (363)
一、工程计量与计价说明 …………………………………………………………… (363)
二、工程量清单项目设置与工程量计算规则 ……………………………………… (363)
第十节　拆除工程工程量清单与计价 ……………………………………………… (364)
一、工程计量与计价说明 …………………………………………………………… (364)
二、工程量清单项目设置及工程量计算规则 ……………………………………… (365)

第十章　市政工程措施项目计量与计价 ……………………………………………… (366)

第一节　脚手架工程 ………………………………………………………………… (366)
一、脚手架工程清单项目设置及工程量计算规则 ………………………………… (366)
二、脚手架工程计价 ………………………………………………………………… (366)
第二节　混凝土模板及支架 ………………………………………………………… (367)
一、混凝土模板及支架清单项目设置及工程量计算规则 ………………………… (367)
二、混凝土模板及支架计价 ………………………………………………………… (369)
第三节　围堰 ………………………………………………………………………… (371)
一、围堰清单项目设置及工程量计算规则 ………………………………………… (371)
二、围堰的类型及计价 ……………………………………………………………… (371)
第四节　便道及便桥 ………………………………………………………………… (374)
一、便道及便桥清单项目设置及工程量计算规则 ………………………………… (374)
二、便道及便桥计价 ………………………………………………………………… (374)
第五节　洞内临时设施 ……………………………………………………………… (375)
一、洞内临时设施清单项目设置及工程量计算规则 ……………………………… (375)
二、洞内施工的通风、供水、供气、供电、照明及通信设施计价 ……………… (376)
第六节　大型机械设备进出场及安拆 ……………………………………………… (377)
一、大型机械设备进出场及安拆清单项目设置及工程量计算规则 ……………… (377)
二、大型机械设备进出场及安拆计价 ……………………………………………… (377)

第七节 施工排水、降水 …………………………………………………… (379)
　一、施工排水、降水工程清单项目设置及工程量计算规则 ………………… (379)
　二、施工排水、降水计价 ……………………………………………………… (380)
第八节 处理、监测、监控 ……………………………………………………… (381)
　一、处理、监测、监控清单项目设置及工程量计算规则 …………………… (381)
　二、处理、监测、监控清单项目相关说明 …………………………………… (381)
第九节 安全文明施工及其他措施项目 ………………………………………… (382)
　一、安全文明施工及其他措施项目清单项目设置及工程量计算规则 ……… (382)
　三、安全文明施工及其他措施项目清单项目相关说明 ……………………… (382)

参考文献 …………………………………………………………………………… (383)

第一章 市政工程造价基础知识

第一节 工程造价概述

一、工程造价的概念与特性

(一)工程造价的概念

工程造价是指进行一个工程项目的建造所需要花费的全部费用,即从工程项目确定建设意向直至建成、竣工验收为止的整个建设期间所支出的总费用,这是保证工程项目建造正常进行的必要资金,是建设项目投资中最主要的部分。

(二)工程造价的特性

1. 大额性

能够发挥投资效用的任何一项工程,不仅实物形体庞大,而且造价高昂,动辄数百万、数千万、数亿、十几亿,特大型工程项目的造价可达百亿、千亿元人民币。工程造价的大额性使其关系到各方面的重大经济利益,同时也会对宏观经济产生重大影响。

2. 个别性、差异性

任何一项工程都有特定的用途、功能、规模。这种差异性决定了工程造价的个别性差异。同时,每项工程所处地区、地段都不相同,使这一特点得到强化。

3. 动态性

任何一项工程从决策到竣工交付使用,都有一个较长的建设期间。由于不可控因素的影响,在预计工期内,存在许多影响工程造价的动态因素,如工程变更,设备材料价格,工资标准以及费率、利率、汇率等,这些因素的变化必然会影响到造价的变动。所以,工程造价在整个建设期中处于不确定状态,直至竣工决算后才能最终确定工程的实际造价。

4. 层次性

造价的层次性取决于工程的层次性。一个建设项目往往含有多个能够独立发挥设计效能的单项工程。一个单项工程又是由能够各自发挥专业效能的多个单位工程组成的。与此相适应,工程造价有三个层次:建设项目总造价、单项工程造价和单位工程造价。

5. 兼容性

在工程造价中,成本因素非常复杂。其中为获得建设工程用地支出的费用、项目可行性研究和规划设计费用、与政府一定时期政策(特别是产业政策和税收政策)相关的费用占有相当大的份额。再加上盈利的构成也较为复杂,资金成本较大。

二、工程造价的计价特征

1. 单件性

建设工程在生产上的单件性决定了在造价计算上的单件性,不能像一般工业产品那样,可以按品种、规格、质量成批生产、统一定价,而只能按照单件计价。

2. 多次性

建设工程的生产过程是一个周期长、数量大的生产消费过程。它要经过可行性研究、设计、施工、竣工验收等多个阶段,分段进行,逐步接近实际。为了适应工程建设过程中各方经济关系的建立,适应项目管理,适应工程造价控制与管理的要求,需要按照设计和建设阶段多次性计价。

3. 组合性

为确定一个建设项目的总造价,应首先计算各单位工程造价,再计算各单项工程造价(一般称为综合概预算造价),然后汇总成总造价(又称为总概预算造价)。这个计价过程充分体现了分部组合计价的特点。

4. 多样性

工程造价多次性计价的计价依据各不相同,对造价的精确度要求也不相同,这就决定了计价方法有多样性特征。计算概、预算造价的方法有单价法和实物法。计算投资估算的方法有设备系数法、生产能力指数估算法。不同的方法利弊不同,适应条件也不同,计价时要根据具体情况加以选择。

5. 复杂性

由于影响造价的因素多、计价依据复杂、种类繁多,工程造价具有复杂性。影响造价的计价依据主要可分为七类:①计算设备和工程量的依据,包括项目建议书、可行性研究报告、设计文件等;②计算人工、材料、机械等实物消耗量的依据,包括投资估算指标、概算定额、预算定额等;③计算工程单价的价格依据,包括人工单价、材料价格、材料运杂费、机械台班费等;④计算设备单价的依据,包括设备原价、设备运杂费、进口设备关税等;⑤计算措施费、间接费和工程建设其他费用的依据,主要是相关的费用定额和指标;⑥政府规定的税、费;⑦物价指数和工程造价指数。

第二节 建筑安装工程费用项目组成

一、按照费用构成要素划分

建筑安装工程费按照费用构成要素划分,由人工费、材料(包含工程设备,下同)费、施工机具使用费、企业管理费、利润、规费和税金组成。其中人工费、材料费、施工机具使用费、企业管理费和利润包含在分部分项工程费、措施项目费和其他项目费中,如图1-1所示。

1. 人工费

人工费是指按工资总额构成规定,支付给从事建筑安装工程施工的生产工人和附属生产单位工人的各项费用。内容包括:

(1)计时工资或计件工资:是指按计时工资标准和工作时间或对已做工作按计件单价支付给个人的劳动报酬。

(2)奖金:是指对超额劳动和增收节支支付给个人的劳动报酬。如节约奖、劳动竞赛奖等。

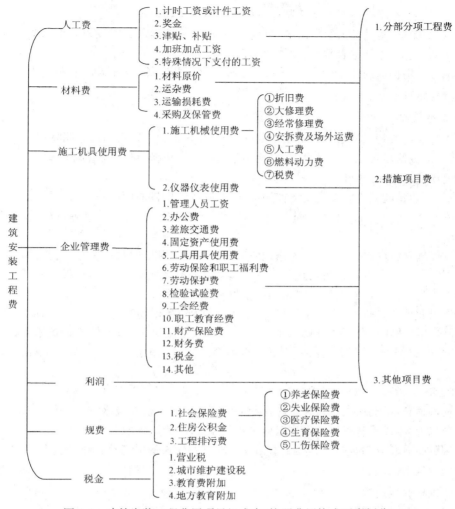

图 1-1　建筑安装工程费用项目组成表（按照费用构成要素划分）

（3）津贴补贴：是指为了补偿职工特殊或额外的劳动消耗和因其他特殊原因支付给个人的津贴，以及为了保证职工工资水平不受物价影响支付给个人的物价补贴。如流动施工津贴、特殊地区施工津贴、高温（寒）作业临时津贴、高空津贴等。

（4）加班加点工资：是指按规定支付的在法定节假日工作的加班工资和在法定日工作时间外延时工作的加点工资。

（5）特殊情况下支付的工资：是指根据国家法律、法规和政策规定，因病、工伤、产假、计划生育假、婚丧假、事假、探亲假、定期休假、停工学习、执行国家或社会义务等原因按计时工资标准或计时工资标准的一定比例支付的工资。

2. 材料费

材料费是指施工过程中耗费的原材料、辅助材料、构配件、零件、半成品或成品、工程设备的费用。内容包括：

（1）材料原价：是指材料、工程设备的出厂价格或商家供应价格。

（2）运杂费：是指材料、工程设备自来源地运至工地仓库或指定堆放地点所发生的全部费用。

（3）运输损耗费：是指材料在运输装卸过程中不可避免的损耗。

（4）采购及保管费：是指为组织采购、供应和保管材料、工程设备的过程中所需要的各项费用。包括采购费、仓储费、工地保管费、仓储损耗。

工程设备是指构成或计划构成永久工程一部分的机电设备、金属结构设备、仪器装置及其他类似的设备和装置。

3. 施工机具使用费

施工机具使用费是指施工作业所发生的施工机械、仪器仪表使用费或其租赁费。

（1）施工机械使用费：以施工机械台班耗用量乘以施工机械台班单价表示，施工机械台班单价应由下列七项费用组成。

1）折旧费：是指施工机械在规定的使用年限内，陆续收回其原值的费用。

2）大修理费：是指施工机械按规定的大修理间隔台班进行必要的大修理，以恢复其正常功能所需的费用。

3）经常修理费：是指施工机械除大修理以外的各级保养和临时故障排除所需的费用。包括为保障机械正常运转所需替换设备与随机配备工具附具的摊销和维护费用，机械运转中日常保养所需润滑与擦拭的材料费用及机械停滞期间的维护和保养费用等。

4）安拆费及场外运费：是指施工机械（大型机械除外）在现场进行安装与拆卸所需的人工、材料、机械和试运转费用以及机械辅助设施的折旧、搭设、拆除等费用；场外运费指施工机械整体或分体自停放地点运至施工现场或由一施工地点运至另一施工地点的运输、装卸、辅助材料及架线等费用。

5）人工费：是指机上司机（司炉）和其他操作人员的人工费。

6）燃料动力费：是指施工机械在运转作业中所消耗的各种燃料及水、电等。

7）税费：是指施工机械按照国家规定应缴纳的车船使用税、保险费及年检费等。

（2）仪器仪表使用费：是指工程施工所需使用的仪器仪表的摊销及维修费用。

4. 企业管理费

企业管理费是指建筑安装企业组织施工生产和经营管理所需的费用。内容包括：

（1）管理人员工资：是指按规定支付给管理人员的计时工资、奖金、津贴补贴、加班加点工资及特殊情况下支付的工资等。

（2）办公费：是指企业管理办公用的文具、纸张、账表、印刷、邮电、书报、办公软件、现场监控、会议、水电、烧水和集体取暖降温（包括现场临时宿舍取暖降温）等费用。

（3）差旅交通费：是指职工因公出差、调动工作的差旅费、住勤补助费，市内交通费和误餐补助费，职工探亲路费，劳动力招募费，职工退休、退职一次性路费，工伤人员就医路费，工地转移费以及管理部门使用的交通工具的油料、燃料等费用。

（4）固定资产使用费：是指管理和试验部门及附属生产单位使用的属于固定资产的房屋、设备、仪器等的折旧、大修、维修或租赁费。

（5）工具用具使用费：是指企业施工生产和管理使用的不属于固定资产的工具、器具、家具、交通工具和检验、试验、测绘、消防用具等的购置、维修和摊销费。

（6）劳动保险和职工福利费：是指由企业支付的职工退休金、按规定支付给离休干部的经费，集体福利费、夏季防暑降温、冬季取暖补贴、上下班交通补贴等。

（7）劳动保护费：是指企业按规定发放的劳动保护用品的支出。如工作服、手套、防暑降温饮料以及在有碍身体健康的环境中施工的保健费用等。

(8)检验试验费:是指施工企业按照有关标准规定,对建筑以及材料、构件和建筑安装物进行一般鉴定、检查所发生的费用,包括自设试验室进行试验所耗用的材料等费用。不包括新结构、新材料的试验费,对构件做破坏性试验及其他特殊要求检验试验的费用和建设单位委托检测机构进行检测的费用,对此类检测发生的费用,由建设单位在工程建设其他费用中列支。但对施工企业提供的具有合格证明的材料进行检测不合格的,该检测费用由施工企业支付。

(9)工会经费:是指企业按《工会法》规定的全部职工工资总额比例计提的工会经费。

(10)职工教育经费:是指按职工工资总额的规定比例计提,企业为职工进行专业技术和职业技能培训,专业技术人员继续教育、职工职业技能鉴定、职业资格认定以及根据需要对职工进行各类文化教育所发生的费用。

(11)财产保险费:是指施工管理用财产、车辆等的保险费用。

(12)财务费:是指企业为施工生产筹集资金或提供预付款担保、履约担保、职工工资支付担保等所发生的各种费用。

(13)税金:是指企业按规定缴纳的房产税、车船使用税、土地使用税、印花税等。

(14)其他:包括技术转让费、技术开发费、投标费、业务招待费、绿化费、广告费、公证费、法律顾问费、审计费、咨询费、保险费等。

5. 利润

利润是指施工企业完成所承包工程获得的盈利。

6. 规费

规费是指国家税法规定的应计入建筑安装工程造价内的营业税、城市维护建设税、教育费附加以及地方教育附加。

7. 税金

税金是指按国家法律、法规规定,由省级政府和省级有关权力部门规定必须缴纳或计取的费用。包括:

(1)社会保险费。

1)养老保险费:是指企业按照规定标准为职工缴纳的基本养老保险费。

2)失业保险费:是指企业按照规定标准为职工缴纳的失业保险费。

3)医疗保险费:是指企业按照规定标准为职工缴纳的基本医疗保险费。

4)生育保险费:是指企业按照规定标准为职工缴纳的生育保险费。

5)工伤保险费:是指企业按照规定标准为职工缴纳的工伤保险费。

(2)住房公积金:是指企业按规定标准为职工缴纳的住房公积金。

(3)工程排污费:是指按规定缴纳的施工现场工程排污费。

其他应列而未列入的规费,按实际发生计取。

二、按照工程造价形成划分

建筑安装工程费按照工程造价形成,由分部分项工程费、措施项目费、其他项目费、规费、税金组成,分部分项工程费、措施项目费、其他项目费包含人工费、材料费、施工机具使用费、企业管理费和利润,如图1-2所示。

1. 分部分项工程费

分部分项工程费是指各专业工程的分部分项工程应予列支的各项费用。

(1)专业工程:是指按现行国家计量规范划分的房屋建筑与装饰工程、仿古建筑工程、通用安装

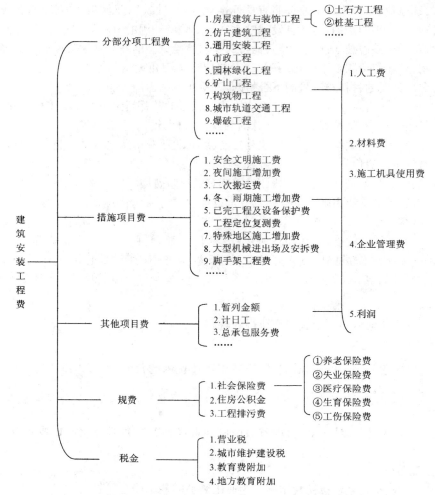

图 1-2 建筑安装工程费用项目组成表(按照工程造价形成划分)

工程、市政工程、园林绿化工程、矿山工程、构筑物工程、城市轨道交通工程、爆破工程等各类工程。

(2)分部分项工程:是指按现行国家计量规范对各专业工程划分的项目。如房屋建筑与装饰工程划分的土石方工程、地基处理与桩基工程、砌筑工程、钢筋及钢筋混凝土工程等。

各类专业工程的分部分项工程划分见现行国家或行业计量规范。

2. 措施项目费

措施项目费指为完成建设工程施工,发生于该工程施工前和施工过程中的技术、生活、安全、环境保护等方面的费用。内容包括:

(1)安全文明施工费。

1)环境保护费:是指施工现场为达到环保部门要求所需要的各项费用。

2)文明施工费:是指施工现场文明施工所需要的各项费用。

3)安全施工费:是指施工现场安全施工所需要的各项费用。

4)临时设施费:是指施工企业为进行建设工程施工所必须搭设的生活和生产用的临时建筑物、构筑物和其他临时设施费用。包括临时设施的搭设、维修、拆除、清理费或摊销费等。

(2)夜间施工增加费:是指因夜间施工所发生的夜班补助费、夜间施工降效、夜间施工照明设备摊销及照明用电等费用。

(3)二次搬运费:是指因施工场地条件限制而发生的材料、构配件、半成品等一次运输不能到达堆放地点,必须进行二次或多次搬运所发生的费用。

(4)冬、雨期施工增加费:是指在冬期或雨期施工需增加的临时设施、防滑、排除雨雪,人工及施工机械效率降低等费用。

(5)已完工程及设备保护费:是指竣工验收前,对已完工程及设备采取的必要保护措施所发生的费用。

(6)工程定位复测费:是指工程施工过程中进行全部施工测量放线和复测工作的费用。

(7)特殊地区施工增加费:是指工程在沙漠或其边缘地区、高海拔、高寒、原始森林等特殊地区施工增加的费用。

(8)大型机械设备进出场及安拆费:是指机械整体或分体自停放场地运至施工现场或由一个施工地点运至另一个施工地点,所发生的机械进出场运输及转移费用及机械在施工现场进行安装、拆卸所需的人工费、材料费、机械费、试运转费和安装所需的辅助设施的费用。

(9)脚手架工程费:是指施工需要的各种脚手架搭、拆、运输费用以及脚手架购置费的摊销(或租赁)费用。

措施项目及其包含的内容详见各类专业工程的现行国家或行业计量规范。

3. 其他项目费

(1)暂列金额:是指建设单位在工程量清单中暂定并包括在工程合同价款中的一笔款项。用于施工合同签订时尚未确定或者不可预见的所需材料、工程设备、服务的采购,施工中可能发生的工程变更、合同约定调整因素出现时的工程价款调整以及发生的索赔、现场签证确认等的费用。

(2)计日工:是指在施工过程中,施工企业完成建设单位提出的施工图纸以外的零星项目或工作所需的费用。

(3)总承包服务费:是指总承包人为配合、协调建设单位进行的专业工程发包,对建设单位自行采购的材料、工程设备等进行保管以及施工现场管理、竣工资料汇总整理等服务所需的费用。

4. 规费

同上述"一、6."定义。

5. 税金

同上述"一、7."定义。

第三节 建筑安装工程费用参考计算方法

一、各费用构成要素参考计算方法

1. 人工费

(1)公式1:

$$人工费 = \sum (工日消耗量 \times 日工资单价)$$

$$日工资单价 = \frac{生产工人平均月工资(计时计件) + 平均月(奖金 + 津贴补贴 + 特殊情况下支付的工资)}{年平均每月法定工作日}$$

注:公式1主要适用于施工企业投标报价时自主确定人工费,也是工程造价管理机构编制计价定额确定

定额人工单价或发布人工成本信息的参考依据。

(2) 公式2：

$$人工费 = \sum(工程工日消耗量 \times 日工资单价)$$

日工资单价是指施工企业平均技术熟练程度的生产工人在每工作日（国家法定工作时间内）按规定从事施工作业应得的日工资总额。

工程造价管理机构确定日工资单价应通过市场调查，根据工程项目的技术要求，参考实物工程量人工单价综合分析确定，最低日工资单价不得低于工程所在地人力资源和社会保障部门所发布的最低工资标准的：普工的1.3倍、一般技工的2倍、高级技工的3倍。

工程计价定额不可只列一个综合工日单价，应根据工程项目技术要求和工种差别适当划分多种日人工单价，确保各分部工程人工费的合理构成。

注：公式2适用于工程造价管理机构编制计价定额时确定定额人工费，是施工企业投标报价的参考依据。

2. 材料费

(1) 材料费

$$材料费 = \sum(材料消耗量 \times 材料单价)$$

材料单价 = [(材料原价 + 运杂费) × [1 + 运输损耗率(%)]] × [1 + 采购保管费率(%)]

(2) 工程设备费

$$工程设备费 = \sum(工程设备量 \times 工程设备单价)$$

工程设备单价 = (设备原价 + 运杂费) × [1 + 采购保管费率(%)]

3. 施工机具使用费

(1) 施工机械使用费。

$$施工机械使用费 = \sum(施工机械台班消耗量 \times 机械台班单价)$$

机械台班单价 = 台班折旧费 + 台班大修费 + 台班经常修理费 + 台班安拆费及场外运费 + 台班人工费 + 台班燃料动力费 + 台班车船税费

注：工程造价管理机构在确定计价定额中的施工机械使用费时，应根据《建筑施工机械台班费用计算规则》结合市场调查编制施工机械台班单价。施工企业可以参考工程造价管理机构发布的台班单价，自主确定施工机械使用费的报价，如租赁施工机械，公式为：

$$施工机械使用费 = \sum(施工机械台班消耗量 \times 机械台班租赁单价)$$

(2) 仪器仪表使用费。

$$仪器仪表使用费 = 工程使用的仪器仪表摊销费 + 维修费$$

4. 企业管理费费率

(1) 以分部分项工程费为计算基础：

$$企业管理费费率(\%) = \frac{生产工人年平均管理费}{年有效施工天数 \times 人工单价} \times 人工费占分部分项工程费比例$$

(2) 以人工费和机械费合计为计算基础：

$$企业管理费费率(\%) = \frac{生产工人年平均管理费}{年有效施工天数 \times (人工单价 + 每一工日机械使用费)} \times 100\%$$

(3) 以人工费为计算基础：

$$企业管理费费率(\%) = \frac{生产工人年平均管理费}{年有效施工天数 \times 人工单价} \times 100\%$$

注：上述公式适用于施工企业投标报价时自主确定管理费，是工程造价管理机构编制计价定额确定企业管理费的参考依据。

工程造价管理机构在确定计价定额中企业管理费时，应以定额人工费或（定额人工费＋定额机械费）作为计算基数，其费率根据历年工程造价积累的资料，辅以调查数据确定，列入分部分项工程和措施项目中。

5. 利润

（1）施工企业根据企业自身需求并结合建筑市场实际自主确定，列入报价中。

（2）工程造价管理机构在确定计价定额中利润时，应以定额人工费或（定额人工费＋定额机械费）作为计算基数，其费率根据历年工程造价积累的资料，并结合建筑市场实际确定，以单位（单项）工程测算，利润在税前建筑安装工程费的比重可按不低于5%且不高于7%的费率计算。利润应列入分部分项工程和措施项目中。

6. 规费

（1）社会保险费和住房公积金。社会保险费和住房公积金应以定额人工费为计算基础，根据工程所在地省、自治区、直辖市或行业建设主管部门规定费率计算。

$$社会保险费和住房公积金 = \sum(工程定额人工费 \times 社会保险费和住房公积金费率)$$

式中，社会保险费和住房公积金费率可以每万元发承包价的生产工人人工费和管理人员工资含量与工程所在地规定的缴纳标准综合分析取定。

（2）工程排污费。工程排污费等其他应列而未列入的规费应按工程所在地环境保护等部门规定的标准缴纳，按实计取列入。

7. 税金

税金计算公式：

$$税金 = 税前造价 \times 综合税率(\%)$$

综合税率：

（1）纳税地点在市区的企业：

$$综合税率(\%) = \frac{1}{1 - 3\% - 3\% \times 7\% - 3\% \times 3\% - 3\% \times 2\%} - 1$$

（2）纳税地点在县城、镇的企业：

$$综合税率(\%) = \frac{1}{1 - 3\% - 3\% \times 5\% - 3\% \times 3\% - 3\% \times 2\%} - 1$$

（3）纳税地点不在市区、县城、镇的企业：

$$综合税率(\%) = \frac{1}{1 - 3\% - 3\% \times 1\% - 3\% \times 3\% - 3\% \times 2\%} - 1$$

（4）实行营业税改增值税的，按纳税地点现行税率计算。

二、建筑安装工程计价参考公式

1. 分部分项工程费

$$分部分项工程费 = \sum(分部分项工程量 \times 综合单价)$$

式中，综合单价包括人工费、材料费、施工机具使用费、企业管理费和利润以及一定范围的风险费用（下同）。

2. 措施项目费

(1)国家计量规范规定应予计量的措施项目,其计算公式为:

$$措施项目费 = \sum(措施项目工程量 \times 综合单价)$$

(2)国家计量规范规定不宜计量的措施项目计算方法如下:

1)安全文明施工费:

$$安全文明施工费 = 计算基数 \times 安全文明施工费费率(\%)$$

计算基数应为定额基价(定额分部分项工程费+定额中可以计量的措施项目费)、定额人工费或(定额人工费+定额机械费),其费率由工程造价管理机构根据各专业工程的特点综合确定。

2)夜间施工增加费:

$$夜间施工增加费 = 计算基数 \times 夜间施工增加费费率(\%)$$

3)二次搬运费:

$$二次搬运费 = 计算基数 \times 二次搬运费费率(\%)$$

4)冬、雨期施工增加费:

$$冬、雨期施工增加费 = 计算基数 \times 冬、雨期施工增加费费率(\%)$$

5)已完工程及设备保护费:

$$已完工程及设备保护费 = 计算基数 \times 已完工程及设备保护费费率(\%)$$

上述2)~5)项措施项目的计费基数应为定额人工费或(定额人工费+定额机械费),其费率由工程造价管理机构根据各专业工程特点和调查资料综合分析后确定。

3. 其他项目费

(1)暂列金额由建设单位根据工程特点,按有关计价规定估算,施工过程中由建设单位掌握使用、扣除合同价款调整后如有余额,归建设单位。

(2)计日工由建设单位和施工企业按施工过程中的签证计价。

(3)总承包服务费由建设单位在招标控制价中根据总包服务范围和有关计价规定编制,施工企业投标时自主报价,施工过程中按签约合同价执行。

4. 规费和税金

建设单位和施工企业均应按照省、自治区、直辖市或行业建设主管部门发布标准计算规费和税金,不得作为竞争性费用。

5. 问题的说明

(1)各专业工程计价定额的使用周期原则上为5年。

(2)工程造价管理机构在定额使用周期内,应及时发布人工、材料、机械台班价格信息,实行工程造价动态管理,如遇国家法律、法规、规章或相关政策变化以及建筑市场物价波动较大时,应适时调整定额人工费、定额机械费以及定额基价或规费费率,使建筑安装工程费能反映建筑市场实际。

(3)建设单位在编制招标控制价时,应按照各专业工程的计量规范和计价定额以及工程造价信息编制。

(4)施工企业在使用计价定额时除不可竞争费用外,其余仅作参考,由施工企业投标时自主报价。

三、建筑安装工程计价程序

1. 建设单位工程招标控制价计价程序

建设单位工程招标控制价计价程序见表1-1。

表 1-1　　　　　　　　　　　建设单位工程招标控制价计价程序

工程名称：　　　　　　　　　　　　标段：

序号	内　容	计算方法	金　额/元
1	分部分项工程费	按计价规定计算	
1.1			
1.2			
1.3			
1.4			
1.5			
2	措施项目费	按计价规定计算	
2.1	其中:安全文明施工费	按规定标准计算	
3	其他项目费		
3.1	其中:暂列金额	按计价规定估算	
3.2	其中:专业工程暂估价	按计价规定估算	
3.3	其中:计日工	按计价规定估算	
3.4	其中:总承包服务费	按计价规定估算	
4	规费	按规定标准计算	
5	税金(扣除不列入计税范围的工程设备金额)	(1+2+3+4)×规定税率	
招标控制价合计＝1+2+3+4+5			

2. 施工企业工程投标报价计价程序

施工企业工程投标报价计价程序见表 1-2。

表 1-2　　　　　　　　　　　施工企业工程投标报价计价程序

工程名称：　　　　　　　　　　　　标段：

序号	内　容	计算方法	金　额/元
1	分部分项工程费	自主报价	
1.1			
1.2			
1.3			
1.4			
1.5			

续表

序号	内　容	计算方法	金　额/元
2	措施项目费	自主报价	
2.1	其中:安全文明施工费	按规定标准计算	
3	其他项目费		
3.1	其中:暂列金额	按招标文件提供金额计列	
3.2	其中:专业工程暂估价	按招标文件提供金额计列	
3.3	其中:计日工	自主报价	
3.4	其中:总承包服务费	自主报价	
4	规费	按规定标准计算	
5	税金(扣除不列入计税范围的工程设备金额)	(1+2+3+4)×规定税率	

投标报价合计=1+2+3+4+5

3. 竣工结算计价程序

竣工结算计价程序见表1-3。

表1-3　　　　　　　　竣工结算计价程序

工程名称:　　　　　　　　标段:

序号	汇总内容	计算方法	金　额/元
1	分部分项工程费	按合同约定计算	
1.1			
1.2			
1.3			
1.4			
1.5			
2	措施项目	按合同约定计算	
2.1	其中:安全文明施工费	按规定标准计算	
3	其他项目		
3.1	其中:专业工程结算价	按合同约定计算	
3.2	其中:计日工	按计日工签证计算	
3.3	其中:总承包服务费	按合同约定计算	
3.4	索赔与现场签证	按发承包双方确认数额计算	
4	规费	按规定标准计算	
5	税金(扣除不列入计税范围的工程设备金额)	(1+2+3+4)×规定税率	

竣工结算总价合计=1+2+3+4+5

第四节　造价工程师执业要求

造价工程师是经全国造价工程师执业资格统一考试合格,并注册取得"造价工程师注册证",从事建设工程造价活动的人员。未经注册的人员,不得以造价工程师的名义从事建设工程造价活动。凡从事工程建设活动的建设、设计、施工、工程造价咨询等单位,必须在计价、评估、审查(核)、控制等岗位配备有造价工程师执业资格的专业技术人员。

一、造价工程师的素质与能力要求

1. 造价工程师应具备的素质

(1)造价工程师在执业过程中,往往要接触许多工程项目,这些项目的工程造价高达数千万、数亿,甚至数百亿、上千亿元人民币。造价确定是否准确,造价控制是否合理,不仅关系到国力,关系到国民经济发展的速度和规模,而且关系到多方面的经济利益关系。这就要求造价工程师具有良好的思想修养和职业道德,既能维护国家利益,又能以公正的态度维护有关各方合理的经济利益,绝不能以权谋私。

(2)造价工程师要有健康的身体,以适应紧张而繁忙的工作。同时,应具有肯于钻研和积极进取的精神面貌,这就要求造价工程师应有较好的集体素质。

2. 造价工程师应具备的能力

造价工程师专业能力主要体现在以专业知识和技能为基础的工程造价管理方面上,具体应掌握和了解的知识包括相关的经济理论、项目投资管理和融资、建筑经济与企业管理、财政税收与金融实务、招投标与合同管理、工程造价管理相关法律法规和政策等。

二、造价工程师的工作内容

1. 建设前期阶段

在建设前期阶段进行建设项目的可行性研究,对拟建项目进行财务评价(微观经济评价)和国民经济评价(宏观经济评价)。

2. 设计阶段

在设计阶段,提出设计要求,用技术经济方法组织评选设计方案,协助选择勘察、设计单位,商鉴勘察、设计合同并组织实施、审察设计。

3. 施工招标阶段

在施工招标阶段,准备与发送招标文件,协助评审投标书,提出决标意见,协助建设单位与承建单位签订承包合同。

4. 施工阶段

在施工阶段,审查承建单位提出的施工组织设计、施工技术方案和施工进度计划,提出改进意见;督促检查承建单位严格执行工程承包合同,调解建设单位与承建单位之间的争议,检查工程进度和施工质量,验收分部分项工程,签署工程付款凭证,审查工程结算,提出竣工验收报告等。

三、我国造价工程师注册考试制度

1. 申请报考条件

凡中华人民共和国公民，工程造价或相关专业大学毕业，从事工程造价业务工作满四年，均可申请参加造价工程师执业资格考试。

2. 考试内容

（1）考试科目。按照我国住房和城乡建设部、人力资源和社会保障部的设想，造价工程师应该是既懂工程技术又懂经济、管理和法律，并且有实践经验和良好职业道德的复合型人才。因此，造价工程师注册考试内容主要包括：

1）工程造价管理基础理论与相关法规，如投资经济理论、经济法与合同管理、项目管理等知识；

2）工程造价计价与控制，除掌握基本概念外，主要体现全过程造价确定与控制思想，以及对工程造价管理信息系统的了解；

3）建设工程技术与计算（土建或安装），主要掌握土建专业和安装专业基本技术知识与计量方法；

4）工程造价管理案例分析，含计算或审查专业工程的工程量，编制或审查专业工程投资估算、概算、预算、招标控制价、结（决）算，投标报价评价分析，设计或施工方案技术经济分析等。

（2）考试办法。造价工程师四个科目分别单独考试、单独计分。参加全部科目考试的人员，需在连续的两个考试年度通过；参加免试部分考试科目的人员，需在一个考试年度内通过应试科目。

（3）相关规定。对于长期从事工程造价业务工作的专业技术人员，凡符合一定的学历和专业年限条件的人员，可免试"工程造价管理基础理论与相关法规""建设工程技术与计量"两个科目，只参加"工程造价计价与控制"和"工程造价案例分析"两个科目的考试。

3. 注册

造价工程师执业资格实行注册登记制度，住房和城乡建设部及各省、自治区、直辖市和国务院有关部门的建设行政主管部门为造价工程师的注册管理机构，造价工程师的具体工作委托中国建设工程造价管理协会办理。省、自治区、直辖市人民政府建设行政主管部门（以下简称省级注册机构）负责本行政区域内的造价工程师注册管理工作。特殊行业的主管部门（以下简称部门注册机构）经国务院建设行政主管部门认可，负责本行业内造价工程师注册管理工作。考试合格人员取得证书三个月内，持有关资料到当地省级或部级造价工程师注册管理机构办理注册登记手续申请初始注册。超过规定期限申请初始注册的，还应提交国务院建设行政主管部门认可的造价工程师继续教育证明。

造价工程师的初始注册有效期为两年，自核准之日起计算，造价工程师注册有效期满要求继续执业的，应当在注册有效期满前两个月向省级注册机构或者部门注册机构申请续期注册，再次注册者应持有从事工程造价活动的业绩证明和工作总结及国务院建设行政主管部门认可的工程造价继续教育证明。

有下列情况之一的，不予续期注册：

（1）在注册期内参加造价工程师执业资格年检不合格的。

（2）无业绩证明和工作总结。

（3）同时在两个以上单位执业的。

（4）未按规定参加造价工程师继续教育或者继续教育未达到标准的。

(5)允许他人以本人名义执业的。
(6)在工程造价活动中有弄虚作假行为的。
(7)在工程造价活动中有过失,造成重大损失的。
续期注册,应按相关程序办理:
(1)申请人向聘用单位提出申请。
(2)聘用单位审核同意后连同规定的材料一并上报省级注册机构或者部门注册机构。
(3)省级注册机构或者部门注册机构对有关材料进行审核,对符合条件的,予以续期注册。
(4)省级注册机构或者部门注册机构应当在准予续期注册后30日内,将予以续期注册的人员名单,报国务院建设行政主管部门备案。
遇到下列情况之一者,要由所在单位到注册机构办理注销手续:
(1)死亡。
(2)服刑。
(3)脱离造价工程师岗位连续两年(含两年)以上。
(4)因健康原因不能坚持造价工程师岗位的工作。
造价工程师变更工作单位,应当在变更工作单位后2个月内到省级注册机构或者部门注册机构办理变更注册,其具体的办理程序如下:
(1)申请人向聘用单位提出申请。
(2)聘用单位审核同意后,连同申请人与原聘用单位的解聘证明,一并上报省级注册机构或者部门注册机构。
(3)省级注册机构或者部门注册机构对有关情况进行审核,情况属实的,予以变更注册。
(4)省级注册机构或者部门注册机构应当在准予变更之日起30日内,将变更注册人员情况报国务院建设行政主管部门备案。造价工程师办理变更注册后一年内再次申请变更的,不予办理。

4. 造价工程师的权利与义务

造价工程师的权利体现在以下几个方面:
(1)有独立依法执行造价工程师岗位业务并参与工程项目经济管理的权利。
(2)有在所经办的工程造价成果文件上签字的权利;凡经造价工程师签字的工程造价文件需要修改时,应经本人同意。
(3)有使用造价工程师名称的权利。
(4)有依法申请开办工程造价咨询单位的权利。
(5)造价工程师对违反国家有关法律法规的意见和决定,有提出劝告、拒绝执行并有向上级或有关部门报告的权利。
造价工程师应履行的义务体现在以下几个方面:
(1)必须熟悉并严格执行国家有关工程造价的法律、法规和规定。
(2)恪守职业道德和行业行为规范,遵纪守法,秉公办事。对经办的工程造价文件质量负有经济的和法律的责任。
(3)及时掌握国内外新技术、新材料、新工艺的发展应用,为工程造价管理部门制订、修订工程定额提供依据。
(4)自觉接受继续教育,更新知识,积极参加职业培训,不断提高业务技术水平。
(5)不得参与与经办工程有关的其他单位事关本项工程的经营活动。
(6)严格保守执业中得知的技术和经济秘密。

第二章 市政工程造价常用公式与资料

第一节 实体项目工程量计算常用公式

一、常用数学基本公式

1. 三角函数基本公式（表 2-1）

表 2-1 三角函数基本公式

项目	基 本 公 式
基本式	$\sin^2\alpha + \cos^2\alpha = 1$；$\sec^2\alpha - \tan^2\alpha = 1$ $\csc^2\alpha - \cot^2\alpha = 1$；$\sin\alpha\csc\alpha = 1$ $\cos\alpha\sec\alpha = 1$；$\tan\alpha\cot\alpha = 1$ $\tan\alpha = \dfrac{\sin\alpha}{\cos\alpha}$；$\cot\alpha = \dfrac{\cos\alpha}{\sin\alpha}$
二角之和及差	$\sin(\alpha \pm \beta) = \sin\alpha\cos\beta \pm \cos\alpha\sin\beta$ $\cos(\alpha \pm \beta) = \cos\alpha\cos\beta \mp \sin\alpha\sin\beta$ $\tan(\alpha \pm \beta) = \dfrac{\tan\alpha \pm \tan\beta}{1 \mp \tan\alpha\tan\beta}$；$\cot(\alpha \pm \beta) = \dfrac{\cot\alpha\cot\beta \mp 1}{\cot\beta \pm \cot\alpha}$
二函数之和差及积	$\sin\alpha + \sin\beta = 2\sin\dfrac{1}{2}(\alpha+\beta)\cos\dfrac{1}{2}(\alpha-\beta)$ $\sin\alpha - \sin\beta = 2\cos\dfrac{1}{2}(\alpha+\beta)\sin\dfrac{1}{2}(\alpha-\beta)$ $\cos\alpha + \cos\beta = 2\cos\dfrac{1}{2}(\alpha+\beta)\cos\dfrac{1}{2}(\alpha-\beta)$ $\cos\alpha - \cos\beta = -2\sin\dfrac{1}{2}(\alpha+\beta)\sin\dfrac{1}{2}(\alpha-\beta)$ $\tan\alpha \pm \tan\beta = \dfrac{\sin(\alpha \pm \beta)}{\cos\alpha\cos\beta}$；$\cot\alpha \pm \cot\beta = \dfrac{\sin(\alpha \pm \beta)}{\sin\alpha\sin\beta}$ $\sin\alpha\sin\beta = \dfrac{1}{2}\cos(\alpha-\beta) - \dfrac{1}{2}\cos(\alpha+\beta)$ $\cos\alpha\cos\beta = \dfrac{1}{2}\cos(\alpha-\beta) + \dfrac{1}{2}\cos(\alpha+\beta)$ $\sin\alpha\cos\beta = \dfrac{1}{2}\sin(\alpha+\beta) + \dfrac{1}{2}\sin(\alpha-\beta)$ $\tan\alpha\tan\beta = \dfrac{\tan\alpha + \tan\beta}{\cot\alpha + \cot\beta} = -\dfrac{\tan\alpha - \tan\beta}{\cot\alpha - \cot\beta}$ $\cot\alpha\cot\beta = \dfrac{\cot\alpha + \cot\beta}{\tan\alpha + \tan\beta} = -\dfrac{\cot\alpha - \cot\beta}{\tan\alpha - \tan\beta}$

续表

项目	基 本 公 式
倍角及半角之函数	$\sin2\alpha=2\sin\alpha\cos\alpha$ $\cos2\alpha=\cos^2\alpha-\sin^2\alpha=1-2\sin^2\alpha=2\cos^2\alpha-1$ $\tan2\alpha=\dfrac{2\tan\alpha}{1-\tan^2\alpha}=\dfrac{2}{\cot\alpha-\tan\alpha}$ $\sin3\alpha=3\sin\alpha-4\sin^3\alpha$ $\cos3\alpha=4\cos^3\alpha-3\cos\alpha$ $\tan3\alpha=\dfrac{3\tan\alpha-\tan^3\alpha}{1-3\tan^2\alpha}$ $\sin\dfrac{\alpha}{2}=\sqrt{\dfrac{1}{2}(1-\cos\alpha)}=\dfrac{1}{2}\sqrt{1+\sin\alpha}-\dfrac{1}{2}\sqrt{1-\sin\alpha}$ $\cos\dfrac{\alpha}{2}=\sqrt{\dfrac{1}{2}(1+\cos\alpha)}=\dfrac{1}{2}\sqrt{1+\sin\alpha}+\dfrac{1}{2}\sqrt{1-\sin\alpha}$ $\tan\dfrac{\alpha}{2}=\sqrt{\dfrac{1-\cos\alpha}{1+\cos\alpha}}=\dfrac{1-\cos\alpha}{\sin\alpha}=\csc\alpha-\cot\alpha$
边角关系	正弦定理:$\dfrac{a}{\sin A}=\dfrac{b}{\sin B}=\dfrac{c}{\sin C}=2R$ 余弦定理:$a^2=b^2+c^2-2bc\cos A$ $\qquad\qquad b^2=c^2+a^2-2ca\cos B$ $\qquad\qquad c^2=a^2+b^2-2ab\cos C$ 正切定理:$\tan\dfrac{A-B}{2}=\dfrac{a-b}{a+b}\cot\dfrac{C}{2}$ 射影定理:$a=b\cos C+c\cos B$ $\qquad\qquad b=c\cos A+a\cos C$ $\qquad\qquad c=a\cos B+b\cos A$
任意三角形面积	$S=\dfrac{1}{2}ab\sin C=\dfrac{1}{2}bc\sin A=\dfrac{1}{2}ca\sin B$ $S=\sqrt{P(P-a)(P-b)(P-c)}$ $S=rP$ $S=\dfrac{abc}{4R}$

注:a、b、c 为三角形各边;A、B、C 为三角形各角;$P=\dfrac{1}{2}(a+b+c)$;R 为三角形外接圆半径;r 为内切圆半径;S 为任意三角形面积。

2. 重要角度函数(表 2-2)

表 2-2   重要角度函数

度	π 倍数	$\sin\theta$	$\cos\theta$	$\tan\theta$	$\cot\theta$	$\sec\theta$	$\csc\theta$
0°	0	0	1	0	∞	1	∞
30°	$\dfrac{\pi}{6}$	$\dfrac{1}{2}$	$\dfrac{\sqrt{3}}{2}$	$\dfrac{\sqrt{3}}{3}$	$\sqrt{3}$	$\dfrac{2\sqrt{3}}{3}$	2
45°	$\dfrac{\pi}{4}$	$\dfrac{\sqrt{2}}{2}$	$\dfrac{\sqrt{2}}{2}$	1	1	$\sqrt{2}$	$\sqrt{2}$
60°	$\dfrac{\pi}{3}$	$\dfrac{\sqrt{3}}{2}$	$\dfrac{1}{2}$	$\sqrt{3}$	$\dfrac{\sqrt{3}}{3}$	2	$\dfrac{2\sqrt{3}}{3}$
90°	$\dfrac{\pi}{2}$	1	0	∞	0	∞	1

续表

度	π倍数	$\sin\theta$	$\cos\theta$	$\tan\theta$	$\cot\theta$	$\sec\theta$	$\csc\theta$
180°	π	0	−1	0	∞	−1	∞
270°	$\frac{3\pi}{2}$	−1	0	∞	0	∞	1
360°	2π	0	1	0	∞	1	∞

3. 任意三角函数值化简计算(表2-3)

表2-3 计算任意角三角函数值的化简表

函数	−α	90°±α	180°±α	270°±α	360°±α
sin	−sinα	+cosα	∓sinα	−cosα	±sinα
cos	+cosα	∓sinα	−cosα	±sinα	+cosα
tan	−tanα	∓cotα	±tanα	∓cotα	±tanα

4. 度、分、秒与弧度换算(表2-4)

表2-4 度、分、秒与弧度换算

秒(″)	弧度(rad)	分(′)	弧度(rad)	度(°)	弧度(rad)	度(°)	弧度(rad)	度(°)	弧度(rad)	度(°)	弧度(rad)
1	0.000005	1	0.000291	1	0.017453	16	0.279253	31	0.541052	70	1.221730
2	0.000010	2	0.000582	2	0.034907	17	0.296706	32	0.558505	75	1.308997
3	0.000015	3	0.000873	3	0.052360	18	0.314159	33	0.575959	80	1.396263
4	0.000019	4	0.001164	4	0.069813	19	0.331613	34	0.593412	85	1.483530
5	0.000024	5	0.001454	5	0.087266	20	0.349066	35	0.610865	90	1.570796
6	0.000029	6	0.001745	6	0.104720	21	0.366519	36	0.628319	100	1.745329
7	0.000034	7	0.002036	7	0.122173	22	0.383972	37	0.645772	120	2.094395
8	0.000039	8	0.002327	8	0.139626	23	0.401426	38	0.663225	150	2.617994
9	0.000044	9	0.002618	9	0.157080	24	0.418879	39	0.680678	180	3.141593
10	0.000048	10	0.002909	10	0.174533	25	0.436332	40	0.698132	250	4.363323
20	0.000097	20	0.005818	11	0.191986	26	0.453786	45	0.785398	270	4.712389
30	0.000145	30	0.008727	12	0.209440	27	0.471239	50	0.872665	300	5.235988
40	0.000194	40	0.011636	13	0.226893	28	0.488692	55	0.959931	360	6.283185
50	0.000242	50	0.014544	14	0.244346	29	0.506145	60	1.047198	—	—
				15	0.261799	30	0.523599	65	1.134464	—	—

5. 弧度与度换算(表2-5)

表2-5 弧度与度换算

弧度(rad)	度(°)	弧度(rad)	度(°)	弧度(rad)	度(°)	弧度(rad)	度(°)	弧度(rad)	度(°)
1	57.2958	9	515.6620	0.7	40.1071	0.05	2.8648	0.003	0.1719
2	114.5916	10	572.9578	0.8	45.8366	0.06	3.4378	0.004	0.2292
3	171.8873	0.1	5.7296	0.9	51.5662	0.07	4.0107	0.005	0.2865
4	229.1831	0.2	11.4592	1.0	57.2958	0.08	4.5837	0.006	0.3438
5	286.4789	0.3	17.1887	0.01	0.5730	0.09	5.1566	0.007	0.4011
6	343.7747	0.4	22.9183	0.02	1.1459	0.1	5.7296	0.008	0.4584
7	401.0705	0.5	28.6479	0.03	1.7189	0.001	0.0573	0.009	0.5157
8	458.3662	0.6	34.3775	0.04	2.2918	0.002	0.1146	0.01	0.5730

6. 分、秒与度换算（表2-6）

表 2-6　　　　　　　　　　　　　　　分、秒与度换算

分(′)	度(°)	分(′)	度(°)	分(′)	度(°)	分(′)	度(°)	秒(″)	度(°)	秒(″)	度(°)	秒(″)	度(°)	秒(″)	度(°)
1	0.0167	16	0.2667	31	0.5167	46	0.7667	1	0.0003	16	0.0044	31	0.0086	46	0.0128
2	0.0333	17	0.2833	32	0.5333	47	0.7833	2	0.0006	17	0.0047	32	0.0089	47	0.0131
3	0.0500	18	0.3000	33	0.5500	48	0.8000	3	0.0008	18	0.0050	33	0.0092	48	0.0133
4	0.0667	19	0.3167	34	0.5667	49	0.8167	4	0.0011	19	0.0053	34	0.0094	49	0.0136
5	0.0833	20	0.3333	35	0.5833	50	0.8333	5	0.0014	20	0.0056	35	0.0097	50	0.0139
6	0.1000	21	0.3500	36	0.6000	51	0.8500	6	0.0017	21	0.0058	36	0.0100	51	0.0142
7	0.1167	22	0.3667	37	0.6167	52	0.8667	7	0.0019	22	0.0061	37	0.0103	52	0.0144
8	0.1333	23	0.3833	38	0.6333	53	0.8833	8	0.0022	23	0.0064	38	0.0106	53	0.0147
9	0.1500	24	0.4000	39	0.6500	54	0.9000	9	0.0025	24	0.0067	39	0.0108	54	0.0150
10	0.1667	25	0.4167	40	0.6667	55	0.9167	10	0.0028	25	0.0069	40	0.0111	55	0.0153
11	0.1833	26	0.4333	41	0.6833	56	0.9333	11	0.0031	26	0.0072	41	0.0114	56	0.0156
12	0.2000	27	0.4500	42	0.7000	57	0.9500	12	0.0033	27	0.0075	42	0.0117	57	0.0158
13	0.2167	28	0.4667	43	0.7167	58	0.9667	13	0.0036	28	0.0078	43	0.0119	58	0.0161
14	0.2333	29	0.4833	44	0.7333	59	0.9833	14	0.0039	29	0.0081	44	0.0122	59	0.0164
15	0.2500	30	0.5000	45	0.7500	60	1.0000	15	0.0042	30	0.0083	45	0.0125	60	0.0167

7. 同一角度的三角函数关系（表2-7）

表 2-7　　　　　　　　　　　　　　同一角度的三角函数关系

函数	sin	cos	tan	cot	sec	csc
sin	x	$\pm\sqrt{1-x^2}$	$\pm\dfrac{x}{\sqrt{1+x^2}}$	$\pm\dfrac{1}{\sqrt{1+x^2}}$	$\pm\dfrac{\sqrt{x^2-1}}{x}$	$\dfrac{1}{x}$
cos	$\pm\sqrt{1-x^2}$	x	$\pm\dfrac{1}{\sqrt{1+x^2}}$	$\pm\dfrac{x}{\sqrt{1+x^2}}$	$\dfrac{1}{x}$	$\pm\dfrac{\sqrt{x^2-1}}{x}$
tan	$\pm\dfrac{x}{\sqrt{1-x^2}}$	$\pm\dfrac{\sqrt{1-x^2}}{x}$	x	$\dfrac{1}{x}$	$\pm\sqrt{x^2-1}$	$\pm\dfrac{1}{\sqrt{x^2-1}}$
cot	$\pm\dfrac{\sqrt{1-x^2}}{x}$	$\pm\dfrac{x}{\sqrt{1-x^2}}$	$\dfrac{1}{x}$	x	$\pm\dfrac{1}{\sqrt{x^2-1}}$	$\pm\sqrt{x^2-1}$
sec	$\pm\dfrac{1}{\sqrt{1-x^2}}$	$\dfrac{1}{x}$	$\pm\sqrt{1+x^2}$	$\pm\dfrac{\sqrt{1+x^2}}{x}$	x	$\pm\dfrac{x}{\sqrt{x^2-1}}$
csc	$\dfrac{1}{x}$	$\pm\dfrac{1}{\sqrt{1-x^2}}$	$\pm\dfrac{\sqrt{1+x^2}}{x}$	$\pm\sqrt{1+x^2}$	$\pm\dfrac{x}{\sqrt{x^2-1}}$	x

注：$\sin^2\alpha+\cos^2\alpha=1$，$1+\tan^2\alpha=\sec^2\alpha$，$1+\cot^2\alpha=\csc^2\alpha$。

8. 等分圆周表（表2-8）

表 2-8　　　　　　　　　　　　　　　等分圆周表

n	K	n	K	n	K	n	K
		5	0.5857	9	0.3420	13	0.2393
		6	0.5000	10	0.3090	14	0.2225
3	0.8660	7	0.4339	11	0.2817	15	0.2079
4	0.7071	8	0.3827	12	0.2588	16	0.1951

续表

n	K	n	K	n	K	n	K
17	0.1837	38	0.0826	59	0.0532	80	0.0393
18	0.1737	39	0.0805	60	0.0523	81	0.0388
19	0.1646	40	0.0785	61	0.0515	82	0.0383
20	0.1564	41	0.0766	62	0.0560	83	0.0378
21	0.1490	42	0.0747	63	0.0498	84	0.0374
22	0.1423	43	0.0730	64	0.0491	85	0.0369
23	0.1362	44	0.0713	65	0.0483	86	0.0365
24	0.1305	45	0.0698	66	0.0476	87	0.0361
25	0.1253	46	0.0682	67	0.0469	88	0.0357
26	0.1205	47	0.0667	68	0.0462	89	0.0353
27	0.1161	48	0.0654	69	0.0455	90	0.0349
28	0.1120	49	0.0461	70	0.0449	91	0.0345
29	0.1081	50	0.0628	71	0.0422	92	0.0341
30	0.1045	51	0.0616	72	0.0436	93	0.0338
31	0.012	52	0.0604	73	0.0430	94	0.0334
32	0.0980	53	0.0595	74	0.0424	95	0.0331
33	0.0951	54	0.0581	75	0.0419	96	0.0327
34	0.0923	55	0.0571	76	0.0413	97	0.0324
35	0.0898	56	0.0561	77	0.0408	98	0.0321
36	0.0872	57	0.0551	78	0.0403	99	0.0317
37	0.0848	58	0.0541	79	0.0398	100	0.0314

注：表中 $K = \dfrac{180°}{n}$，可由圆直径 d 求得等分圆周的弦长 $a = Kd$。

二、常用面积、体积和表面积计算公式

1. 三角形平面图形计算公式（表2-9）

表2-9　　　　　　　　三角形平面图形计算公式

名称	简图	面积公式	重心 G
直角三角形	（图）	$A = \dfrac{1}{2}ab$ $c = \sqrt{a^2 + b^2}$	$GD = \dfrac{1}{3}BD$ $CD = DA$
锐角三角形	（图）	$A = \dfrac{1}{2}bh = \dfrac{1}{2}bc\sin\alpha$ $h = \sqrt{c^2 - e^2}$ $c = \sqrt{a^2 - b^2 + 2be}$	$GD = \dfrac{1}{3}BD$ $CD = DA$

续表

名称	简图	面积公式	重心 G
钝角三角形		$A=\dfrac{1}{2}bh$ $h=\sqrt{c^2-e^2}$ $c=\sqrt{a^2-b^2-2be}$	$GD=\dfrac{1}{3}BD$ $CD=DA$
等边三角形		$A=\dfrac{\sqrt{3}}{4}a^2=0.433a^2$	$GD=\dfrac{1}{2}BD$ $CD=DA$
等腰三角形		$A=\dfrac{1}{2}ah$	$GD=\dfrac{1}{3}BD$ $CD=DA$

2. 四边形平面图形面积计算公式（表 2-10）

表 2-10　　　　　　　　　　　四边形平面图形计算公式

名称	简图	面积公式	重心 G
正方形		$A=a^2=\dfrac{1}{2}f^2$ $f=\sqrt{2}a=1.414a$	对角线交点上
长方形		$A=ab$ $f=\sqrt{a^2+b^2}$	对角线交点上
平行四边形		$A=b\cdot h=ab\sin\theta_1$ $=\dfrac{1}{2}f_1 f_2\sin\theta_2$ $f_1=2b\cos\dfrac{\theta_1}{2}$ $f_2=2a\cos\dfrac{\theta_1}{2}$	对角线交点上
菱形		$f_1=2a\sin\dfrac{\theta}{2}$ $f_2=2a\cos\dfrac{\theta}{2}$ $A=\dfrac{1}{2}f_1\cdot f_2=a^2\sin\theta$	对角线交点上

名称	简图	面积公式	重心 G
梯形		$A = \dfrac{1}{2}(a+b) \cdot h$ $= \dfrac{1}{2} f_1 f_2 \sin\theta$	$HG = \dfrac{h}{3} \cdot \dfrac{a+2b}{a+b}$ $KG = \dfrac{h}{3} \cdot \dfrac{2a+b}{a+b}$
任意四边形		$A = \dfrac{(h_1+h_2)a + bh_1 + ch_2}{2}$	

3. 内接多边形面积计算公式

内接多边形面积计算见表 2-11。

表 2-11　　　　　　　　　　内接多边形平面面积

名称	简图	面积公式	重心 G
内接三角形		$A = \sqrt{P(P-a)(P-b)(P-c)}$ $R = \dfrac{abc}{4A}$ $P = \dfrac{1}{2}(a+b+c)$	
内接四边形		$A = \sqrt{(P-a)(P-b)(P-c)(P-d)}$ $P = \dfrac{1}{2}(a+b+c+d)$	
内接正五边形		$A = 2.3777R^2 = 3.6327r^2$ $a = 1.1756R$	内外接圆的圆心上
内接正六边形		$A = 2.598R^2 = 2\sqrt{3}r^2 = 3.461r^2$ $R = a = 1.55r$ $r = 0.866a = 0.866R$	内外接圆的圆心上

在圆的内接正多边形中，我们可以看作 $A = K_n a^2 = P_n \times R^2$（式中 A—面积，P—系数，a—边长，R—外接圆半径，n—边数），那么，K、P 值根据正多边形变化而变化，见表 2-12。

表 2-12　　　　　　　　　等边多边形平面面积系数 K_i、P_i 值表

正 i 边形	正三边形	正四边形	正五边形	正六边形	正七边形	正八边形	正九边形	正十边形	正十一边形	正十二边形
K_i	0.433	1.000	1.720	2.598	3.634	4.828	6.182	7.694	9.364	11.196
P_i	1.299	2.000	2.375	2.598	2.736	2.828	2.893	2.939	2.973	3.000

4. 立体图形的体积和表面积计算公式（表 2-13）

表 2-13　　　　　　　　　立体图形的体积和表面积计算

名称	简图	表面积、体积公式	重心 G
正四面体		$V=0.1179a^3$ $S=1.7321a^2$	
正立方体		$V=a^3$ $S=6a^2$ $f=1.732a$	在对角线交点上
正长方体		$V=abh$ $S=2(ab+bh+ha)$ $f=\sqrt{a^2+b^2+h^2}$	$GO=\dfrac{h}{2}$（位于正长方体中心）
三棱柱		$V=Ah$ $S=(a+b+c)h+2A$	$GO=\dfrac{h}{2}$
角锥		$V=\dfrac{1}{3}A\cdot h$ $=\dfrac{hn}{6}\sqrt{R^2-\dfrac{a^2}{4}}$ $S=\dfrac{1}{2}Pl+A$ （P 为多边形周长；a、n 为多边形边长及边数）	$GO=\dfrac{h}{4}$
截头角锥		$V=\dfrac{1}{3}h(A_1+A_2+\sqrt{A_1A_2})$ $S=\dfrac{1}{2}(P_1+P_2)l+A_1+A_2$ （P_1、P_2 为两端截面周长）	$GO=\dfrac{h}{4}\cdot$ $\dfrac{A_1+2\sqrt{A_1\cdot A_2}+3A_2}{A_1+\sqrt{A_1\cdot A_2}+A_2}$
梯形体		$V=\dfrac{h}{6}[(a_1+2a)b+(2a_1+a)b_1]$ $=\dfrac{h}{6}[ab+(a+a_1)\times(b+b_1)+a_1b_1]$	

续一

名称	简图	表面积、体积公式	重心 G
楔形		$V=\dfrac{bh}{6}(a_1+2a)$	
直圆柱		$V=\pi r^2 h$ $S=2\pi r(r+h)$	$GO=\dfrac{h}{2}$
斜切直圆柱		$V=\pi r^2 \dfrac{h_1+h_2}{2}$ $S=\pi r(h_1+h_2)+\pi r^2\left(1+\dfrac{1}{\cos\alpha}\right)$	$GO=\dfrac{h_1+h_2}{4}+\dfrac{r^2\tan^2\alpha}{4(h_1+h_2)}$ $GK=\dfrac{1}{2}\times\dfrac{r^2}{h_1+h_2}\tan\alpha$
中空圆柱体		$V=\pi(R^2-r^2)h$ $S=2\pi(R+r)h+2\pi(R^2-r^2)$	$GO=\dfrac{h}{2}$
圆台基坑		$V=\dfrac{\pi}{3}H(R^2+r^2+Rr)$ 式中：R——基坑上口半径； r——基坑下底半径； H——基坑深度	
桶形		抛物线形桶板 $V=\dfrac{\pi t}{15}\left(2D^2+Dd+\dfrac{3}{4}d^2\right)$ 圆形桶板 $V=\dfrac{\pi l}{12}(2D^2+d^2)$	

续二

名称	简 图	表面积、体积公式	重心 G
交叉圆柱体		$V=\pi r^2(r+h-\dfrac{2}{3})$	
砂面堆垛面积		$V=h[ab-\dfrac{h}{\tan\alpha}(a+b-\dfrac{4h}{3\tan\alpha})]$	
直圆锥		$V=\dfrac{1}{3}\pi r^2 h$ $S=\pi rl+\pi r^2$	$GO=\dfrac{h}{4}$
圆台		$V=\dfrac{\pi h}{3}(R^2+r^2+Rr)$ $S=\dfrac{\pi l}{4}(R+r)+\pi(R^2+r^2)$	$GO=\dfrac{h}{4}\times\dfrac{R^2+2Rr+3r^2}{R^2+Rr+r^2}$
球		$V=\dfrac{4}{3}\pi r^3=\dfrac{1}{6}\pi d^3$ $S=4\pi r^2=\pi^2 d^2$	在球心上
球楔		$V=\dfrac{2}{3}\pi r^2 h=2.0944r^2 h$ $S=\dfrac{\pi r}{2}(4h+d)$	$GO=\dfrac{3}{4}\left(r-\dfrac{h}{2}\right)$

续三

名称	简图	表面积、体积公式	重心 G
球缺		$V=\pi h^2\left(r-\dfrac{h}{3}\right)$ $S=\pi h(4r-h)$	$GO=\dfrac{3}{4}\times\dfrac{(2r-h)^2}{3r-h}$
圆环		$V=2\pi^2 Rr^2$ 　$=19.739Rr^2$ $S=4\pi^2 Rr$ 　$=39.478Rr$	在环中心上
椭圆体		$V=\dfrac{4}{3}abc\pi$ $S=2\sqrt{2}b\cdot\sqrt{a^2+b^2}$	在轴交点上
砂面堆垛体积		$V=\dfrac{ah}{6}\left(3b-\dfrac{2h}{\tan\alpha}\right)$	
圆切线		$T=R\times\dfrac{\tan\alpha}{2}$ 式中：T——切线长； 　　　R——曲线半径； 　　　α——转角	
螺旋体长度		$L=n\sqrt{P^2+(\pi d)^2}$ 式中：L——长度； 　　　n——圈数； 　　　P——间距； 　　　d——螺旋中心线直径	

注：以上除在表格内特别注释外，在其他图形中均以 a、b、c 为边长；h 为高；R、r 为半径；d 为直径；t 为母线长；A 为底面积；S 为表面积；V 为体积。

5. 路堤体积计算公式(表 2-14)

表 2-14 路堤体积的计算

名称	简图	体积公式
路堤	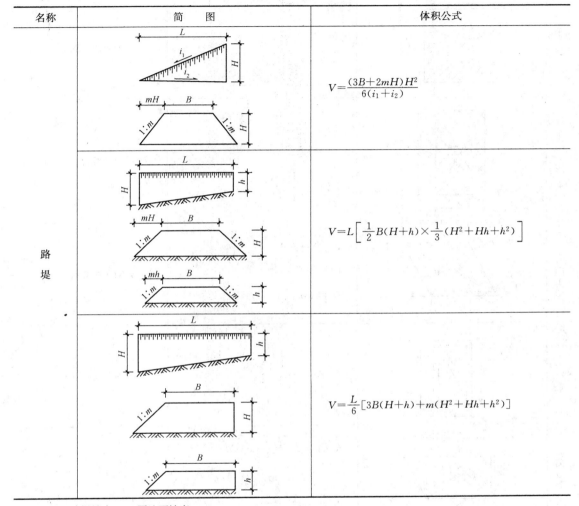	$V=\dfrac{(3B+2mH)H^2}{6(i_1+i_2)}$
		$V=L\left[\dfrac{1}{2}B(H+h)\times\dfrac{1}{3}(H^2+Hh+h^2)\right]$
		$V=\dfrac{L}{6}[3B(H+h)+m(H^2+Hh+h^2)]$

注:i_1—路堤坡度;i_2—原地面坡度。

三、常用几何图形截面积计算公式

1. 三角形与四边形截面积计算(表 2-15)

表 2-15 三角形与四边形截面积计算

名称	简图	面积公式	重心 G
三角形		$A=\dfrac{1}{2}bh$	$GD=\dfrac{1}{3}BD$ $CD=AD$

续表

名称	简 图	面积公式	重心 G
正方形		$A=a^2=\dfrac{1}{2}f^2$ $f=\sqrt{2}a=1.414a$	对角线交点上
矩形		$A=ab$ $f=\sqrt{a^2+b^2}$	对角线交点上
平行四边形		$A=bh=ab\sin\alpha$ $f_1=2b\cos\dfrac{\theta_1}{2}$ $f_2=2a\cos\dfrac{\theta_1}{2}$	对角线交点上
中空矩形		$A=AB-ab$	对角线交点上
梯形		$A=A_1+2A_2=\dfrac{1}{2}(a+b)h$ $A_1=\dfrac{1}{2}f_1f_2\sin\theta$ $A_2=\dfrac{1}{2}kh^2$	$KG=\dfrac{h}{3}\cdot\dfrac{a+2b}{a+b}$ $HG=\dfrac{h}{3}\cdot\dfrac{2a+b}{a+b}$

2. 圆形、椭圆形截面积计算（表 2-16）

表 2-16　　　　　　　　　　　圆形、椭圆形截面面积计算

名称	简 图	面积公式	重心 G
圆形		$A=\dfrac{\pi}{4}d^2$	在圆心上

续一

名称	简 图	面积公式	重心 G
扇形		$A=\dfrac{\pi}{360°}r^2\alpha$ $L=\alpha r=\dfrac{2\pi}{180°}r$	G 在角平分线上 $GO=\dfrac{2}{3}\dfrac{rb}{c}$
弓形		$A=\dfrac{\pi}{360°}\alpha r^2-\triangle AOB=$ $\dfrac{1}{2}r^2(\dfrac{\pi}{180°}\alpha-\sin\alpha)$	G 在角平分线上 $GO=\dfrac{1}{12}\dfrac{c^2}{C}$
隅角		$A=\left(1-\dfrac{\pi}{4}\right)r^2$ $=1073d^2$	
圆环		$A=\pi(R^2-r^2)$ $=\pi(R+r)(R-r)$ $=0.7854(D^2-d^2)$ 式中：D——外直径； $\quad\quad d$——内直径； $\quad\quad t$——厚度； $\quad\quad R$——外半径	在圆环中心上
圆片		$A=\dfrac{\pi}{360°}\alpha(R^2-r^2)$	G 在角平分线上 $G=38.2\dfrac{R^3-r^3}{R^2-r^2}\cdot\dfrac{\sin\dfrac{\theta}{2}}{\dfrac{\theta}{2}}$
椭圆形		$A=\dfrac{\pi d^2}{4}+bd$	主轴交点上

续二

名称	简图	面积公式	重心 G
椭圆形		$A = \pi R r = \dfrac{1}{4}\pi D d$	主轴交点上
半圆		$A = \dfrac{\pi}{360°}\alpha r^2$ $L = \alpha r$	
尖端形		$A = ab + \dfrac{1}{2}a^2$	
四分圆环		$A = Lt$ $L = \dfrac{1}{4} \times 2\pi R$	

第二节 实体项目工程量计算常用资料

一、常用符号

1. 国际单位制(SI)基本单位(表2-17)

表2-17　　　　　　　　国际单位制(SI)的基本单位

量的名称	单位名称	单位符号
长　　度	米	m
质　　量	千克(公斤)	kg
时　　间	秒	s
电　　流	安[培]	A
热力学温度	开[尔文]	K

续表

量的名称	单位名称	单位符号
物质的量	摩[尔]	mol
发光强度	坎[德拉]	cd

注：1. 圆括号中的名称，是它前面的名称的同义词。
2. 无方括号的量的名称与单位名称均为全称。方括号中的字，在不致引起混淆、误解的情况下可以省略。去掉方括号中的字即为其名称的简称，下同。
3. 人民生活和贸易中，习惯称质量为重量。

2. 包括 SI 辅助单位在内的具有专门名称的 SI 导出单位（表 2-18）

表 2-18　　包括 SI 辅助单位在内的具有专门名称的 SI 导出单位

量的名称	SI 导出单位		
	名称	符号	用 SI 基本单位和 SI 导出单位表示
[平面]角	弧度	rad	$1rad=1m/m=1$
立体角	球面度	sr	$1sr=1m^2/m^2=1$
频率	赫[兹]	Hz	$1Hz=1s^{-1}$
力	牛[顿]	N	$1N=1kg·m/s^2$
压力，压强，应力	帕[斯卡]	Pa	$1Pa=1N/m^2$
能[量]，功，热量	焦[耳]	J	$1J=1N·m$
功率，辐[射能]通量	瓦[特]	W	$1W=1J/s$
电荷[量]	库[仑]	C	$1C=1A·s$
电压，电动势，电位，（电势）	伏[特]	V	$1V=1W/A$
电容	法[拉]	F	$1F=1C/V$
电阻	欧[姆]	Ω	$1Ω=1V/A$
电导	西[门子]	S	$1S=1Ω^{-1}$
磁通[量]	韦[伯]	Wb	$1Wb=1V·s$
磁通[量]密度，磁感应强度	特[斯拉]	T	$1T=1Wb/m^2$
电感	亨[利]	H	$1H=1Wb/A$
摄氏温度	摄氏度	℃	$1℃=1K$
光通量	流[明]	lm	$1lm=1cd·sr$
[光]照度	勒[克斯]	lx	$1lx=1lm/m^2$

3. 具有专门名称的 SI 导出单位（表 2-19）

表 2-19　　具有专门名称的 SI 导出单位

量的名称	SI 导出单位		
	名称	符号	用 SI 基本单位和 SI 导出单位表示
[放射性]活度	贝可[勒尔]	Bq	$1Bq=1s^{-1}$
吸收剂量 比授[予]能 比释动能	戈[瑞]	Gy	$1Gy=1J/kg$
剂量当量	希[沃特]	Sv	$1Sv=1J/kg$

4. SI 词头（表 2-20）

表 2-20 SI 词头

因数	词头名称 英文	词头名称 中文	符号	因数	词头名称 英文	词头名称 中文	符号
10^{24}	yotta	尧[它]	Y	10^{-1}	deci	分	d
10^{21}	zetta	泽[它]	Z	10^{-2}	centi	厘	c
10^{18}	exa	艾[可萨]	E	10^{-3}	milli	毫	m
10^{15}	peta	拍[它]	P	10^{-6}	micro	微	μ
10^{12}	tera	太[拉]	T	10^{-9}	nano	纳[诺]	n
10^{9}	giga	吉[咖]	G	10^{-12}	pico	皮[可]	p
10^{6}	mega	兆	M	10^{-15}	femto	飞[母托]	f
10^{3}	kilo	千	k	10^{-18}	atto	阿[托]	a
10^{2}	hecto	百	h	10^{-21}	zepto	仄[普托]	z
10^{1}	deca	十	da	10^{-24}	yocto	幺[科托]	y

5. 文字表量符号（表 2-21）

表 2-21 文字表量符号

量的名称	符号	中文单位名称	简称	法定单位符号
一、几何量值				
振幅	A	米	米	m
面积	$A、S、A_s$	平方米	米^2	m^2
宽	$B、b$	米	米	m
直径	$D、d$	米	米	m
厚	$d、\delta$	米	米	m
高	$H、h$	米	米	m
长	$L、l$	米	米	m
半径	$R、r$	米	米	m
行程、距离	S	米	米	m
体积	$V、v$	立方米	米^3	m^3
平面角	$\alpha、\beta、\gamma、\theta、\varphi$	弧度	弧度	rad
伸长率	δ	百分率	%	
波长	λ	米	米	m
波数	σ	每米	米$^{-1}$	m^{-1}
相角	φ	弧度	弧度	rad
立体角	$\omega、\Omega$	球面度	球面度	sr
二、时间				
线加速度	a	米每二次方秒	米/秒^2	m/s^2
频率	$f、v$	赫兹	赫	Hz
重力加速度	g	米每二次方秒	米/秒^2	m/s^2
频率、转速	n	每秒	秒$^{-1}$	s^{-1}
质量流量	q_m	千克每秒	千克/秒	kg/s
体积流量	q_v	立方米每秒	米^3/秒	m^3/s

续一

量的名称	符号	中文单位名称	简称	法定单位符号
周期	T	秒	秒	s
时间	t	秒	秒	s
线速度	v	米每秒	米/秒	m/s
角加速度	α	弧度每二次方秒	弧度/秒^2	rad/s^2
角速度,角频率	ω	弧度每秒	弧度/秒	rad/s
三、质量				
原子量	A	摩尔	摩	mol
冲量	I	牛[顿]秒	牛·秒	N·s
惯性矩	I	四次方米	米^4	m^4
惯性半径	i	米	米	m
转动惯量	J	千克二次方米	千克·米^2	kg·m^2
动量矩	L	千克二次方米每秒	千克·米^2/秒	kg·m^2/s
分子量	M	摩尔	摩	mol
质量	m	千克(公斤)	千克	kg
动量	p	千克米每秒	千克·米/秒	kg·m/s
静矩(面积矩)	S	三次方米	米^3	m^3
截面模量	W	三次方米	米^3	m^3
密度	ρ	千克每立方米	千克/米^3	kg/m^3
四、力				
弹性模量	E	帕[斯卡]	帕	Pa
力	F,P,Q,R,f	牛[顿]	牛	N
荷重、重力	G	牛[顿]	牛	N
切变模量	G	帕[斯卡]	帕	Pa
硬度	H	牛[顿]每平方米	牛/米^2	N/m^2
布氏硬度	HB	牛[顿]每平方米	牛/米^2	N/m^2
洛氏硬度	HR,HRA,HRB,HRC	牛[顿]每平方米	牛/米^2	N/m^2
肖氏硬度	HS	牛[顿]每平方米	牛/米^2	N/m^2
维氏硬度	HV	牛[顿]每平方米	牛/米^2	N/m^2
力矩、弯矩	M	牛[顿]米	牛·米	N·m
压强	p	帕[斯卡]	帕	Pa
转矩、扭矩	T	牛[顿]米	牛·米	N·m
动力黏度	η	帕[斯卡]秒	帕·秒	Pa·s
摩擦因数	μ			
运动黏度	ν	二次方米每秒	米^2/秒	m^2/s
正应力	σ	帕[斯卡]	帕	Pa
屈服点	σ_s	帕[斯卡]	帕	Pa
切应力	τ	帕[斯卡]	帕	Pa
五、能				
功	A,W	焦[耳]	焦	J
能	E	焦[耳]	焦	J

续二

量的名称	符号	中文单位名称	简称	法定单位符号
功率	P	瓦[特]	瓦	W
变形能	U	牛[顿]米	牛·米	N·m
比能	u	焦[耳]每千克	焦耳/千克	J/kg
效率	η	百分比	%	
六、热				
热容	C	焦[耳]每开[尔文]	焦/开	J/K
比热容	c	焦[耳]每千克开[尔文]	焦/(千克·开)	J/(kg·K)
焓	H	焦[耳]	焦	J
传热系数	K	瓦[特]每平方米开[尔文]	瓦/(米^2·开)	W/(m^2·K)
熔解热	L_f	焦[耳]每千克	焦/千克	J/kg
汽化热	L_v	焦[耳]每千克	焦/千克	J/kg
热量	Q	焦[耳]	焦	J
燃烧值	q	焦[耳]每千克	焦/千克	J/kg
热流[量]密度	q, φ	瓦[特]每平方米	瓦/米^2	W/m^2
热阻	R	开[尔文]每瓦[特]	开/瓦	k/W
熵	S	焦[耳]每开[尔文]	焦/开	J/K
热力学温度	T	开[尔文]	开	K
摄氏温度	t	摄氏度	度	℃
热扩散率	a	平方米每秒	米^2/秒	m^2/s
线[膨]胀系数	α_L	每开[尔文]	开$^{-1}$	K^{-1}
面[膨]胀系数	α_S	每开[尔文]	开$^{-1}$	K^{-1}
体[膨]胀系数	α_V	每开[尔文]	开$^{-1}$	K^{-1}
热导率(导热系数)	λ	瓦[特]每米开[尔文]	瓦/(米·开)	W/(m·K)
七、光和声				
光速	c	米每秒	米/秒	m/s
光焦度	D	屈光度	屈光度	
[光]照度	E, E_V	勒[克斯]	勒	lx
光通量	$\Phi 、\Phi_V, F$	流[明]	流	lm
焦距	f	米	米	m
曝光量	$H 、H_V$	勒[克斯]秒	勒·秒	lx·s
发光强度	I, I_V	坎[德拉]	坎	cd
声强[度]	I, J	瓦[特]每平方米	瓦/米^2	W/m^2
光视效能	K	流[明]每瓦特	流/瓦	lm/W

第二章 市政工程造价常用公式与资料

续三

量的名称	符号	中文单位名称	简称	法定单位符号
[光]亮度	L, L_V	坎[德拉]每平方米	坎/米^2	cd/m^2
响度级	L_N	方	方	(phon)
响度	N	宋	宋	(sone)
折射率	n			
辐[射能]通量	$\Phi、\Phi_e、P$	瓦[特]	瓦	W
吸声因数(吸声系数)	$\alpha、\alpha_a$			
声强级	β	贝[尔]或分贝[尔]	贝或分贝	B 或 dB
反射因数(反射系数)	γ			
隔声系数	σ	贝[尔]或分贝[尔]	贝或分贝	B 或 dB
透射因数(透射系数)	τ			
八、电和磁				
磁感应强度	B	特[斯拉]	特	T
电容	C	法[拉]	法	F
电通[量]密度(电位移)	D	库[仑]每平方米	库/米^2	C/m^2
电场强度	E	牛[顿]每库[仑]或伏[特]每米	牛/库或伏/米	N/C 或 V/m
电导	G	西[门子]	西	S
磁场强度	H	安[培]每米	安/米	A/m
电流	I	安[培]	安	A
电流密度	$J、\delta$	安[培]每平方米	安/米^2	A/m^2
电感	$M、L$	亨[利]	亨	H
电功率	P	瓦[特]	瓦	W
磁矩	m	安[培]平方米	安·米^2	A·m^2
电量,电荷	$Q、q$	库[仑]	库	C
电阻	R	欧[姆]	欧	Ω
电势差(电压)	$U、V$	伏[特]	伏	V
电势(电位)	$V、\phi$	伏[特]	伏	V
电抗	X	欧[姆]	欧	Ω
阻抗	Z	欧[姆]	欧	Ω
电导率	$\gamma、\sigma$	西[门子]每米	西/米	S/m
电动势	E	伏[特]	伏	V
介电常数	ε	法[拉]每米	法/米	F/m
电荷线密度	λ	库[仑]每米	库/米	C/m
磁导率	μ	亨[利]每米	亨/米	H/m
电荷[体]密度	ρ	库[仑]每立方米	库/米^3	C/m^3
电阻率	ρ	欧[姆]米	欧·米	Ω·m
电荷面密度	σ	库[仑]每平方米	库/米^2	C/m^2
磁通[量]	Φ	韦[伯]	韦	Wb

二、常用代号

1. 常用构件代号（表 2-22）

表 2-22　　　　　　　　　常用构件代号

序号	名称	代号	序号	名称	代号
1	板	B	28	屋架	WJ
2	屋面板	WB	29	托架	TJ
3	空心板	KB	30	天窗架	CJ
4	槽形板	CB	31	框架	KJ
5	折板	ZB	32	刚架	GJ
6	密肋板	MB	33	支架	ZJ
7	楼梯板	TB	34	柱	Z
8	盖板或沟盖板	GB	35	框架柱	KZ
9	挡雨板或檐口板	YB	36	构造柱	GZ
10	吊车安全走道板	DB	37	承台	CT
11	墙板	QB	38	设备基础	SJ
12	天沟板	TGB	39	桩	ZH
13	梁	L	40	挡土墙	DQ
14	屋面梁	WL	41	地沟	DG
15	吊车梁	DL	42	柱间支撑	ZC
16	单轨吊车梁	DDL	43	垂直支撑	CC
17	轨道连接	DGL	44	水平支撑	SC
18	车挡	CD	45	梯	T
19	圈梁	QL	46	雨篷	YP
20	过梁	GL	47	阳台	YT
21	连系梁	LL	48	梁垫	LD
22	基础梁	JL	49	预埋件	M
23	楼梯梁	TL	50	天窗端壁	TD
24	框架梁	KL	51	钢筋网	W
25	框支梁	KZL	52	钢筋骨架	G
26	屋面框架梁	WKL	53	基础	J
27	檩条	LT	54	暗柱	AZ

注：1. 预制钢筋混凝土构件、现浇钢筋混凝土构件、钢构件和木构件，一般可直接采用本表中的构件代号。在绘图中，当需要区别上述构件的材料种类时，可在构件代号前加注材料代号，并在图纸中加以说明。
　　2. 预应力钢筋混凝土构件的代号，应在构件代号前加注"Y"，如 Y－DL 表示预应力钢筋混凝土吊车梁。

2. 塑料、树脂名称缩写代号（表 2-23）

表 2-23　　　　　　　　　　　塑料、树脂名称缩写代号

名　　称	代号	名　　称	代号
丙烯腈-丁二烯-苯乙烯共聚物	ABS	聚乙酸乙烯酯	PVAC
丙烯腈-甲基丙烯酸甲酯共聚物	A/MMA	聚乙烯醇	PVAL
丙烯腈-苯乙烯共聚物	A/S	中密度聚乙烯	MDPE
丙烯腈-苯乙烯-丙烯酸酯共聚物	A/S/A	三聚氰胺-甲醛树脂	MF
乙酸纤维素	CA	三聚氰胺-酚醛树脂	MPF
乙酸-丁酸纤维素	CAB	聚酰胺（尼龙）	PA
乙酸-丙酸纤维素	CAP	聚丙烯酸	PAA
甲酚-甲醛树脂	CF	聚丙烯腈	PAN
羧甲基纤维素	CMC	聚丁烯-1	PB
聚甲基丙烯酰亚胺	PMI	聚对苯二甲酸丁二醇酯	PBTP
聚甲基丙烯酸甲酯	PMMA	聚碳酸酯	PC
聚甲醛	POM	聚三氟氯乙烯	PCTFE
聚丙烯	PP	聚邻苯二甲酸二烯丙酯	PDAP
氯化聚丙烯	PPC	聚间苯二甲酸二烯丙酯	PDAIP
聚苯醚	PPO	聚乙烯	PE
聚氧化丙烯	PPOX	聚异丁烯	PIB
聚苯硫醚	PPS	聚乙烯醇缩丁醛	PVB
聚苯砜	PPSU	聚氯乙烯	PVC
聚苯乙烯	PS	聚氯乙烯-乙酸乙烯酯	PVCA
聚砜	PSU	氯化聚氯乙烯	PVCC
聚四氟乙烯	PTFE	聚偏二氯乙烯	PVDC
聚氨酯	PUR	聚偏二氟乙烯	PVDF
聚氟乙烯	PVF	乙基纤维素	EC
聚乙烯醇缩甲醛	PVFM	乙烯-丙烯酸乙酯	E/EA
聚乙烯基咔唑	PVK	环氧树脂	EP
聚乙烯基吡咯烷酮	PVP	乙烯-丙烯共聚物	E/P
间苯二酚-甲醛树脂	RF	乙烯-丙烯-二烯三元共聚物	E/P/D

续表

名　称	代号	名　称	代号
增强塑料	RP	乙烯-四氟乙烯共聚物	E/TFE
聚硅氧烷	SI	乙烯-乙酸乙烯酯共聚物	E/VAC
脲甲醛树脂	UF	乙烯-乙烯醇共聚物	E/VAL
不饱和聚酯	UP	全氟(乙烯-丙烯)共聚物	FEP
氯乙烯-乙烯共聚物	VC/E	通用聚苯乙烯	GPS
氯乙烯-乙烯-丙烯酸甲酯共聚物	VC/E/MA	氯化聚乙烯	PEC
氯乙烯-乙烯-乙酸乙烯酯共聚物	VC/E/VCA	聚氧化乙烯	PEOX
氯乙烯-丙烯酸甲酯共聚物	VC/MA	聚对苯二甲酸乙二醇酯	PETP
氯乙烯-甲基丙烯酸甲酯共聚物	VC/MMA	酚醛树脂	PF
氯乙烯-丙烯酸辛酯共聚物	VC/OA	聚酰亚胺	PI
氯乙烯-偏二氯乙烯共聚物	VC/VDC	玻璃纤维增强塑料	GRP
硝酸纤维素	CN	高密度聚乙烯	HDPE
丙酸纤维素	CP	高冲击强度聚苯乙烯	HIPS
酪素(塑料)	CS	低密度聚乙烯	LDPE
三乙酸纤维素	CTA	甲基纤维素	MC

3. 常用增塑剂名称缩写代号（表2-24）

表2-24　　　　　　　　常用增塑剂名称缩写代号

名　称	代号	名　称	代号
烷基磺酸酯	ASE	邻苯二甲酸二甲酯	DMP
邻苯二甲酸苄丁酯	BBP	邻苯二甲酸二壬酯	DNP
己二酸苄辛酯	BOA	己二酸二辛酯	DOA
邻苯二甲酸二丁酯	DBP	间苯二甲酸二辛酯	DOIP
邻苯二甲酸二辛酯	DCP	邻苯二甲酸二辛酯	DOP
邻苯二甲酸二乙酯	DEP	癸二酸二辛酯	DOS
邻苯二甲酸二庚酯	DHP	对苯二甲酸二辛酯	DOTP
邻苯二甲酸二己酯	DHXP	壬二酸二辛酯	DOZ
邻苯二甲酸二异丁酯	DIBP	磷酸二苯甲苯酯	DPCF
己二酸二异癸酯	DIDA	磷酸二苯辛苯酯	DPOF

续表

名　　称	代　号	名　　称	代　号
邻苯二甲酸二异癸酯	DIDP	邻苯二甲酸辛癸酯	ODP
己二酸二异壬酯	DINA	磷酸三氯乙酯	TCEF
邻苯二甲酸二异壬酯	DINP	磷酸三甲苯酯	TCF
己二酸二异辛酯	DIOA	均苯四甲酸四辛酯	TOPM
邻苯二甲酸二异辛酯	DIOP	磷酸三苯酯	TPF

三、我国法定计量单位与非法定计量单位

1. 我国法定的非国际单位制单位（表 2-25）

表 2-25　　　　　　　　我国法定的非国际单位制单位

量的名称	单位名称	单位符号	与 SI 单位的关系
时间	分	min	1min＝60s
	[小]时	h	1h＝60min＝3600s
	日,（天）	d	1d＝24h＝86400s
[平面]角	度	°	$1°=(\pi/180)$rad
	[角]分	′	$1'=(1/60)°=(\pi/10800)$rad
	[角]秒	″	$1''=(1/60)'=(\pi/648000)$rad
体积	升	L,(l)	$1L=1dm^3=10^{-3}m^3$
质量	吨	t	$1t=10^3kg$
	原子质量单位	u	$1u≈1.660540×10^{-27}kg$
旋转速度	转每分	r/min	$1r/min=(1/60)s^{-1}$
长度	海里	nmile	1nmile＝1852m（只用于航行）
速度	节	kn	1kn＝1nmile/h＝(1852/3600)m/s（只用于航行）
能	电子伏	eV	$1eV≈1.602177×10^{-19}J$
级差	分贝	dB	
线密度	特[克斯]	tex	$1tex=10^{-6}kg/m$
面积	公顷	hm²	$1hm^2=10^4m^2$

注：1. 平面角单位度、分、秒的符号,在组合单位中应采用(°)、(′)、(″)的形式。

　　例如,不用°/s,而用(°)/s。

2. 升的符号中,小写字母 l 为备用符号。

3. 公顷的国际通用符号为 ha。

2. 米制与市制单位换算（表2-26）

表2-26　　　　　　　　　　　　米制与市制单位换算

量的名称	单位	米制				市制			
		米/m	毫米/mm	厘米/cm	千米/km	市寸	市尺	市丈	市里
长度	1m	1	1000	100	0.0010	30	3	0.3000	0.0020
	1mm	0.0010	1	0.1000	10^{-6}	0.0300	0.0030	0.0003	2×10^{-6}
	1cm	0.0100	10	1	10^{-5}	0.3000	0.0300	0.0030	2×10^{-5}
	1km	1000	1000000	100000	1	30000	3000	300	2
	1市寸	0.0333	33.3333	3.3333	3.3333×10^{-5}	1	0.1000	0.0100	6.6667×10^{-5}
	1市尺	0.3333	333.3333	33.3333	0.0003	10	1	0.1000	0.0007
	1市丈	3.3333	3333.3333	333.3333	0.0033	100	10	1	0.0067
	1市里	500	500000	50000	0.5000	15000	1500	150	1

	单位	平方米/m²	公亩/a	公顷/ha 或 /hm²	平方公里/km²	平方米/m²	公亩/a	公顷/ha 或 /hm²	平方公里/km²
面积	1m²	1	0.0100	0.0001	10^{-6}	9	0.0900	0.0015	0.1500×10^{-4}
	1a	100	1	0.0100	0.0001	900	9	0.1500	0.0015
	1ha 或 hm²	10000	100	1	0.0100	90000	900	15	0.1500
	1km²	1000000	10000	100	1	9000000	90000	1500	15
	1平方市尺	0.1111	0.0011	0.1111×10^{-4}	0.1111×10^{-6}	1	0.0100	0.0002	1.6667×10^{-6}
	1平方市丈	11.1111	0.1111	0.0011	0.1111×10^{-4}	100	1	0.0167	0.0002
	1市亩	666.6667	6.6667	0.0667	0.0007	6000	60	1	0.0100

	单位	立方米/m³	立方厘米/cm³	升/L	立方市寸	立方市尺	市斗	市石	
体积	1m³	1	1000000	1000	27000	27	100	10	
	1cm³	10^{-6}	1	0.0010	0.0270	0.2700×10^{-4}	0.0001	10^{-5}	
	1L	0.0010	1000	1	27	0.0270	0.1000	0.0100	
	1立方市寸	0.3704×10^{-4}	37.0370	0.0370	1	0.0010	0.0037	0.0004	
	1立方市尺	0.0370	3.7037×10^4	37.0370	1000	1	3.7037	0.3704	
	1市斗	0.0100	10000	10	270	0.2700	1	0.1000	
	1市石	0.1000	100000	100	2700	2.7000	10	1	

3. 米制与英美制单位换算 (表 2-27)

表 2-27 米制与英美制单位换算表

长度

量的名称	单位	米制				英美制			
		米/m	毫米/mm	厘米/cm	千米/km	英寸/in	英尺/ft	码/yd	英里/mile
长度	1m	1	1000	100	0.0010	39.3701	3.2808	1.0936	0.0006
	1mm	0.0010	1	0.1000	10^{-6}	0.0394	0.0033	0.0011	0.6214×10^{-6}
	1cm	0.0100	10	1	10^{-5}	0.3937	0.0328	0.0109	0.6214×10^{-5}
	1km	1000	1000000	100000	1	3.9370×10^{4}	3280.8398	1093.6132	0.6214
	1in	0.0254	25.4000	2.5400	2.54×10^{-5}	1	0.0833	0.0278	1.5783×10^{-5}
	1ft	0.3048	304.8000	30.4800	0.0003	12	1	0.3333	0.0002
	1yd	0.9144	914.4000	91.4400	0.0009	36	3	1	0.0006
	1mile	1609.3440	1.6093×10^{6}	1.6093×10^{5}	1.6093	63360	5280	1760	1

面积

量的名称	单位	平方米/m²	公亩/a	公顷/(ha或hm²)	平方公里/km²	平方英尺/ft²	平方码/yd²	英亩	平方英里/mile²
面积	1m²	1	0.0100	0.0001	10^{-6}	10.7639	1.1960	0.0002	0.3861×10^{-6}
	1a	100	1	0.0100	0.0001	1076.3910	119.5990	0.0247	0.3861×10^{-4}
	1ha或hm²	10000	100	1	0.0100	1.0764×10^{5}	11959.9005	2.4711	0.0039
	1km²	1000000	10000	100	1	1.0764×10^{7}	1.1960×10^{6}	247.1054	0.3861
	1ft²	0.0929	0.0009	0.929×10^{-5}	0.9290×10^{-7}	1	0.1111	0.2296×10^{-4}	0.3587×10^{-7}
	1yd²	0.8361	0.0084	0.8361×10^{-4}	0.8361×10^{-6}	9	1	0.0002	0.3228×10^{-6}
	1英亩	4046.8564	40.4686	0.4047	0.0040	43560	4840	1	0.0016
	1美亩	4046.8767	40.4688	.10.4688	0.0040	43560.2178	4839.9758	1.000005	0.0016
	1mile²	0.2590×10^{7}	0.2590×10^{5}	258.9988	2.5900	27878400	3097600	640	1

体积

量的名称	单位	立方米/m³	立方厘米/cm³	升/L	立方英寸/in³	立方英尺/ft³	立方码/yd³	加仑(英液量)/gal	加仑(美液量)/gal	蒲式耳/bu
体积	1m³	1	1000000	1000	6.1024×10^{4}	35.3146	1.3079	220.0846	264.1719	27.5106
	1cm³	10^{-6}	1	0.0010	0.0610	0.3531×10^{-4}	0.1308×10^{-5}	0.2201×10^{-3}	0.2642×10^{-3}	0.2751×10^{-4}
	1L	0.0010	1000	1	61.0237	0.0353	0.0013	0.2201	0.2642	0.0275
	1in³	1.6387×10^{-5}	16.3871	0.0164	1	0.0006	2.1433×10^{-5}	0.0036	0.0043	0.0005
	1ft³	0.0283	2.8317×10^{4}	28.3168	1728	1	0.0370	6.2321	7.4805	0.7790
	1yd³	0.7646	7.6455×10^{5}	764.5549	46656	27	1	168.2668	201.9740	21.0333
	1gal(英)	0.0045	4543.7068	4.5437	277.2740	0.1605	0.0059	1	1.2003	0.1250
	1gal(美)	0.0038	3785.4760	3.7855	231	0.1337	0.0050	0.8331	1	0.1041
	1bu	0.0363	3.6350×10^{4}	36.3497	2218.1920	1.2837	0.0475	8	9.6026	1

4. 其他单位之间的换算（表 2-28）

表 2-28　　　　　　　　　　　其他单位之间的换算

量的名称	法定计量单位		常用非法定计算单位		单位换算
	名称	符号	名称	符号	
质量	千克(公斤) 吨 原子质量单位	kg t u	磅 英担 英吨 短吨 盎司 米制克拉	lb cwb ton shton oz 	1lb＝0.45359237kg 1cwb＝50.8023kg 1ton＝1016.05kg 1shton＝904.185kg 1oz＝28.3495g 1 米制克拉＝2×10^{-4}kg
力； 重力	牛[顿]	N	达因 千克力 磅力	dyn kgf lbf	1dyn＝10^{-5}N 1kgf＝9.80665N 1lbf＝4.44822N
力矩	牛顿米	N·m	千克力米 磅力英尺 磅力英寸	kgf·m lbf·h lbf·in	1kgf·m＝9.80665N·m 1lbf·h＝1.35582N·m 1lbf·in＝0.112985N·m
压力 压强	帕[斯卡]	Pa	巴 千克力每平方厘米 工程大气压 标准大气压 磅力每平方英尺 平方英寸	bar kgf/cm² at atm 1bf/tf² 1bf/in²	1bar＝10^3Pa 1kgf/cm²＝0.0980665MPa 1at＝98066.5Pa＝98.0665kPa 1atm＝101325Pa＝101.325kPa 1lbf/ft²＝47.8803Pa 1lbf/in²＝6894.76Pa＝6.89476kPa
密度	千克每立方米	kg/m³	磅每立方英尺 磅每立方英寸	lb/ft³ lb/in³	1ib/ft³＝16.0185kg/m³ 1lb/in³＝27679.9kg/m³
体积流量	立方米每砂 升每砂	m³/s L/s	立方英尺每秒 立方英寸每小时	ft³/s in³/h	1ft³/s＝0.0283168ms/s 1in³/h＝4.55196×10^{-5}L/s
运动黏度	二次方米每秒	m²/s	斯[托克斯] 厘斯[托克斯]	St cSt	1St＝10^{-4}m²/s 1cSt＝10^{-6}m²/s＝1mm²/s
[动力] 黏度	帕斯卡秒	Pa·s	泊 厘泊	P cP	1P＝10^{-1}Pa·s 1cP＝10^{-3}Pa·s
热力学温度 摄氏温度	开[尔文] 摄氏度	K ℃	华氏度	℉	表示温度差和温度间隔时： 1℃＝1K；1℉＝$\frac{5}{9}$℃ 表示温度数值时： ℃＝(K－273.15) K＝5/9(F＋459.67) ℃＝5/9(℉－32)

5. 英寸的分数、小数及我国习惯称呼与毫米对照表（表2-29）

表2-29　　　　　英寸的分数、小数及我国习惯称呼与毫米对照

英寸(in)		毫米(mm)	我国习惯称呼	英寸		毫米(mm)	我国习惯称呼
分数	小数			分数	小数		
1/16	0.0625	1.5875	半分	9/16	0.5625	14.2875	四分半
1/8	0.1250	3.175	一分	5/8	0.6250	15.875	五分
3/16	0.1875	4.7625	一分半	11/16	0.6875	17.4625	五分半
1/4	0.2500	6.35	二分	3/4	0.7500	19.05	六分
5/16	0.3125	7.9375	二分半	13/16	0.8125	20.6375	六分半
3/8	0.3750	9.525	三分	7/8	0.8750	22.225	七分
7/16	0.4375	11.1125	三分半	15/16	0.9375	23.8125	七分半
1/2	0.5000	12.7	四分	1	1.0000	25.4	一英寸

四、常用材料基本性质、名称及符号

常用材料基本性质、名称及符号见表2-30。

表2-30　　　　　材料基本性质、名称及符号

名称	符号	公式	常用单位	说明
密度	ρ	$\rho = m/V$	g/cm³	m—材料干燥状态下的质量/g； V—材料绝对密实状态下的体积/cm³
表观密度	ρ_0	$\rho_0 = m/V_1$	g/cm³ 或 kg/m³	m—材料干燥状态下的质量/g 或 kg； V_1—材料在自然状态下的体积/cm³ 或 m³
堆积密度	ρ'_0	$\rho'_0 = m/V'_1$	kg/m³	m—颗粒状材料的质量/kg； V'_1—颗粒状材料在堆积状态下的体积/m³
孔隙率	ξ	$\xi = \dfrac{V_1 - V}{V_1} \times 100\%$ $= \left(1 - \dfrac{\rho_0}{\rho}\right) \times 100\%$	%	密实度 $D = 1 - \xi$
空隙率	ξ'	$\xi' = \dfrac{V'_1 - V}{V'_1} \times 100\%$ $= \left(1 - \dfrac{\rho'_0}{\rho_0}\right) \times 100\%$	%	填充率 $D' = 1 - \xi'$
强度	f	$f = P/A$（抗拉、抗压、抗切） $f = M/W$（抗弯）	MPa (N/mm²)	P—破坏时的拉（压、切）力/N； M—抗弯破坏时的弯矩/N·mm； A—受力面积/mm²； W—抗弯截面模量/mm³
含水率	W	$m_水/m$	%	$m_水$—材料中所含水质量/g； m—材料干燥质量/g
质量吸水率	$B_质$	$B_质 = \dfrac{m_1 - m}{m} \times 100\%$	%	m—材料干燥质量/g； m_1—材料吸水饱和状态下的质量/g

续一

名称	符号	公式	常用单位	说明
体积吸水率	$B_体$	$B_体 = \dfrac{m_1-m}{V_1} \times 100\%$ $= B_体 \cdot \rho_0$	%	V_1—材料在自然状态下的体积/cm³; m, m_1, ρ_0 同上
软化系数	ψ	$\psi = f_1/f_0$		f_1—材料在水饱和状态下的抗压强度/MPa 或 N/mm²; f_0—材料在干燥状态下的抗压强度/MPa 或 N/mm²
渗透系数	K	$K = \dfrac{Qd}{ATH}$	mL(cm²·s) 或 cm/s	Q—渗水量/mL; d—试件厚度/cm; A—渗水面积/cm²; T—渗水时间/s; H—水头差/cm
抗渗等级	P_n	$(n=2,4,6,\cdots)$		如 P_{12} 表示在承受最大静水压力为 1.2MPa 的情况下，6 个混凝土标准试件经 8 小时作用后，仍有不少于 4 个试件不渗漏
抗冻等级	F_n	$(n=15,25,\cdots)$		材料在 −15℃ 以下冻结，反复冻融后重量损失≤5%，强度损失≤25% 的冻融次数。如 F_{25} 表示标准试件能经受冻融次数为 25 次
热导率（热导系数）	λ	$\lambda = \dfrac{Qd}{AT(t_2-t_1)}$	W/(m·K)	Q 为传导热量(J)，λ 表示物体厚 1m，两表面温差 1K 时，1 小时通过 1m² 围护结构表面积的热量
热阻	R	$R = 1/U$	m²·K/W	U—传热系数[W/(m²·K)]，表示室外温差为 1K 时，在 1 小时内通过 1m² 围护结构表面积的热量。U 的倒数为热阻
比热容	c	$c = Q/[P(t_1-t_2)]$	kJ/(kg·K)	Q—加热于物体表面所耗热量/kJ; P—材料质量/kg; (t_1-t_2)—物体加热前后的温度差/K
蓄热系数	S	$S = \dfrac{A_q}{A_r}$	W/(m²·K)	S—表示表面温度波动 1℃ 时，在 1 小时内，1m² 围护结构表面吸收和散发的热量; A_q—热流波幅; A_r—表面温度波幅
蒸气渗透系数	μ		g/(m·h·Pa)	材料厚 1m，两侧水蒸气分压力差为 1Pa 时，1 小时经过 1m² 表面积扩散的水蒸气量
吸收因数（吸声系数）	a	$a = \dfrac{E}{E_0}$	%	a—材料吸收声能与入射声能的比值; E—被吸收的声能; E_0—入射声能
热流量	Φ		W	单位时间内通过一个面的热量

续二

名　称	符号	公　式	常用单位	说　明
热流[量]密度	φ	$\varphi=\Phi/A$	W/m²	φ—垂直于热流方向的单位面积的热流量； Φ—热流量/W； A—面积/m²
热惰性指标	D	$D=R\cdot S$		S—蓄热系数[W/(m²·K)]； R—热阻/m²·K/W

五、常用钢材横断面形状及标注方法

1. 圆钢与角钢的截面形状及标注方法（表 2-31）

表 2-31　　　　　圆钢与角钢的截面形状及标注方法

名　称	横断面形状	各部分名称及代号	规格表示方法/mm
圆钢、圆盘条		d—直径	直径 例：$\phi25$
方钢		d—边宽(长)	边长 例：60² 或 60×60
圆角方钢		a—边宽 r—圆角半径	同上
六角钢		S—对边距离	对边距离 例：25
八角钢		S—对边距离	同上

2. 各种型钢的横断面形状及标注方法（表2-32）

表 2-32 型钢的横断面形状及标注方法

名　称	横断面形状	各部分名称及代号	规格表示方法
L形钢	（图）	h—腹板高度； b—面板宽度； t_1—腹板厚度； T—面板厚度； R—内圆角半径； r—面板端部圆角半径	腹板高度×面板宽度× 腹板厚度×面板厚度 例：∟250×80×10.5×15
工字钢	（图）	h—高度； d—腰厚； b—腿宽； r—腰上下圆角半径； r_1—腿边圆角半径； N—型号	高度×腿宽×腰厚或型号表示 例：80×48×4.5 或 8 号
H形钢 HW—宽翼缘 HM—中翼缘 HN—窄翼缘	（图）	H—高度； B—宽度； t_1—腹板厚度； t_2—翼缘厚度； r—圆角半径； N—型号	高度×宽度 例：HW80×80
H形钢桩 HP—H型钢桩	（图）	H—高度； B—宽度； t_1—腹板厚度； t_2—翼缘厚度； r—圆角半径； N—型号	高度×宽度 例：HP600×600
T形钢 TW—宽翼缘 TM—中翼缘 TN—窄翼缘	（图）	h—高度； B—宽度； t_1—腹板厚度； t_2—翼缘厚度； r—圆角半径	高度×宽度 例：TW200×350
槽钢	（图）	h—高度； b—腿宽度； d—腰厚度； r—内圆弧半径； r_1—腿端圆弧半径； N—型号	高度×腿宽×腰厚或型号表示 例：100×43×5.0 或 10 号

3. 其他钢材横断面形状及标注方法（表2-33）

表2-33　　　　　　　　其他钢材横断面形状及标注方法

名　称	横断面形状	各部分名称及代号	规格表示方法/mm
扁钢		b—宽度； σ—厚度	宽度×厚度 例：120×12
圆角扁钢		b—宽度； σ—厚度 r_1—圆角半径	宽度×厚度 例：120×12
钢板		b—宽度； σ—厚度；	厚度或厚度×宽度×长度 例：8 或 8×1600×1800
无缝钢管或 电焊钢管		D—外径； t—壁厚	外径×壁厚×长度 钢号或外径×壁厚 例：104×6×700—20号 或 104×6
预应力钢筋 1. 钢绞线 ϕS （1×3、1×7） 2. 钢丝光圆 ϕp、ϕH 刻痕 ϕI 3. 热处理钢 筋 ϕHT		d—直径	公称直径 例：$\phi S8.5$ 或 $\phi p6$、$\phi H8$、$\phi 15$ 或 $\phi HT8.2$

六、常用钢材截面积与理论质量

1. 型钢截面积与理论质量计算（表2-34）

表2-34　　　　　　　　型钢截面积与理论质量计算表

名　称	截面面积计算公式/mm²	理论质量换算公式/(kg/m)	各部分名称
圆钢、圆盘条	$A = 0.7854 \times d^2$	$W = 0.006165 \times d^2$	d—直径/mm
方钢	$A = d^2$	$W = 0.00785 \times d^2$	d—边宽
圆角方钢	$A = a^2 - 0.8584 \times r^2$		a—边宽；r—圆角半径
六角钢	$A = 2.5981 \times S^2$	$W = 0.0068 \times S^2$	S—对边距离
八角钢	$A = 4.8285 \times S^2$	$W = 0.0065 \times S^2$	S—对边距离
等边角钢	$A = d(2b-d) + 0.2146 \times (r^2 - r_1^2)$	$W \approx 0.00795 \times d(2b-d)$	b—边宽；d—边厚；r—中圆角半径；r_1—边圆角半径

续表

名 称	截面面积计算公式/mm²	理论质量换算公式/(kg/m)	各部分名称
不等边角钢	$A=d(B+b-d)+0.2146\times(r^2-r_1^2)$	$W\approx 0.00795\times d\times(B+b-d)$	b—长边宽；d—短边厚；其他同上
工字钢	$A=hd+2\delta(b-d)+0.8584\times(r^2-r_1^2)$	$W=0.00785d[h+3.34\times(b-d)]$ $W=0.00785d[h+2.65\times(b-d)]$ $W=0.00785d[h+2.26\times(b-d)]$	h—高度；d—腰厚；δ—腿厚；b—腿宽；r—腰上下圆角半径；r_1—腿边圆角半径
槽钢	$A=hd+2\delta(b-d)+0.4929\times(r^2-r_1^2)$	$W=0.00785d[h+3.26\times(b-d)]$ $W=0.00785d[h+2.44\times(b-d)]$ $W=0.00785d[h+2.24\times(b-d)]$	h—高度；d—腰厚；δ—腿厚；b—腿宽；r—腰上下圆角半径；r_1—腿边圆角半径

注：换算公式中的(1)、(2)、(3)分别表示 a、b、c 型工字钢或槽钢理论质量的计算公式。

2. 其他钢材截面积与理论质量计算（表2-35）

表2-35　　　　　　　其他钢材截面积与理论质量计算表

名 称	横截面积计算公式	理论质量换算公式	各部分名称
扁钢	$A=b\times\delta$	$W=0.00785\times\delta$	b—宽度；δ—厚度
圆角扁钢	$A=b\times\delta-0.8584\times r^2$		b—宽度；δ—厚度；r—圆角半径
钢板	$A=b\times\delta$	$W=7.85\times\delta(kg/m^2)$	b—宽度；δ—厚度
钢管	$A=3.1416\times t\times(D-t)$	$W=0.02466\times t(D-t)$	D—外径；t—壁厚
钢丝	$A=0.7854\times d^2$	$W\approx 0.00615\times d^2$	d—直径

注：1. 钢的相对密度为7.85；
2. W 为每米长度（钢板公式中每平方米）的理论质量(kg)；
3. 螺纹钢筋的规格以计算直径表示，预应力混凝土用钢绞线以公称直径表示，水、煤气输送钢管及套管以公称口径或英寸表示。

七、单位质量钢材展开面积

1. 圆钢与角钢单位质量展开面积计算（表2-36）

表2-36　　　　　　圆钢与角钢单位质量展开面积计算

钢材类型	单位	每米表面积/(m²/m)	每吨表面积/(m²/t)	说　　明
圆钢	m²/t		$509.55\div\phi$	（ϕ—钢筋公称直径·mm）
方钢	m²/t	边长(m)×4	1000/理论质量×每1m表面积	
六角钢	m²/t	$3.46415\times S$	1000/理论质量×每1m表面积	($S-m^2$)
八角钢	m²/t	$3.3137\times S$	1000/理论质量×每1m表面积	($S-m^2$)

续表

钢材类型	单位	每米表面积/(m²/m)	每吨表面积/(m²/t)	说明
工字钢	m²/t	$2(h-d)+4b-1.7168(r+r_1)$	1000/理论质量×每米表面积	($h、d、b、r、r_1$—m)
槽钢	m²/t	$2(h-d)+4b-0.8584(r+r_1)$	1000/理论质量×每米表面积	($h、d、b、r、r_1$—m)
等边角钢	m²/t			
不等边角钢	m²/t			
无缝钢管	m²/t	πD	1000/理论质量×每米表面积	(D 钢管外径—m)

注:"表面积"用于环氧树脂涂层和金属结构工程油漆的面积计算。

2. 型钢单位质量展开面积计算(表2-37)

表2-37　　　　　　　　　　型钢单位质量展开面积计算

钢材类型	单位	每米表面积/(m²/m)	每吨表面积/(m²/t)	说明
热轧剖分T形钢	m²/t	$2(h+B)-0.8584r$	1000/理论质量×每米表面积	(高度 h、宽度 B、腹板厚度 r—m)
热轧H形钢	m²/t	$2(H-t_1)+4B-1.7168r$	1000/理论质量×每米表面积	(高度 H、腹板厚度 t_1、宽度 B、圆角半径 r—m)
热轧H形钢柱	m²/t	$2(H-t_1)+4B-1.7168r$	1000/理论质量×每米表面积	(高度 H、腹板厚度 t_1、宽度 B、圆角半径 r—m)
热轧L形钢	m²/t	$2(h+b)-0.4292(R+2r)$	1000/理论质量×每米表面积	(腹板高度 h、面板宽度 b、内圆角半径 R、面板端部圆角半径 r—m)

注:"表面积"用于环氧树脂涂层和金属结构工程油漆的面积计算。

第三章 建设项目决策阶段工程造价控制

第一节 工程造价管理概述

一、工程造价管理的含义

工程造价管理是以建设项目为对象,为在目标的工程造价计划值以内实现项目而对工程建设活动中的造价所进行的规划、控制和管理。

工程造价管理主要由两个并行、各有侧重又互相联系、相互重叠的工作过程构成,即工程造价的规划过程与工程造价的控制过程。在建设项目的前期,以工程造价的规划为主;在项目的实施阶段,工程造价的控制占主导地位。

工程造价管理有建设工程投资费用的管理和建设工程价格管理两种。

(1)建设工程投资费用管理,是指为了实现投资的预期目标,在拟定的规划、设计方案的条件下,预测、计算、确定在监控工程造价及其变动的系统活动。这一含义既涵盖了微观层次的项目投资费用的管理,也涵盖了宏观层次的投资费用的管理。它属于工程建设投资管理范畴。

(2)建设工程价格管理分为两个层次,在微观上它是生产企业在掌握市场价格信息的基础上为实现管理目标,而进行的成本控制、计价、定价和竞争的系统活动;在宏观上,它是在宏观层次上,是政府根据社会经济发展的要求,利用法律手段、经济手段和行政手段对价格进行管理和调控,以及通过市场管理规范市场主体价格行为的系统活动。

二、工程造价管理基本内容

工程造价管理的基本内容包括合理确定和有效控制两部分。

1. 工程造价的合理确定

(1)项目建议书阶段。项目建议书是要求建设某一项具体项目的建议文件,是项目建设程序中最初阶段的工作,是投资决策前对拟建项目的轮廓设想。项目建议书的主要作用是为了推荐一个拟进行建设的项目的初步说明,论述它的建设必要性、条件的可行性和获利的可能性,供建设管理部门选择并确定是否进行下一步工作。

在项目建议书阶段,按照有关规定,应编制初步投资估算。给有权部门批准,作为拟建项目列入国家中长期计划和开展前期工作的控制造价。

(2)可行性研究阶段。项目建议书一经批准,即可着手进行可行性研究,对项目在技术上是否可行、经济上是否合理进行科学分析和论证。我国从 20 世纪 80 年代初将可行性研究正式纳入基本建设程序和前期工程计划;规定大中型项目、利用外资项目、引进技术和设备进口项目都要进行可行性研究,其他项目有条件的也要进行可行性研究。

在可行性研究阶段,按照有关规定编制的投资估算,经有权部门批准,即为该项目控制造价。

(3)初步设计阶段。在初步设计阶段,按照有关规定编制的初步设计总概算,经有权部门批准,即作为拟建项目工程造价的最高限额。对初步设计阶段,实行建设项目招标承包制签订承包合同协议的,其合同价也应在最高限价(总概算)相应的范围以内。

(4)施工图设计阶段。在施工图设计阶段,按规定编制施工图预算,用以核实施工图阶段预算造价是否超过批准的初步设计概算。

(5)在工程实施阶段。在工程实施阶段,按照承包方实际完成的工程量,以合同价为基础,同时考虑因物价上涨所引起的造价提高,考虑到设计中难以预计的而在实施阶段实际发生的工程和费用,合理确定结算价。

(6)竣工验收阶段。竣工验收是工程建设过程的最后一环,是全面考核建设成果、检验设计和工程质量的重要阶段,也是项目建设转入生产或使用的标志。通过竣工验收,一是检验设计和工程质量,保证项目按设计要求的技术经济指标正常生产;二是有关部门和单位可以总结经验教训;三是建设单位对验收合格的项目可以及时移交固定资产,使其建设系统转入生产系统或投入使用,凡符合竣工条件而不及时办理竣工验收的,一切费用不准再从投资中支出。

在竣工验收阶段全面汇集了工程建设过程中实际花费的全部费用,编制竣工决算,应如实体现该建设工程的实际造价。

2. 工程造价的有效控制

工程造价的有效控制是工程建设管理的重要组成部分。所谓工程造价的控制,就是投资决策阶段、设计阶段、建设项目发包阶段和施工阶段,把建设项目投资的发生控制在批准的投资限额以内,随时纠正发生的偏差,以保证项目投资管理目标的实现,以求在各个建设项目中能合理使用人力、物力和财力,取得较好的经济效益和社会效益。

工程造价的有效控制主要体现在以下几个方面:

(1)项目决策阶段。在项目决策阶段,根据拟建项目的功能要求和使用要求,做出项目定义,包括项目投资定义。并按项目规划的要求和内容以及项目分析和研究的不断深入,逐步地将投资估算的误差率控制在允许的范围之内。

(2)初步设计阶段。在初步设计阶段,运用设计标准与标准设计、价值工程方法、限额设计方法等,以可行性研究报告中被批准的投资估算为工程造价目标数,控制初步设计。如果设计概算超出投资估算(包括允许的误差范围),应对初步设计的结果进行调整和修改。

(3)施工图设计阶段。在施工图设计阶段,则应以被批准的设计概算为控制目标,应用限额设计、价值工程等方法,以设计概算控制施工图设计工作的进行。如果施工图预算超过设计概算,则说明施工图设计的内容突破了初步设计所规定的项目设计原则,因而应对施工图设计的结果进行调整和修改。通过对设计过程中所形成的工程造价费用的层层控制,以实现工程项目设计阶段的造价控制目标。

(4)施工准备阶段。在施工准备阶段,以工程设计文件(包括概、预算文件)为依据,结合工程施工的具体情况,如现场条件、市场价格、业主的特殊要求等,参与招标文件的制定,编制招标工程的招标控制价(标底),选择合适的合同计价方式,确定工程承包合同的价格。

(5)工程施工阶段。在工程施工阶段,以施工图预算、工程承包合同价等为控制依据,通过工程计量、控制工程变更等方法,按照承包方实际完成的工程量,严格确定施工阶段实际发生的工程费用。以合同价为基础,同时考虑因物价上涨所引起的造价提高,考虑到设计中难以预计的而在施工阶段实际发生的工程和费用,合理确定工程结算,控制实际工程费用的支出。

(6)竣工验收阶段。在竣工验收阶段,全面汇集在工程建设过程中实际花费的全部费用,编制竣工决算,如实体现建设项目的实际工程造价,并总结分析工程建造的经验,积累技术经济数据和资料,不断提高工程造价管理的水平。

第二节　建设工程项目可行性研究

对建设项目进行合理选择，是对国家经济资源进行优化配置的最直接、最重要的手段。可行性研究是在建设项目的投资前期，对拟建项目进行全面、系统的技术经济分析和论证，从而对建设项目进行合理选择的一种重要方法。

一、可行性研究的概念

可行性研究是指对某工程项目在做出是否投资的决策之前，先对与该项目有关的技术、经济、社会、环境等所有方面进行调查研究，对项目各种可能的拟建方案认真地进行技术经济分析论证，研究项目在技术上的先进性、适宜性、适用性，在经济上的合理性、有利性、合算性和建设上的可能性，对项目建成投产后的经济效益、社会效益、环境效益等进行科学的预测和评价，据此提出该项目是否应该投资建设，以及选定最佳投资建设方案等结论性意见，为项目投资决策部门提供进行决策的依据。

可行性研究是对工程项目做出是否投资的决策之前，进行技术经济分析论证的科学分析方法和技术手段。

可行性研究广泛应用于新建、改建和扩建项目。在项目投资决策之前，通过做好可行性研究，使项目的投资决策工作建立在科学性和可靠性的基础之上，从而实现项目投资决策科学化，减少和避免投资决策的失误，提高项目投资的经济效益。

二、可行性研究的阶段与内容

1. 可行性研究的阶段划分

对于投资较大、建设周期较长、内外协作配套关系较多的建设工程，可行性研究的工作期限也较长。为了节省投资，减少资源浪费，避免对早期就应淘汰的项目做无效研究，一般将可行性研究分为机会研究、初步可行性研究、可行性研究（有时也叫详细可行性研究）、评价和决策阶段四个阶段。机会研究证明效果不佳的项目，就不再进行初步可行性研究；同样，如果初步可行性研究结论为不可行，则不必再进行可行性研究。

(1) 机会研究阶段。投资机会研究称投资机会论证。这一阶段的主要任务是提出建设项目投资方向建议，即在一个确定的地区和部门内，根据自然资源、市场需求、国家产业政策和国际贸易情况，通过调查、预测和分析研究，选择建设项目，寻找投资的有利机会。这个阶段估算的投资额和生产成本的精确程度大约控制在±30%左右，大中型项目的机会研究所需时间大约在1~3个月，所需费用约占投资总额的0.2%~1%。如果投资者对这个项目感兴趣，则可再进行下一步的可行性研究工作。

(2) 初步可行性研究阶段。对选定的投资项目进行市场分析，进行初步技术经济评价，确定是否需要进行更深入的研究。初步可行性研究内容和结构与详细可行性研究基本相同，主要区别是所获资料的详尽程度不同、研究深度不同。对建设投资和生产成本的估算精度一般要求控制在±20%左右，研究时间大约为4~6个月，所需费用占投资总额的0.25%~1.25%。

(3) 可行性研究阶段。对需要进行更深入可行性研究的项目进行更细致的分析，减少项目的不确定性，对可能出现的风险制定防范措施。在此阶段，建设投资和生产成本计算精度控制在±10%以内；大型项目研究工作所花费的时间为8~12个月，所需费用约占投资总额的0.2%~1%；中小型项目研究工作所花费的时间为4~6个月，所需费用约占投资总额的1%~3%。

(4)评价和决策阶段。评价和决策是由投资决策部门组织和授权有关咨询公司或有关专家,代表项目业主和出资人对建设项目可行性研究报告进行全面的审核和再评价。其主要任务是对拟建项目的可行性研究报告提出评价意见,最终决策该项目投资是否可行,确定最佳投资方案。

初步可行性研究完成后,一般要向主管部门提交项目建议书;可行性研究完成后,合作方、合资方、主管部门或银行要组织专家对可行性研究报告进行评估,据此对可行性研究报告进行审批,以进一步提高决策的科学性。

2. 可行性研究的内容

(1)总论。包括项目提出的背景(改扩建项目要说明企业现有概况);投资的必要性和经济意义;研究工作的依据和范围。

(2)需求预测和拟建规模。主要包括:国内、外需求情况的预测;国内现有工厂生产能力的估计;销售预测、价格分析、产品竞争能力,进入国际市场的前景;拟建项目的规模、产品方案和发展方向的技术经济比较和分析。

(3)资源、原材料、燃料及公用设施情况。经过全国储量委员会正式批准的资源储量、品位、成分以及开采、利用条件的评述;所需原料、辅助材料、燃料的种类、数量、质量及其来源和供应的可能性;有毒、有害及危险品的种类、数量和储运条件;材料试验情况;所需动力(水、电、气等)公用设施的数量、供应条件、外部协作条件,以及签订协议和合同的情况。

(4)建厂条件和厂址方案。主要包括:建厂的地理位置、气象、水文、地质、地形条件和社会经济现状;交通、运输及水、电、气的现状和发展趋势;厂址比较与选择意见。

(5)项目设计方案。主要包括:项目的构成范围(指包括的主要单项工程)、技术来源和生产方法、主要技术工艺和设备选型方案的比较,引进技术、设备的来源、国别,设备的国内外分交或与外商合作制造的设想。改扩建项目要说明对原有固定资产的利用情况;全厂布置方案的初步选择和土建工程量估算;公用辅助设施和厂内外交通运输方式的比较和初步选择。

(6)环境保护与劳动安全。主要包括:对项目建设地区的环境状况进行调查,分析拟建项目"三废"(废气、废水、废渣)的种类、成分和数量,并预测其对环境的影响;提出治理方案的选择和回收利用情况,对环境影响进行评价;提出劳动保护、安全生产、城市规划、防震、防洪、防空、文物保护等要求以及采取相应的措施方案。

(7)企业组织、劳动定员人员培训(估算数)。主要包括:全厂生产管理体制、机构的设置,对选择方案的论证;工程技术和管理人员的素质和数量的要求;劳动定员的配备方案;人员的培训规划和费用估算。

(8)项目施工计划和进度要求。根据勘察设计、设备制造、工程施工、安装、试生产所需时间与进度要求,选择项目实施方案和总进度,并用横道图和网络图来表述最佳实施方案。

(9)投资估算和资金筹措。投资估算包括项目总投资估算,主体工程及辅助、配套工程的估算,以及流动资金的估算;资金筹措应说明资金来源、筹措方式、各种资金来源所占的比例、资金成本及贷款的偿付方式。

(10)项目经济评价。主要包括:财务评价和国民经济评价,并通过有关指标的计算,进行项目盈利能力、偿还能力等分析,得出经济评价结论。

(11)项目评价与结论建议。运用各项数据,从技术、经济、社会、财务等各个方面综合论述项目的可行性,推荐一个或几个方案供决策参考,指出项目存在的问题以及结论性意见和改进建议。

可以看出,建设项目可行性研究报告的内容可概括为三大部分。一是市场研究,包括产品的市场调查和预测研究,这是项目可行性研究的前提和基础,其主要任务是要解决项目的"必要性"问题;二是技术研究,即技术方案和建设条件研究,这是项目可行性研究的技术基础,它要解决项目在技术上的"可行性"问题;三是效益研究,即经济效益的分析和评价,这是项目可行性研究的核心部分,主要解决项目在经济上的"合理性"问题。市场研究、技术研究和效益研究共同构成项目可行性研究的三大支柱。

三、可行性研究的依据及工作步骤

1. 建设项目可行性研究的依据

(1)编制依据。

1)国民经济发展的长远规划、国家经济建设的方针、任务和技术经济政策。按照国民经济发展的长远规划和国家经济建设方针确定的基本建设的投资方向和规模,提出需要进行可行性研究的项目建议书。这样可以有计划地统筹安排各部门、各地区、各行业以及企业产品生产的协作与配套项目,有利于做到综合平衡,也符合我国经济建设的要求。

2)项目建议书和委托单位的要求。项目建议书是做各项准备工作和进行可行性研究的重要依据,只有经国家计划部门审查同意,并列入建设前期工作计划后,方可开展可行性研究的各项工作。建设单位在委托可行性研究任务时,应向承担可行性研究工作的单位,提出对建设项目的目标和要求,并说明有关市场、原料、资金来源以及工作范围等情况。

3)有关的基础资料。进行厂址选择、工程设计、技术经济分析需要可靠的地理、气象、地质等自然和经济、社会等基础资料和数据。

4)有关工程技术经济方面的规范、标准、定额等,以及国家正式颁布的技术法规和技术标准。它们都是考察项目技术方案的基本依据。

5)有关项目经济评价的基本参数和指标。例如,基准收益率、社会折现率、固定资产折旧率、外汇汇率、价格水平、工资标准、同类项目的生产成本等,这些参数和指标都是进行项目经济评价的基准和依据。

(2)编制要求。

1)可行性研究报告是投资者进行项目最终决策的重要依据。其质量如何影响重大。为保证可行性研究报告的质量,应切实做好编制前的准备工作,占有大量的、准确的、可用的信息资料,进行科学的分析比选论证。报告编制单位和人员应坚持独立、客观、公正、科学、可靠的原则,实事求是,对提供的可行性研究报告质量负完全责任。所以在编制可行性研究报告时,要确保可行性研究报告的真实性和科学性。

2)可行性研究的内容和深度及计算指标必须达到标准要求。不同行业、不同性质、不同特点的建设项目,其可行性研究的内容和深度及计算指标,必须满足作为项目投资决策和进行设计的要求。

3)可行性研究报告必须经签证与审批。可行性研究报告编完之后,应有编制单位的行政、技术、经济方面的负责人签字,并对研究报告的质量负责。另外,还需要上报主管部门审批。通常大中型项目的可行性研究报告,由各主管部门、各省、市、自治区或全国性专业公司负责预审,报国家发展和改革委员会审批,或由国家发展和改革委员会委托有关单位审批。小型项目的可行性研究报告,按隶属关系由各主管部门、各省、市、自治区审批。重大和特殊建设项目的可行性研究报告,由国家发展和改革委员会会同有关部门预审,报国务院审批。可行性研究报告的预审单位,对预审结论负责。可行性研究报告的审批单位,对审批意见负责。若发现工作中有弄虚作假的现象时,应追究有关负责人的责任。

2. 建设项目可行性研究的基本工作步骤

可行性研究的基本工作步骤(图4-1)大致可以概括为:
(1)签订委托协议。
(2)组建工作小组。
(3)制订工作计划。
(4)市场调查与预测。
(5)方案编制与优化。
(6)项目评价。
(7)编写可行性研究报告。
(8)与委托单位交换意见。

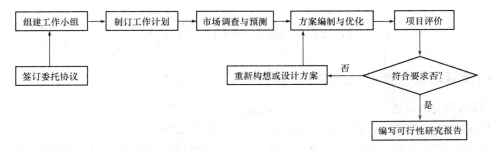

图4-1 可行性研究的基本工作步骤

四、可行性研究报告的评估

可行性研究报告的评估,主要是对拟建的建设项目的可行性研究报告进行复查和再评价,审核其内容是否确实,分析和计算是否正确,一般包括以下几方面的评估:
(1)建设项目必要性的评估。
(2)建设条件与生产条件的评估。
(3)工艺、技术、设备评估。
(4)建设项目的建设方案和标准的评估。
(5)基础经济数据的测算与评估。
(6)财务效益评估。
(7)国民经济效益评估。
(8)社会效益评估。
(9)不确定性分析评估等。

五、可行性研究报告的审批

1. 预审

咨询或设计单位编制和上报的可行性研究报告及有关文件,按项目大小应在预审前提交预审主持单位。预审单位认为有必要时,可委托有关方面提出咨询意见,报告提出单位应向咨询单位提供必要的资料、情况和数据,并应积极配合。预审主持单位组织有关设计、科研机构、企业和有关方面后专家参加,广泛听取意见,对可行性研究报告提出预审意见。当发现可行性研究报告有原则性错误或报告的基础依据与社会环境条件有重大变化时,应对可行性研究报告进行修改和复审。可行性研究报告的修改和复审工作仍由原编制单位和预审主持单位按照规定进行。

2. 审批

我国建设项目的可行性研究报告,须按照国家发改委的有关规定审批。

(1)大中型建设项目的可行性研究报告,由各主管部门、各省、市、自治区或全国性专业公司负责预审,报国家发改委审批或国家发改委委托有关单位审批。

(2)重大项目和特殊项目的可行性研究报告由国家发改委会同有关部门预审,报国务院审批。

(3)小型项目的可行性研究报告,按隶属关系由各主管部门、各省、市、自治区或全国性专业公司审批。

经可行性研究证明不可行的项目,经审定后即将项目取消。

第三节 建设项目投资估算

一、建设项目投资估算概述

1. 投资估算的概念

投资估算是在对项目的建设规模、产品方案、工艺技术及设备方案、工程方案及项目实施进度等进行研究并在基本确定的基础上,估算项目所需资金总额(包括建设投资和流动资金)并估算建设期分年资金使用计划。投资估算是拟建项目编制项目建议书、可行性研究报告的重要组成部分,是项目决策的重要依据之一。

2. 投资估算的作用

(1)投资估算是投资项目建设前期的重要环节。投资估算是投资项目建设前期工作中制定融资方案、进行经济评价的基础,以及其后编制初步设计概算的依据。因此,按照项目建设前期不同阶段所要求的内容和深度,完整、准确地进行投资估算是项目决策分析与评价阶段必不可少的重要工作。

(2)在可行性研究阶段,投资估算准确与否,以及是否符合工程实际,不仅决定着能否正确评价项目的可行性,同时也决定着融资方案设计的基础是否可靠,因此,投资估算是项目可行性研究报告的关键内容之一。

(3)项目投资估算对工程设计概算起控制作用,设计概算不得突破批准的投资估算额,并应控制在投资估算额以内。

(4)项目投资估算可作为项目资金筹措及制订建设贷款计划的依据,建设单位可根据批准的项目投资估算额进行资金筹措和向银行申请贷款。

(5)项目投资估算是核算建设项目固定资产投资需要额和编制固定资产投资计划的主要依据。

二、投资估算编制依据

(1)投资估算编制说明一般阐述以下内容:

1)工程概况;

2)编制范围;

3)编制方法;

4)编制依据;

5)主要技术经济指标;
6)有关参数、率值选定的说明;
7)特殊问题的说明(包括采用新技术、新材料、新设备、新工艺);必须说明的价格的确定;进口材料、设备、技术费用的构成与计算参数;采用矩形结构、异形结构的费用估算方法;环保(不限于)投资占总投资的比重;未包括项目或费用的必要说明等;
8)采用限额设计的工程还应对投资限额和投资分解做进一步说明;
9)采用方案比选的工程还应对方案比选的估算和经济指标做进一步说明。
(2)投资分析应包括以下内容:
1)工程投资比例分析。
2)分析设备购置费、建筑工程费、安装工程费、工程建设其他费用、预备费占建设总投资的比例;分析引进设备费用占全部设备费用的比例等。
3)分析影响投资的主要因素。
4)与国内类似工程项目的比较,分析说明投资高低的原因。
5)总投资估算包括汇总单项工程估算、工程建设其他费用,估算基本预备费、价差预备费,计算建设期利息等。
6)单项工程投资估算,应按建设项目划分的各个单项工程分别计算组成工程费用的建筑工程费、设备购置费、安装工程费。
7)工程建设其他费用估算,应按预期将要发生的工程建设其他费用种类,逐渐详细估算其费用金额。
8)估算人员应根据项目特点,计算并分析整个建设项目、各单项工程和主要单位工程的主要技术经济指标。
(3)投资估算编制依据。
1)投资估算的编制依据是指在编制投资估算时需要进行计量、价格确定、工程计价有关参数、率值确定的基础资料。
2)投资估算的编制依据主要有以下几个方面:
①国家、行业和地方政府的有关规定。
②工程勘察与设计文件,图示计量或有关专业提供的主要工程量和主要设备清单。
③行业部门、项目所在地工程造价管理机构或行业协会等编制的投资估算指标、概算指标(定额)、工程建设其他费用定额(规定)、综合单价、价格指数和有关造价文件等。
④类似工程的各种技术经济指标和参数。
⑤工程所在地的同期的工、料、机市场价格,建筑、工艺及附属设备的市场价格和有关费用。
⑥政府有关部门、金融机构等部门发布的价格指数、利率、汇率、税率等有关参数。
⑦与建设项目相关的工程地质资料、设计文件、图纸等。
⑧委托人提供的其他技术经济资料。

三、投资估算的费用构成

(1)建设项目总投资由建设投资、建设期利息、固定资产投资方向调节税和流动资金组成。
(2)建设投资是用于建设项目的工程费用、工程建设其他费用及预备费用之和。
(3)工程费用包括建筑工程费、设备及工器具购置费、安装工程费。
(4)预备费包括基本预备费和价差预备费。
(5)建设期贷款利息包括支付金融机构的贷款利息的为筹集资金而发生的融资费用。

(6)建设项目总投资的各项费用按资产属性分别形成固定资产、无形资产和其他资产(递延资产)。项目可行性研究阶段可按资产类别简化归并后进行经济评价(表3-1)。

表 3-1　　　　　　　　　　建设项目总投资组成表

费用项目名称			资产类别归并(限项目经济评价用)
建设投资	第一部分 工程费用	建筑工程费	固定资产费用
		设备购置费	
		安装工程费	
	第二部分 工程建设 其他费用	建设管理费	
		建设用地费	
		可行性研究费	
		研究试验费	
		勘察设计费	
		环境影响评价费	
		劳动安全卫生评价费	
		场地准备及临时设施费	
		引进技术和引进设备其他费	
		工程保险费	
		联合试运转费	
		特殊设备安全监督检验费	
		市政公用设施费	
		专利及专有技术使用费	无形资产费用
		生产准备及开办费	其他资产费用(递延资产)
	第三部分 预备费用	基本预备费	固定资产费用
		价差预备费	
建设期利息			固定资产费用
固定资产投资方向调节税(暂停征收)			
流动资金			流动资产

四、投资估算编制办法

1. 一般要求

(1)建设项目投资估算要根据主体专业设计的阶段和深度,结合各自行业的特点,所采用生产工艺流程的成熟性,以及编制者所掌握的国家及地区、行业或部门相关投资估算基础资料和数据的合理、可靠、完整程度(包括造价咨询机构自身统计和积累的、可靠的相关造价基础资料),采用生产能力指数法、系数估算法、比例估算法、混合法(生产能力指数法与比例估算法、系数估算法与比例估算法等综合使用)、指标估算法进行建设项目投资估算。

(2)建设项目投资估算无论采用何种办法,应充分考虑拟建项目设计的技术参数和投资估算所采用的估算系数、估算指标,在质和量方面所综合的内容,应遵循口径一致的原则。

(3)建设项目投资估算无论采用何种办法,应将所采用的估算系数和估算指标价格、费用水平调整到项目建设所在地及投资估算编制年的实际水平。对于建设项目的边界条件,如建设用地费和外部交通、水、电、通信条件,或市政基础设施配套条件等差异所产生的与主要生产内容投资无必然关联的费用,应结合建设项目的实际情况修正。

2. 项目建议书阶段投资估算

(1)项目建议书阶段的投资估算一般要求编制总投资估算,总投资估算表中工程费用的内容应分解到主要单项工程,工程建设其他费用可在总投资估算表中分项计算。

(2)项目建议书阶段建设项目投资估算可采用生产能力指数法、系数估算法、比例估算法、混合法(生产能力指数法与比例估算法、系数估算法与比例估算法等综合使用)、指标估算法等。

(3)生产能力指数法。生产能力指数法是根据已建成的类似建设项目生产能力和投资额,进行粗略估算拟建建设项目相关投资额的方法,其计算公式为:

$$C = C_1 (Q/Q_1)^X \cdot f$$

式中　C——拟建建设项目的投资额;
　　　C_1——已建成类似建设项目的投资额;
　　　Q——拟建建设项目的生产能力;
　　　Q_1——已建成类似建设项目的生产能力;
　　　X——生产能力指数($0 \leqslant X \leqslant 1$);
　　　f——不同的建设时期、不同的建设地点而产生的定额水平、设备购置和建筑安装材料价格、费用变更和调整等综合调整系数。

(4)系数估算法。系数估算法是根据已知的拟建建设项目主体工程费或主要生产工艺设备费为基数,以其他辅助费或配套工程费占主体工程费或主要生产工艺设备费的百分比为系数,进行估算拟建建设项目相关投资额的方法,其计算公式为:

$$C = E(1 + f_1 P_1 + f_2 P_2 + f_3 P_3 + \cdots) + I$$

式中　C——拟建建设项目的投资额;
　　　E——拟建建设项目的主体工程费或主要生产工艺设备费;
　　　P_1、P_2、P_3——已建成类似建设项目的辅助或配套工程费占主体工程费或主要生产工艺设备费的比重;
　　　f_1、f_2、f_3——由于建设时间、地点不同而产生的定额水平、建筑安装材料价格、费用变更和调整等综合调整系数;
　　　I——根据具体情况计算的拟建建设项目各项其他基本建设费用。

(5)比例估算法。比例估算法是根据已知的同类建设项目主要生产工艺设备投资占整个建设项目的投资比例,先逐项估算出拟建建设项目主要生产工艺设备投资,再按比例进行估算拟建建设项目相关投资额的方法,其计算公式为:

$$C = \sum_{i=1}^{n} Q_i P_i / k$$

式中　C——拟建建设项目的投资额;
　　　k——主要生产工艺设备费占拟建建设项目投资额的比例;
　　　n——主要生产工艺设备的种类;
　　　Q_i——第i种主要生产工艺设备的数量;
　　　P_i——第i种主要生产工艺设备购置费(到厂价格)。

(6)混合法。混合法是根据主体专业设计的阶段和深度,投资估算编制者所掌握的国家及地区、行业或部门相关投资估算基础资料和数据(包括造价咨询机构自身统计和积累的相关造价基础资料),对一个拟建建设项目采用生产能力指数法与比例估算法或系数估算法与比例估算法混合估算其相关投资额的方法。

(7)指标估算法。指标估算法是把拟建建设项目以单项工程或单位工程,按建设内容纵向划分为各个主要生产设施、辅助及公用设施、行政及福利设施以及各项其他基本建设费用,按费用性质横向划分为建筑工程、设备购置、安装工程等,根据各种具体的投资估算指标,进行各单位工程或单项工程投资的估算,在此基础上汇集编制成拟建建设项目的各个单项工程费用和拟建建设项目的工程费用投资估算。再按相关规定估算工程建设其他费用、预备费、建设期贷款利息等,形成拟建建设项目总投资。

3. 可行性研究阶段投资估算

(1)可行性研究阶段建设项目投资估算原则上应采用指标估算法,对于对投资有重大影响的主体工程应估算出分部分项工程量,参考相关综合定额(概算指标)或概算定额编制主要单项工程的投资估算。

(2)预可行性研究阶段、方案设计阶段,项目建设投资估算视设计深度,宜参照可行性研究阶段的编制办法进行。

(3)在一般的设计条件下,可行性研究投资估算深度在内容上应达到规定要求。对于子项单一的大型民用公共建筑,主要单项工程估算应细化到单位工程估算书。可行性研究投资估算深度应满足项目的可行性研究与评估要求,并最终满足国家和地方相关部门批复或备案的要求。

4. 投资估算过程中的方案比选、优化设计和限额设计

(1)工程建设项目由于受资源、市场、建设条件等因素的限制,为了提高工程建设投资效果,拟建项目可能存在建设场址、建设规模、产品方案、所选用的工艺流程不同等多个整体设计方案。而在一个整体设计方案中亦可存在厂区总平面布置、建筑结构形式等不同的多个设计方案。当出现多个设计方案时,工程造价咨询机构和注册造价工程师有义务与工程设计者配合,为建设项目投资决策者提供方案比选的意见。

(2)建设项目设计方案比选应遵循以下三个原则:

1)建设项目设计方案比选要协调好技术先进性和经济合理性的关系,即在满足设计功能和采用合理先进技术的条件下,尽可能降低投入。

2)建设项目设计方案比选除考虑一次性建设投资的比选,还应考虑项目运营过程中的费用比选,即项目寿命期的总费用比选。

3)建设项目设计方案比选要兼顾近期与远期的要求,即建设项目的功能和规模应根据国家和地区远景发展规划,适当留有发展余地。

(3)建设项目设计方案比选的内容:在宏观方面有建设规模、建设场址、产品方案等;对于建设项目本身有厂区(或居住小区)总平面布置、主体工艺流程选择、主要设备选型等;小的方面有工程设计标准、工业与民用建筑的结构形式、建筑安装材料的选择等。

(4)建设项目设计方案比选的方法:建设项目多方案整体宏观方面的比选,一般采用投资回收期法、计算费用法、净现值法、净年值法、内部收益率法,以及上述几种方法同时使用等。建设项目本身局部多方案的比选,除了可用上述宏观方案的比较方法外,一般采用价值工程原理或多指标综合评分法(对参与比选的设计方案设定若干评价指标,并按其各自在方案中的重要程度给定各评价指标的权重和评分标准,计算各设计方案的权重加得分的方法)比选。

(5)优化设计的投资估算编制是针对在方案比选确定的设计方案基础上,通过设计招标、方案竞选、深化设计等措施,以降低成本或功能提高为目的的优化设计或深化过程中,对投资估算进行调整的过程。

(6)限额设计的投资估算编制的前提条件是严格按照基本建设程序进行,前期设计的投资估算应准确和合理,限额设计的投资估算编制应进一步细化建设项目投资估算,按项目实施内容和标准合理分解投资额度和预留调节金。

第四节 建设项目财务评价

一、财务评价概述

财务评价是在国家现行会计制度、税收法规和市场价格体系下,预测估计项目的财务效益与费用,编制财务报表,计算评价指标,进行财务盈利能力分析和偿债能力分析,考察拟建项目的获利能力和偿债能力等财务状况,据以判别项目的财务可行性。财务评价应在初步确定的建设方案、投资估算和融资方案的基础上进行,财务评价结果又可以反馈到方案设计中,用于方案比选,优化方案设计。

1. 建设项目财务评价的作用

(1)建设项目财务评价是项目决策分析与评价的重要组成部分。对投资项目的评价应从多角度、多方面进行,无论是在对投资项目的前评价、中间评价和后评价中财务评价都是必不可少的重要内容。在对投资项目的前评价——决策分析与评价的各个阶段中,无论是机会研究、项目建议书、初步可行性研究报告,还是可行性研究报告,财务评价都是其中的重要组成部分。

(2)它是决策的重要依据。在项目决策所涉及的范围中,财务评价虽然不是唯一的决策依据,但却是重要的决策依据。在市场经济条件下,绝大部分项目的有关各方根据财务评价结果做出相应的决策,比如项目发起人决策是否发起或进一步推进该项目;投资人决策是否投资于该项目;债权人决策是否贷款给该项目;各级项目审批部门在做出是否批准该项目的决策时,财务评价结论也是重要的决策依据之一。具体来说,财务评价中的盈利能力分析结论是投资决策的基本依据,其中项目资本金盈利能力分析结论同时也是融资决策的依据;偿债能力分析结论不仅是债权人决策贷款与否的依据,也是投资人确定融资方案的重要依据。

(3)它在项目或方案比选中起着重要作用。项目决策分析与评价的精髓是方案比选,在规模、技术、工程等方面都必须通过方案比选予以优化,使项目整体更趋于合理,此时项目财务数据和指标往往是重要的比选依据。在投资机会不止一个的情况下,如何从多个备选项目中择优,往往是项目发起人、投资者,甚至政府有关部门关心的事情,因此财务评价的结果在项目或方案比选中所起的重要作用是不言而喻的。

(4)配合投资各方谈判,促进平等合作。目前,投资主体多元化已成为项目融资的主流,存在着多种形式的合作方式,主要有国内合资或合作的项目、中外合资或合作的项目、多个外商参与的合资或合作的项目等。在酝酿合资、合作的过程中,造价工程师会成为各方谈判的有力助手,财务评价结果起着促使投资各方平等合作的重要作用。

2. 建设项目财务评价的原则

(1)费用和效益计算范围的一致性原则。为了正确评价项目的获利能力,必须遵循费用与效益计算范围的一致性原则。如果在投资估算中包括了某项工程,那么因建设了该工程而增加的效益就应该考虑,否则就会低估了项目的效益;反之,如果考虑了该工程对项目效益的贡献,但投资却未计算进去,那么项目的效益就会被高估。只有将投入和产出的估算限定在同一范围内,计算的净效益才是投入的真实回报。

(2)费用和效益识别的有无对比原则。有无对比是国际上项目评价中通用的费用与效益识别的基本原则,项目评价的许多方面都需要遵循这条原则,财务评价也不例外。所谓"有"是指实施项目后的将来状况,"无"是指不实施项目时的将来状况。在识别项目的效益和费用时,需注意只有"有无对比"的差额部分才是由于项目的建设增加的效益和费用,即增量效益和费用。有些项目即使不实施,现状效益也会由于各种原因发生变化。例如农业灌溉项目,若没有该项目,将来的农产品产量也会由于气候、施肥、种子、耕作技术的变化而变化。采用有无对比的方法,就是为了识别那些真正应该算做项目效益的部分,即增量效益,排除那些由于其他原因产生的效益;同时也要找出与增量效益相对应的增量费用,只有这样才能真正体现项目投资的净效益。

有无对比直接适用于依托老厂进行的改扩建与技术改造项目、停缓建后又恢复建设项目的增量效益分析。对于从无到有进行建设的新项目,也同样适用该原则,只是通常认为无项目与现状相同,其效益与费用均为零。

(3)动态分析与静态分析相结合,以动态分析为主的原则。国际通行的财务评价都是以动态分析方法为主,即根据资金时间价值原理,考虑项目整个计算期内各年的效益和费用,采用现金流量分析的方法,计算内部收益率和净现值等评价指标。

(4)基础数据确定的稳妥原则。财务评价结果的准确性取决于基础数据的可靠性。财务评价中需要的大量基础数据都来自预测和估计,难免有不确定性。为了使财务评价结果能提供较为可靠的信息,避免人为的乐观估计所带来的风险,更好地满足投资决策需要,在基础数据的确定和选取中遵循稳妥原则是十分必要的。

3. 财务评价的内容与评价指标

(1)财务盈利能力评价主要考察投资项目的盈利水平。为此目的,需编制全部投资现金流量表、自有资金现金流量表和损益表三个基本财务报表,计算财务内部收益率、财务净现值、投资回收期、投资收益率等指标。

(2)清偿能力分析。其任务是分析、测算项目偿还银行贷款的能力。清偿能力分析要计算资产负债率、借款偿还期、流动比率、速动比率等指标。此外,还可计算其他价值指标或实物指标(如单位生产能力投资),进行辅助分析。

(3)外汇平衡分析。其任务是考察涉及外汇收支的项目在计算期内各年的外汇余缺程度,在编制外汇平衡表的基础上,了解各年外汇余缺状况,对外汇不能平衡的年份根据外汇短缺程度,提出切实可行的解决方案。

(4)不确定性分析。其任务是分析项目在建设和生产中可能遇到的不确定因素,以及它们对项目经济效益的影响,以预测项目可能承担的风险,确定项目财务上的稳定性。

(5)风险分析。其是指在可变因素的概率分布已知的情况下,分析可变因素在各种可能状态下项目经济评价指标的取值,从而了解项目的风险状况。

二、基础财务报表编制

建设项目财务评价的基本报表是根据国内外目前使用的一些不同的报表格式,结合我国实际情况和现行的有关规定设计的,表中的数据没有规定统一的估算方法,但这些数据的估算及其精确度对评价结论的影响都是很重要的,评价过程中应特别注意。

1. 现金流量表

建设项目的效益和费用可以抽象为现金流量系统。从财务评价角度看,某一时点上流出项目的资金称为现金流出,是负现金流量,记为 CO;流入项目的资金称为现金流入,是正现金流量,记为 CI。现金流入与现金流出统称为现金流量。同一时点上的现金流入量与现金流出量的代数和 $(CI-CO)$ 称为净现金流量,记为 NCF。

现金流量系统将项目计算期内各年的现金流入与现金流出按照各自发生的时点顺序排列,表达为具有确定时间概念的现金流量系统。现金流量表是对建设项目现金流量系统的表格式反映。按照计算基础的不同,现金流量表分为全部投资现金流量表和自有资金现金流量表。

(1) 全部投资现金流量表(表 3-2)。该表不分投资资金来源,以全部投资作为计算基础,用以计算全部投资所得税前及所得税后财务内部收益率、财务净现值及投资回收期等评价指标,考察项目全部投资的盈利能力,为各个投资方案(不论其资金来源及利息多少)进行比较建立共同基础。

表 3-2   全部投资现金流量表

序号	项目	合计	建设期		投产期		达到设计能力生产期			
			1	2	3	4	5	6	…	n
	生产负荷(%)									
1	现金流入									
1.1	产品销售收入									
1.2	回收固定资产									
1.3	回收流动资金									
1.4	其他收入									
2	现金流出									
2.1	固定资产投资									
2.2	流动资金									
2.3	经营成本									
2.4	销售税金及附加									
2.5	所得税									
3	净现金流量									
4	累计净现金流量									
5	所得税前净现金流量									
6	所得税前累计净现金流量									

计算指标:所得税前   所得税后
　　　　　财务内部收益率($FIRR$)=　　　　　　　　　财务内部收益率($FIRR$)=
　　　　　财务净现值($FNPV$)=　　　　　　　　　　　财务净现值($FNPV$)=
　　　　　投资回收期(P_t)=　　　　　　　　　　　　投资回收期(P_t)=

(2) 自有资金现金流量表。自有资金现金流量表是站在项目投资主体角度考察项目的现金流入流出情况,其报表格式见表 3-3。从项目投资主体的角度看,建设项目投资借款是现金流入,但又同时将借款用于项目投资则构成同一时点、相同数额的现金流出,二者相抵,对净现金流量的计算无影响。因此表中投资只计自有资金,另一方面,现金流入又是因项目全部投资所获得,故应将借款本金的偿还及利息支付计入现金流出。

表 3-3　　　　　　　　　　　　自有资金现金流量表

序号	项　　目	合　计	建设期		投产期		达到设计能力生产期			
			1	2	3	4	5	6	…	n
	生产负荷(%)									
1	现金流入									
1.1	产品销售收入									
1.2	回收固定资产									
1.3	回收流动资金									
1.4	其他收入									
2	现金流出									
2.1	自有资金									
2.2	借款本金偿还									
2.3	借款利息支出									
2.4	经营成本									
2.5	销售税金及附加									
2.6	所得税									
3	净现金流量(1—2)									

计算指标:财务内部收益率($FIRR$)=
　　　　　财务净现值($FNPV$)=

2. 损益表

损益表的编制以利润总额的计算过程为基础,其计算公式为:
$$利润总额 = 营业利润 + 投资净收益 + 营业外收支净额$$
其中　　　　$$营业利润 = 主营业务利润 + 其他业务利润 - 管理费 - 财务费$$
$$主营业务利润 = 主营业务收入 - 主营业务成本 - 销售费用 - 销售税金及附加$$
$$营业外收支净额 = 营业外收入 - 营业外支出$$

损益表反映项目计算期内各年的利润总额、所得税及税后利润的分配情况,用以计算投资利润率、投资利税率和资本金利润率等指标,见表 3-4。

表 3-4　　　　　　　　　　　　　　　　损　益　表

序号	项　　目	投产期		达到设计能力生产期			
		1	2	3	4	…	n
	生产负荷(%)						
1	产品销售(营业)收入						
2	销售税金及附加						
3	产品总成本及费用 其中:折旧费 　　　摊销费						
4	利润总额(1－2－3)						
5	弥补前年度亏损						
6	应纳税所得额(4－5)						
7	所得税						
8	税后利润(4－7)						
9	盈余公积金						
10	公益金						
11	应付利润 本年应付利润 未分配利润转分配						
12	未分配利润						
13	累计未分配利润						

3. 资金来源与资金运用表

资金来源与资金运用表反映项目计算期内各年的资金盈余或短缺情况,用于选择资金筹措方案,制定适宜的借款及偿还计划,并为编制资产负债表提供依据,报表格式见表3-5。

表 3-5　　　　　　　　　　　　　　资金来源与运用表

序号	项　　目	合　计	建设期		投产期		达到设计能力生产期			
			1	2	3	4	5	6	…	n
	生产负荷(%)									
1	资金来源									
1.1	利润总额									
1.2	折旧费									
1.3	摊销费									
1.4	长期借款									
1.5	流动资金借款									
1.6	短期借款									
1.7	资本金									
1.8	其他									

续表

序号	项 目	合 计	建设期		投产期		达到设计能力生产期			
			1	2	3	4	5	6	⋯	n
1.9	回收固定资产余值									
1.10	回收流动资金									
2	资金运用									
2.1	固定资产投资									
2.2	流动资金									
2.3	建设期贷款利息									
2.4	所得税									
2.5	应付利润									
2.6	长期借款本金偿还									
2.7	流动资金借款本金偿还									
2.8	其他短期借款本金偿还									
3	盈余资金									
4	累计未分配利润									

4. 资产负债表

资产负债表(表 3-6)综合反映项目计算期内各年末资产、负债和所有者权益的增减变化及对应关系,以考察项目资产、负债、所有者权益的结构是否合理,用以计算资产负债率、流动比率及速动比率,进行清偿能力分析。资产负债表的编制依据是"资产＝负债＋所有者权益"。

表 3-6　　　　　　　　　　资产负债表

序号	项 目	建设期		投产期		达到设计能力生产期			
		1	2	3	4	5	6	⋯	n
1	资产								
1.1	流动资产								
1.1.1	应收账款								
1.1.2	存货								
1.1.3	现金								
1.1.4	累计盈余资金								
1.1.5	其他流动资产								
1.2	在建工程								
1.3	固定资产								
1.3.1	原值								
1.3.2	累计折旧								
1.3.3	净值								
1.4	无形及其他递延资产净值								

续表

序号	项 目	建设期		投产期		达到设计能力生产期			
		1	2	3	4	5	6	...	n
2	负债及所有者权益								
2.1	流动负债总额								
2.1.1	应付账款								
2.1.2	其他短期债款								
2.1.3	其他流动负债								
2.2	中长期借款								
2.2.1	中期借款(流动资金)								
2.2.2	长期借款								
	负债小计								
2.3	所有者权益								
2.3.1	资本金								
2.3.2	资本公积金								
2.3.3	累计盈余公积金								
2.3.4	累计未分配利润								
	清偿能力分析 资产负债率(%) 流动比率(%) 速动比率(%)								

5. 财务外汇平衡表

财务外汇平衡表(表3-7)适用于有外汇收支的项目,用以反映项目计算期内各年外汇余缺程度,进行外汇平衡分析。

表中的"外汇余缺"可由表中其他各项数据按照外汇来源等于外汇运用的等式直接推算,其他各项数据分别来自收入、投资、资金筹措、成本费用、借款偿还等相关的估算报表或估算资料。

表3-7　　　　　　　　　　　财务外汇平衡表

序号	项 目	合 计	建设期		投产期		达到设计能力生产期			
			1	2	3	4	5	6	...	n
	生产负荷(%)									
1	外汇来源									
1.1	产品收入外汇收入									
1.2	外汇借款									
1.3	其他外汇收入									
2	外汇应用									
2.1	固定资产投资中外汇支出									
2.2	进口原材料									

续表

序号	项目	合计	建设期		投产期		达到设计能力生产期			
			1	2	3	4	5	6	…	n
2.3	进口零部件									
2.4	技术转让费									
2.5	偿付外汇借款本息									
2.6	其他外汇支出									
2.7	外汇余缺									

注：1. 其他外汇收入包括自筹外汇等。
　　2. 技术转让费是指生产期支付的技术转让费。

三、财务评价指标体系与方法

1. 财务评价指标体系

工程项目经济效果可采用不同的指标来表达，任何一种评价指标都是从一定的角度、某一个侧面反映项目的经济效果，总会带有一定的局限性。因此，需建立一整套指标体系来全面、真实、客观地反映项目的经济效果。

工程项目财务评价指标体系根据不同的标准，可作不同的分类。根据计算项目财务评价指标时是否考虑资金的时间价值，可将常用的财务评价指标分为静态评价指标和动态评价指标（图3-2）。

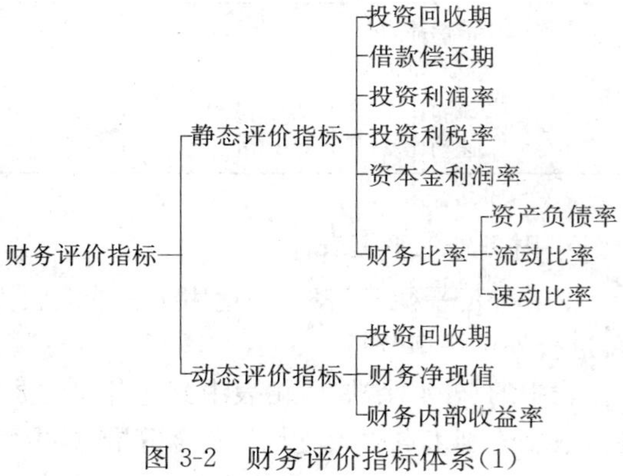

静态评价指标主要用于技术经济数据不完备和不精确的方案初选阶段，或对寿命期比较短的方案进行评价；动态评价指标则用于方案最后决策前的详细可行性研究阶段，或对寿命期较长的方案进行评价。

项目财务评价按评价内容的不同，还可以分为盈利能力分析指标、偿债能力分析指标和不确定性分析指标三类（图3-3）。

项目财务评价根据评价指标的性质，可分为时间性指标、价值性指标、比率性指标（图3-4）。

图3-2　财务评价指标体系（1）

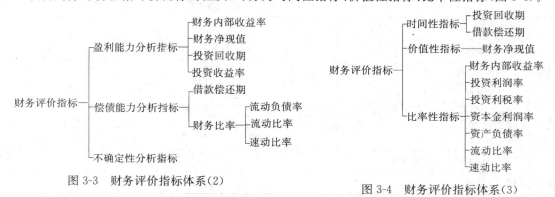

图3-3　财务评价指标体系（2）

图3-4　财务评价指标体系（3）

根据上述的有关财务效益分析内容及财务基本报表和财务评价指标体系，可以看出它们之间存在着一定的对应关系，见表3-8。

表 3-8　　　　　　　　　　　财务评价指标与基本报表关系

分析内容	基本报表	静态指标	动态指标
盈利能力分析	现金流量表（全部投资）	全部投资回收期	财务内部收益率 财务净现值 动态投资回收期
	现金流量表（自有资金）		财务内部收益率 财务净现值
	利润表	投资利润率 投资利税率 资本金利润率	
清偿能力分析	借款还本付息计算表 资金来源与运用表 资产负债表	借款偿还期 资产负债率 流动比率 速动比率	
外汇平衡	财务外汇平衡表		
其他		价值指标或实物指标	

2. 建设项目财务评价方法

(1) 财务盈利能力评价。财务盈利能力评价主要考察投资项目投资的盈利水平。为达到此目的，需编制全部投资现金流量表、自有资金现金流量表和损益表三个基本财务报表。计算财务内部收益率、财务净现值、投资回收期、投资收益率等指标。

1) 财务净现值（FNPV）。财务净现值是指把项目计算期内各年的财务净现金流量，按照一个给定的标准折现率（基准收益率）折算到建设期初（项目计算期第一年年初）的现值之和。财务净现值是考察项目在其计算期内盈利能力的主要动态评价指标。其计算公式为：

$$FNPV = \sum_{t=1}^{n}(CI-CO)_t(1+i_c)^{-t}$$

式中　$FNPV$——财务净现值；
　　　$(CI-CO)_t$——第 t 年的净现金流量；
　　　n——项目计算期；
　　　i_c——标准折现率。

如果项目建成投产后，各年净现金流量不相等，则财务净现值按照上式计算。

如果项目建成后，各年净现金流量不相等，均为 A，投资现值为 K_p，则：

$$FNPV = A \times (P/A, i_c, n) - K_p$$

财务净现值大于零时，表明项目的盈利能力超过了基准收益率或折现率；财务净现值小于零时，表明项目盈利能力达不到基准收益率或设定的折现率的水平；财务净现值等于零时，表明项目盈利能力水平正好等于基准收益率或设定的折现率。因此，财务净现值指标的判别准则是：若 $FNPV$ 大于等于零时，则方案可行；若 $FNPV$ 小于零时，则方案应予以拒绝。

财务净现值全面考虑了项目计算期内所有的现金流量大小及分布，同时，考虑了资金的时间价值,因而可作为项目经济效果评价的主要指标。

2)财务内部收益率(FIRR)。财务内部收益率是指项目在整个计算期内各年财务净现金流量的现值之和等于零时的折现率,也就是使项目的财务净现值等于零时的折现率,其表达式为:

$$\sum_{t=1}^{n}(CI-CO)_{t}(1+FIRR)^{-t}=0$$

式中　FIRR——财务内部收益率;

其他符号意义同前。

财务内部收益率是反映项目盈利能力常用的动态评价指标,可通过财务现金流量表计算。

财务内部收益率计算方程是一元 n 次方程,不容易直接求解,一般是采用"试差法"。在条件允许的情况下,最好使用计算机软件计算。

"试差法"计算 FIRR 的一般步骤如下:

第一步:粗略估计 FIRR 的值。$i \approx FIRR$,为减少试算的次数,可先令 $FIRR = i_c$。

第二步:如图 3-5 所示,分别计算出 i_1、$i_2(i_1 < i_2)$ 对应的净现值 $FNPV_1$ 和 $FNPV_2$,$FNPV_1 > 0$,$FNPV_2 < 0$。

第三步:用线性插入法计算 FIRR 的近似值,其公式如下:

$$FIRR = i_1 + \frac{FNPV_1}{FNPV_1 + |FNPV_2|}(i_2 - i_1)$$

由于上式 FIRR 的计算误差与 $(i_2 - i_1)$ 的大小有关,且 i_2 与 i_1 相差越大,误差也越大。为控制误差,i_2 与 i_1 之差最好不超过 2%,一般不应超过 5%。

当建设项目期初一次投资,项目各年净现金流量相等时(图 3-6),财务内部收益率的计算过程如下:

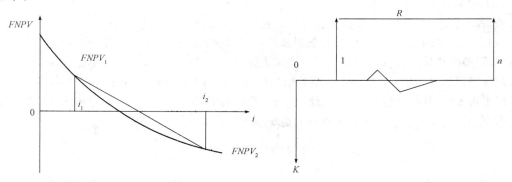

图 3-5　试差法求内部收益率　　图 3-6　期初一次投资各年收益相等的现金流量图

第一步:计算年金现值系数 $(P/A, FIRR, n) = K/R$;

第二步:查年金现值系数表,找到与上述年金现值系数 $(P/A, i_1, n)$ 和 $(P/A, i_2, n)$ 以及对应的 i_1、i_2,满足 $(P/A, i_1, n) > K/R > (P/A, i_2, n)$;

第三步:用插值法计算 FIRR:

$$\frac{FIRR - i_1}{i_2 - i_1} = \frac{K/R - (P/A, i_1, n)}{(P/A, i_2, n) - (P/A, i_1, n)}$$

财务内部收益率是反映项目实际收益率的一个动态指标,该指标越大越好。一般情况下,财务内部收益率大于等于基准收益率时,项目可行。

3)投资回收期。投资回收期按照是否考虑资金时间价值,可分为静态投资回收期和动态投资回收期。

①静态投资回收期。静态投资回收期是指以项目每年的净收益回收项目全部投资所需要的时间,是考察项目财务上投资回收能力的重要指标。这里的全部投资既包括固定资产投资,又包括流动资金投资。项目每年的净收益是指税后利润加折旧。静态投资回收期的表达式如下:

$$\sum_{t=1}^{P_t}(CI-CO)_t = 0$$

式中 P_t——静态投资回收期;
CI——现金流入;
CO——现金流出;
$(CI-CO)_t$——第 t 年的净现金流量。

静态投资回收期一般以"年"为单位,自项目建设开始年算起。当然也可以计算自项目建成投产年算起的静态投资回收期,但对于这种情况,需要加以说明,以防两种情况混淆。如果项目建成投产后,每年的净收益相等,则投资回收期可用下式计算:

$$P_t = \frac{K}{NB} + T_k$$

式中 K——全部投资;
NB——每年的净收益;
T_k——项目建设期。

如果项目建成投产后各年的净收益不相同,则静态投资回收期可根据累计净现金流量求得。其计算公式为:

$$P_t = 累计净现金流量开始出现正值的年份数 - 1 + \frac{上一年累计净现金流量的绝对值}{当年净现金流量}$$

当静态投资回收期小于等于基准投资回收期时,项目可行。

②动态投资回收期。动态投资回收期是指在考虑了资金时间价值的情况下,以项目每年的净收益回收项目全部投资所需要的时间。这个指标主要是为了克服静态投资回收期指标没有考虑资金时间价值的缺点而提出的。动态投资回收期的表达式如下:

$$\sum_{t=0}^{P'_t}(CI-CO)_t(1+i_c)^{-t} = 0$$

式中 P'_t——动态投资回收期。

其他符号含义同前。

采用上式计算 P'_t 一般比较烦琐,因此在实际应用中往往是根据项目的现金流量表,用下列近似公式计算:

$$P'_t = 累计折现值出现正值的年份数 - 1 + \frac{上年累计折现值的绝对值}{当年净现金流量的折现值}$$

动态投资回收期是在考虑了项目合理收益的基础上收回投资的时间,只要在项目寿命期结束之前能够收回投资,就表示项目已经获得了合理的收益。因此,只要动态投资回收期不大于项目寿命期,项目就可行。

【例 3-1】 若某商场的停车库由某单位建造并由其经营。立体停车库建设期 1 年,第二年开始经营。建设投资 700 万元,全部为自有资金并全部形成固定资产。流动资金投资 200 万元,全部为自有资金,第二年末一次性投入。从第二年开始,经营收入假定各年 250 万元,销售税金及附加 12 万元,经营成本 26 万元。平均固定资产折旧年限为 10 年,残值率 5%,计算期 11 年。设该项目的基准收益率为 8%,基准投资回收期为 6 年。

要求编制项目财务现金流量表,试计算财务净现值、财务内部收益率和动态投资回收期,并判断该项目的可行性。

【解】 回收固定资产余值＝700×5％＝35 万元。

项目财务现金流量表编制见表 3-9。

表 3-9　　　　　　　　　　项目财务现金流量表　　　　　　　　　　万元

序号	年份\项目	计算期									
		1	2	3	4	5	6	7	8	9	10	11
1	现金流入		250	250	250	250	250	250	250	250	250	435
1.1	销售(经营)收入		250	250	250	250	250	250	250	250	250	250
1.2	回收固定资产余值											35
1.3	回收流动资金											150
2	现金流出	700	188	38	38	38	38	38	38	38	38	38
2.1	建设投资	700										
2.2	流动资金		150									
2.3	经营成本		26	26	26	26	26	26	26	26	26	26
2.4	销售税金及附加		12	12	12	12	12	12	12	12	12	12
3	净现金流量(1-2)	-700	62	212	212	212	212	212	212	212	212	397
4	累计净现金流量	-700	-638	-426	-214	-2	210	422	634	846	1058	—

$FNPV(8\%) = -700(P/F, 8\%, 1) + 62(P/F, 8\%, 2) + 212(P/A, 8\%, 8)(P/F, 8\%, 2) + 397(P/F, 8\%, 11)$

$= 619.56 (万元)$

$FNPV(FIRR) = -700(P/F, FIRR, 1) + 62(P/F, FIRR, 2) + 212(P/A, FIRR, 8)(P/F, FIRR, 2)$

当 $i = 20\%$ 时，

$FNPV(20\%) = -700(P/F, 20\%, 1) + 62(P/F, 20\%, 2) + 212(P/A, 20\%, 8)(P/F, 20\%, 2) + 397(P/F, 20\%, 11) = 77.74 > 0$

当 $i = 22\%$ 时，

$FNPV(22\%) = -700(P/F, 23\%, 1) + 62(P/F, 23\%, 2) + 212(P/A, 23\%, 8)(P/F, 23\%, 2) + 397(P/F, 23\%, 11)$

$= -79.22 < 0$

$$FIRR = 20\% + \frac{77.74}{77.74 + 179.221} \times (23\% - 20\%) = 21.48\%$$

$$P_t = 6 - 1 + \frac{1.21}{212} = 5.01(年)$$

因为　　　　　$FNPV(8\%) = 619.56(万元) > 0$

$FIRR = 21.48\% > 8\%$

$P_t = 5.01 年 < P_c = 6(年)$

所以该项目可行。

4)投资收益率。投资收益率又称投资效果系数，是指在项目达到设计能力后，其每年的净收

益与项目全部投资的比率,是考察项目单位投资盈利能力的静态指标,其公式为:

$$投资收益率 = \frac{年净收益}{项目全部投资} \times 100\%$$

当项目在正常生产年份内各年的收益情况变化幅度较大时,可用年平均净收益替代年净收益计算投资收益率。在采用投资收益率对项目进行经济评价时,投资收益率不小于行业平均的投资收益率(或投资者要求的最低收益率),项目即可行。投资收益率指标由于计算口径不同,又可分为投资利润率、投资利税率、资本金利润率等指标。

$$投资利润率 = \frac{利润总额}{投资总额} \times 100\%$$

$$投资利税率 = \frac{利润总额 + 销售税金及附加}{投资总额} \times 100\%$$

$$资本金利润率 = \frac{税后利润}{资本金} \times 100\%$$

【例3-2】 某建设项目,基建投资额为26000万元,流动资金贷款为3500万元,在项目建成投产后的第二年,每年即可实现利润5000万元,年折旧费为1100万元,工商税1800万元,试求项目的投资收益率。

【解】 项目的投资总额为:$C_0 = 26000 + 3500 = 29500$(万元)

$$投资收益率 = \frac{年净收益}{项目全部投资} \times 100\% = \frac{1100 + 5000}{29500} \times 100\% = \frac{6100}{29500} \times 100\% = 21\%$$

所以该项目投资收益率为21%。

【例3-3】 某注册资金为1650万元的公司,投资2800万元兴建一个化工厂。该项目达到设计生产能力后的一个正常年份,销售收入为4500万元,年总成本费用为2960万元,年销售税金及附加为250万元,年折旧费90万元。已知同类企业投资收益率、投资利税率的平均水平不小于30%、40%。试评价该项目的获利能力水平。

【解】 年纯收入 = 年销售收入 - 年经营费用 = 年产品销售收入 - (年总成本费用 + 年销售税金及附加 - 折旧) = 4500 - (2960 + 250 - 90) = 1380(万元)

$$投资收益率 = \frac{年净收益}{项目全部投资} \times 100\% = \frac{1380}{2800} \times 100\% = 49.29\% > 30\%$$

年投资利税总额 = 年销售收入 - 年总成本费用 = 4500 - 2960 = 1540(万元)

$$投资利税率 = \frac{年利税总额(或年平均利税总额)}{投资总额} \times 100\%$$

$$= \frac{1540}{2800} \times 100\% = 55\% > 40\%$$

由于该项目投资利润率和投资利税率均高于同行业的平均水平,因此,该项目获利能力较好。

(2)清偿能力评价。投资项目的资金构成一般可分为借入资金和自有资金。自有资金可长期使用,而借入资金必须按期偿还。项目的投资者自然要关心项目偿债能力;借入资金的所有者——债权人也非常关心贷出资金能否按期收回本息。因此,偿债分析是财务分析中的一项重要内容。

1)贷款偿还期分析。项目偿债能力分析可在编制贷款偿还表的基础上进行。为了表明项目的偿债能力,可按尽早还款的方法计算。在计算中,贷款利息一般作如下假设:长期借款、当年贷款按半年计息;当年还款按全年计息。假设在建设期借入资金,生产期逐期归还,则:

建设期年利息 = (年初借款累计 + 本年借款/2) × 年利率

生产期年利息＝年初借款累计×年利率

流动资金借款及其他短期借款按全年计息。贷款偿还期的计算公式与投资回收期公式相似，计算公式为：

$$贷款偿还期＝偿清债务年份数-1+\frac{偿清债务当年应付的本息}{当年可用于偿债的资金总额}$$

贷款偿还期小于等于借款合同规定的期限时，项目可行。

2) 资产负债率。

$$资产负债率＝负债总额/资产总额$$

资产负债率反映项目总体偿债能力。这一比率越低，则偿债能力越强。但是资产负债率的高低还反映了项目利用负债资金的程度，因此，该指标水平应适当。

3) 流动比率。

$$流动比率＝流动资产总额/流动负债总额$$

该指标反映企业偿还短期债务的能力。该比率越高，单位流动负债将有更多的流动资产作保障，短期偿债能力就越强。但是可能会导致流动资产利用效率低下，影响项目效益。因此，流动比率一般为 2∶1 较好。

4) 速动比率。

$$速动比率＝速动资产总额/流动负债总额$$

该指标反映了企业在很短时间内偿还短期债务的能力。速动资产＝流动资产－存货，是流动资产中变现最快的部分，速动比率越高，短期偿债能力越强。同样，速动比率过高也会影响资产利用效率，进而影响企业经济效益。因此，速动比率一般为 1 左右较好。

第五节　不确定性分析

建设项目的技术经济分析是一项预计性工作，在经济评价中所采用的数据均有一定的依据，并假定在项目寿命周期内是不变的，这种做法对分析项目盈利能力是可以的。但在项目实施的整个过程中，有些因素诸如价格、生产能力、投资费用、项目寿命期、所采用的折现率等有可能发生变化，从而使这些因素具有不确定性，并对评价指标的计算产生影响。为了分析不确定因素对经济评价指标的影响，需进行不确定性分析。

建设项目不确定性分析就是分析不确定性因素对评价指标的影响，估计项目可能承担的风险，分析项目在财务和经济上的可靠性。

不确定性分析的方法主要有盈亏平衡分析、敏感性分析和概率分析。

一、盈亏平衡分析

1. 盈亏平衡分析的概念

盈亏平衡分析也叫收支平衡分析或损益平衡分析。

盈亏平衡分析是研究建设项目投产后正常年份的产量、成本和利润三者之间的平衡关系，以利润为零时的收益与成本的平衡为基础，测算出项目的生产负荷状况，度量项目承受风险的能力。

具体地说，就是通过对项目正常生产年份的生产量、销售量、销售价格、税金、可变成本、固定成本等数据进行计算，以求得盈亏平衡点及其所对应的自变量，分析自变量的盈亏区间，分析项目承担风险的能力。

2. 盈亏平衡分析的前提条件

进行盈亏平衡分析有以下四个假定条件：

(1)产量等于销售量,即当年生产的产品当年销售出去。

(2)产量变化,单位可变成本不变,从而总成本费用是产量的线性函数。

(3)产量变化,产品售价不变,从而销售收入是销售量的线性函数。

(4)只生产单一产品,或者生产多种产品,但可以换算为单一产品计算,即不同产品负荷率的变化是一致的。

3. 盈亏平衡点的计算

盈亏平衡点可以采用公式计算法求取盈亏平衡点的计算公式为：

$$BEP(生产能力利用率) = \frac{年总固定成本}{年销售收入-年总可变成本-年销售税金与附加^*} \times 100\%$$

$$BEP(产量) = \frac{年总固定成本}{单位产品价格-单位产品可变成本-单位产品销售税金与附加^*}$$

* 如采用含税价格计算,应再减去增值税。

上述两者之间的换算关系为：

$$BEP(产量) = BEP(生产能力利用率) \times 设计生产能力$$

二、敏感性分析

1. 敏感性分析的概念

敏感性分析旨在研究和预测项目主要因素发生浮动时对经济评价指标的影响,分析最敏感的因素对评价指标的影响程度,确定经济评价指标出现临界值时各主要敏感因素的变化的数量界限,为进一步测定项目评价决策的总体安全性,项目运行承受风险的能力等,提供定性分析的依据。

敏感性分析是盈亏平衡分析的深化,可用于财务评价也可用于国民经济评价,考虑的因素有产量、销售价格、可变成本、固定成本、建设工期、外汇牌价、折旧率等,评价指标有内部收益率、利润、资本金、利润率、借款偿还期,也可分析盈亏平衡点对某些因素的敏感度。

2. 敏感性分析的目的

(1)确定不确定性因素在什么范围内变化,哪些方案的经济效果最好,在什么范围内变化效果最差,以便对不确定性因素实施控制。

(2)区分敏感性大的方案和敏感性小的方案,以便选出敏感性小的,即风险小的方案。

(3)找出敏感性强的因素,向决策者提出是否需要进一步收集资料,进行研究,以提高经济分析的可靠性。

3. 敏感性分析的内容和方法

敏感性分析包括单因素敏感性分析和多因素敏感性分析。单因素敏感性分析是指每次只改变一个因素的数值来进行分析,估算单个因素的变化对项目效益产生的影响；多因素分析则是同时改变两个或两个以上因素进行分析,估算多因素同时发生变化的影响。为了找出关键的敏感性因素,通常多进行单因素敏感性分析。

敏感性分析的做法通常是改变一种或多种不确定因素的数值。计算其对项目效益指标的影响,通过计算敏感度系数和临界点,估计项目效益指标对它们的敏感程度,进而确定关键的敏感因素,通常因素敏感性分析的结果,汇总于敏感性分析表,也可以通过绘制敏感性分析图显示各种因素的敏感程度并求得临界点。

敏感性分析一般只考虑不确定因素的不利变化对项目效益的影响,为了作图的需要,也可考虑不确定因素的有利变化对项目效益的影响。

4. 敏感性分析的计算步骤

一般进行敏感性分析可按以下步骤进行:

(1)选用需要分析的不确定因素。

(2)确定进行敏感性分析的经济评价指标。衡量项目经济效果的指标较多,敏感性分析的工作量较大,一般不可能对每种指标都进行分析,所以只对几个重要的指标进行分析,如财务净现值、财务内部收益率、投资回收期等。由于敏感性分析是在确定性经济评价的基础上进行的,故选作敏感性分析的指标应与经济评价所采用的指标相一致,其中最主要的指标是财务内部收益率。

(3)计算因不确定因素变动引起的评价指标变动值,一般就各选定的不确定因素,设若干级变动幅度(通常用变化率表示)。然后计算与每级变动相应的经济评价指标值,建立一一对应的数量关系,并用敏感性分析图或敏感性分析表的形式表示。单因素敏感性分析图如图3-7所示。图中每一条斜线的斜率反映内部收益率对该不确定因素的敏感程度,斜率越大敏感度越高。一张图可以同时反映多个因素的敏感性分析结果。每条斜线与基准收益率的相交点所对应的是不确定因素变化率,图中 C_1、C_2、C_3 等即为该因素的临界点。

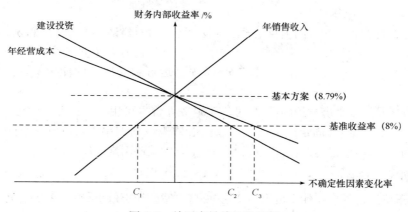

图 3-7 单因素敏感性分析图

(4)计算敏感度系数并对敏感因素排序。敏感度系数是项目效益指标变化的百分率与不确定因素变化的百分率之比。敏感度系数高,表示项目效益对该不确定因素敏感程度高,提示应重视该不确定因素对项目效益的影响。敏感度系数计算公式如下:

$$E = \Delta A / \Delta F$$

式中 E——评价指标 A 对于不确定因素 F 的敏感度系数;

ΔA——不确定因素 F 发生 ΔF 变化率时,评价指标 A 的相应变化率(%);

ΔF——不确定因素 F 的变化率(%)。

敏感度系数的计算结果可能受到不确定因素变化百分率取值不同的影响,即随着不确定因素变化百分率取值的不同,敏感度系数的数值会有所变化。但其数值大小并不是计算该项指标的目的,重要的是各不确定因素敏感度系数的相对值,借此了解各不确定因素的相对影响程度,以选出敏感度较大的不确定因素。因此,虽然敏感度系数有以上缺陷,但在判断各不确定因素对项目效益的相对影响程度上仍然具有一定的作用。

(5)计算变动因素的临界点。临界点是指不确定因素的极限变化,即该不确定因素使项目内部收益率等于基准收益率或净现值变为零时的变化百分率,当该不确定因素为费用项目时,即为其增加的百分率;当其为效益项目时为降低的百分率。临界点也可用该百分率对应的具体数值表示。当不确定因素的变化超过了临界点所表示的不确定因素的极限变化时,项目内部收益率指标将会转而低于基准收益率,表明项目将由可行变为不可行。

临界点的高低与设定的基准收益率有关,对于同一个投资项目,随着设定基准收益率的提高,临界点就会变低(即临界点表示的不确定因素的极限变化变小);而在一定的基准收益率下,临界点越低,说明该因素对项目效益指标的影响越大,项目对该因素就越敏感。

可以通过敏感性分析图求得临界点的近似值,但由于项目效益指标的变化与不确定因素变化之间不是直线关系,有时误差较大,因此,最好采用专用函数求解临界点。

三、概率分析

某件事的概率可分为主观概率和客观概率两类,通常把以客观统计数据为基础的概率称为客观概率。以人为预测和估计为基础的概率称为主观概率,如产量、销售单价、投资、建设工期等。经济评价的概率分析主要是主观概率分析。对不确定性因素出现的概率进行预测和估算有一定的难度,各地又缺乏这方面的经验。目前,建设项目仅对大中型项目要求采用简单的概率分析方法,就净现值的期望值和净现值大于或等于零时累计概率进行研究,累计概率值越大,说明项目承担风险越小。并允许根据经验设定不确定因素的概率分布。

简单的概率分析是在根据经验设定各种情况发生的可能性(即概率)后,计算净现值的期望及净现值大于或等于零时的累计概率。在方案比选中,则可只计算净现值的期望值。计算中应根据具体问题的特点选择适当的计算方法。一般的计算步骤如下:

(1)列出各种要考虑的不确定性因素(敏感要素)。
(2)设想各不确定性因素可能发生的情况,即其数值发生变化的几种情况。
(3)分别确定每种情况出现的可能性即概率,每种不确定性因素可能发生情况的概率之和必须等于1。
(4)分别求出各可能发生事件的净现值、加权净现值,然后求出净现值的期望值。
(5)求出净现值大于或等于零的累计概率。

总之,概率分析是使用概率研究预测各种不确定因素和风险因素发生,对项目经济数量评价指标影响的一种定量分析方法,利用这种分析可以对不确定性因素及其对项目投资经济效益影响的程度定量化,从而比较科学地判断项目在可能的风险因素影响下是否可行。

第四章 建设项目设计阶段工程造价控制

第一节 工程设计概述

一、工程设计

工程设计是指在工程开始施工之前,设计者根据已批准的设计任务书,为具体实现拟建项目的技术、经济要求,拟定建筑、安装及设备制造等所需的规划、图纸、数据等技术文件的工作。设计是建设项目由计划变为现实具有决定意义的工作阶段。设计文件是建筑安装施工的依据。拟建工程在建设过程中能否保证进度、保证质量和节约投资,在很大程度上取决于设计质量的优劣。工程建成后,能否获得满意的经济效果,除了项目决策之外,设计工作起着决定性的作用。设计工作的重要原则之一是保证设计的整体性,为此设计工作必须按一定的程序分阶段进行。

为保证工程建设和设计工作有机配合和衔接,将工程建设计划分为几个阶段。国家规定,一般工业与民用建设项目设计按初步设计和施工图设计两个阶段进行,称之为"两阶段设计";对于技术上复杂而又缺乏设计经验的项目,可按初步设计、扩大初步设计和施工图设计三个阶段进行,称之为"三阶段设计"。小型建设项目中技术简单的,在简化的初步设计确定后,可只做施工图设计。在各个设计阶段,都需要编制相应的工程造价控制文件,即设计概算、修正概算、施工图预算等,逐步由粗到细确定工程造价控制目标,并经过分段审批,切块分解,层层控制工程造价。

二、设计阶段影响工程造价的因素

国内外实践证明,对工程造价影响最大的阶段,是约占一个工程项目总建设周期 1/4 的设计阶段。在初步设计阶段,影响工程造价的可能性为 75%~95%;至施工图设计结束,影响工程造价的可能性为 35%~75%;而从施工开始,通过技术组织措施节约工程造价的可能性只有 5%~10%。由此可见,控制工程造价的关键在于施工以前的投资决策和设计阶段,而在项目做出投资决策后,控制造价的关键就在于设计阶段。

1. 总平面设计

总平面设计是否合理对于整个设计方案的经济合理性有重大影响。正确合理的总平面设计可以大大减少建筑工程量,节约建设用地,节省建设投资,降低工程造价和项目运行后的使用成本,加快建设进度,并可以为企业创造良好的生产组织、经营条件和生产环境;还可以为城市建设和工业区创造完美的建筑艺术整体。总平面设计中影响工程造价的因素有以下几点:

(1)占地面积。占地面积的大小一方面影响征地费用的高低;另一方面也会影响管线布置成本及项目建成运营的运输成本。因此,在总平面设计中应尽量节约用地。

(2)功能分区。无论是工业建筑还是民用建筑都有许多功能组成,这些功能之间相互联系,相互制约。合理的功能分区既可以使建筑物的各项功能充分发挥,又可以使总平面布置紧凑、安全,避免大挖大填,减少土石方量和节约用地,降低工程造价。同时,合理的功能分区还可以使生产工艺流程顺畅,运输简便,降低项目建成后的运营成本。

(3)运输方式的选择。不同的运输方式其运输效率及成本不同。有轨运输运量大,运输安全,但需要一次性投入大量资金;无轨运输无需一次性大规模投资,但是运量小,运输安全性较差。从降低工程造价的角度来看,应尽可能选择无轨运输,可以减少占地,节约投资。但是运输方式的选择不能仅仅考虑工程造价,还应考虑项目运营的需要,如果运输量较大,则有轨运输往往比无轨运输成本低。

2. 工艺设计

工艺设计部分要确定企业的技术水平。主要包括建设规模、标准和产品方案;工艺流程和主要设备的选型;主要原料、燃料供应;"三废"治理及环保措施,此外还包括生产组织及生产过程中的劳动定员情况等。按照建设程序,建设项目的工艺流程在可行性研究阶段已经确定。设计阶段的任务就是严格按照批准的可行性研究报告的内容进行工艺技术方案的设计,确定从原料到产品整个生产过程的具体工艺流程和生产技术。

3. 建筑设计

建筑设计部分,要在考虑施工过程的合理组织和施工条件的基础上,决定工程的立体平面设计和结构方案的工艺要求,建筑物和构筑物及公用辅助设施的设计标准,提出建筑工艺方案,暖气通风、给排水等问题的简要说明。在建筑设计阶段影响工程造价的主要因素有以下几点:

(1)平面形状。一般来说,建筑物平面形状越简单,它的单位面积造价就越低。当一座建筑物的平面又长又窄,或它的外形做得复杂而且不规则时,其周长与建筑面积的比率必将增加,伴随而来的是较高的单位造价。因为不规则的建筑物将导致室外工程、排水工程、砌砖工程及屋面工程等复杂化,从而增加工程费用。一般情况下,建筑物周长与建筑面积比 $K_{周}$(即单位建筑面积所占外墙长度)越低,设计越经济。

(2)流通空间。建筑物的经济平面布置的主要目标之一是在满足建筑物使用要求的前提下,将流通空间减少到最小。因为门厅、过道、走廊、楼梯以及电梯井的流通空间都可以认为是"死空间",都不能为了获利目的而加以使用,但是却需要相当多的采暖、采光、清扫和装饰以及其他方面的费用。但是造价不是检验设计是否合理的唯一标准,其他如美观和功能质量的要求也是很重要的。

(3)层高和净高。层高和净高直接影响工程造价。适当降低层高,可节省材料(墙体、管线),降低施工费用,节约能源(采暖、供水加压),节约用地,有利于抗震。靠提高室内净高来改善室内微小气候是无济于事的(室内空气污浊带,一般在顶棚底 0.8~1.0m 处,还和风速、风压、相对湿度等因素有关)。

据有关资料分析,住宅层高每降低 10cm,可降低造价 1.2%~1.5%。层高降低还可提高住宅区的建筑密度,节约征地费、拆迁费及市政设施费。单层厂房层高每增加 1m,单位面积造价增加 1.8%~3.6%,年度采暖费用增加约 3%;多层厂房的层高每增加 0.6m,单位面积造价提高 8.3% 左右。由此可见,随着层高的增加,单位建筑面积造价也在不断增加。多层建筑造价增加幅度比较大的原因是,多层建筑的承重部分占总造价的比重比较大,而单层建筑的墙柱部分占总造价的比重较小。

单层厂房的高度主要取决于车间内的运输方式。选择正确的车间内部运输方式,对于降低厂房高度,降低造价具有重要意义。在可能的条件下,特别是当起重量较小时,应考虑采用悬挂式运输设备来代替桥式起重机;多层厂房的层高应综合考虑生产工艺、采光、通风及建筑经济的因素来进行选择,多层厂房的建筑层高还取决于能否容纳车间内的最大生产设备和满足运输的要求。民用住宅的层高一般在 2.5~2.8m 之间。

(4)建筑物层数。相同用地条件下,层数越多分摊的土地费用越少;相同的基础形式下,层数越多分摊的基础工程费用越少。中高、高层住宅需改变承重结构的,内外部设备费用也将提高,造价随之提高。在民用建筑中,多层住宅具有降低造价、降低使用费用以及节约用地的优点。

(5)柱网布置。柱网布置是确定柱子的行距(跨度)和间距(每行柱子中相邻两个柱子间的距离)的依据。柱网布置是否合理,对工程造价和厂房面积的利用效率都有较大的影响。柱网的选择与厂房中有无起重机、起重机的类型及吨位、屋顶的承重结构以及厂房的高度等因素有关。对于单跨厂房,当柱间距不变时,跨度越大单位面积造价越低。因为除屋架外,其他结构架分摊在单位面积上的平均造价随跨度的增大而减小;对于多跨厂房,当跨度不变时,中跨数量越多越经济。这是因为柱子和基础分摊在单位面积上的造价减少了。

(6)建筑物的体积与面积。通常情况下,随着建筑物体积和面积的增加,工程总造价会提高。因此,应尽量减少建筑物的体积与总面积。为此,对于工业建筑,在不影响生产能力的条件下,厂房、设备布置力求紧凑合理;要采用先进工艺和高效能的设备,节省厂房面积;要采用大跨度、大柱距的大厂房平面设计形式,提高平面利用系数。对于民用建筑,尽量减少结构面积比例,增加有效面积。住宅结构面积与建筑面积之比称为结构面积系数。这个系数越小,设计越经济。

(7)建筑结构。建筑材料和建筑结构选择是否合理,不仅直接影响到工程质量、使用寿命、耐火抗震性能,而且对施工费用、工程造价有很大的影响。尤其是建筑材料,一般占直接费的70%,降低材料费用,不仅可以降低直接费,而且也会导致间接费的降低。采用各种先进的结构形式和轻质高强度建筑材料,能减轻建筑物自重,简化基础工程,减少建筑材料和构配件的费用及运费,并能提高劳动生产率和缩短建设工期,经济效果十分明显。

三、设计阶段工程造价控制程序

工程设计包括准备工作、编制各阶段的设计文件、配合施工和施工验收、进行工程设计总结等全过程,如图4-1所示。

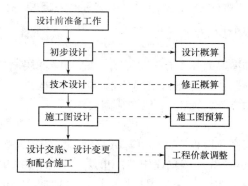

图 4-1 工程设计的全过程

1. 设计准备

设计者在动手设计之前,首先要了解并掌握各种有关的外部条件和客观情况。包括地形、气候、地质、自然环境等自然条件;城市规划对建筑物的要求;交通、水、电、气、通信等基础设施状况;业主对工程的要求,特别是工程应具备的各项使用要求;对工程经济估算的依据和所能提供的资金、材料、施工技术和装备等以及可能影响工程的其他客观因素。

2. 初步方案

在第一阶段收集资料的基础上,设计者对工程主要内容(包括功能与形式)的安排有个大概的布局设想,然后要考虑工程与周围环境之间的关系,在这一阶段设计者可以同使用者的规划部门充分交换意见,最后使自己的设计取得规划部门的同意,与周围环境有机地融为一体。对于不太复杂的工程,这一阶段可以省略,把有关的工作并入初步设计阶段。

3. 初步设计

这是设计过程中的一个关键性阶段,也是整个设计构思基本形成的阶段。通过初步设计可以进一步明确拟建工程在指定地点和规定期限内进行建设的技术可行性和经济合理性;并规定主要技术方案、工程总造价和主要技术经济指标,以利于在项目建设和使用过程中最有效地利用人力、物力和财力。工业项目初步设计包括总平面设计、工艺设计和建筑设计三部分。在初步设计阶段应编制设计总概算。

4. 技术设计

技术设计是初步设计的具体化,也是各种技术问题的定案阶段。技术设计应研究和决定的问题,与初步设计大致相同,但需要根据更详细的勘察资料和技术经济计算加以补充修正。技术设计的详细程度应能满足确定设计方案中重大技术问题和有关实验、设备选制等方面的要求,应能保证根据它编制施工图和提出设备订货明细表。技术设计的着眼点,除体现初步设计的整体意图外,还要考虑施工的方便易行,如果对初步设计中所确定的方案有所更改,应对更改部分编制修正概算书。对于不太复杂的工程,技术设计阶段可以省略,把这个阶段的一部分工作纳入初步设计(承担技术设计部分任务的初步设计称为扩大初步设计);另一部分留待施工图设计阶段进行。

5. 施工图设计

这一阶段主要是通过图纸,把设计者的意图和全部设计结果表达出来,作为工人施工制作的依据。它是设计工作和施工工作的桥梁。具体包括建设项目各部分工程的详图和零部件、结构件明细表,以及验收标准、方法等。施工图设计的深度应能满足设备材料的选择与确定、非标准设备的设计与加工制作、施工图预算的编制、建筑工程施工和安装的要求。

6. 设计交底和配合施工

施工图发出后,根据现场需要,设计单位应派人到施工现场,与建设、施工单位共同会审施工图,进行技术交底,介绍设计意图和技术要求,修改不符合实际和有错误的图纸,参加试运转和竣工验收,解决试运转过程中的各种技术问题,并检验设计的正确和完善程度。

第二节　设计方案的优选

一、设计方案评价

1. 设计方案的评价原则

(1)设计方案必须处理好经济合理性与技术先进性之间的关系。经济合理性要求工程造价尽可能低,如果一味地追求经济效果,可能会导致项目的功能水平偏低,无法满足使用者的要求;技术先进性追求技术的尽善尽美,项目功能水平先进,但可能会导致工程造价偏高。因此,技术先进性与经济合理性相互矛盾,设计者应妥善处理好二者的关系,一般情况下,要在满足使用者要求的前提下,尽可能降低工程造价。但是,如果资金有限制,也可以在资金限制范围内,尽可能提高项目的功能水平。

(2)设计方案必须兼顾建设与使用,考虑项目全寿命费用。工程在建设过程中,控制造价是一个非常重要的目标。但是造价水平的变化,又会影响到项目将来的使用成本(图5-2)。如果单纯降低造价,建造质量得不到保障,就会导致使用过程中的维修费用很高,甚至有可能发生重大事故,给社会财产和人民的生命安全带来严重损害。

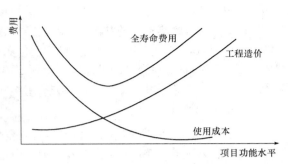

图 5-2 工程造价、使用成本与项目功能水平之间的关系

(3)设计必须兼顾近期与远期的要求。一项工程建成后,往往会在很长的时间内发挥作用。如果按照目前的要求设计工程,在不远的将来,可能会出现由于项目功能水平无法满足需要而重新建造的情况。但是如果按照未来的需要设计工程,又会出现由于功能水平过高而资源闲置、浪费的现象,所以,设计者要兼顾近期和远期的要求,选择项目合理的功能水平。同时也要根据远景发展需要,适当留有发展余地。

2. 设计方案的评价方法

(1)多指标评价法。多指标评价法分为多指标对比法和多指标综合评分法。

1)多指标对比法:这是目前采用比较多的一种方法。多指标对比法的基本特点是使用一组适用的指标体系,将对比方案的指标值列出,然后一一进行对比分析,根据指标值的高低分析判断方案优劣。

利用这种方法,首先需要将指标体系中的各个指标,按其在评价中的重要性,分为主要指标和辅助指标。主要指标是能够比较充分地反映工程的技术经济特点的指标,是确定工程项目经济效果的主要依据;辅助指标在技术经济分析中处于次要地位,是主要指标的补充,当主要指标不足以说明方案的技术经济效果优劣时,辅助指标就成了进一步进行技术经济分析的依据。但是要注意参选方案在功能、价格、时间、风险等方面的可比性。如果方案不完全符合对比条件,要加以调整,使其满足对比条件后再进行对比,并在综合分析时予以说明。

多指标对比法,指标全面、分析确切,可通过各种技术经济指标定性或定量直接反映方案技术经济性能的主要方面。但是这种方法不便于考虑对某一功能评价,不便于综合定量分析,容易出现某一方案有些指标较优,有些指标较差;而另一方案则可能是有些指标较差,另一些指标较优。这样就使分析工作复杂化。有时,也会因方案的可比性而产生客观标准不统一的现象。因此,在进行综合分析时,要特别注意检查对比方案在使用功能和工程质量方面的差异,并分析这些差异对各指标的影响,避免导致错误的结论。

通过综合分析,最后应给出如下结论:
①分析对象的主要技术经济特点及适用条件;
②现阶段实际达到的经济效果水平;
③找出提高经济效果的潜力和途径以及相应采取的主要技术措施;
④预期经济效果。

2)多指标综合评分法:这种方法首先对需要进行分析评价的设计方案设定若干个评价指标,并按其重要程度确定各指标的权重,然后确定评分标准,并就各设计方案对各指标的满足程度打分,最后计算各方案的加权得分,以加权得分高者为最优设计方案。其计算公式为:

$$S = \sum_{i=1}^{n} W_i \cdot S_i$$

式中 S——设计方案总得分；

S_i——某方案在评价指标 i 上的得分；

W_i——评价指标 i 的权重；

n——评价指标数。

多指标综合评分法类似于价值工程中的加权评分法，但区别就在于：加权评分法中不将成本作为一个评价指标，而将其单独拿出来计算价值系数；多指标综合评分法则不将成本单独剔除，如果需要，成本也是一个评价指标。

多指标综合评分法的优点在于避免了多指标对比法指标间可能发生相互矛盾的现象，评价结果是唯一的。但是在确定权重及评分过程中存在主观臆断成分。同时，由于分值是相对的，因而不能直接判断各方案的各项功能实际水平。

(2) 静态经济评价指标法。

1) 投资回收期法：设计方案的比选往往是比选各方案的功能水平及成本。功能水平先进的设计方案一般所需的投资较多，方案实施过程中的效益一般也比较好。用方案实施过程中的效益回收投资，即投资回收期来反映初始投资补偿速度，衡量设计方案优劣也是非常必要的。投资回收期越短，设计方案越好。

不同设计方案的比选实际上是互斥方案的比选，首先要考虑到方案的可比性问题。当相互比较的各设计方案能满足相同的需要时，就只需比较它们的投资和经营成本的大小，用差额投资回收期比较。差额投资回收期是指在不考虑时间价值的情况下，用投资大的方案比投资小的方案所节约的经营成本，回收差额投资所需要的时间。其计算公式为：

$$\Delta P_t = \frac{K_2 - K_1}{C_1 - C_2}$$

式中 K_2——方案 2 的投资额；

K_1——方案 1 的投资额，且 $K_2 > K_1$；

C_2——方案 2 的年经营成本；

C_1——方案 1 的年经营成本，且 $C_1 > C_2$；

ΔP_t——差额投资回收期。

当 $\Delta P_t \leqslant P_c$（基准投资回收期）时，投资大的方案优；反之，投资小的方案优。

如果两个比较方案的年业务量不同，则需将投资和经营成本转化为单位业务量的投资和成本，然后再计算差额投资回收期，进行方案比选。此时差额投资回收期的计算公式为：

$$\Delta P_t = \frac{\dfrac{K_2}{Q_2} - \dfrac{K_1}{Q_1}}{\dfrac{C_1}{Q_1} - \dfrac{C_2}{Q_2}}$$

式中 Q_1、Q_2——各设计方案的年业务量；

其他符号含义同前。

2) 计算费用法：市政工程建筑物和构筑物的全寿命是指从勘察、设计、施工、建成后使用直至报废拆除所经历的时间。全寿命费用应包括初始建设费、使用维护费和拆除费。评价设计方案的优劣应考虑工程的全寿命费用。但是初始投资和使用维护费是两类不同性质的费用，二者不能直接相加。计算费用法用一种合乎逻辑的方法，将一次性投资与经常性的经营成本统一为一种性质的费用,可直接用来评价设计方案的优劣。

由差额投资回收期决策规则:$\Delta P_t = \dfrac{K_2 - K_1}{C_1 - C_2} \leqslant P_c$,方案 2 优于方案 1,可知:
$$K_2 + P_c C_2 \leqslant K_1 + P_c C_1$$

令 $TC_2 = K_2 + P_c C_2$,$TC_1 = K_1 + P_c C_1$ 分别表示方案 1、2 的总计算费用,则总计算费用最小的方案最优。

差额投资回收期的倒数就是差额投资效果系数,其计算公式为:
$$\Delta R = \dfrac{C_1 - C_2}{K_2 - K_1} \quad (K_2 > K_1, C_2 < C_1)$$

当 $\Delta R \geqslant R_c$(标准投资效果系数)时,方案 2 优于方案 1。

将 $\Delta R = \dfrac{C_1 - C_2}{K_2 - K_1} \geqslant R_c$ 移项并整理得:$C_1 + R_c K_1 \geqslant C_2 + R_c K_2$,令 $AC = C + R_c K$ 表示投资方案的年计算费用,则年计算费用越小的方案越优。

(3)动态经济评价指标法。动态经济评价指标是考虑时间价值的指标。对于寿命期相同的设计方案,可以采用净现值法、净年值法、差额内部收益率法等。寿命期不同的设计方案比选,可以采用净年值法。

二、设计招标与投标

工程设计招标投标,是指拟标单位就拟建工程的设计任务发布招标公告,以吸引设计单位参加竞争,经招标单位审查符合投标资格的设计单位按照招标文件要求,在规定的时间内向招标单位填报投标文件,招标单位从而择优确定中标设计单位来完成工程设计任务的活动。

1. 工程设计招标条件

(1)具有经过审批机关批准的可行性研究报告。
(2)具有开展设计必需的可靠设计资料。
(3)依法成立了专门的招标机构并具有编制招标文件和组织评标能力,或委托依法设立的招标代理机构。

2. 工程设计招标的方式

(1)公开招标。公开招标是由招标单位通过国家指定的报刊、信息网络或其他媒体发布招标公告方式邀请不特定的法人或其他组织投标的招标。
(2)邀请招标。邀请招标是由招标单位向有承担能力、资信良好的设计单位直接发出投标邀请书的招标,但邀请书必须向 3 个以上单位发出,有条件的项目,应邀请不同地区、不同部门的设计单位参加。

3. 工程设计招标的步骤

(1)招标单位编制招标文件。包括招标须知、经批准的设计任务书及有关文件、项目说明书、合同的主要条款、提供设计资料的方式和内容、设计文件的审查方式、组织现场踏勘和解释招标文件、回答问题的时间和地点等。
(2)发布招标通告或发出邀请投标函。邀请投标应有 3 个以上单位参加。
(3)对投标单位进行资格审查。审查的内容包括:单位性质和隶属关系、勘察设计证书号码和开户银行、单位成立时间、近期设计的重要工程情况、技术人员数量、技术装备及专业情况、社会信誉等。
(4)向合格的设计单位发售或发送招标文件。

(5)组织投标单位踏勘工程现场,解答投标提出的问题。

(6)接收投标单位的标书。标书包括:总体布置、个体项目的平立面图、主要项目的剖面图、文字说明建设工期、主要施工技术与施工组织方案、投资估算与经济分析、设计进度和设计费用报价。

(7)开标,组织评标,决标,发出中标通知。评标内容有设计方案的优劣、投入产出经济效益、设计进度、设计费报价、设计资历、社会信誉等。时间一般不得超过1个月。

(8)签订设计承包合同。在中标通知书发出1个月内双方签订设计合同。

三、设计方案竞选

设计方案竞选是指组织竞选活动的单位,通过报刊、信息网络或其他媒体发布竞选公告,吸引设计单位参加方案竞选,参加竞选的设计单位按照竞选文件和《城市建筑方案设计文件编制深度规定》,做好方案设计和编制有关文件,经具有相应资格的注册建筑师签字,并加盖单位法定代表人或法定代表人委托的代理人的印鉴,在规定的日期内,密封送达组织竞选单位。组织竞选单位邀请有关专家组成评定小组,采用科学的方法,按照适用、经济、美观的原则以及技术先进、结构合理、满足建筑节能、环保等要求,综合评定设计方案优劣,择优确定中选方案,最后双方签订合同。

1. 设计方案竞选的建设项目应具备的条件

(1)具有批准的项目建议书或可行性研究报告。

(2)具有划定的项目建设地点、规划控制要点和用地红线图。

(3)具有符合要求的地形图,包括工程地质、水文地质资料、水、电、燃气、供热、环保、通信、市政道路等详细资料。

(4)有设计要求说明书。

2. 参选单位应提供的材料

(1)提供单位名称,法人代表,地址,单位所有制性质,隶属关系。

(2)提供设计证书的复印件及证书副本,设计收费证书及营业执照的复印件。

(3)单位简历、技术力量、主要装备。

(4)一级注册建筑师资格证书。

3. 设计方案竞选的方式

(1)公开竞选。由组织竞选的单位通过各种媒体发布竞选公告。

(2)邀请竞选。由组织竞选的单位直接向3个以上有关设计单位发出竞选邀请书。

4. 设计竞选方案的评定

由组织竞选单位和有关专家7~11人组成评定小组,其中技术专家人数应占2/3以上。

四、设计阶段技术经济指标体系

建设项目设计阶段技术经济指标体系分为工业项目设计方案技术经济指标与民用建筑项目设计方案技术经济指标,这里重点介绍第一种。

工业建设项目设计方案的技术经济指标,按建设阶段和使用阶段分述如下:

(1)建设阶段技术经济指标。

1)投资指标:包括总投资和单位生产能力的投资。

2)工期指标:包括总工期和工期的变化率,即相对于定额工期(或规定工期)提前或延迟的量。

3)主要材料的耗用量:指项目所需的主要建筑材料和各种特殊材料、贵稀材料的需要量。

4) 占地面积主要有以下内容：

①厂区占地面积(公顷)：指厂区围墙(或规定界限)以内的用地面积。

②建筑物和构筑物的占地面积(m^2)：建筑物占地面积按上述规定计算，构筑物的建筑面积按外轮廓计算。

③有固定装卸设备的堆场(如露天栈桥、龙门吊堆场)和露天堆场(如原料、燃料堆场)的占地面积(m^2)。

④铁路、道路、管线和绿化占地面积(m^2)：铁路、道路的长度乘以宽度即为占地面积，但厂外铁路专用线用地不在此项内。

5) 建筑密度：指建筑物、构筑物、有固定装卸设备的堆场、露天仓库的占地面积之和与厂区占地面积之比。其计算公式如下：

$$建筑密度 = \frac{建筑物和构筑物占地面积 + 露天仓库、堆场占地面积}{厂区占地面积}$$

建筑密度是工厂总平面设计中比较重要的技术经济指标，它可以反映总平面设计中用地是否紧凑合理。建筑密度高，表明可节省土地和土石方工程量，又可以缩短管线长度，从而降低建厂费用和使用费。

6) 土地利用系数：指建筑物、构筑物、露天仓库、堆场、铁路、道路等占地面积之和与厂区面积之比，其计算公式如下：

$$土地利用系数 = \frac{A+B+C+D}{E} \times 100\%$$

式中　A——建筑物和构筑物占地面积；
　　　B——露天仓库、堆场占地面积；
　　　C——铁路、道路占地面积；
　　　D——地上、地下管线占地面积；
　　　E——厂区占地面积。

7) 实物工程量指标：主要实物工程量指标有场地平整土方工程量、铁路长度、道路及广场铺砌面积，排水、给水管线长度，围墙长度，绿化面积等。

(2) 使用阶段技术经济指标。

1) 预期成果指标。

①年产量：如果产品的品种规格较多，可采用换算方法，将各种产品的产量都折算成主要产品的产量。其计算公式如下：

$$产品的折合量 = \frac{全年工业总产值}{主要产品的单价}(台、t、kW)$$

②年产值：产值是产量指标的货币表现，按不变价格计算。主要包括工业总产值和工业净产值。

工业总产值：由各种产品产量以相应的出厂价格计算。从价值形态来看，工业总产值由三部分组成：第一，生产中消耗的原材料、燃料、动力和固定资产价值；第二，职工的工资和福利基金；第三，产品销售利润和税金。

工业净产值：净产值是企业一定时期内新创造价值的货币表现，它是从工业总产值中扣除生产中消耗的原材料、燃料、动力和固定资产折旧后剩下的部分。

2) 反映功能或适用性的指标：对于专业工程，如动力、运输、给水、排水、供热等设计方案，则要用提供动力的大小、运输能力、供水能力、排水能力、供热能力来表示。

3) 劳动消耗指标：包括活劳动消耗(如职工总数、工时总额、工资总额等)、物化劳动消耗(如单位产品的各类材料消耗量、设备和厂房的折旧费、材料利用率、设备负荷率、每台设备年产量、单位生产性建筑面积年产量等),以及活劳动和物化劳动的综合消耗(如成本、劳动生产率等)。

4)劳动占用指标:制造产品需要占用一定的厂房设备,还需要有一定数量的原材料和半产品的储备,所有这些占用都是人们对过去物化劳动的占用。属于这方面的指标有固定资产总额、流动资金总额、设备总台数、总建筑面积等。

5)综合指标:

①产值利润率:

$$产值利润率 = \frac{年净利润}{年总产值} \times 100\%$$

②成本利润率:它可以从利润角度反映项目在生产过程中劳动消耗的多少,也可间接反映出工厂劳动创造财富的多少。

$$单位产品成本利润率 = \frac{单位产品净利润}{单位产品成本} \times 100\%$$

$$年成本利润率 = \frac{年净利润}{年产品总成本} \times 100\%$$

③资金利润率:可较全面地反映项目经营后的经济效果。

$$资金利润率 = \frac{年净利润}{固定资金 + 年评价占用流动资金} \times 100\%$$

④投资利润率:它是从利润角度来反映投资的经济效果。

$$投资利润率 = \frac{年净利润}{投资总额} \times 100\%$$

⑤投资回收期:表示设计方案所需的全部投资由投产后每年所获得的利润来偿还的年数。投资回收期用投资利润率的倒数来计算。

6)其他指标:如反映方案维修的难易程度、可靠性、安全性、公害防治等方面的指标。

第三节 设计概算编制与审查

一、设计概算的概念与内容

设计概算是初步设计概算的简称,是指在初步设计或扩大初步设计阶段,由设计单位根据初步设计图纸、定额、指标、其他工程费用定额等,对工程投资进行的概略计算,这是初步设计文件的重要组成部分,是确定工程设计阶段的投资的依据,经过批准的设计概算是控制工程建设投资的最高限额。

设计概算分为三级概算,即单位工程概算、单项工程综合概算、建设项目总概算。其编制内容及相互关系如图4-3所示。

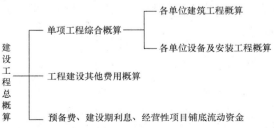

图4-3 设计概算的编制内容及相互关系

二、设计概算的作用

（1）设计概算是确定建设项目、各单项工程及各单位工程投资的依据。按照规定报请有关部门或单位批准的初步设计及总概算，一经批准即作为建设项目静态总投资的最高限额，不得任意突破，必须突破时须报原审批部门（单位）批准。

（2）设计概算是编制投资计划的依据。计划部门根据批准的设计概算编制建设项目年固定资产投资计划，并严格控制投资计划的实施。若建设项目实际投资数额超过了总概算，那么必须在原设计单位和建设单位共同提出追加投资的申请报告基础上，经上级计划部门审核批准后，方能追加投资。

（3）设计概算是进行拨款和贷款的依据。建设银行根据批准的设计概算和年度投资计划，进行拨款和贷款，并严格实行监督控制。对超出概算的部分，未经计划部门批准，建行不得追加拨款和贷款。

（4）设计概算是实行投资包干的依据。在进行概算包干时，单项工程综合概算及建设项目总概算是投资包干指标商定和确定的基础，尤其经上级主管部门批准的设计概算或修正概算，是主管单位和包干单位签订包干合同，控制包干数额的依据。

（5）设计概算是考核设计方案的经济合理性和控制施工图预算的依据。设计单位根据设计概算进行技术经济分析和多方案评价，以提高设计质量和经济效果。同时保证施工图预算在设计概算的范围内。

（6）设计概算是进行各种施工准备、设备供应指标、加工订货及落实各项技术经济责任制的依据。

（7）设计概算是控制项目投资，考核建设成本，提高项目实施阶段工程管理和经济核算水平的必要手段。

三、设计概算文件组成

（1）三级编制（总概算、综合概算、单位工程概算）形式设计概算文件的组成：
1）封面、签署页及目录；
2）编制说明；
3）总概算表；
4）其他费用表；
5）综合概算表；
6）单位工程概算表；
7）附件：补充单位估价表。

（2）二级编制（总概算、单位工程概算）形式设计概算文件的组成：
1）封面、签署页及目录；
2）编制说明；
3）总概算表；
4）其他费用表；
5）单位工程概算表；
6）附件：补充单位估价表。

四、设计概算编制方法

1. 编制依据

(1)批准的可行性研究报告。
(2)设计工程量。
(3)项目涉及的概算指标或定额。
(4)国家、行业和地方政府有关法律、法规或规定。
(5)资金筹措方式。
(6)正常的施工组织设计。
(7)项目涉及的设备、材料供应及价格。
(8)项目的管理(含监理)、施工条件。
(9)项目所在地区有关的气候、水文、地质地貌等自然条件。
(10)项目所在地区有关的经济、人文等社会条件。
(11)项目的技术复杂程度,以及新技术、专利使用情况等。
(12)有关文件、合同、协议等。

2. 建设项目总概算及单项工程综合概算的编制

(1)概算编制说明应主要包括以下内容:

1)项目概况:简述建设项目的建设地点、设计规模、建设性质(新建、扩建或改建)、工程类别、建设期(年限)、主要工程内容、主要工程量、主要工艺设备及数量等。

2)主要技术经济指标:项目概算总投资(有引进的给出所需外汇额度)及主要分项投资、主要技术经济指标(主要单位工程投资指标)等。

3)资金来源:按资金来源不同渠道分别说明,发生资产租赁的说明租赁方式及租金。

4)编制依据。

5)其他需要说明的问题。

6)总说明附表。

①建筑、安装工程工程费用计算程序表;
②引进设备、材料清单及从属费用计算表;
③具体建设项目概算要求的其他附表及附件。

(2)总概算表。概算总投资由工程费用、其他费用、预备费及应列入项目概算总投资中的几项费用组成:

第一部分　工程费用;
第二部分　其他费用;
第三部分　预备费;
第四部分　应列入项目概算总投资中的几项费用:
①建设期利息;
②固定资产投资方向调节税;
③铺底流动资金。

(3)第一部分　工程费用。按单项工程综合概算组成编制,采用二级编制的按单位工程概算组成编制。

1)市政民用建设项目一般排列顺序:主体建(构)筑物、辅助建(构)筑物、配套系统。

2)工业建设项目一般排列顺序:主要工艺生产装置、辅助工艺生产装置、公用工程、总图运输、生产管理服务性工程、生活福利工程、厂外工程。

(4)第二部分 其他费用。一般按其他费用概算顺序列项,具体见下述"3.其他费用、预备费、专项费用概算编制"。

(5)第三部分 预备费。包括基本预备费和价差预备费,具体见下述"3.其他费用、预备费、专项费用概算编制"。

(6)第四部分 应列入项目概算总投资中的几项费用。一般包括建设期利息、铺底流动资金、固定资产投资方向调节税(暂停征收)等,具体见下述"3.其他费用、预备费、专项费用概算编制"。

(7)综合概算以单项工程所属的单位工程概算为基础,采用"综合概算表"进行编制,分别按各单位工程概算汇总成若干个单项工程综合概算。

(8)对单一的、具有独立性的单项工程建设项目,按二级编制形式编制,直接编制总概算。

3. 其他费用、预备费、专项费用概算编制

(1)一般建设项目其他费用包括建设用地费、建设管理费、勘察设计费、可行性研究费、环境影响评价费、劳动安全卫生评价费、场地准备及临时设施费、工程保险费、联合试运转费、生产准备及开办费、特殊设备安全监督检验费、市政公用设施建设及绿化补偿费、引进技术和引进设备材料其他费、专利及专有技术使用费、研究试验费等。

1)建设管理费。

①以建设投资中的工程费用为基数乘以建设管理费费率计算。即:

$$建设管理费=工程费用×建设管理费费率(\%)$$

②工程监理是受建设单位委托的工程建设技术服务,属建设管理范畴。如采用监理,建设单位部分管理工作量会转移至监理单位。监理费应根据委托的监理工作范围和监理深度在监理合同中商定或按当地或所属行业部门有关规定计算。

③如建设管理采用工程总承包方式,其总包管理费由建设单位与总包单位根据总包工作范围在合同中商定,从建设管理费中支出。

④改扩建项目的建设管理费费率应比新建项目适当降低。

⑤建设项目建成后,应及时组织验收,移交生产或使用。已超过批准的试运行期,并已符合验收条件但未及时办理竣工验收手续的建设项目,视同项目已交付生产,其费用不得从基建投资中支付,所实现的收入作为生产经营收入,不再作为基建收入。

2)建设用地费。

①根据征用建设用地面积、临时用地面积,按建设项目所在的省、市、自治区人民政府制定颁发的土地征用补偿费、安置补助费标准和耕地占用税、城镇土地使用税标准计算。

②建设用地上的建(构)筑物如需迁建,其迁建补偿费应按迁建补偿协议计列或按新建同类工程造价计算。

③建设项目采用"长租短付"方式租用土地使用权,在建设期间支付的租地费用计入建设用地费,在生产经营期间支付的土地使用费应进入营运成本中核算。

3)可行性研究费。

①依据前期研究委托合同计列,或参照《国家计委关于印发〈建设项目前期工作咨询收费暂行规定〉的通知》(计投资[1999]1283号)规定计算。

②编制预可行性研究报告参照编制项目建议书收费标准并可适当调增。

4)研究试验费。

①按照研究试验内容和要求进行编制。

②研究试验费不包括以下项目：

a. 应由科技三项费用（即新产品试制费、中间试验费和重要科学研究补助费）开支的项目。

b. 应在建筑安装费用中列支的施工企业对建筑材料、构件和建筑物进行一般鉴定、检查所发生的费用及技术革新的研究试验费。

c. 应由勘察设计费或工程费用中开支的项目。

5）勘察设计费。依据勘察设计委托合同计列，或参照原国家计委、原建设部《关于发布〈工程勘察设计收费管理规定〉的通知》（计价格[2002]10号）规定计算。

6）环境影响评价及验收费、水土保持评价及验收费、劳动安全卫生评价及验收费。环境影响评价及验收费依据委托合同计列，或按照原国家计委、国家环境保护总局《关于规范环境影响咨询收费有关问题的通知》（计价格[2002]125号）规定及建设项目所在省、市、自治区环境保护部门有关规定计算；水土保持评价及验收费、劳动安全卫生评价及验收费依据委托合同以及按照国家和建设项目所在省、市、自治区劳动和国土资源等行政部门规定的标准计算。

7）职业病危害评价费等。依据职业病危害评价、地震安全性评价、地质灾害评价委托合同计列，或按照建设项目所在省、市、自治区有关行政部门规定的标准计算。

8）场地准备及临时设施费。

①场地准备及临时设施费应尽量与永久性工程统一考虑。建设场地的大型土石方工程应进入工程费用中的总图运输费用中。

②新建项目的场地准备和临时设施费应根据实际工程量估算，或按工程费用的比例计算。改扩建项目一般只计拆除清理费。即：

$$场地准备和临时设施费＝工程费用×费率＋拆除清理费$$

③发生拆除清理费时可按新建同类工程造价或主材费、设备费的比例计算。凡可回收材料的拆除工程采用以料抵工方式冲抵拆除清理费。

④此项费用不包括已列入建筑安装工程费用中的施工单位临时设施费用。

9）引进技术和引进设备其他费。

①引进项目图纸资料翻译复制费：根据引进项目的具体情况计列或按引进货价（F.O.B）的比例估列；引进项目发生备品备件测绘费时按具体情况估列。

②出国人员费用：依据合同或协议规定的出国人次、期限以及相应的费用标准计算。生活费按照财政部、外交部规定的现行标准计算，旅费按中国民航公布的票价计算。

③来华人员费用：依据引进合同或协议有关条款及来华技术人员派遣计划进行计算。来华人员接待费用可按每人次费用指标计算。引进合同价款中已包括的费用内容不得重复计算。

④银行担保及承诺费：应按担保或承诺协议计取。投资估算和概算编制时可以担保金额或承诺金额为基数乘以费率计算。

⑤引进设备材料的国外运输费、国外运输保险费、关税、增值税、外贸手续费、银行财务费、国内运杂费、引进设备材料国内检验费等，按照引进货价（F.O.B或C.I.F）计算后进入相应的设备、材料费中。

⑥单独引进软件，不计关税只计增值税。

10）工程保险费。

①不投保的工程不计取此项费用。

②不同的建设项目可根据工程特点选择投保险种，根据投保合同计列保险费用。编制投资估算和概算时可按工程费用的比例估算。

③不包括已列入施工企业管理费中的施工管理用财产、车辆保险费。

11) 联合试运转费。

①不发生试运转或试运转收入大于(或等于)费用支出的工程,不列此项费用。

②当联合试运转收入小于试运转支出时,其计算公式为:

$$联合试运转费=联合试运转费用支出-联合试运转收入$$

③联合试运转费不包括应由设备安装工程费用开支的调试及试车费用,以及在试运转中暴露出来的因施工原因或设备缺陷等发生的处理费用。

④试运行期按照以下规定确定:引进国外设备项目按建设合同中规定的试运行期执行;国内一般性建设项目试运行期原则上按照批准的设计文件所规定的期限执行。个别行业的建设项目试运行期需要超过规定试运行期的,应报项目设计文件审批机关批准。试运行期一经确定,各建设单位应严格按规定执行,不得擅自缩短或延长。

12) 特殊设备安全监督检验费。按照建设项目所在省、市、自治区安全监察部门的规定标准计算。无具体规定的,在编制投资估算和概算时可按受检设备现场安装费的比例估算。

13) 市政公用设施费。按工程所在地人民政府规定标准计列;不发生或按规定免征项目不计算。

14) 专利及专有技术使用费。

①按专利使用许可协议和专有技术使用合同的规定计列;

②专有技术的界定应以省、部级鉴定批准为依据;

③项目投资中只计需要在建设期支付的专利及专有技术使用费。协议或合同规定在生产期支付的使用费应在生产成本中核算。

④一次性支付的商标权、商誉及特许经营权费按协议或合同规定计列。协议或合同规定在生产期支付的商标权或特许经营权费应在生产成本中核算。

⑤为项目配套的专用设施投资,包括专用铁路线、专用公路、专用通信设施、变送电站、地下管道、专用码头等,如由项目建设单位负责投资但产权不归属本单位的,应作无形资产处理。

15) 生产准备及开办费。

①新建项目按设计定员为基数计算,改扩建项目按新增设计定员为基数计算:

$$生产准备费=设计定员×生产准备费用指标(元/人)$$

②可采用综合的生产准备费用指标进行计算,也可以按费用内容的分类指标计算。

(2) 引进工程其他费用中的国外技术人员现场服务费、出国人员旅费和生活费折合人民币列入,用人民币支付的其他几项费用直接列入其他费用中。

(3) 预备费包括基本预备费和价差预备费,基本预备费以总概算第一部分"工程费用"和第二部分"其他费用"之和为基数的百分比计算;价差预备费一般按上式计算:

$$P = \sum_{t=1}^{n} I_t [(1+f)^m (1+f)^{0.5} (1+f)^{t-1} - 1]$$

式中 P——价差预备费;

n——建设期(年)数;

I_t——建设期第 t 年的投资;

f——投资价格指数;

t——建设期第 t 年;

m——建设前年数(从编制概算到开工建设年数)。

(4) 应列入项目概算总投资中的几项费用。

1) 建设期利息:根据不同资金来源及利率分别计算。即:

$$Q = \sum_{j=1}^{n}(P_{j-1} + A_j/2)i$$

式中　Q——建设期利息；

P_{j-1}——建设期第 $j-1$ 年末贷款累计金额与利息累计金额之和；

A_j——建设期第 j 年贷款金额；

i——贷款年利率；

n——建设期年数。

2）铺底流动资金按国家或行业有关规定计算。

3）固定资产投资方向调节税（暂停征收）。

4. 单位工程概算的编制

(1) 单位工程概算是编制单项工程综合概算（或项目总概算）的依据，单位工程概算项目根据单项工程中所属的每个单体按专业分别编制。

(2) 单位工程概算一般分建筑工程、设备及安装工程两大类，建筑工程单位工程概算按下述(3)的要求编制，设备及安装工程单位工程概算按下述(4)的要求编制。

(3) 建筑工程单位工程概算。

1) 建筑工程概算费用内容及组成见《建筑安装工程费用项目组成》。

2) 建筑工程概算要采用"建筑工程概算表"编制，按构成单位工程的主要分部分项工程编制，根据初步设计工程量按工程所在省、市、自治区颁发的概算定额（指标）或行业概算定额（指标），以及工程费用定额计算。

3) 对于通用结构建筑可采用"造价指标"编制概算；对于特殊或重要的建（构）筑物，必须按构成单位工程的主要分部分项工程编制，必要时结合施工组织设计进行详细计算。

(4) 设备及安装工程单位工程概算。

1) 设备及安装工程概算费用由设备购置费和安装工程费组成。

2) 设备购置费。其计算公式为：

$$定型或成套设备费 = 设备出厂价格 + 运输费 + 采购保管费$$

引进设备费用分外币和人民币两种支付方式，外币部分按美元或其他国际主要流通货币计算。非标准设备原价有多种不同的计算方法，如综合单价法、成本计算估价法、系列设备插入估价法、分部组合估价法、定额估价法等。一般采用不同种类设备综合单价法计算，其计算公式为：

$$设备费 = \sum 综合单价(元/t) \times 设备单重(t)$$

工具、器具及生产家具购置费一般以设备购置费为计算基数，按照部门或行业规定的工具、器具及生产家具费率计算。

3) 安装工程费。安装工程费用内容组成，以及工程费用计算方法见《建筑安装工程费用项目组成》；其中，辅助材料费按概算定额（指标）计算，主要材料费以消耗量按工程所在地当年预算价格（或市场价）计算。

4) 引进材料费用计算方法与引进设备费用计算方法相同。

5) 设备及安装工程概算采用"设备及安装工程概算表"形式，按构成单位工程的主要分部分项工程编制，要据初步设计工程量按工程所在省、市、自治区颁发的概算定额（指标）或行业概算定额（指标），以及工程费用定额计算。

6) 概算编制深度可参照《建设工程工程量清单计价规范》(GB 50500—2013)深度执行。

(5) 当概算定额或指标不能满足概算编制要求时，应编制"补充单位估价表"。

5. 调整概算的编制

(1)设计概算批准后一般不得调整。由于特殊原因需要调整概算时,由建设单位调查分析变更原因,报主管部门审批同意后,由原设计单位核实编制、调整概算,并按有关审批程序报批。

(2)调整概算的原因。

1)超出原设计范围的重大变更;

2)超出基本预备费规定范围内不可抗拒的重大自然灾害引起的工程变动和费用增加;

3)超出工程造价调整预备费的国家重大政策性的调整。

(3)影响工程概算的主要因素已经清楚,工程量完成了一定量后方可进行调整,一个工程只允许调整一次概算。

(4)调整概算编制深度与要求、文件组成及表格形式同原设计概算,调整概算还应对工程概算调整的原因做详尽分析说明,所调整的内容在调整概算总说明中要逐项与原批准概算对比,并编制调整前后概算对比表,分析主要变更原因。

(5)在上报调整概算时,应同时提供有关文件和调整依据。

6. 设计概算文件的编制程序和质量控制

(1)设计概算文件编制的有关单位应当一起制定编制原则、方法,以及确定合理的概算投资水平,对设计概算的编制质量、投资水平负责。

(2)项目设计负责人和概算负责人对全部设计概算的质量负责;概算文件编制人员应参与设计方案的讨论;设计人员要树立以经济效益为中心的观念,严格按照批准的工程内容及投资额度设计,提出满足概算文件编制深度的技术资料;概算文件编制人员对投资的合理性负责。

(3)概算文件需要经编制单位自审,建设单位(项目业主)复审,工程造价主管部门审批。

(4)概算文件的编制与审查人员必须具有国家注册造价工程师资格,或者具有省市(行业)颁发的造价员资格证,并根据工程项目大小按持证专业承担相应的编审工作。

(5)各造价协会(或者行业)、造价主管部门可根据所主管的工程特点制定概算编制质量的管理办法,并对编制人员采取相应的措施进行考核。

五、设计概算审查

1. 设计概算审查的内容

(1)审查设计概算的编制依据。包括国家综合部门的文件,国务院主管部门和各省、市、自治区根据国家规定或授权制定的各种规定及办法,以及建设项目的设计文件等重点审查。

1)审查编制依据的合法性。采用的各种编制依据必须经过国家或授权机关的批准,符合国家的编制规定,未经批准的不能采用。也不能强调情况特殊,擅自提高概算定额、指标或费用标准。

2)审查编制依据的时效性。各种依据,如定额、指标、价格、取费标准等,都应根据国家有关部门的现行规定进行,注意有无调整和新的规定。有的虽然颁发时间较长,但不能全部适用;有的应按有关部门作的调整系数执行。

3)审查编制依据的适用范围。各种编制依据都有规定的适用范围,如各主管部门规定的各种专业定额及其取费标准,只适用于该部门的专业工程;各地区规定的各种定额及其取费标准,只适用用于该地区的范围以内。特别是地区的材料预算价格区域性更强,如某市有该市区的材料预算价格,又编制了郊区内一个矿区的材料预算价格,如在该市的矿区建设时,其概算采用的材料预算价格,则应用矿区的价格,而不能采用该市的价格。

(2)审查概算编制深度。

1)审查编制说明。审查编制说明可以检查概算的编制方法、深度和编制依据等重大原则问题。

2)审查概算编制深度。一般大中型项目的设计概算,应有完整的编制说明和"三级概算"(即总概算表、单项工程综合概算表、单位工程概算表),并按有关规定的深度进行编制。审查是否有符合规定的"三级概算",各级概算的编制、校对、审核是否按规定签署。

3)审查概算的编制范围。审查概算编制范围及具体内容是否与主管部门批准的建设项目范围及具体工程内容一致;审查分期建设项目的建筑范围及具体工程内容有无重复交叉,是否重复计算或漏算;审查其他费用所列的项目是否都符合规定,静态投资、动态投资和经营性项目铺底流动资金是否分部列出等。

(3)审查建设规模、标准。审查概算的投资规模、生产能力、设计标准、建设用地、建筑面积、主要设备、配套工程、设计定员等是否符合原批准可行性研究报告或立项批文的标准。如概算总投资超过原批准投资估算10%以上,应进一步审查超估算的原因。

(4)审查设备规格、数量和配置。工业建设项目设备投资比重大,一般占总投资的30%~50%,要认真审查。审查所选用的设备规格、台数是否与生产规模一致,材质、自动化程度有无提高标准,引进设备是否配套、合理,备用设备台数是否适当,消防、环保设备是否计算等。还要重点审查价格是否合理、是否符合有关规定,如国产设备应按当时询价资料或有关部门发布的出厂价、信息价,引进设备应依据询价或合同价编制概算。

(5)审查工程费。建筑安装工程投资是随工程量增加而增加的,要认真审查。要根据初步设计图纸、概算定额及工程量计算规则、专业设备材料表、建构筑物和总图运输一览表进行审查,有无多算、重算、漏算。

(6)审查计价指标。审查建筑工程采用工程所在地区的计价定额、费用定额、价格指数和有关人工、材料、机械台班单价是否符合现行规定;审查安装工程所采用的专业部门或地区定额是否符合工程所在地区的市场价格水平,概算指标调整系数、主材价格、人工、机械台班和辅材调整系数是否按当地最新规定执行;审查引进设备安装费率或计取标准、部分行业专业设备安装费率是否按有关规定计算等。

(7)审查其他费用。工程建设其他费用投资约占项目总投资25%以上,必须认真逐项审查。审查费用项目是否按国家统一规定计列,具体费率或计取标准、部分行业专业设备安装费率是否按有关规定计算等。

2. 设计概算审查的作用

审查设计概算,有利于合理分配投资资金,加强投资计划管理。设计概算编制得偏高或偏低,都会影响投资计划的真实性,影响投资资金的合理分配。因此,审查设计概算是为了准确确定工程造价,使投资更能遵循客观经济规律。

审查设计概算,可以促进概算编制单位严格执行国家有关概算的编制规定和费用标准,从而提高概算的编制质量。

审查设计概算,可以使建设项目总投资力求做到准确、完整,防止任意扩大投资规模或出现漏项,从而减少投资缺口,缩小概算与预算之间的差距,避免故意压低概算投资,搞钓鱼项目,最后导致实际造价大幅度地突破概算。审查后的概算,对建设项目投资的落实提供了可靠的依据。打足投资,不留缺口,提高建设项目的投资效益。

3. 设计概算审查的方法

(1)对比分析法。对比分析法主要是通过建设规模、标准与立项批文对比;工程数量与设计图纸对比；综合范围、内容与编制方法、规定对比；各项取费与规定标准对比；材料、人工单价与市场信息对比；引进设备、技术投资与报价要求对比；技术经济指标与同类工程对比等等。通过以上对比，容易发现设计概算存在的主要问题和偏差。

（2）查询核实法。查询核实法是对一些关键设备和设施、重要装置、引进工程图纸不全、难以核算的较大投资进行多方查询核对，逐项落实的方法。主要设备的市场价向设备供应部门或招标代理公司查询核实；重要生产装置、设施向同类企业（工程）查询了解；引进设备价格及有关税费向进出口公司调查落实；复杂的建安工程向同类工程的建设、承包、施工单位征求意见；深度不够或不清楚的问题直接向原概算编制人员、设计者询问清楚。

（3）联合会审法。联合会审前，可先采取多种形式分头审查，包括设计单位自审、主管、建设、承包单位初审，工程造价咨询公司评审，邀请同行专家预审，审批部门复审等，经层层审查把关后，由有关单位和专家进行联合会审。在会审会上，由设计单位介绍概算编制情况及有关问题，各有关单位、专家汇报初审和预审意见。然后进行认真分析、讨论，结合对各专业技术方案的审查意见所产生的投资增减，逐一核实原概算出现的。经过充分协商，认真听取设计单位意见后，实事求是地处理、调整。

通过以上复审后，对审查中发现的问题和偏差，按照单项、单位工程的顺序，首先按设备费、安装费、建筑费和工程建设其他费用分类整理；然后按照静态投资部分、动态投资备费、安装费、建筑费和工程建设其他费用分类整理，然后按照静态投资部分、动态投资部分和铺底流动资金三大类，汇总核增或核减的项目及其投资额；最后将具体审核数据，按照"原编概算"、"审核结果"、"增减幅度"列表，并按照原总概算表汇总顺序，将增减项目逐一列出，相应调整所属项目投资合计算，再依次汇总审核后的总投资及增减投资额。对于差错较多、问题较大或不能满足要求的，责成按会审意见修改返工后，重新报批；对于无重大原则问题，深度基本满足要求，投资增减不多的，当场核定概算投资额，并提交审批部门复核后，正式下达审批概算。

4. 设计概算审查的步骤

设计概算审查是一项复杂而细致的技术经济工作，审查人员既应懂得有关专业技术知识，又应具有熟练编制概算的能力，一般情况下可按如下步骤进行：

（1）概算审查的准备。概算审查的准备工作包括了解设计概算的内容组成、编制依据和方法；了解建设规模、设计能力和工艺流程；熟悉设计图纸和说明书、掌握概算费用的构成和有关技术经济指标；明确概算各种表格的内涵；收集概算定额、概算指标、取费标准等有关规定的文件资料等。

（2）进行概算审查。根据审查的主要内容，分别对设计概算的编制依据、单位工程设计概算、综合概算、总概算进行逐级审查。

（3）进行技术经济对比分析。利用规定的概算定额或指标以及有关技术经济指标与设计概算进行分析对比，根据设计和概算列明的工程性质、结构类型、建设条件、费用构成、投资比例、占地面积、生产规模、设备数量、造价指标、劳动定员等与国内外同类型工程规模进行对比分析，从大的方面找出和同类型工程的距离，为审查提供线索。

（4）研究、定案、调整概算。对概算审查中出现的问题要在对比分析、找出差距的基础上深入现场进行实际调查研究。了解设计是否经济合理、概算编制依据是否符合现行规定和施工现场实际，有无扩大规模、多估投资或预留缺口等情况，并及时核实概算投资。对于当地没有同类型的项目而不能进行对比分析时，可向国内同类型企业进行调查，收集资料，作为审查的参考。经过会审决定的定案问题应及时调整概算，并经原批准单位下发文件。

第四节 施工图预算编制与审查

一、建设工程施工图预算概述

1. 一般规定

(1)建设项目施工图预算是施工图设计阶段合理确定和有效控制工程造价的重要依据。

(2)建设项目施工图预算的编制应由相应专业资质的单位和造价专业人员完成。编制单位应在施工图预算成果文件上加盖公章和资质专用章,对成果文件质量承担相应责任;注册造价工程师和造价员应在施工图预算文件上签署执业(从业)印章,并承担相应责任。

(3)对于大型或复杂的建设项目,应委托多个单位共同承担其施工图预算文件编制时,委托单位应指定主体承担单位,由主体承担单位负责具体编制时,委托单位应指定主体承担单位,由主体承担单位负责具体编制工作的总体规划、标准的统一、编制工作的部署、资料的汇总等综合性工作,其他各单位负责其所承担的各个单项、单位工程施工图预算文件的编制。

(4)建设项目施工图预算应按照设计文件和项目所在地的人工、材料和机械等要素的市场价格水平进行编制,应充分考虑项目其他因素对工程造价的影响;并应确定合理的预备费,力求能够使投资额度得以科学合理地确定,以保证项目的顺利进行。

(5)建设项目施工图预算由总预算、综合预算和单位工程预算组成。建设项目总预算由综合预算汇总而成。综合预算由组成本单项工程的各单位工程预算汇总。单位工程预算包括建筑工程预算和设备及安装工程预算。

(6)施工图总预算应控制在已批准的设计总概算投资范围以内。

(7)施工图预算总投资包含建筑工程费、设备及工器具购置费、安装工程费、工程建设其他费用、预备费、建设期贷款利息、固定资产投资方向调节税及铺底流动资金。

(8)施工图预算的编制应保证编制依据的合法性、全面性和有效性,以及预算编制成果文件的准确性、完整性。

(9)施工图预算应考虑施工现场实际情况,并结合拟建建设项目合理的施工组织设计进行编制。

2. 施工图预算编制依据

(1)国家、行业、地方政府发布的计价依据、有关法律法规或规定。

(2)建设项目有关文件、合同、协议等。

(3)批准的设计概算。

(4)批准的施工图设计图纸及相关标准图集和规范。

(5)相应预算定额和地区单位估价表。

(6)合理的施工组织设计和施工方案等文件。

(7)项目有关的设备、材料供应合同、价格及相关说明书。

(8)项目所在地区有关的气候、水文、地质地貌等的自然条件。

(9)项目的技术复杂程度,以及新技术、专利使用情况等。

(10)项目所在地区有关的经济、人文等社会条件。

3. 施工图预算文件组成

施工图预算根据建设项目实际情况可采用三级预算编制或二级预算编制形式。当建设项目有多个单项工程时,应采用三级预算编制形式,三级预算编制形式由建设项目施工图总预算、单项工程综合预算、单位工程施工图预算组成。当建设项目只有一个单项工程时,应采用二级预算编制形式,二级预算编制形式由建设项目施工图总预算和单位工程施工图预算组成。

(1)三级预算编制形式的工程预算文件的组成如下:
1)封面、签署页及目录;
2)编制说明;
3)总预算表;
4)综合预算表;
5)单位工程预算表;
6)附件。

(2)二级预算编制形式的工程预算文件的组成如下:
1)封面、签署页及目录;
2)编制说明;
3)总预算表;
4)单位工程预算表;
5)附件。

二、建设项目施工图预算编制方法

1. 单位工程预算编制

单位工程预算的编制应根据施工图设计文件、预算定额(或综合单价)以及人工、材料及施工机械台班等价格资料进行编制。主要编制方法有单价法和实物量法,其中单价法分为定额单价法和工程量清单单价法。

(1)定额单价法。定额单价法是用事先编制好的分项工程的单位估价表来编制施工图预算的方法。定额单价法编制施工图预算的基本步骤如下:

1)编制前的准备工作。编制施工图预算的过程是具体确定建筑安装工程预算造价的过程。编制施工图预算,不仅应严格遵守国家计价法规、政策,严格按图纸计量,还应考虑施工现场条件因素,是一项复杂而细致的工作,也是一项政策性和技术性都很强的工作,因此,必须事前做好充分准备。准备工作主要包括两个方面:一是组织准备;二是资料的收集和现场情况的调查。

2)熟悉图纸和预算定额以及单位估价表。图纸是编制施工图预算的基本依据。熟悉图纸不但要弄清图纸的内容,还应对图纸进行审核:图纸间相关尺寸是否有误,设备与材料表上的规格、数量是否与图示相符,详图、说明、尺寸和其他符号是否正确等,若发现错误应及时纠正。另外,还要熟悉标准图以及设计更改通知(或类似文件),这些都是图纸的组成部分,不可遗漏。通过对图纸的熟悉,要了解工程的性质、系统的组成,设备和材料的规格型号和品种,以及有无新材料、新工艺的采用。

预算定额和单位估价表是编制施工图预算的计价标准,对其适用范围及定额系数等都要充分了解,做到心中有数,这样才能使预算编制准确、迅速。

3)了解施工组织设计和施工现场情况。编制施工图预算前,应了解施工组织设计中影响工程造价的有关内容。例如,各分部分项工程的施工方法,土方工程中余土外运使用的工具、运距,施工平面图对建筑材料、构件等堆放点到施工操作地点的距离等,以便能正确计算工程量和正确套用或确定某些分项工程的基价。这对于正确计算工程造价、提高施工图预算质量,具有重要意义。

4)划分工程项目和计算工程量。

①划分工程项目。划分的工程项目必须和定额规定的项目一致,这样才能正确地套用定额。不能重复列项计算,也不能漏项少算。

②计算并整理工程量。必须按现行国家计量规范规定的工程量计算规则进行计算,该扣除部分要扣除,不该扣除的部分不能扣除。当按照工程项目装饰工程量全部计算完以后,要对工程项目和工程量进行整理,即合并同类项和按序排列,为套用定额、计算分部分项和进行工料分析打下基础。

5)套单价(计算定额基价),即将定额子项中的基价填于预算表单价栏内,并将单价乘以工程量得出合价,将结果填入合价栏。

6)工料分析。工料分析即按分项工程项目,依据定额或单位估价表,计算人工和各种材料的实物耗量,并将主要材料汇总成表。工料分析的方法是首先从定额项目表中分别将各分项工程消耗的每项材料和人工的定额消耗量查出;再分别乘以该工程项目的工程量,得到分项工程工料消耗量,最后将各分项工程工料消耗量加以汇总,得出单位工程人工、材料的消耗数量。

7)计算主材费(未计价材料费)。因为许多定额项目基价为不完全价格,即未包括主材费用在内。计算所在地定额基价(基价合计)之后,还应计算出主材费,以便计算工程造价。

8)按费用定额取费,即按有关规定计取措施项目费和其他项目费,以及按相关取费规定计取规费和税金等。

9)计算汇总工程造价。将分部分项工程费、措施项目费、其他项目费、规费和税金相加即为工程预算造价。

(2)工程量清单单价法。工程量清单单价法是指招标人按照设计图纸和国家统一的工程量计算规则提供工程数量,采用综合单价的形式计算工程造价的方法。该综合单价是指完成一个规定计量单位的分部分项工程清单项目或措施清单项目所需的人工费、材料费、施工机具使用费和企业管理费与利润,以及一定范围内的风险费用。

(3)实物量法。实物量法是依据施工图纸和预算定额的项目划分及工程量计算规则,先计算出分部分项工程量,然后套用预算定额(实物量定额)来编制施工图预算的方法。

实物量法的优点是能比较及时地将反映各种材料、人工、机械的当时当地市场单价计入预算价格,不需调价,反映当时当地的工程价格水平。

2. 综合预算和总预算编制

(1)综合预算造价由组成该单项工程的各个单位工程预算造价汇总而成。

(2)总预算造价由组成该建设项目的各个单项工程综合预算以及经计算的工程建设其他费、预备费、建设期贷款利息、固定资产投资方向调节税汇总而成。

3. 建筑工程预算编制

(1)建筑工程预算费用内容及组成,应符合《建筑安装工程费用项目组成》(建标〔2013〕44号)的有关规定。

(2)建筑工程预算采用"建筑工程预算表",按构成单位工程的分部分项工程编制,根据设计施工图纸计算各分部分项工程量,按工程所在省(自治区、直辖市)或行业颁发的预算定额或单位估价表,以及建筑安装工程费用定额进行编制。

4. 安装工程预算编制

安装工程预算费用组成应符合《建筑安装工程费用项目组成》(建标〔2013〕44号)的有关规定

5. 调整预算编制

(1)工程预算批准后,一般情况下不得调整。由于重大设计变更、政策性调整及不可抗力等原因造成的可以调整。

(2)调整预算编制深度与要求、文件组成及表格形式同原施工图预算。调整预算还应对工程预算调整的原因做详尽分析说明,所调整的内容在调整预算总说明中要逐项与原批准预算对比,并编制调整前后预算对比表,分析主要变更原因。在上报调整预算时,应同时提供有关文件和调整依据。

三、建设项目施工图预算审查

1. 施工图预算审查的作用

(1)对降低工程造价具有现实意义。
(2)有利于节约工程建设资金。
(3)有利于发挥领导层、银行的监督作用。
(4)有利于积累和分析各项技术经济指标。

2. 施工图预算审查的内容

(1)审查施工图预算的重点是工程量计算是否准确;分部、分项单价套用是否正确;各项取费标准是否符合现行规定等方面。

(2)建筑工程施工图预算各分部工程的工程量审核重点。

1)土方工程。

①平整场地、挖地槽、挖地坑、挖土方工程量的计算是否符合定额计算规定和施工图纸标示尺寸,土壤类别是否与勘察资料一致,地槽与地坑放坡、带挡土板是否符合设计要求,有无重算和漏算;

②回填土工程量应注意地槽、地坑回填土的体积是否扣除了基础、垫层所占体积,地面和室内填土的厚度是否符合设计要求;

③运土方的审查除了注意运土距离外,还要注意运土数量是否扣除了就地回填的土方。运土距离应是最短运距,需作比较。

2)打桩工程。

①注意审查各种不同桩料,必须分别计算,施工方法必须符合设计要求或经设计院同意;

②桩料长度必须符合设计要求,桩料长度如果超过一般桩料长度需要接桩时,注意审查接头数是否正确;

③必须核算实际钢筋量(抽筋核算)。

3)砖石工程。

①墙基与墙身的划分是否符合规定;

②按规定不同厚度的墙、内墙和外墙是否是分别计算的,应扣除的门窗洞口及埋入墙体各种钢筋混凝土梁、柱等是否已经扣除;

③不同砂浆强度的墙和定额规定按立方米或按平方米计算的墙,有无混淆、错算或漏算。

4)混凝土及钢筋混凝土工程。

①现浇构件与预制构件是否分别计算;

②现浇柱与梁,主梁与次梁及各种构件计算是否符合规定,有无重算或漏算;

③有筋和无筋构件是否按设计规定分别计算,有没有混淆;

④钢筋混凝土的含钢量与预算定额的含钢量发生差异时,是否按规定予以增减调整;

⑤钢筋按图抽筋计算。

5)木结构工程。

①门窗是否按不同种类按框外面积或扇外面积计算；

②木装修的工程量是否按规定分别以延长米或平方米计算；

③门窗孔面积与相应扣除的墙面积中的门窗孔面积核对应一致。

6)地面工程。

①楼梯抹面是否按踏步和休息平台部分的水平投影面积计算；

②细石混凝土地面找平层的设计厚度与定额厚度不同时，是否按其厚度进行换算；

③台阶不包括嵌边、侧面装饰。

7)屋面工程。

①卷材层工程量是否与屋面找平层工程量相等；

②屋面保温层的工程量是否按屋面层的建筑面积乘保温层平均厚度计算，不做保温层的挑檐部分是否按规定计算；

③瓦材规格如实际使用与定额取定规格不同时，其数量换算，其他不变；

④屋面找平层的工程量同卷材屋面，其嵌缝油膏已包括在定额内，不另计算；

⑤刚性屋面按图示尺寸水平投影面积乘以屋面坡度系数以平方米计算。不扣除房上烟囱、风帽底座、风道所占面积。

8)构筑物工程。

①烟囱和水塔脚手架是以座编制的，凡地下部分已包括在定额内，按规定不能再另行计算；审查是否符合要求，有无重算；

②凡定额按钢管脚平架与竹脚手架综合编制，包括挂安全网和安全笆的费用。如实际施工不同均可换算或调整；如施工需搭设斜道则可另行计算。

9)装饰工程。

①内墙抹灰的工程量是否按墙面的净高和净宽计算，有无重算或漏算；

②抹灰厚度，如设计规定与定额取定不同时，在不增减抹灰遍数的情况下，一般按每增减1mm 定额调整；

③油漆、喷涂的操作方法和颜色不同时，均不调整。如设计要求的涂刷遍数与定额规定不同时，可按"每增加一遍"定额项目进行调整序号分部工程名称工程量审核的重点。

10)金属构件制作。

①金属构件制作工程量多数以吨为单位。在计算时，型钢按图示尺寸求出长度，再乘每米的重量；钢板要求出面积，再乘以每平方米的重量。审查是否符合规定；

②除注明者外，定额均已包括现场(工厂)内的材料运输、下料、加工、组装及产品堆放等全部工序；

③加工点至安装点的构件运输，应另按"构件运输定额"相应项目计算。

(2)审查定额或单价的套用。

1)预算中所列各分项工程单价是否与预算定额的预算单价相符；其名称、规格、计量单位和所包括的工程内容是否与预算定额一致。

2)有单价换算时应审查换算的分项工程是否符合定额规定及换算是否正确。

3)对补充定额和单位计价表的使用应审查补充定额是否符合编制原则、单位计价表计算是否正确。

(3)审查其他有关费用。其他有关费用包括的内容各地不同，具体审查时应注意是否符合当地规定和定额的要求。

利润和税金的审查,重点应放在计取基础和费率是否符合当地有关部门的现行规定、有无多算或重算方面。

3. 施工图预算审查的方法

(1)逐项审查法。逐项审查法又称全面审查法,即按定额顺序或施工顺序,对各分项工程中的工程细目逐项全面详细审查的一种方法。其优点是全面、细致,审查质量高、效果好;缺点是工作量大,时间较长。这种方法适合于一些工程量较小、工艺比较简单的工程。

(2)标准预算审查法。标准预算审查法就是对利用标准图纸或通用图纸施工的工程,先集中力量编制标准预算,以此为准来审查工程预算的一种方法。按标准设计图纸或通用图纸施工的工程,一般上部结构和做法相同,只是根据现场施工条件或地质情况不同,仅对基础部分做局部改变。凡这样的工程,以标准预算为准,对局部修改部分单独审查即可,不需逐一详细审查。该方法的优点是时间短、效果好、易定案;其缺点是适用范围小,仅适用于采用标准图纸的工程。

(3)分组计算审查法。分组计算审查法就是把预算中有关项目按类别划分若干组,利用同组中的一组数据审查分项工程量的一种方法。这种方法首先将若干分部分项工程按相邻且有一定内在联系的项目进行编组,利用同组分项工程间具有相同或相近计算基数的关系,审查一个分项工程数量,由此判断同组中其他几个分项工程的准确程度。该方法特点是审查速度快、工作量小。

(4)对比审查法。对比审查法是当工程条件相同时,用已完工程的预算或未完但已经过审查修正的工程预算对比审查拟建工程的同类工程预算的一种方法。

(5)"筛选"审查法。"筛选"审查法是能较快发现问题的一种方法。建筑工程虽面积和高度不同,但其各分部分项工程的单位建筑面积指标变化却不大。将这样的分部分项工程加以汇集、优选,找出其单位建筑面积工程量、单价、用工的基本数值,归纳为工程量、价格、用工三个单方基本指标,并注明基本指标的适用范围。这些基本指标用来筛分各分部分项工程,对不符合条件的应进行详细审查,若审查对象的预算标准与基本指标的标准不符,就应对其进行调整。"筛选"审查法的优点是简单易懂,便于掌握,审查速度快,便于发现问题,但问题出现的原因尚需继续审查。该方法适用于审查住宅工程或不具备全面审查条件的工程。

(6)重点审查法。重点审查法就是抓住工程预算中的重点进行审核的方法。审查的重点一般是工程量大或者造价较高的各种工程、补充定额、计取的各项费用(计取基础、取费标准)等。重点审查法的优点是突出重点、审查时间短、效果好。

4. 施工图预算审查的步骤

(1)做好审查前的准备工作。

1)熟悉施工图纸。施工图纸是编制预算分项工程数量的重要依据,必须全面熟悉了解。一是核对所有的图纸,清点无误后,依次识读;二是参加技术交底,解决图纸中的疑难问题,直至完全掌握图纸。

2)了解预算包括的范围。根据预算编制说明,了解预算包括的工程内容。例如,配套设施、室外管线、道路以及会审图纸后的设计变更等。

3)弄清编制预算采用的单位工程估价表。任何单位估价表或预算定额都有一定的适用范围。根据工程性质,搜集熟悉相应的单价、定额资料。特别是市场材料单价和取费标准等。

(2)选择合适的审查方法,按相应内容审查。由于工程规模、繁简程度不同,施工企业情况也不同,所编工程预算繁简和质量也不同,因此,需针对情况选择相应的审查方法进行审核。

(3)综合整理审查资料,编制调整预算。经过审查,如发现有差错,需要进行增加或核减的,经与编制单位逐项核实,统一意见后,修正原施工图预算,汇总核减量。

第五章 建设项目招标投标管理

第一节 建设项目招标投标概述

一、建设项目招标投标的概念与性质

1. 招标投标的概念

招标是指招标人事前公布工程、货物或服务等发包业务的相关条件和要求,通过发布广告或发出邀请函等形式,召集自愿参加竞争者投标,并根据事前规定的评选办法选定承包商的市场交易活动。在建设工程施工招标中,招标人要根据投标人的投标报价、施工方案、技术措施、人员素质、工程经验、财务状况及企业信誉等方面进行综合评价,择优选择承包商,并与之签订合同。

建设工程投标是工程招标的对称概念,是指具有合法资格和能力的投标人根据招标条件,经过初步研究和估算,在指定期限内填写标书,提出报价,并等候开标,决定能否中标的经济活动。

招标投标是商品经济发展到一定阶段的产物,是一种具有竞争性的采购方式。招标投标是一百多年来在国际上采用的具有完善机制的、科学合理的、比较完善的工程承包方式。随着市场经济体系的完善,市场机制的健全,投资体制改革的深化,相关政策法规正逐步完善以及行政管理、执法队伍行为的不断规范,我国逐步推行招标投标制度。招标投标制度首先被引入工程建设行业。从1984年国务院颁布《关于改革建筑业和基本建设管理体制若干问题的暂行规定》,原国家计划委员会和城乡建设环境保护部(现住房和城乡建设部)联合颁布《建设工程招标投标暂行规定》算起,我国在工程项目上推行招标投标制已有近三十年的历史。随着改革开放(特别是建筑业改革)的深入,我国实行招标投标的工程比例逐年上升。全国地级市都已建立了专门的招标投标管理机构,制定了招标投标管理办法。招标投标已逐渐成为建设市场的主要交易方式。

2. 招标投标的性质

我国法学界一般认为,建设工程招标是要约邀请,而投标是要约,中标通知书是承诺。我国《合同法》也明确规定,招标公告是要约邀请。也就是说,招标实际上是邀请投标人对其提出要约(即报价),属于要约邀请。投标则是一种要约,它符合要约的所有条件,如具有缔结合同的主观目的;一旦中标,投标人将受投标书的约束;投标书的内容具有足以使合同成立的主要条件等。招标人向中标的投标人发出的中标通知书,则是招标人同意接受中标的投标人的投标条件,即同意接受该投标人的要约的意思表示,应属于承诺。

二、建设项目招标的条件、范围、种类与方式

1. 建设项目招标的条件

工程项目招标必须符合主管部门规定的条件,这些条件分为招标人即建设单位应具备的条件和招标的工程项目应具备的条件两个方面。

(1)建设单位招标应当具备的条件。

1)招标单位是法人或依法成立的其他组织。

2)有与招标工程相适应的经济、技术、管理人员。
3)有组织编制招标文件的能力。
4)有审查投标单位资质的能力。
5)有组织开标、评标、定标的能力。

不具备上述2)~5)项条件的需委托具有相应资质的咨询、监理等单位代理招标。上述条件中,前两条是对招标单位资格的规定,后三条则是对招标人能力的要求。

(2)招标的工程项目招标应当具备的条件。
1)概算已经批准。
2)建设项目已经正式列入国家、部门或地方的年度固定资产投资计划。
3)建设用地的征用工作已经完成。
4)有能够满足施工需要的施工图纸及技术资料。
5)建设资金和主要建筑材料、设备的来源已经落实。
6)已经建设项目所在地规划部门批准,施工现场"三通一平"已经完成或一并列入施工招标范围。

当然,对于不同性质的工程项目,招标的条件可有所不同或有所偏重。比如,建设工程勘察设计招标的条件,一般应主要侧重于:
1)设计任务书或可行性研究报告已获批准。
2)具有设计所必需的可靠基础资料。

建设工程施工招标的条件,一般应主要侧重于:
1)建设工程已列入年度投资计划。
2)建设资金(含自筹资金)已按规定存入银行。
3)施工前期工作已基本完成。
4)有持证设计单位设计的施工图纸和有关设计文件。

建设监理招标的条件,一般应主要侧重于:
1)设计任务书或初步设计已获批准。
2)工程建设的主要技术工艺要求已确定。

建设工程材料设备供应招标的条件,一般应主要侧重于:
1)建设项目已列入年度投资计划。
2)建设资金(含自筹资金)已按规定存入银行。
3)具有批准的初步设计或施工图设计所附的设备清单,专用、非标准设备应有设计图纸、技术资料等。

建设工程总全包招标的条件,一般应主要侧重于:
1)计划文件或设计任务书已获批准。
2)建设资金和地点已经落实。

从实践来看,人们常常希望招标能担当起对工程建设实施的把关作用,因而赋予其很多前提性条件。这是可以理解的,在一定时期内也是有道理的。但是招标投标的使命只是或主要是解决一个工程任务如何分派、承接的问题。从这个意义上讲,只要建设项目的各项工程任务合法有效地确立,并已具备了实施项目的基本条件,就可以对其进行招标投标。所以,对建设工程招标的条件,不宜赋予太多。事实上赋予太多,不堪重负,也难以做到。根据实践经验,对建设工程招标的文件,最基本、最关键的是要把握住两条:一是建设项目已合法成立,办理了报建登记。招标项目按照国家有关规定需要履行项目审批手续的,应当先履行审批手续,取得批准。二是建设资金已基本落实,工程任务承接者确定后能实际开展动作。

2. 建设工程招标的范围

(1)必须进行招标的范围。

1)关系社会公共利益、公众安全的基础设施项目,其范围包括:

①煤炭、石油、天然气、电力、新能源等能源项目;

②铁路、公路、管道、水运、航空以及其他交通运输业等交通运输项目;

③邮政、电信枢纽、通信、信息网络等邮电通信项目;

④防洪、灌溉、排涝、引(供)水、滩涂治理、水土保持、水利枢纽等水利项目;

⑤道路、桥梁、地铁和轻轨交通、污水排放及处理、垃圾处理、地下管道、公共停车场等城市设施项目;

⑥生态环境保护项目;

⑦其他基础设施项目。

2)关系社会公共利益、公众安全和公用事业项目,其范围包括:

①供水、供电、供气、供热等市政工程项目;

②科技、教育、文化等项目;

③体育、旅游等项目;

④卫生、社会福利等项目;

⑤商品住宅,包括经济适用住房;

⑥其他公用事业项目。

3)使用国有资产投资项目,其范围包括:

①使用各级财政预算资金的项目;

②使用纳入财政管理的各种政府性专项建设基金的项目;

③使用国有企业、事业单位自有资金,并且国有资产投资者实际拥有控制权的项目。

4)国有融资项目,其范围包括:

①使用国家发行债券所筹资金的项目;

②使用国家对外借款或者担保所筹资金的项目;

③使用国家政策性贷款的项目;

④国家授权投资主体融资的项目;

⑤国家特许的融资项目。

5)使用国际组织或者外国政府资金的项目,其范围包括:

①使用世界银行、亚洲开发银行等国际组织贷款资金的项目;

②使用外国政府及其机构贷款资金的项目;

③使用国际组织或者外国政府援助资金的项目。

6)上述第1)~第5)条规定范围内的各类工程建设项目,包括项目的勘察、设计、施工、监理以及与工程建设有关的重要设备、材料等的采购,达到下列标准之一的,必须进行招标:

①施工单项合同估算价在200万元人民币以上的;

②重要设备、材料等货物的采购,单项合同估算价在100万元人民币以上的;

③勘察、设计、监理等服务的采购,单项合同估算价在50万元人民币以上的;

④单项合同估算价低于上述第①、②、③项规定的标准,但项目总投资额在3000万元人民币以上的。

7)依法必须进行招标的项目,全部使用国有资金投资或者国有资金投资占控股或者主导地位的,应当公开招标。招标投标活动不受地区、部门的限制,不得对潜在投标人实行歧视待遇。

8)省、自治区、直辖市人民政府根据实际情况,可以规定本地区必须进行招标的具体范围的规模标准,但不得缩小规定确定的必须进行招标的范围。

(2)可以不进行招标的范围。按照《中华人民共和国招标投标法》(以下简称《招标投标法》)的有关规定,属于下列情形之一的,经县级以上地方人民政府建设行政主管部门批准,可以不进行招标:

1)涉及国家安全、国家秘密的工程;
2)抢险救灾工程;
3)利用扶贫资金实行以工代赈、需要使用农民工等特殊情况;
4)建筑造型有特殊要求的设计;
5)采用特定专利技术、专有技术进行设计或施工的;
6)停建或者缓建后恢复建设的单位工程,且承包人未发生变更的;
7)施工企业自建自用的工程,且施工企业资质等级符合工程要求的;
8)在建工程追加的附属小型工程或者主体加层工程,且承包人未发生变更的;
9)法律、法规、规章规定的其他情形。

3. 建设工程招标的分类

(1)按工程项目建设程序分类。根据工程项目建设程序,招标可分为三类,即工程项目开发招标、勘察设计招标和施工招标,这是由建筑物产品生产过程的阶段性决定的。

1)项目开发招标。这种招标是建设单位(业主)邀请工程咨询单位对建设项目进行可行性研究,其"标的物"是可行性研究报告。中标的工程咨询单位必须对自己提供的研究成果认真负责,可行性研究报告应得到建设单位认可。

2)勘察设计招标。建设工程勘察招标是指招标人就拟建工程的勘察任务发布通告,以法定方式吸引勘察单位参加竞争,经招标人审查获得投标资格的勘察单位按照招标文件的要求,在规定的时间内向招标人填报标书,招标人从中选择条件优越者完成勘察任务。

3)施工招标。建设工程施工招标,是指招标人就拟建的工程发布公告或者邀请,以法定方式吸引建筑施工企业参加竞争,招标人从中选择条件优越者完成工程建设任务的法律行为。

(2)按承包范围分类。

1)项目总承包招标。建设工程项目总承包招标又叫建设项目全过程招标,在国外称之为"交钥匙"承包方式。它是指从项目建议书开始,包括可行性研究报告、勘察设计、设备材料询价与采购、工程施工、生产准备、投料试车,直到竣工投产、交付使用全面实行招标。工程总承包企业根据建设单位提出的工程使用要求,对项目建议书、可行性研究、勘察设计、设备询价与选购、材料订货、工程施工、职工培训、试生产、竣工投产等实行全面投标报价。

2)专项工程承包招标。指在对工程承包招标中,对其中某项比较复杂,或专业性强,施工和制作要求特殊的单项工程,可以单独进行招标的,称为专项工程承包招标。

(3)按行业类别分类。按行业部门分类,招标可分为土木工程招标、勘察设计招标、货物设备采购招标、机电设备安装工程招标、生产工艺技术转让招标、咨询服务(工程咨询)招标。

土木工程包括铁路、公路、隧道、桥梁、堤坝、电站、码头、飞机场、厂房、剧院、旅馆、医院、商店、学校、住宅等。货物采购包括建筑材料和大型成套设备等。咨询服务包括项目开发性研究、可行性研究、工程监理等。我国财政部经世界银行同意,专门为世界银行贷款项目的招标采购制定了有关方面的标准文本,包括货物采购国内竞争性招标文件范本、土建工程国内竞争性招标文件范本、资格预审文件范本、货物采购国际竞争性招标文件范本、土建工程国际竞争性招标文件范本、生产工艺技术转让招标文件范本、咨询服务合同协议范本、大型复杂工厂与设备的供货和安装监督招标文件范本、总包合同(交钥匙工程)招标文件范本,以便利用世界银行贷款来支持和帮助我国的国民经济建设。

(4)按照工程建设项目的构成分类。按照工程建设项目的构成,可以将建设工程招标投标分为全部工程招标投标、单项工程招标投标、单位工程招标投标、分部工程招标投标、分项工程招标投标。

全部工程招标投标是指对一个工程建设项目的全部工程进行的招标投标;单项工程招标投标是指对一个工程建设项目中所包含的若干单项工程进行的招标投标;单位工程招标投标是指对一个单项工程所包含的若干单位工程进行的招标投标;分部工程招标投标是指对一个单位工程所包含的若干分部工程进行的招标投标;分项工程招标投标是指对一个分部工程所包含的若干分项工程进行的招标投标。

(5)按是否涉外分类。按照工程是否具有涉外因素,可以将建设工程招标分为国内工程招标和国际工程招标。国际工程招标又可分为在国内建设的外资项目招标,国外设计、施工企业参与竞争的国内建设项目招标,以及国内设计、施工企业参加的国外项目招标等。

4. 招标的方式

(1)公开招标。公开招标是指招标人在指定的报刊、电子网络或其他媒体上发布招标公告,吸引众多的投标人参加投标竞争,招标人从中择优选择中标单位的招标方式。公开招标是一种无限制的竞争方式,按竞争程度又可以分为国际竞争性招标和国内竞争性招标。公开招标可以保证招标人有较大的选择范围,可在众多的投标人中选定报价合理、工期较短、信誉良好的承包商,有助于打破垄断,实行公平竞争。

(2)邀请招标。邀请招标又称为有限竞争性招标,是指招标人以投标邀请书的方式邀请特定的法人或其他组织投标。这种方式不发布公告,招标人根据自己的经验和所掌握的各种信息资料,向具备承担该项工程施工能力资信良好的三个以上承包商发出投标邀请书,收到邀请书的单位参加投标。

由于邀请招标在价格、竞争的公平方面仍存在一些不足之处,因此《招标投标法》规定,国家重点项目和省、自治区、直辖市的地方重点项目不宜进行公开招标的,经过批准后可以进行邀请招标。

采用邀请招标的项目一般属于以下几种情况之一:
1)涉及保密的工程项目;
2)专业性要求较强的工程,一般施工企业缺少技术、设备和经验,采用公开招标响应者较少;
3)工程量较小,合同额不高的施工项目,对实力较强的施工企业缺少吸引力;
4)地点分散且属于劳动密集型的施工项目,对外地域的施工企业缺少吸引力;
5)工期要求紧迫的施工项目,没有时间进行公开招标;
6)其他采用公开招标所花费的时间和费用与招标人最终可能获得的好处不相适应的施工项目。

(3)议标。议标又称为非竞争性招标或指定性招标。这种招标方式是建设单位邀请不少于两家(含两家)的承包商,通过直接协商谈判选择承包商的招标方式。

由工程建设项目招标单位选择几家有承担能力的建筑安装企业进行协商,在保证工程质量的前提下,在施工图预算或工程量清单计价的基础上,对工程造价、工期等进行协商,如能达成一致意见,就可认定为中标单位。

公开招标与邀请招标相比,可以在较大的范围内优选中标人,有利于投标竞争,但招标花费的费用较高、时间较长。采用何种形式招标应在招标准备阶段进行认真研究,主要分析哪些项目对投标人有吸引力,可以在市场中展开竞争。对于明显可以展开竞争的项目,应首先考虑采用打破地域和行业界限的公开招标。

为了符合市场经济要求和规范招标人的行为,《建筑法》规定依法必须进行施工招标的工程,全部使用国有资金投资或者国有资金投资占控股或主导地位的,应当公开招标。

《招标投标法》进一步明确规定:"国务院发展计划部门确定的国家重点和省、自治区、直辖市人民政府确定的地方重点项目不适宜公开招标的,经国务院发展计划部门或者省、自治区、直辖市人民政府批准,可以进行邀请招标"。采用邀请招标方式时,招标人应当向三个以上具备承担该工程施工能力、资信良好的施工企业发出投标邀请书。

三、建设项目招标投标的原则与意义

1. 建设项目招标投标的原则

(1)公开原则。要求建设项目招标投标活动具有较高的透明度。

1)建设项目招标投标的信息公开。通过建立和完善建设工程项目报建登记制度,及时向社会发布建设项目招标投标信息,让有资格的投标者都能享受到同等的信息,便于进行投标决策。

2)建设项目招标投标的条件公开。什么情况下可以组织招标,什么机构有资格组织招标,什么样的单位有资格参加投标等,必须向社会公开,便于社会监督。

3)建设项目招标投标的程序公开。工程建设项目的招标投标应当经过哪些环节、步骤,在每一环节、每一步骤有什么具体要求和时间限制,凡是适宜公开的,均应当予以公开;在建设工程招标投标的全过程中,招标单位的主要招标活动程序、投标单位的主要投标活动程序和招标投标管理机构的主要监管程序,必须公开。

4)建设项目招标投标的结果公开。哪些单位参加了投标,最后哪个单位中了标,应当予以公开。

(2)公平原则。指所有当事人和中介机构在建设工程招标投标活动中,享有均等的机会,具有同等的权利,履行相应的义务,任何一方都不受歧视。它主要体现在:

1)工程建设项目,凡符合法定条件的,都一样进入市场通过招标投标进行交易,市场主体不仅包括承包方,而且也包括发包方,发包方进入市场的条件是一样的;

2)在建设项目招标投标活动中,所有合格的投标人进入市场的条件和竞争机会都是一样的,招标人对投标人不得区别对待,厚此薄彼;

3)建设项目招标投标涉及的各方主体,都有与其享有的权利相适应的义务,因情势变迁(不可抗力)等原因造成各方权利义务关系不均衡的,都可以而且也应当依法予以调整或解除;

4)当事人和中介机构对建设工程招标投标中自己有过错的损害根据过错大小承担责任,对各方均无过错的损害则根据实际情况分担责任。

(3)公正原则。公正原则是指在建设项目招标投标活动中,按照同一标准实事求是地对待所有的当事人和中介机构。如招标人按照统一的招标文件示范文本公正地表述招标条件和要求,按照事先经建设项目招标投标管理机构审查认定的评标定标办法,对投标文件进行公正评价,择优确定中标人等。

(4)诚实信用原则。诚实信用是指在建设项目招标投标活动中,当事人和有关中介机构应当以诚相待、讲求信义、实事求是,做到言行一致、遵守诺言、履行成约,不得见利忘义、投机取巧、弄虚作假、隐瞒欺诈、以次充好、掺杂使假、坑蒙拐骗,而损害国家、集体和其他人的合法权益。诚信原则是建设工程招标投标活动中的重要道德规范,也是法律上的要求。诚信原则要求当事人和中

介机构在进行招标投标活动时,必须具备诚实无欺、善意守信的内心状态,不得滥用权力损害他人,要在自己获得利益的同时充分尊重社会公德和国家、社会、他人的利益,自觉维护市场经济的正常秩序。

2. 建设项目招标投标的意义

(1)有利于建设市场的法制化、规范化。从法律意义上说,工程建设招标投标是招标、投标双方按照法定程序进行交易的法律行为,因此,双方的行为都受法律的约束。这就意味着建设市场在招标投标活动的推动下将更趋理性化、法制化和规范化。

(2)形成市场定价的机制,使工程造价更趋合理。招标投标活动最明显的特点是投标人之间的竞争,而其中最集中、最激烈的竞争则表现为价格的竞争。价格的竞争最终导致工程造价趋于合理的水平。

(3)促进建设活动中劳动消耗水平的降低,使工程造价得到有效的控制。在建设市场中,不同投标人的劳动消耗水平是不一样的。但为了竞争招标项目、在市场中取胜,降低劳动消耗水平就成了市场取胜的重要途径。当这一途径为大家所重视,必然要努力提高自身的劳动生产率,降低个别劳动消耗水平,进而导致整个工程建设领域劳动生产率的提高、平均劳动消耗水平下降,使得工程造价得到控制。

(4)有力地遏制建设领域的腐败,使工程造价趋向科学。工程建设领域在许多国家被认为是腐败行为多发区、重灾区。我国在招标投标中采取设立专门机构对招标投标活动进行监督管理,从专家人才库中选取专家进行评标的方法,使工程建设项目承发包活动变得公开、公平、公正,可有效地减少暗箱操作、徇私舞弊行为,有力地遏制行贿受贿等腐败现象的产生,使工程造价的确定更趋科学、更加符合其价值。

(5)促进技术进步和管理水平的提高,有助于保证工程质量、缩短工期。投标竞争中表现最激烈的虽然是价格的竞争,而实质上是人员素质、技术装备、技术水平、管理水平的全面竞争。投标人要在竞争中获胜,就必须在报价、技术、实力、业绩等诸方面展现出优势。因此,竞争迫使竞争者都必须加大自己的投入,采用新材料、新技术、新工艺,加强企业和项目管理,因而促进了全行业的技术进步和管理水平的提高,进而使我国工程建设项目质量普遍得到提高,工期普遍得以合理缩短。

四、建设项目招标与投标

(一)建设项目招标

1. 招标前的准备

(1)确定招标方式。对于公开招标和邀请招标两种方式,按照建设部第89号令《房屋建筑和市政基础设施工程施工招标投标管理办法》的规定,"依法必须进行施工招标的工程,全部使用国有资金投资或者国有资金占控股或者主导地位的,应当公开招标,但经国家计委或者省、自治区、直辖市人民政府依法批准可以进行邀请招标的重点建设项目除外;其他工程可以实行邀请招标。"

(2)标段的划分。招标项目需要划分标段的,招标人应当合理划分标段。一般情况下,一个项目应当作为一个整体进行招标。但是,对于大型的项目,作为一个整体进行招标将大大降低招标的竞争性,因为符合招标条件的潜在投标人数量太少。这样就应当将招标项目划分成若干个标段分别进行招标。但也不能将标段划分得太小,太小的标段将失去对实力雄厚的潜在投标人的吸引力。如建设项目的施工招标,一般可以将一个项目分解为单位工程及特殊专业工程分别招标,但不允许将单位工程肢解为分部、分项工程进行招标。标段的划分是招标活动中较为复杂的一项工作,应当综合考虑以下因素。

1)招标项目的专业要求,如果招标项目的几部分内容专业要求接近,则该项目可以考虑作为一个整体进行招标。如果该项目的几部分内容专业要求相距甚远,则应当考虑划分为不同的标段分别招标。如对于一个项目中的土建和设备安装两部分内容就应当分别招标。

2)招标项目的管理要求。有时一个项目的各部分内容相互之间干扰不大方便招标人进行统一管理,这时就可以考虑对各部分内容分别进行招标。反之如果各个独立的承包商之间的协调管理是十分困难的,则应当考虑将整个项目发包给一个承包商,由该承包商进行分包后统一进行协调管理。

3)对工程投资的影响。标段划分对工程投资也有一定的影响。这种影响是由多方面的因素造成的,但直接影响是由管理费的变化引起的。一个项目作为一个整体招标,则承包商需要进行分包,分包的价格在一般情况下不如直接发包的价格低;但一个项目作为一个整体招标,有利于承包商的统一管理,人工、机械设备、临时设施等可以统一使用,又可以降低费用。因此,应当具体情况具体分析。

4)工程各项工作的衔接。在划分标段时还应当考虑到项目在建设过程中的时间和空间的衔接。应当避免产生平面或者立面交接、工作责任的不清。如果建设项目的各项工作的衔接、交叉和配合少,责任清楚,则可考虑分别发包;反之,则应考虑将项目作为一个整体发包给一个承包商,因为,此时由一个承包商进行协调管理容易做好衔接工作。

2. 招标公告或投标邀请书发送

公开招标的投标机会必须通过公开广告的途径予以通告,使所有的合格的投标者都有同等的机会了解投标要求,以形成尽可能广泛的竞争局面。世界银行贷款项目采用国际竞争性招标,要求招标广告送交世界银行,免费安排在联合国出版的《发展商务报》上刊登,送交世界银行的时间,最迟不应晚于招标文件将向投标人公开发售前60天。

我国规定,依法应当公开招标的工程,必须在主管部门指定的媒体上发布招标公告。招标公告的发布应当充分公开,任何单位和个人不得非法限制招标公告的发布地点和发布范围。指定媒体发布依法必须发布的招标公告,不得收取费用。

招标公告的内容主要包括:

(1)招标人名称、地址、联系人姓名、电话,委托代理机构进行招标的,还应注明该机构的名称和地址。

(2)工程情况简介,包括项目名称、建筑规模、工程地点、结构类型、装修标准、质量要求、工期要求。

(3)承包方式,材料、设备供应方式。

(4)对投标人资质的要求及应提供的有关文件。

(5)招标日程安排。

(6)招标文件的获取办法,包括发售招标文件的地点、文件的售价及开始和截止出售的时间。

(7)其他要说明的问题。

依法实行邀请招标的工程项目,应由招标人或其委托的招标代理机构向拟邀请的投标人发送投标邀请书。邀请书的内容与招标公告大同小异。

3. 资格预审

(1)资格预审的概念和意义。

1)资格预审的概念。资格预审,是指招标人在招标开始前或者开始初期,由招标人对申请参加投标人进行资格审查。认定合格后的潜在投标人,得以参加投标。一般来说,对于大中型建设项目、"交钥匙"项目和技术复杂的项目,资格预审程序是必不可少的。

2)资格预审的意义。

①招标人可以通过资格预审程序了解潜在投标人的资信情况。

②资格预审可以降低招标人的采购成本,提高招标工作的效率。

③通过资格预审,招标人可以了解到潜在的投标人对项目的招标有多大兴趣。如果潜在的投标人兴趣大大低于招标人的预料,招标人可以修改招标条款,以吸引更多的投标人参加投标。

④资格预审可吸引实力雄厚的承包商或者供应商进行投标。而通过资格预审程序,不合格的承包商或者供应商便会被筛选掉。这样,真正有实力的承包商和供应商也愿意参加合格的投标人之间的竞争。

(2)资格预审的分类。资格预审可分为定期资格预审和临时资格预审。

1)定期资格预审,是指在固定的时间内集中进行全面的资格预审。大多数国家的政府采购使用定期资格预审的办法。审查合格者被资格审查机构列入资格审查合格者名单。

2)临时资格预审,是指招标人在招标开始之前或者开始之初,由招标人对申请参加投标的潜在投标人进行资质条件、业绩、信誉、技术、资金等方面的情况进行资格审查。

(3)资格预审的程序。资格预审主要包括以下三个步骤:一是资格预审公告;二是编制、发出资格预审文件;三是对投标人资格进行审查和确定合格者名单。

1)资格预审公告。指招标人向潜在的投标人发出的参加资格预审的广泛邀请。该公告可以在购买资格预审文件前一周内至少刊登两次。也可以考虑通过规定的其他媒体发出资格预审公告。

2)发出资格预审文件。资格预审公告后,招标人向申请参加资格预审的申请人发放或者出售资格预审文件。资格预审文件通常由资格预审须知和资格预审表两部分组成。

①资格预审须知内容一般为:比招标广告更详细的工程概况说明;资格预审的强制性条件;发包的工作范围;申请人应提供的有关证明和材料;当为国际工程招标时,对通过资格预审的国内投标者的优惠以及指导申请人正确填写资格预审表的有关说明等。

②资格预审表,是招标单位根据发包工作内容特点,需要对投标单位资质条件、实施能力、技术水平、商业信誉等方面的情况加以全面了解,以应答式表格形式给出的调查文件。资格预审表中开列的内容应能反映投标单位的综合素质。

只要投标申请人通过资格预审就说明他具备承担发包工作的资质和能力,凡资格预审中评定过的条件在评标的过程中就不再重新加以评定,因此,资格预审文件中的审查内容要完整、全面,避免不具备条件的投标人承担项目的建设任务。

3)评审资格预审文件。对各申请投标人填报的资格预审文件评定,大多采用加权打分法。

①依据工程项目特点和发包工作的性质,划分出评审的几个方面,如资质条件、人员能力、设备和技术能力、财务状况、工程经验、企业信誉等,并分别给予不同的权重。

②对各方面再细划分评定内容和分项打分标准。

③按照规定的原则和方法逐个对资格预审文件进行评定和打分,确定各投标人的综合素质得分。为了避免出现投标人在资格预审表中出现言过其实的情况,在有必要时还可辅以对其已实施过的工程现场调查。

④确定投标人短名单。依据投标申请人的得分排序,以及预定的邀请投标人数目,从高分向低分录取。此时还需注意,若某一投标人的总分排在前几名之内,但某一方面的得分偏低较多,招标单位应适当考虑若他一旦中标后,实施过程中会有哪些风险,最终再确定他是否有资格进入短名单之内。对短名单之内的投标单位,招标单位分别发出投标邀请书,并请他们确认投标意向。

如果某一通过资格预审单位又决定不再参加投标，招标单位应以得分排序的下一名投标单位递补。对没有通过资格预审的单位，招标单位也应发出相应通知，他们就无权再参加投标竞争。

（4）资格复审和资格后审。资格复审，是为了使招标人能够确定投标人在资格预审时提交的资格材料是否仍然有效和准确。如果发现承包商和供应商有不轨行为，比如做假账、违约或者作弊，采购人可以中止或者取消承包商或者供应商的资格。资格后审，是指在确定中标后，对中标人是否有能力履行合同义务进行的最终审查。

（5）资格预审的评审方法。资格预审的评审标准必需考虑到评标的标准，一般凡属评标时考虑的因素，资格预审评审时可不必考虑。反过来，也不应该把资格预审中已包括的标准再列入评标的标准（对合同实施至关重要的技术性服务，工作人员的技术能力除外）。

资格预审的评审方法一般采用评分法。将预审应该考虑的各种因素分类，确定它们在评审中应占的比分。

一般申请人所得分在 70 分以下，或其中有一类得分不是最高分的 50% 者，应视为不合格，各类因素的权重应根据项目性质以及它们在项目实施中的重要性而言。

评审时，在每一因素下面还可以进一步分若干参数，常用的参数如下：
1) 组织及计划。
①总的项目实施方案；
②分包给分包商的计划；
③以往未能履约导致诉讼、损失赔偿及延长合同的情况；
④管理机构情况以及总部对现场实施指挥的情况。
2) 人员。
①主要人员的经验和胜任的程度；
②专业人员胜任的程度。
3) 主要施工设施及设备。
①适用性（型号、工作能力、数量）；
②已使用年份及状况；
③来源及获得该设施的可能性。
4) 经验（过去 3 年）。
①技术方面的介绍；
②所完成相似工程的合同额；
③在相似条件下完成的合同额；
④每年工作量中作为承包商完成的百分比平均数。
5) 财务状况。
①银行介绍的函件；
②保险公司介绍的函件；
③平均年营业额；
④流动资金；
⑤流动资产与目前负债的比值；
⑥过去 5 年中完成的合同总额。

资格预审的评审标准应视项目性质及具体情况而定。如财务状况中，为了说明申请人在实施合同期间现金流动的需要，也可以采用申请人能取得银行信贷额多少来代替流动资金或其他参数的办法。

4. 招标文件的编制与发售

《招标投标法》第 19 条规定:"招标人应当根据招标项目的特点和需要编制招标文件。招标文件应当包括招标项目的技术要求、对投标人资格审查的标准、投标报价要求和评标标准等所有实质性要求和条件以及拟签订合同的主要条款"。"国家对招标项目的技术、标准有规定的,招标人应当按照其规定在招标文件中提出相应要求。""招标项目需要划分标段、确定工期的,招标人应当合理划分标段、确定工期,并在招标文件中载明"。

在需要资格预审的招标中,招标文件只发售给资格合格的厂商,在不拟进行资格预审的招标中,招标文件可发给对招标通告做出反应并有兴趣参加投标的所有承包商。

在招标通告上要清楚地规定发售招标文件的地点、起止时间以及发售招标文件的费用。对发售招标文件的时间,要相应规定得长一些,以使投标者有足够的时间获得招标文件。根据世界银行的要求,发售招标文件的时间可延长到投标截止时间。

在招标文件收费的情况下,招标文件的价格应定得合理,一般只收成本费,以免投标者因价格过高而失去购买招标文件的兴趣。

另外,要做好购买记录,内容包括购买招标文件厂商的详细名称、地址、电话、招标文件编号、招标号等。这样做是为了便于掌握购买招标文件的厂商的情况,便于将购买招标文件的厂商与日后投标厂商进行对照,对于未购买招标文件的投标者,将取消其投标。同时,便于在需要时与投标者进行联系,如在对招标文件进行修改时,能够将修改文件准确、及时地发给购买招标文件的厂商。

5. 勘察现场

(1)招标人组织投标人进行勘察现场的目的在于了解工程场地和周围环境情况,以获取投标人认为有必要的信息。为便于投标人提出问题并得到解答,勘察现场一般安排在投标预备会的前 1~2 天。

(2)投标人在勘察现场中如有疑问问题,应在投标预备会前以书面形式向招标人提出,但应给招标人留有解答时间。

(3)招标人应向投标人介绍有关现场的以下情况:施工现场是否达到招标文件规定的条件;施工现场的地理位置和地形、地貌;施工现场的地质、土质、地下水位、水文等情况;施工现场气候条件,如气温、温度、风力、年雨雪量等;现场环境,如交通、饮水、污水排放、生活用电、通信等;工程在施工现场中的位置或布置;临时用地、临地设施搭建等。

6. 标前会议

标前会议,是指在投标截止日期以前,按招标文件中规定的时间和地点,召开的解答投标人质疑的会议,又称交底会。在标前会议上,招标单位负责人除了向投标人介绍工程概况外,还可对招标文件中的某些内容加以修改(但需报请招标投标管理机构核准)或予以补充说明,并口头解答投标人书面提出的各种问题,以及会议上即席提出的有关问题。会议结束后,招标单位应将其口头解答的会议记录加以整理,用书面补充通知(又称"补遗")的形式发给每一位投标人。补充文件作为招标文件的组成部分,具有同等的法律效力。补充文件应在投标截止日期前一段时间发出,以便让投标者有时间做出反应。

标前会议主要议程如下:

(1)介绍参加会议的单位和主要人员。

(2)介绍问题解答人。

(3)解答投标单位提出的问题。

(4)通知有关事项。

在有的招标中,对于既不参加现场勘察,又不前往参加标前会议的投标人,可以认为他已中途退出,因而取消其投标的资格。

(二)建设项目投标

1. 投标前的准备

(1)投标人及其资格要求。投标人是响应招标、参加投标竞争的法人或者其他组织。响应招标,是指投标人应当对招标人在招标文件中提出的实质性要求和条件做出响应。自然人不能作为建设工程项目的投标人。

(2)调查研究,收集投标信息和资料。

(3)建立投标机构。

(4)投标决策。

(5)准备相关的资料。

2. 投标文件的编制与递送

(1)按照建设部第89号令《房屋建筑和市政基础设施工程施工招标投标管理办法》,投标人应当按照招标文件的要求编制投标文件,对招标文件提出的实质性要求和条件做出响应。招标文件允许投标人提供备选标的,投标人可以按照招标文件的要求提交替代方案,并做出相应报价作备选标。投标文件应当包括下列内容:

1)投标书。招标文件中通常有规定的格式投标书,投标者只需按规定的格式填写必要的数据和签字即可,以表明投标者对各项基本保证的确认。

①确认投标者完全愿意按招标文件中的规定承担工程施工、建成、移交和维修等任务,并写明自己的总报价金额;

②确认投标者接受的开工日期和整个施工期限;

③确认在本投标被接受后,愿意提供履约保证金(或银行保函),其金额符合招标文件规定等。

2)有报价的工程量表,一般要求在招标文件所附的工程量表原件上填写单价和总价,每页有小计,并有最后的汇总价。工程量表的每个数字均需认真校核,并签字确认。

3)业主可能要求递交的文件,如施工方案、特殊材料的样本和技术说明等。

4)银行出具的投标保函。需按招标文件中所附的格式由业主同意的银行支出。

5)原招标文件的合同条件、技术规范和图纸。如果招标文件有要求,则应按要求在某些招标文件的每页上签字并交回业主。这些签字表明投标商已阅读过,并承认了这些文件。

(2)投标文件的编制注意事项。

1)投标文件中必须采用招标文件规定的文件表格格式。填写表格时应根据招标文件的要求,否则在评标时就认为放弃此项要求。重要的项目或数字,如质量等级、价格、工期等如未填写,将作为无效或作废的投标文件处理。

2)所编制的投标文件"正本"只有一份,"副本"则按照文件前附表要求的份数提交。正本与副本不一致,以正本为准。

3)投标文件应打印清楚、整洁、美观。所有投标文件均应由投标人的法定代表人签署,加盖印章及法人单位公章。

4)对报价数据应核对,消除算术计算错误。对各分项分部工程的报价及报价的单方造价、全员劳动生产率、单位工程一般用料和用工指标,人工费和材料费等的比例是否正常等应根据现有指标和企业内部数据进行宏观审核,防止出现大的错误和漏项。

5) 全套投标文件应当没有涂改的行间插字。如投标人造成涂改或行间插字,则所有这些地方均应由投标文件签字人签字并加盖印章。

6) 如招标文件规定投标保证金为合同总价的某一百分比时,投标人不宜过早开具投标保函,以防泄漏自己一方的报价。

7) 编制投标文件过程中,必须考虑开标后如果进入评标对象时,在评标过程中应采取的对策。

(3) 投标文件的递送。递送投标文件也称递标,是指投标商在规定的投标截止日期之前,将准备好的所有投标文件密封递送到招标单位的行为。

所有的投标文件必须反复校核,审查并签字盖章,特别是投标授权书要由具有法人地位的公司总经理或董事长签署、盖章;投标保函在保证银行行长签字盖章后,还要由投标人签字确认。然后按投标须知要求,认真细致地分装密封包装起来,由投标人亲自在截标之前送交招标的收标单位;或者通过邮寄递交。邮寄递交要考虑路途的时间,并且注意投标文件的完整性,一次递交,且不可迟交或文件不完整,否则就作废。

有许多工程项目的截止收标时间和开标时间几乎同时进行,交标后立即组织当场开标。迟交的标书即宣布为无效。因此,不论采用什么方法送交标书,一定要保证准时送达。对于已送出的标书若发现有错误要修改,可致函发紧急电报或电传通知招标单位,修改或撤销投标书的通知不得迟于招标文件规定的截标时间。总而言之,要避免因为细小的疏忽与技术上的缺陷使投标文件失效或无利中标。

至于招标者,在收到投标商的投标文件后,应签收或通知投标商已收到其投标文件,并记录收到日期和时间;同时,在收到投标文件到开标之前,所有投标文件均不得启封,并应采取措施确保投标文件的安全。

3. 开标、评标与定标

投标截止日期以后,业主应在投标的有效期内开标、评标和授予合同。

投标有效期是指从投标截止之日起到公布中标之日为止的一段时间。有效期的长短根据工程的大小、繁简而定。按照国际惯例,一般为90~120天,我国在施工招标管理办法中规定为10~30天,投标有效期是要保证招标单位有足够的时间对全部投标进行比较和评价。如世界银行贷款项目需考虑报世界银行审查和报送上级部门批准的时间。

投标有效期一般不应延长,在某些特殊情况下,招标单位要求延长投标有效期是可以的,但必须征得投标者的同意。投标者有权拒绝延长投标有效期,业主不能因此而没收其投标保证金。同意延长投标有效期的投标者不得要求在此期间修改其投标书,而且投标者必须同时相应延长其投标保证金的有效期,对于投标保证金的各有关规定在延长期内同样有效。

(1) 开标。指招标人将所有投标人的投标文件启封揭晓。我国《招标投标法》规定,开标应当在招标通告中约定的地点,招标文件确定的提交投标文件截止时间的同一时间公开进行。开标由招标人主持,邀请所有投标人参加。开标时,要当众宣读投标人名称、投标价格、有无撤标情况以及招标单位认为其他合适的内容。

开标一般应按照下列程序进行:
1) 主持人宣布开标会议开始,介绍参加开标会议的单位、人员名单及工程项目的有关情况;
2) 请投标单位代表确认投标文件的密封性;
3) 宣布公证、唱标、记录人员名单和招标文件规定的评标原则、定标办法;
4) 宣读投标单位的名称、投标报价、工期、质量目标、主要材料用量、投标担保或保函以及投标文件的修改、撤回等情况,并作当场记录;
5) 与会的投标单位法定代表人或者其代理人在记录上签字,确认开标结果;

6)宣布开标会议结束,进入评标阶段。

投标单位法定代表人或授权代表未参加开标会议的视为自动弃权,投标文件有下列情形之一的将视为无效:

1)投标文件未按照招标文件的要求予以密封的;

2)投标文件中的投标函未加盖投标人的企业及企业法定代表人印章的,或者企业法定代表人委托代理人没有合法、有效的委托书(原件)及委托代理人印章的;

3)投标文件的关键内容字迹模糊、无法辨认的;

4)投标人未按照招标文件的要求提供投标保函或者投标保证金的;

5)组成联合体投标的,投标文件未附联合体各方共同投标协议的;

6)逾期送达。对未按规定送达的投标书,应视为废标,原封退回。但对于因非投标者的过失(因邮政、战争、罢工等原因),而在开标之前未送达的,投标单位可考虑接受该迟到的投标书。

(2)评标。开标后进入评标阶段。即采用统一的标准和方法,对符合要求的投标进行评比,来确定每项投标对招标人的价值,最后达到选定最佳中标人的目的。

1)评标机构。《招标投标法》规定,评标由招标人依法组建的评标委员会负责。依法必须招标的项目,评标委员会由招标人的代表和有关技术、经济等方面的专家组成,成员人数为5人以上的单数,其中,技术、经济等方面的专家不得少于成员总数的2/3。

技术、经济等专家应当从事相关领域工作满8年且具有高级职称或具有同等专业水平,由招标人从国务院有关部门或省、自治区、直辖市人民政府有关部门提供的专家名册或者招标代理机构的专家库内的相关专业的专家名单中确定;一般招标项目可以采取随机抽取方式,特殊招标项目可以由招标人直接确定。与投标人有利害关系的人不得进入相关项目的评标委员会,已经进入的应当更换。评标委员会成员的名单在中标结果确定前应当保密。

2)评标的保密性与独立性。按照我国《招标投标法》,招标人应当采取必要措施,保证评标在严格保密的情况下进行。所谓评标的严格保密,是指评标在封闭状态下进行,评标委员会在评标过程中有关检查、评审和授标的建议等情况均不得向投标人或与该程序无关的人员透露。

由于招标文件中对评标的标准和方法进行了规定,列明了价格因素和价格因素之外的评标因素及其量化计算方法,因此,所谓评标保密,并不是在这些标准和方法之外另搞一套标准和方法进行评审和比较,而是这个评审过程是招标人及其评标委员会的独立活动,有权对整个过程保密,以免投标人及其他有关人员知晓其中的某些意见、看法或决定,而想方设法干扰评标活动的进行,也可以制止评标委员会成员对外泄漏和沟通有关情况,造成评标不公。

3)投标文件的澄清和说明。评标时,评标委员会可以要求投标人对投标文件中含义不明确的内容进行必要的澄清或者说明,比如投标文件有关内容前后不一致、明显打字(书写)错误或纯属计算上的错误等,评标委员会应通知投标人做出澄清或说明,以确认其正确的内容。澄清的要求和投标人的答复均应采用书面形式,且投标人的答复必须经法定代表人或授权代表人签字,作为投标文件的组成部分。

但是,投标人的澄清或说明,仅仅是对上述情形的解释和补正,不得有下列行为:

①超出投标文件的范围。比如,投标文件中没有规定的内容,澄清时候加以补充;投标文件提出的某些承诺条件与解释不一致,等等。

②改变或谋求、提议改变投标文件中的实质性内容。所谓实质性内容,是指改变投标文件中的报价、技术规格或参数、主要合同条款等内容。这种实质性内容的改变,其目的就是为了使不符合要求的或竞争力较差的投标变成竞争力较强的投标。实质性内容的改变将会引起不公平的竞争,因此是不允许发生的。

在实际操作中,部分地区采取"询标"的方式来要求投标单位进行澄清和解释。询标一般由受委托的中介机构来完成,通常包括审标、提出书面询标报告、质询与解答、提交书面询标经济分析报告等环节。提交的书面询标经济分析报告将作为评标委员会进行评标的参考,有利于评标委员会在较短的时间内完成对投标文件的审查、评审和比较。

4) 评标原则和程序。为保证评标的公正、公平性,评标必须按照招标文件确定的评标标准、步骤和方法,不得采用招标文件中未列明的任何评标标准和方法,也不得改变招标确定的评标标准和方法。评标委员会完成评标后,应当向招标人提供书面评标报告,并推荐合格的中标候选人。招标人根据评标委员会提出的书面评标报告和推荐的中标候选人确定中标人。招标人也可授权评标委员会直接确定中标人。

① 评标原则:评标只对有效投标进行评审,在建设工程中,评标应遵循下列原则:

a. 平等竞争,机会均等。制定评标、定标办法要对各投标人一视同仁,在评标、定标的实际操作和决策过程中,要用一个标准衡量,保证投标人能平等地参加竞争。对投标人来说,在评标、定标办法中不存在对某一方有利或不利的条款,大家在定标结果正式出来之前,中标的机会是均等的,不允许针对某一特定的投标人在某一方面的优势或弱势而在评标、定标具体条款中带有倾向性。

b. 客观公正,科学合理。对投标文件的评价、比较和分析,要客观公正,不以主观好恶为标准,不带成见,真正在投标文件的响应性、技术性、经济性等方面评出客观的差别和优劣。采用的评标、定标方法,对评审指标的设置和评分标准的具体划分,都要在充分考虑招标项目的具体特点和招标人的合理意愿的基础上,尽量避免和减少人为因素,做到科学合理。

c. 实事求是,择优定标。对投标文件的评审,要从实际出发,实事求是。评标、定标活动既要全面,也要有重点,不能泛泛进行。任何一个招标项目都有自己的具体内容和特点,招标人作为合同的一方主体,对合同的签订和履行负有其他任何单位和个人都无法替代的责任,所以,在其他条件同等的情况下,应该允许招标人选择更符合招标工程特点和自己招标意愿的投标人中标。招标、评标办法可根据具体情况,侧重于工期或价格、质量、信誉等一两个招标工程客观上需要照顾的重点,在全面评审的基础上做出合理取舍。这应该说是招标人的一项重要权利,招标投标管理机构对此应予尊重。但招标的根本目的在于择优,而择优决定了评标、定标办法中的突出重点、照顾工程特点和招标人意图,只能是在同等的条件下,针对实际存在的客观因素而不是纯粹以招标人主观上的需要,才是公正合理的。所以,在实践中,也要注意避免将招标人的主观好恶掺入评标、定标办法中,防止影响和损害招标的择优宗旨。

② 评标程序:评标程序一般分为初步评审和详细评审两阶段。

a. 初步评审,包括对投标文件的符合性评审、技术性评审和商务性评审。

符合性评审,包括商务符合性评审和技术符合性鉴定。投标文件应实质性响应招标文件的所有条款、条件,无显著差异和保留。所谓显著差异和保留包括以下情况:对工程的范围、质量以及使用性能产生实质性影响;对合同中规定的招标单位的权利及投标单位的责任造成实质性限制;而且纠正这种差异或保留,将会对其他实质性响应的投标单位的竞争地位产生不公正的影响。

技术性评审,主要包括对投标人所报的方案或组织设计、关键工序、进度计划,人员和机械设备的配备,技术能力,质量控制措施,临时设施的布置和临时用地情况,施工现场周围环境污染的保护措施等进行评估。

商务性评审,指对确定为实质上响应招标文件要求的投标文件进行投标报价评估,包括对投标报价进行校核,审查全部报价数据是否有计算上或累计上的算术错误,分析报价构成的合理性。发现报价数据上有算术错误,修改的原则是:如果用数字表示的数额与用文字表示的数额不一致时，以文字数额为准；当单价与工程量的乘积或合价之间不一致时，通常以标出的单价为准，除非评标组织认为有明显的小数点错位，此时应以标出的合价为准，并修改单价。按上述原则调整投标书中的投标报价，经投标人确认同意后，对投标人起约束作用。如果投标人不接受修正后的投标报价，则其投标将被拒绝。

初步评审中，评标委员应当根据招标文件，审查并逐项列出投标文件的全部投资偏差。投标偏差分为重大偏差和细微偏差。出现重大偏差视为未能实质性响应招标文件，作废标处理；细微偏差指实质上响应招标文件要求，但在个别地方存在漏项或者提供了不完整的技术信息和资料等情况，且补正这些遗漏或不完整不会对其他投标人造成不公正的结果。细微偏差不影响投标文件的有效性。

b. 详细评审，经过初步评审合格的投标文件，评标委员会应当根据招标文件确定的评标标准和方法，对其技术部分和商务部分进一步评审、比较。

5) 评标方法。对于通过资格预审的投标者，对他们的财务状况、技术能力和经验及信誉在评标时可不必再评审。评标时主要考虑报价、工期、施工方案、施工组织、质量保证措施、主要材料用量等方面的条件。对于在招标过程中未经过资格预审的，在评标中首先进行资格后审，剔除在财务、技术和经验方面不能胜任的投标者。在招标文件中应加入资格审查的内容，投标者在递交投标书时，同时递交资格审查的资料。

评标方法的科学性对于实施平等的竞争，公正合理地选择中标者是极其重要的。评标涉及的因素很多，应在分门别类、有主有次的基础上，结合工程的特点确定科学的评标方法。

评标的方法，目前国内外采用较多的是专家评议法、低标价法和打分法。

① 专家评议法。评标委员会根据预先确定的评审内容，如报价、工期、施工方案、企业的信誉和经验以及投标者所建议的优惠条件等，对各标书进行认真分析比较后，评标委员会的各成员进行共同协商和评议，以投票的方式确定中选的投标者。这种方法实际上是定性的优选法。由于缺少对投标书的量化的比较，因而易产生众说纷纭、意见难以统一的现象。但是其评标过程比较简单，在较短时间内即可完成，一般适用于小型工程项目。

② 低标价法。所谓低标价法，也就是以标价最低者为中标者的评标方法，世界银行贷款项目多采用这种方法。但该标价是指评估标价，也就是考虑了各评审要素以后的投标报价，而非投标者投标书中的投标报价。采用这种方法时，一定要采用严谨的招标程序、严格的资格预审，所编制招标文件一定要严密，详评时对标书的技术评审等工作要扎实、全面。

这种评标办法有两种方式，一种方式是将所有投标者的报价依次排队，取其中 3~4 个，对其低报价的投标者进行其他方面的综合比较，择优而定。另一种方式是"A+B值评标法"，即以低于标底一定百分数以内的报价的算术平均值为 A，以标底或评标小组确定的更合理的标价为 B，然后以"A+B"的均值为评标标准价，选出低于或高于这个标准价的某个百分数的报价的投标者进行综合分析比较，择优选定。

③ 打分法。这种方法是由评标委员会事先将评标的内容进行分类，并确定其评分标准，然后由每位委员无记名打分，最后统计投标者的得分。得分超过及格标准分最高者为中标单位。这种定量的评标方法，是在评标因素多而复杂或投标前未经资格预审就投标时，常采用的一种公正、科学的评标方法，能充分体现平等竞争、一视同仁的原则，定标后分歧意见较小。根据目前国内招标的经验，可按下式进行计算：

$$P = Q + \frac{B-b}{B} \times 200 + s + m + n$$

式中　P——最后评定分数；

Q——标价基数,一般取 40~70 分;
B——评标基准价,其计算方法应在投标人须知前附表中予以明确;
b——分析报价,分析报价=报价-优惠条件折算价;
s——投标人素质得分,一般取 10~25 分(包括技术人员素质、设备情况、财务状况)三个指标;
m——投标人信誉,上限一般取 10~25 分;
n——投标人的施工经验,应特别注意,完成 5 本工程类似的施工状况,上限一般取 10~25 分。

6)评标中应注意的问题。

①标价合理。如果采用低的报价中标者,应弄清下列情况,一是是否采用了先进技术确实可以降低造价或有自己的廉价建材采购基地,能保证得到低于市场价的建筑材料,或是在管理上有什么独到的方法;二是了解企业是否出于竞争的长远考虑,在一些非主要工程上让利承包,以便提高企业知名度和占领市场为今后在竞争中获利打下基础。

②工期适当。国家规定的建设工程工期定额是建设工期参考标准,对于盲目追求缩短工期的现象要认真分析,是否经济合理。要求提前工期,必须要有可靠的技术措施和经济保证。要注意分析投标企业是否是为了中标而迎合业主无原则要求缩短工期的情况。

③尊重业主的自主权。在社会主义市场经济的条件下,特别是在建设项目实行业主负责制的情况下,业主不仅是工程项目的建设者,是投资的使用者,而且也是资金的偿还者。评标组织是业主的参谋,要对业主负责,业主要根据评标组织的评标建议做出决策,这是理所当然的。但是评标组织要防止来自行政主管部门和招标管理部门的干扰。政府行政部门、招标投标管理部门应尊重业主的自主权,不应参加评标、决标的具体工作,主要从宏观上监督和保证评标、决标工作公正、科学、合理、合法,为招标投标市场的公平竞争创造一个良好的环境。

④注意研究科学的评标方法。评标组织要依据本工程特点,研究科学的评标方法,保证评标不"走过场",防止假评暗定等不正之风。

(3)定标。评标结束后,评标组应写出评标报告,提出中标单位的建议,交业主或主管部门审核,评标报告一般由下列内容组成:

1)招标情况。主要包括工程说明、招标过程等。
2)开标情况。主要有开标时间、地点、参加开标会议人员唱标情况等。
3)评标情况。主要包括评标委员会的组成及评标委员会人员名单、评标工作的依据及评标内容等。
4)推荐意见。
5)附件。主要包括评标委员会人员名单;投标单位资格审查情况表;投标文件符合情况鉴定表;投标报价评比报价表;投标文件质询澄清的问题等。

评标报告批准后,应立即向中标单位发出中标函。

4. 签订合同

中标单位接受中标通知后,一般应在 15~30 天内签订合同,并提供履约保证。签订合同后,建设单位一般应在 7 天内通知未中标者,并退回投标保函,未中标者在收到投标保函后,应迅速退回招标文件。

若对第一中标者未达成签订合同的协议,可考虑与第二中标者谈判签订合同,若缺乏有效的竞争和其他正当理由,建设单位有权拒绝所有的投标,并对投标者造成的影响不负任何责任,也无义务向投标者说明原因。拒标的原因一般是所有投标的主要项目均未达到招标文件的要求,经建设主管部门批准后方能拒绝所有的投标。一旦拒绝所有的投标，建设单位应立即研究废标的原因，考虑是否对技术规程（规范）和项目本身进行修改，然后考虑重新招标。

第二节 招标控制价编制

一、一般规定

招标控制价是招标人根据国家或省级、行业建设主管部门颁发的有关计价依据和办法，按设计施工图纸计算的，对招标工程限定的最高工程造价。国有资金投资的工程建设项目必须实行工程量清单招标，并必须编制招标控制价。

(1)招标控制价的作用。

1)我国对国有资金投资项目的投资控制实行的是投资概算审批制度，国有资金投资的工程原则上不能超过批准的投资概算。因此，在工程招标发包时，当编制的招标控制价超过批准的概算，招标人应当将其报原概算审批部门重新审核。

2)国有资金投资的工程进行招标，根据《中华人民共和国招标投标法》的规定，招标人可以设标底。当招标人不设标底时，为有利于客观、合理的评审投标报价和避免哄抬标价，造成国有资产流失，招标人必须编制招标控制价。

3)国有资金投资的工程，招标人编制并公布的招标控制价相当于招标人的采购预算，同时要求其不能超过批准的概算，因此，招标控制价是招标人在工程招标时能接受投标人报价的最高限价。

(2)招标控制价的编制人员。招标控制价应由具有编制能力的招标人编制，当招标人不具有编制招标控制价的能力时，可委托具有相应资质的工程造价咨询人编制。工程造价咨询人接受招标人委托编制招标控制价，不得再就同一工程接受投标人委托编制投标报价。所谓具有相应工程造价咨询资质的工程造价咨询人是指根据《工程造价咨询企业管理办法》（建设部令第149号）的规定，依法取得工程造价咨询企业资质，并在其资质许可的范围内接受招标人的委托，编制招标控制价的工程造价咨询企业。即取得甲级工程造价咨询资质的咨询人可承担各类建设项目的招标控制价编制，取得乙级（包括乙级暂定）工程造价咨询资质的咨询人，则只能承担5000万元以下的招标控制价的编制。

(3)其他规定。

1)招标控制价的作用决定了招标控制价不同于标底，无须保密。为体现招标的公平、公正，防止招标人有意抬高或压低工程造价，招标人应在招标文件中如实公布招标控制价，不得对所编制的招标控制价进行上浮或下调。招标人在招标文件中公布招标控制价时，应公布招标控制价各组成部分的详细内容，不得只公布招标控制价总价。

2)招标人应将招标控制价及有关资料报送工程所在地或有该工程管辖权的行业管理部门工程造价管理机构备查。

二、招标控制价编制要求

(1)招标控制价编制依据。招标控制价的编制应根据下列依据进行：

1)《建设工程工程量清单计价规范》(GB 50500—2013)（以下简称"13计价规范"）；

2)国家或省级、行业建设主管部门颁发的计价定额和计价办法；

3)建设工程设计文件及相关资料；

4)拟定的招标文件及招标工程量清单;
5)与建设项目相关的标准、规范、技术资料;
6)施工现场情况、工程特点及常规施工方案;
7)工程造价管理机构发布的工程造价信息,当工程造价信息没有发布时,参照市场价;
8)其他的相关资料。

按上述依据进行招标控制价编制,应注意以下事项:
1)使用的计价标准、计价政策应是国家或省、自治区、直辖市建设行政主管部门或行业建设主管部门颁布的计价定额和计价方法;
2)采用的材料价格应是工程造价管理机构通过工程造价信息发布的材料单价,工程造价信息未发布材料单价的材料,其材料价格应通过市场调查确定;
3)国家或省、自治区、直辖市建设行政主管部门或行业建设主管部门对工程造价计价中费用或费用标准有规定的,应按规定执行。

(2)招标控制价的编制内容。
1)综合单价中应包括招标文件中划分的应由投标人承担的风险范围及其费用。招标文件中没有明确的,如是工程造价咨询人编制,应提请招标人明确;如是招标人编制,应予明确。
2)分部分项工程和措施项目中的单价项目,应根据拟定的招标文件和招标工程量清单项目中的特征描述及有关要求确定综合单价计算。招标文件中提供了暂估单价的材料,按暂估的单价计入综合单价。
3)措施项目中的总价项目应根据拟定的招标文件和常规施工方案采用综合单价计价。措施项目中的安全文明施工费必须按国家或省级、行业建设主管部门的规定计算,不得作为竞争性费用。
4)其他项目费应按下列规定计价。
①暂列金额。暂列金额应按招标工程量清单中列出的金额填写。
②暂估价。暂估价包括材料暂估单价、工程设备暂估单价和专业工程暂估价。暂估价中的材料、工程设备单价应根据招标工程量清单列出的单价计入综合单价。
③计日工。计日工包括计日工人工、材料和施工机械。在编制招标控制价时,对计日工中的人工单价和施工机械台班单价应按省级、行业建设主管部门或其授权的工程造价管理机构公布的单价计算;材料应按工程造价管理机构发布的工程造价信息中的材料单价计算,工程造价信息未发布材料单价的材料,其价格应按市场调查确定的单价计算。
④总承包服务费。招标人编制招标控制价时,总承包服务费应根据招标文件中列出的内容和向总承包人提出的要求,按照省级或行业建设主管部门的规定或参照下列标准计算:

a. 招标人仅要求对分包的专业工程进行总承包管理和协调时,按分包的专业工程估算造价的1.5%计算;

b. 招标人要求对分包的专业工程进行总承包管理和协调,并同时要求提供配合服务时,根据招标文件中列出的配合服务内容和提出的要求,按分包的专业工程估算造价的3%~5%计算;

c. 招标人自行供应材料的,按招标人供应材料价值的1%计算。
5)招标控制价的规费和税金必须按国家或省级、行业建设主管部门的规定计算。

三、投诉与处理

(1)投标人经复核认为招标人公布的招标控制价未按照"13计价规范"的规定进行编制的,应在招标控制价公布后5天内向招投标监督机构和工程造价管理机构投诉。

(2)投诉人投诉时,应当提交由单位盖章和法定代表人或其委托人签名或盖章的书面投诉书。投诉书应包括下列内容:

1)投诉人与被投诉人的名称、地址及有效联系方式;

2)投诉的招标工程名称、具体事项及理由;

3)投诉依据及有关证明材料;

4)相关的请求及主张。

(3)投诉人不得进行虚假、恶意投诉,阻碍招投标活动的正常进行。

(4)工程造价管理机构在接到投诉书后应在2个工作日内进行审查,对有下列情况之一的,不予受理:

1)投诉人不是所投诉招标工程招标文件的收受人;

2)投诉书提交的时间不符合上述第(1)条规定的;

3)投诉书不符合上述第(2)条规定的;

4)投诉事项已进入行政复议或行政诉讼程序的。

(5)工程造价管理机构应在不迟于结束审查的次日将是否受理投诉的决定书面通知投诉人、被投诉人以及负责该工程招投标监督的招投标管理机构。

(6)工程造价管理机构受理投诉后,应立即对招标控制价进行复查,组织投诉人、被投诉人或其委托的招标控制价编制人等单位人员对投诉问题逐一核对。有关当事人应当予以配合,并应保证所提供资料的真实性。

(7)工程造价管理机构应当在受理投诉的10天内完成复查,特殊情况下可适当延长,并做出书面结论通知投诉人、被投诉人及负责该工程招投标监督的招投标管理机构。

(8)当招标控制价复查结论与原公布的招标控制价误差大于±3%时,应当责成招标人改正。

(9)招标人根据招标控制价复查结论需要重新公布招标控制价的,其最终公布的时间至招标文件要求提交投标文件截止时间不足15天的,应相应延长投标文件的截止时间。

第三节 投标报价编制

一、一般规定

(1)投标价应由投标人或受其委托具有相应资质的工程造价咨询人编制。

(2)投标价中除"13计价规范"中规定的规费、税金及措施项目清单中的安全文明施工费应按国家或省级、行业建设主管部门的规定计价,不得作为竞争性费用外,其他项目的投标报价由投标人自主决定。

(3)投标人的投标报价不得低于工程成本。《中华人民共和国反不正当竞争法》第十一条规定:"经营者不得以排挤竞争对手为目的,以低于成本的价格销售商品"。《中华人民共和国招标投标法》第四十一规定:"中标人的投标应当符合下列条件……(二)能够满足招标文件的实质性要求,并且经评审的投标价格最低;但是投标价格低于成本的除外"。《评标委员会和评标方法暂行规定》(国家计委等七部委第12号令)第二十一条规定:"在评标过程中,评标委员会发现投标人的报价明显低于其他投标报价或者在设有标底时明显低于标底的,使得其投标报价可能低于其个别成本的,应当要求该投标人做出书面说明并提供相关证明材料。投标人不能合理说明或者不能提供相关证明材料的,由评标委员会认定该投标人以低于成本报价竞标,其投标应作废标处理"。

(4)实行工程量清单招标,招标人在招标文件中提供工程量清单,其目的是使各投标人在投标报价中具有共同的竞争平台。因此,要求投标人必须按招标工程量清单填报价格,工程量清单的项目编码、项目名称、项目特征、计量单位、工程数量必须与招标人招标文件中提供的招标工程量清单一致。

(5)根据《中华人民共和国政府采购法》第三十六条规定:"在招标采购中,出现下列情形之一的,应予废标……(三)投标人的报价均超过了采购预算,采购人不能支付的"。《中华人民共和国招标投标法实施条例》第五十一条规定:"有下列情形之一者,评标委员会应当否决其投标:……(五)投标报价低于成本或者高于招标文件设定的最高投标限价"。对于国有资金投资的工程,其招标控制价相当于政府采购中的采购预算,且其定义就是最高投标限价,因此投标人的投标报价不能高于招标控制价,否则,应予废标。

二、投标报价编制与复核

(1)投标报价应根据下列依据编制和复核:
1)"13 计价规范";
2)国家或省级、行业建设主管部门颁发的计价办法;
3)企业定额,国家或省级、行业建设主管部门颁发的计价定额和计价办法;
4)招标文件、招标工程量清单及其补充通知、答疑纪要;
5)建设工程设计文件及相关资料;
6)施工现场情况、工程特点及投标时拟定的施工组织设计或施工方案;
7)与建设项目相关的标准、规范等技术资料;
8)市场价格信息或工程造价管理机构发布的工程造价信息;
9)其他的相关资料。

(2)综合单价中应考虑招标文件中要求投标人承担的风险内容及其范围(幅度)产生的风险费用,招标文件中没有明确的,应提请招标人明确。在施工过程中,当出现的风险内容及其范围(幅度)在合同约定的范围内时,合同价款不作调整。

(3)分部分项工程和措施项目中的单价项目,应根据招标文件和招标工程量清单项目中的特征描述确定综合单价。招标工程量清单的项目特征描述是确定分部分项工程和措施项目中的单价的重要依据之一,投标人投标报价时应依据招标工程量清单项目的特征描述确定清单项目的综合单价。招投标过程中,当出现招标工程量清单项目特征描述与设计图纸不符时,投标人应以招标工程量清单的项目特征描述为准,确定投标报价的综合单价。当施工中施工图纸或设计变更与招标工程量清单的项目特征描述不一致时,发承包双方应按实际施工的项目特征,依据合同约定重新确定综合单价。招标文件中提供了暂估单价的材料,应按暂估的单价计入综合单价;综合单价中应考虑招标文件中要求投标人承担的风险内容及其范围(幅度)产生的风险费用。在施工过程中,当出现的风险内容及其范围(幅度)在合同约定的范围内时,工程价款不做调整。

(4)投标人可根据工程实际情况并结合施工组织设计,对招标人所列的措施项目进行增补。由于各投标人拥有的施工装备、技术水平和采用的施工方法有所差异,招标人提出的措施项目清单是根据一般情况确定的,没有考虑不同投标人的"个性",投标人投标时应根据自身编制的投标施工组织设计或施工方案确定措施项目,对招标人提供的措施项目进行调整。投标人根据投标施工组织设计或施工方案调整和确定的措施项目应通过评标委员会的评审。措施项目中的总价项目应采用综合单价计价。其中安全文明施工费应按国家或省级、行业建设主管部门的规定确定,且不得作为竞争性费用。

(5)其他项目应按下列规定报价:

1)暂列金额应按招标工程量清单中列出的金额填写,不得变动;
2)材料、工程设备暂估价应按招标工程量清单中列出的单价计入综合单价,不得变动和更改;
3)专业工程暂估价应按招标工程量清单中列出的金额填写,不得变动和更改;
4)计日工应按招标工程量清单中列出的项目和数量,自主确定综合单价并计算计日工金额;
5)总承包服务费应依据招标工程量清单中列出的专业工程暂估价内容和供应材料、设备情况,按照招标人提出协调、配合与服务要求和施工现场管理需要自主确定。

(6)规费和税金应按国家或省级、行业建设主管部门的规定计算,不得作为竞争性费用。规费和税金的计取标准是依据有关法律、法规和政策规定制定的,具有强制性。投标人是法律、法规和政策的执行者,不能改变,更不能制定,而必须按照法律、法规、政策的有关规定执行。

(7)招标工程量清单与计价表中列明的所有需要填写单价和合价的项目,投标人均应填写且只允许有一个报价。未填写单价和合价的项目,可视为此项费用已包含在已标价工程量清单中其他项目的单价和合价之中。当竣工结算时,此项目不得重新组价予以调整。

(8)实行工程量清单招标,投标人的投标总价应当与组成已标价工程量清单的分部分项工程费、措施项目费、其他项目费和规费、税金的合计金额相一致,即投标人在投标报价时,不能进行投标总价优惠(或降价、让利),投标人对招标人的任何优惠(或降价、让利)均应反映在相应清单项目的综合单价中。

第四节 竣工结算文件编制与工程造价鉴定

一、竣工结算文件编制

(一)一般规定

(1)工程完工后,发承包双方必须在合同约定时间内办理工程竣工结算。合同中没有约定或约定不清的,按"13 计价规范"中有关规定处理。

(2)工程竣工结算应由承包人或受其委托具有相应资质的工程造价咨询人编制,并应由发包人或受其委托具有相应资质的工程造价咨询人核对。实行总承包的工程,由总承包人对竣工结算的编制负总责。

(3)当发承包双方或一方对工程造价咨询人出具的竣工结算文件有异议时,可向工程造价管理机构投诉,申请对其进行执业质量鉴定。

(4)工程造价管理机构对投诉的竣工结算文件进行质量鉴定,宜按下述"二、"的相关规定进行。

(5)根据《中华人民共和国建筑法》第六十一条规定:"交付竣工验收的建筑工程,必须符合规定的建筑工程质量标准,有完整的工程技术经济资料和经签署的工程保修书,并具备国家规定的其他竣工条件",由于竣工结算是反映工程造价计价规定执行情况的最终文件,竣工结算办理完毕,发包人应将竣工结算文件报送工程所在地或有该工程管辖权的行业管理部门的工程造价管理机构备案。竣工结算文件应作为工程竣工验收备案、交付使用的必备文件。

(二)编制与复核

(1)工程竣工结算应根据下列依据编制与复核:
1)"13 计价规范";
2)工程合同;

3)发承包双方实施过程中已确认的工程量及其结算的合同价款;
4)发承包双方实施过程中已确认调整后追加(减)的合同价款;
5)建设工程设计文件及相关资料;
6)投标文件;
7)其他依据。

(2)分部分项工程和措施项目中的单价项目应依据发承包双方确认的工程量与已标价工程量清单的综合单价计算;发生调整的,应以发承包双方确认调整的综合单价计算。

(3)措施项目中的总价项目应依据已标价工程量清单的项目和金额计算;发生调整的,应以发承包双方确认调整的金额计算,其中安全文明施工费应按照国家或省级、行业建设主管部门的规定计算。施工过程中,国家或省级、行业建设主管部门对安全文明施工费进行了调整的,措施项目费中和安全文明施工费应作相应调整。

(4)办理竣工结算时,其他项目费的计算应按以下要求进行计价:

1)计日工的费用应按发包人实际签证确认的数量和合同约定的相应项目综合单价计算。

2)当暂估价中的材料、工程设备是招标采购的,其单价按中标价在综合单价中调整。当暂估价中的材料、设备为非招标采购的,其单价按发承包双方最终确认的单价在综合单价中调整。当暂估价中的专业工程是招标发包的,其专业工程费按中标价计算。当暂估价中的专业工程为非招标发包的,其专业工程费按发承包双方与分包人最终确认的金额计算。

3)总承包服务费应依据已标价工程量清单金额计算,发承包双方依据合同约定对总承包服务进行了调整,应按调整后的金额计算。

4)索赔事件产生的费用在办理竣工结算时应在其他项目费中反映。索赔费用的金额应依据发承包双方确认的索赔事项和金额计算。

5)现场签证发生的费用在办理竣工结算时应在其他项目费中反映。现场签证费用金额依据发承包双方签证资料确认的金额计算。

6)合同价款中的暂列金额在用于各项价款调整、索赔与现场签证后,若有余额,则余额归发包人,若出现差额,则由发包人补足并反映在相应的工程价款中。

(5)规费和税金应按国家或省级、行业建设主管部门对规费和税金的计取标准计算。规费中的工程排污费应按工程所在地环境保护部门规定的标准缴纳后按实列入。

(6)由于竣工结算与合同工程实施过程中的工程计量及其价款结算、进度款支付、合同价款调整等具有内在联系,因此发承包双方在合同工程实施过程中已经确认的工程计量结果和合同价款,在竣工结算办理中应直接进入结算,从而简化结算流程。

(三)竣工结算

竣工结算的编制与核对是工程造价计价中发承包双方应共同完成的重要工作。按照交易的一般原则,任何交易结束,都应做到钱、货两清,工程建设也不例外。工程施工的发承包活动作为期货交易行为,当工程竣工验收合格后,承包人将工程移交给发包人时,发承包双方应将工程价款结算清楚,即竣工结算办理完毕。

(1)合同工程完工后,承包人应在经发承包双方确认的合同工程期中价款结算的基础上汇总编制完成竣工结算文件,应在提交竣工验收申请的同时向发包人提交竣工结算文件。承包人未在合同约定的时间内提交竣工结算文件,经发包人催告后14天内仍未提交或没有明确答复的,发包人有权根据已有资料编制竣工结算文件,作为办理竣工结算和支付结算款的依据,承包人应予以认可。因承包人无正当理由在约定时间内未递交竣工结算书,造成工程结算价款延期支付的,责任由承包人承担。

(2) 发包人应在收到承包人提交的竣工结算文件后的 28 天内核对。发包人经核实,认为承包人还应进一步补充资料和修改结算文件,应在上述时限内向承包人提出核实意见,承包人在收到核实意见后的 28 天内应按照发包人提出的合理要求补充资料,修改竣工结算文件,并应再次提交给发包人复核后批准。

(3) 发包人应在收到承包人再次提交的竣工结算文件后的 28 天内予以复核,将复核结果通知承包人,并应遵守下列规定:

1) 发包人、承包人对复核结果无异议的,应在 7 天内在竣工结算文件上签字确认,竣工结算办理完毕;

2) 发包人或承包人对复核结果认为有误的,无异议部分按照本条第 1) 款规定办理不完全竣工结算;有异议部分由发承包双方协商解决;协商不成的,应按照合同约定的争议解决方式处理。

(4)《最高人民法院关于审理建设工程施工合同纠纷案件适用法律问题的解释》(法释[2004]14 号)第二十条规定:"当事人约定,发包人收到竣工结算文件后,在约定期限内不予答复,视为认可竣工结算文件的,按照约定处理。承包人请求按照竣工结算文件结算工程价款的,应予支持"。根据这一规定,要求发承包双方不仅应在合同中约定竣工结算的核对时间,并应约定发包人在约定时间内对竣工结算不予答复,视为认可承包人递交的竣工结算。"13 计价规范"对发包人未在竣工结算中履行核对责任的后果进行了规定,即:发包人在收到承包人竣工结算文件后的 28 天内,不核对竣工结算或未提出核对意见的,应视为承包人提交的竣工结算文件已被发包人认可,竣工结算办理完毕。

(5) 承包人在收到发包人提出的核实意见后的 28 天内,不确认也未提出异议,应视为发包人提出的核实意见已被承包人认可,竣工结算办理完毕。

(6) 发包人委托工程造价咨询人核对竣工结算的,工程造价咨询人应在 28 天内核对完毕,核对结论与承包人竣工结算文件不一致的,应提交给承包人复核;承包人应在 14 天内将同意核对结论或不同意见的说明提交工程造价咨询人。工程造价咨询人收到承包人提出的异议后,应再次复核,复核无异议的,应在 7 天内在竣工结算文件上签字确认,竣工结算办理完毕;复核后仍有异议的,对于无异议部分按照规定办理不完全竣工结算;有异议部分由发承包双方协商解决;协商不成的,应按照合同约定的争议解决方式处理。承包人逾期未提出书面异议的,应视为工程造价咨询人核对的竣工结算文件已经承包人认可。

(7) 对发包人或发包人委托的工程造价咨询人指派的专业人员与承包人指派的专业人员经核对后无异议并签名确认的竣工结算文件,除非发包人能提出具体、详细的不同意见,发承包人都应在竣工结算文件上签名确认,如其中一方拒不签认的,按下列规定办理:

1) 若发包人拒不签认的,承包人可不提供竣工验收备案资料,并有权拒绝与发包人或其上级部门委托的工程造价咨询人重新核对竣工结算文件。

2) 若承包人拒不签认的,发包人要求办理竣工验收备案的,承包人不得拒绝提供竣工验收资料,否则,由此造成的损失,承包人应承担相应责任。

(8) 合同工程竣工结算核对完成,发承包双方签字确认后,发包人不得要求承包人与另一个或多个工程造价咨询人重复核对竣工结算。这可以有效地解决了工程竣工结算中存在的一审再审、以审代拖、久审不结的现象。

(9) 发包人对工程质量有异议,拒绝办理工程竣工结算的,已竣工验收或已竣工未验收但实际投入使用的工程,其质量争议应按该工程保修合同执行,竣工结算应按合同约定办理;已竣工未验收且未实际投入使用的工程以及停工、停建工程的质量争议,双方应就有争议的部分委托有资质的检测鉴定机构进行检测,并应根据检测结果确定解决方案,或按工程质量监督机构的处理决定执行后办理竣工结算,无争议部分的竣工结算应按合同约定办理。

二、工程造价鉴定

发承包双方在履行施工合同过程中,由于不同的利益诉求,有一些施工合同纠纷需要采用仲裁、诉讼的方式解决,工程造价鉴定在一些施工合同纠纷案件处理中就成了裁决、判决的主要依据。

(一)一般规定

(1)在工程合同价款纠纷案件处理中,需做工程造价司法鉴定的,应根据《工程造价咨询企业管理办法》(建设部令第149号)第二十条的规定,委托具有相应资质的工程造价咨询人进行。

(2)工程造价咨询人接受委托时提供工程造价司法鉴定服务,不仅应符合建设工程造价方面的规定,还应按仲裁、诉讼程序和要求进行,并应符合国家关于司法鉴定的规定。

(3)按照《注册造价工程师管理办法》(建设部令第150号)的规定,工程计价活动应由造价工程师担任。《建设部关于对工程造价司法鉴定有关问题的复函》(建办标函[2005]155号)第二条:"从事工程造价司法鉴定的人员,必须具备注册造价工程师执业资格,并只得在其注册的机构从事工程造价司法鉴定工作,否则不具有在该机构的工程造价成果文件上签字的权力"。鉴于进入司法程序的工程造价鉴定的难度一般较大,因此,工程造价咨询人进行工程造价司法鉴定时,应指派专业对口、经验丰富的注册造价工程师承担鉴定工作。

(4)工程造价咨询人应在收到工程造价司法鉴定资料后10天内,根据自身专业能力和证据资料判断能否胜任该项委托,如不能,应辞去该项委托。工程造价咨询人不得在鉴定期满后以上述理由不做出鉴定结论,影响案件处理。

(5)为保证工程造价司法鉴定的公正进行,接受工程造价司法鉴定委托的工程造价咨询人或造价工程师如是鉴定项目一方当事人的近亲属或代理人、咨询人以及其他关系可能影响鉴定公正的,应当自行回避;未自行回避,鉴定项目委托人以该理由要求其回避的,必须回避。

(6)《最高人民法院关于民事诉讼证据的若干规定》(法释[2001]33号)第五十九条规定:"鉴定人应当出庭接受当事人质询",因此,工程造价咨询人应当依法出庭接受鉴定项目当事人对工程造价司法鉴定意见书的质询。如确因特殊原因无法出庭的,经审理该鉴定项目的仲裁机关或人民法院准许,可以书面形式答复当事人的质询。

(二)取证

(1)工程造价的确定与当时的法律法规、标准定额以及各种要素价格具有密切关系,为做好一些基础资料不完备的工程鉴定,工程造价咨询人进行工程造价鉴定工作,应自行收集以下(但不限于)鉴定资料:

1)适用于鉴定项目的法律、法规、规章、规范性文件以及规范、标准、定额;

2)鉴定项目同时期同类型工程的技术经济指标及其各类要素价格等。

(2)真实、完整、合法的鉴定依据是做好鉴定项目工程造价司法工作鉴定的前提。工程造价咨询人收集鉴定项目的鉴定依据时,应向鉴定项目委托人提出具体书面要求,其内容包括:

1)与鉴定项目相关的合同、协议及其附件;

2)相应的施工图纸等技术经济文件;

3)施工过程中的施工组织、质量、工期和造价等工程资料;

4)存在争议的事实及各方当事人的理由;

5)其他有关资料。

(3)根据最高人民法院规定"证据应当在法庭上出示,由当事人质证。未经质证的证据,不能作为认定案件事实的依据(法释[2001]33号)",工程造价咨询人在鉴定过程中要求鉴定项目当事人对缺陷资料进行补充的,应征得鉴定项目委托人同意,或者协调鉴定项目各方当事人共同签认。

(4)根据鉴定工作需要现场勘验的,工程造价咨询人应提请鉴定项目委托人组织各方当事人对被鉴定项目所涉及的实物标的进行现场勘验。

(5)勘验现场应制作勘验记录、笔录或勘验图表,记录勘验的时间、地点、勘验人、在场人、勘验经过、结果,由勘验人、在场人签名或者盖章确认。绘制的现场图应注明绘制的时间、测绘人姓名、身份等内容。必要时应采取拍照或摄像取证,留下影像资料。

(6)鉴定项目当事人未对现场勘验图表或勘验笔录等签字确认的,工程造价咨询人应提请鉴定项目委托人决定处理意见,并在鉴定意见书中做出表述。

(三)鉴定

(1)《最高人民法院关于审理建设工程施工合同纠纷案件适用法律问题的解释》(法释[2004]14号)第十六条一款规定:"当事人对建设工程的计价标准或者计价方法有约定的,按照约定结算工程价款",因此,如鉴定项目委托人明确告之合同有效,工程造价咨询人就必须依据合同约定进行鉴定,不得随意改变发承包双方合法的合意,不能以专业技术方面的惯例来否定合同的约定。

(2)工程造价咨询人在鉴定项目合同无效或合同条款约定不明确的情况下应根据法律法规、相关国家标准和"13计价规范"的规定,选择相应专业工程的计价依据和方法进行鉴定。

(3)为保证工程造价鉴定的质量,尽可能将当事人之间的分歧缩小直至化解,为司法调解、裁决或判决提供科学合理的依据,工程造价咨询人出具正式鉴定意见书之前,可报请鉴定项目委托人向鉴定项目各方当事人发出鉴定意见书征求意见稿,并指明应书面答复的期限及其不答复的相应法律责任。

(4)工程造价咨询人收到鉴定项目各方当事人对鉴定意见书征求意见稿的书面复函后,应对不同意见认真复核,修改完善后再出具正式鉴定意见书。

(5)工程造价咨询人出具的工程造价鉴定书应包括下列内容:
1)鉴定项目委托人名称、委托鉴定的内容;
2)委托鉴定的证据材料;
3)鉴定的依据及使用的专业技术手段;
4)对鉴定过程的说明;
5)明确的鉴定结论;
6)其他需说明的事宜;
7)工程造价咨询人盖章及注册造价工程师签名盖执业专用章。

(6)进入仲裁或诉讼的施工合同纠纷案件,一般都有明确的结案时限,为避免影响案件的处理,工程造价咨询人应在委托鉴定项目的鉴定期限内完成鉴定工作,如确因特殊原因不能在原定期限内完成鉴定工作时,应按照相应法规提前向鉴定项目委托人申请延长鉴定期限,并应在此期限内完成鉴定工作。经鉴定项目委托人同意等待鉴定项目当事人提交、补充证据的,质证所用的时间不应计入鉴定期限。

(7)对于已经出具的正式鉴定意见书中有部分缺陷的鉴定结论,工程造价咨询人应通过补充鉴定做出补充结论。

第六章 建设项目施工阶段工程造价控制

第一节 施工阶段工程造价管理概述

一、施工阶段工程造价管理基本原理

建设项目施工阶段是根据设计图纸,进行建筑安装施工。施工阶段造价管理基本原理是把计划投资额作为造价控制的目标值,在工程施工过程中定期进行投资实际值与目标值的比较,发现并找出实际支出额与造价控制目标值之间的偏差,然后分析产生偏差的原因,采取有效措施加以控制,以确保造价控制目标的实现。

二、施工阶段工程造价管理工作流程

由于建设工程施工阶段涉及的面很广,涉及的人员很多,与工程造价控制有关的工作也很多,因此,需对实际情况加以适当简化。施工阶段造价控制工作流程如图6-1所示。

三、施工阶段工程造价管理内容

1. 施工阶段工程造价管理的核心内容

(1)施工阶段工程造价的确定。建设项目施工阶段工程造价的确定,是指在工程施工阶段按照承包人实际完成的工程量,以合同价为基础,考虑因物价上涨所引起的造价提高,同时考虑到设计中难以预计的而在施工阶段实际发生的工程和费用,合理确定工程的结算价款。

(2)施工阶段工程造价控制。建设项目施工阶段造价控制是建设项目全过程造价控制过程中非常重要的一个环节。在这一阶段主要应做好以下工作:认真做好建设工程招投标工作,严格定额管理,严格按照合同约定拨付工程进度款,严格控制工程变更,及时处理施工索赔工作,加强价格信息管理,熟悉市场价格变动等。

2. 施工阶段工程造价管理的工作内容

(1)依据工程承包合同和工程施工过程中出现的实际情况,正确计算索赔费用及工程变更价款。

(2)不断对已完施工进行价格调整,及时办理工程结算。

(3)工程完工以后再对合同价格进行最后调整,形成最终的竣工工程结算交易价格。

四、施工阶段工程造价控制措施

建设项目施工阶段工程造价控制应从组织、经济、技术、合同等多方面采取措施。

1. 组织措施

(1)在工程项目管理组织中落实从造价控制角度进行施工跟踪的人员,并进行任务和职能分工。

(2)编制本阶段造价控制工程计划和详细的工作流程图(图6-1)。

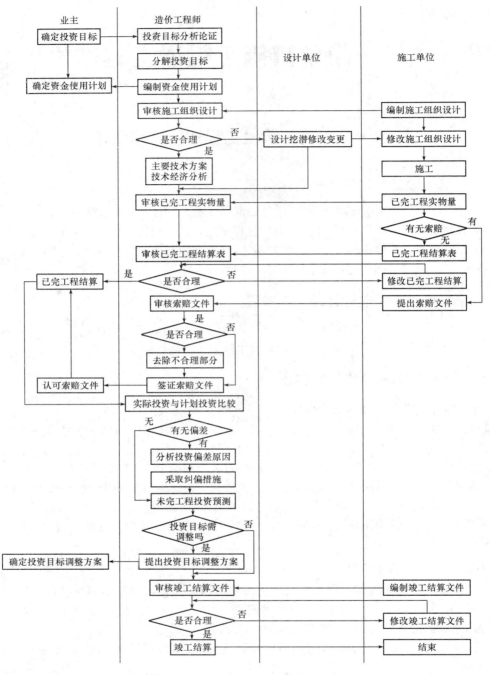

图 6-1 施工阶段造价控制工作流程

2. 经济措施

(1) 编制资金使用计划,确定、分解造价控制目标。
(2) 对工程项目造价目标进行风险分析,并制定防范性对策。
(3) 进行工程计量。

(4)复核工程付款账单,签发付款证书。

(5)在施工过程中进行投资跟踪控制,定期地进行投资实际支出值与计划目标值的比较。发现偏差,分析产生偏差的原因,采取纠偏措施。

(6)协商确定工程变更的价款。

(7)审核竣工结算。

(8)对工程施工过程中的投资支出作好分析与预测,经常或定期向建设单位提交项目造价控制及其存在问题的报告。

3. 技术措施

(1)对工程设计变更进行技术经济比较,严格控制设计变更。

(2)寻找通过设计挖掘节约工程造价的可能性。

(3)审核承包商编制的施工组织设计,对主要施工方案进行技术经济分析。

4. 合同措施

(1)做好工程施工记录,保存各种文件图纸,尤其是注有实际施工变更情况的图纸,注意搜集素材,为正确处理可能发生的索赔提供依据。

(2)参与处理索赔事宜。

(3)参与合同修改、补充工作,着重考虑它对造价控制的影响。

第二节 合同价款约定

一、一般规定

(1)工程合同价款的约定是建设工程合同的主要内容。根据有关法律条款的规定,实行招标的工程合同价款应在中标通知书发出之日起30天内,由发承包双方依据招标文件和中标人的投标文件在书面合同中约定。

工程合同价款的约定应满足以下几个方面的要求:

1)约定的依据要求:招标人向中标的投标人发出的中标通知书;

2)约定的时间要求:自招标人发出中标通知书之日起30天内;

3)约定的内容要求:招标文件和中标人的投标文件;

4)合同的形式要求:书面合同。

在工程招投标及建设工程合同签订过程中,招标文件应视为要约邀请,投标文件为要约,中标通知书为承诺。因此,在签订建设工程合同时,若招标文件与中标人的投标文件有不一致的地方,应以投标文件为准。

(2)实行招标的工程,合同约定不得违背招标文件中关于工期、造价、资质等方面的实质性内容。所谓合同实质性内容,按照《中华人民共和国合同法》第三十条规定:"有关合同标的、数量、质量、价款或者报酬、履行期限、履行地点和方式、违约责任和解决争议方法等的变更,是对要约内容的实质性变更"。

(3)不实行招标的工程合同价款,应在发承包双方认可的工程价款基础上,由发承包双方在合同中约定。

(4)工程建设合同的形式对工程量清单计价的适用性不构成影响,无论是单价合同、总价合同,还是成本加酬金合同均可以采用工程量清单计价。采用单价合同形式时,经标价的工程量清单是合同文件必不可少的组成内容,其中的工程量一般具备合同约束力(量可调),工程款结算时按照合同中约定应予计量并按实际完成的工程量计算进行调整,由招标人提供统一的工程量清单则彰显了工程量清单计价的主要优点。总价合同是指总价包干或总价不变合同,采用总价合同形式,工程量清单中的工程量不具备合同的约束力(量不可调),工程量以合同图纸的标示内容为准,工程量以外的其他内容一般均赋予合同约束力,以方便合同变更的计量和计价。成本加酬金合同是承包人不承担任何价格变化风险的合同。

"13计价规范"中规定:"实行工程量清单计价的工程,应采用单价合同;建设规模较小,技术难度较低,工期较短,且施工图设计已审查批准的建设工程可采用总价合同;紧急抢险、救灾以及施工技术特别复杂的建设工程可采用成本加酬金合同。"单价合同约定的工程价款中所包含的工程量清单项目综合单价在约定条件内是固定的,不予调整,工程量允许调整。工程量清单项目综合单价在约定的条件外,允许调整。但调整方式、方法应在合同中约定。

二、合同价款约定内容

(1)发承包双方应在合同条款中对下列事项进行约定:

1)预付工程款的数额、支付时间及抵扣方式。预付款是发包人为解决承包人在施工准备阶段资金周转问题提供的协助。如使用大宗材料,可根据工程具体情况设置工程材料预付款。

2)安全文明施工措施的支付计划,使用要求等。

3)工程计量与支付工程进度款的方式、数额及时间。

4)工程价款的调整因素、方法、程序、支付及时间。

5)施工索赔与现场签证的程序、金额确认与支付时间。

6)承担计价风险的内容、范围以及超出约定内容、范围的调整办法。

7)工程竣工价款结算编制与核对、支付及时间。

8)工程质量保证金的数额、预留方式及时间。

9)违约责任以及发生合同价款争议的解决方法及时间。

10)与履行合同、支付价款有关的其他事项等。

由于合同中涉及工程价款的事项较多,能够详细约定的事项应尽可能具体的约定,约定的用词应尽可能唯一,如有几种解释,最好对用词进行定义,尽量避免因理解上的歧义造成合同纠纷。

(2)合同中没有按照上述第(1)条的要求约定或约定不明的,若发承包双方在合同履行中发生争议由双方协商确定;当协商不能达成一致时,应按"13计价规范"的规定执行。

第三节 工程计量与合同价款调整

一、工程计量

1. 一般规定

(1)正确的计量是发包人向承包人支付合同价款的前提和依据,因此"13计价规范"中规定:"工程量必须按照相关工程现行国家计量规范规定的工程量计算规则计算。"这就明确了不论采用何种计价方式,其工程量必须按照相关工程的现行国家计量规范规定的工程量计算规则计算。采用统一的工程量计算规则,对于规范工程建设各方的计量计价行为,有效减少计量争议具有十分重要的意义。

(2)选择恰当的工程计量方式对于正确计量是十分必要的。由于工程建设具有投资大、周期长等特点,因而"13计价规范"中规定:"工程计量可选择按月或按工程形象进度分段计量,当采用分段结算方式时,应在合同中约定具体的工程分段划分界限。"按工程形象进度分段计量与按月计量相比,其计量结果更具稳定性,可以简化竣工结算。但应注意工程形象进度分段的时间应与按月计量保持一定关系,不应过长。

(3)因承包人原因造成的超出合同工程范围施工或返工的工程量,发包人不予计量。

(4)成本加酬金合同应按单价合同的规定计量。

2. 单价合同的计量

(1)招标工程量清单标明的工程量是招标人根据拟建工程设计文件预计的工程量,不能作为承包人在实际工作中应予完成的实际和准确的工程量。招标工程量清单所列的工程量一方面是各投标人进行投标报价的共同基础,另一方面也是对各投标人的投标报价进行评审的共同平台,是招投标活动应当遵循公平、公正、公开和诚实、信用原则的具体体现。发承包双方竣工结算的工程量应以承包人按照现行国家计量规范规定的工程量计算规则计算的实际完成应予计量的工程量确定,而非招标工程量清单所列的工程量。

(2)施工中进行工程计量,当发现招标工程量清单中出现缺项、工程量偏差,或因工程变更引起工程量增减时,应按承包人在履行合同义务中完成的工程量计算。

(3)承包人应当按照合同约定的计量周期和时间向发包人提交当期已完工程量报告。发包人应在收到报告后7天内核实,并将核实计量结果通知承包人。发包人未在约定时间内进行核实的,承包人提交的计量报告中所列的工程量应视为承包人实际完成的工程量。

(4)发包人认为需要进行现场计量核实时,应在计量前24小时通知承包人,承包人应为计量提供便利条件并派人参加。当双方均同意核实结果时,双方应在上述记录上签字确认。承包人收到通知后不派人参加计量,视为认可发包人的计量核实结果。发包人不按照约定时间通知承包人,致使承包人未能派人参加计量,计量核实结果无效。

(5)当承包人认为发包人核实后的计量结果有误时,应在收到计量结果通知后的7天内向发包人提出书面意见,并应附上其认为正确的计量结果和详细的计算资料。发包人收到书面意见后,应在7天内对承包人的计量结果进行复核后通知承包人。承包人对复核计量结果仍有异议的,按照合同约定的争议解决办法处理。

(6)承包人完成已标价工程量清单中每个项目的工程量并经发包人核实无误后,发承包双方应对每个项目的历次计量报表进行汇总,以核实最终结算工程量,并应在汇总表上签字确认。

3. 总价合同的计量

(1)由于工程量是招标人提供的,招标人必须对其准确性和完整性负责,且工程量必须按照相关工程现行国家计量规范规定的工程量计算规则计算,因而对于采用工程量清单方式形成的总价合同,若招标工程量清单中工程量与合同实施过程中的工程量存在差异时,都应按上述"2. 单价合同的计量"中的相关规定进行调整。

(2)采用经审定批准的施工图纸及其预算方式发包形成的总价合同,由于承包人自行对施工图纸进行计量,因此除按照工程变更规定引起的工程量增减外,总价合同各项目的工程量是承包人用于结算的最终工程量。

(3)总价合同约定的项目计量应以合同工程经审定批准的施工图纸为依据,发承包双方应在合同中约定工程计量的形象目标或时间节点进行计量。

(4)承包人应在合同约定的每个计量周期内对已完成的工程进行计量,并向发包人提交达到工程形象目标完成的工程量和有关计量资料的报告。

(5)发包人应在收到报告后7天内对承包人提交的上述资料进行复核,以确定实际完成的工程量和工程形象目标。对有异议的,应通知承包人进行共同复核。

二、合同价款调整

1. 一般规定

(1)下列事项(但不限于)发生,发承包双方应当按照合同约定调整合同价款:
1)法律法规变化;
2)工程变更;
3)项目特征不符;
4)工程量清单缺项;
5)工程量偏差;
6)计日工;
7)物价变化;
8)暂估价;
9)不可抗力;
10)提前竣工(赶工补偿);
11)误期赔偿;
12)索赔;
13)现场签证;
14)暂列金额;
15)发承包双方约定的其他调整事项。

(2)出现合同价款调增事项(不含工程量偏差、计日工、现场签证、索赔)后的14天内,承包人应向发包人提交合同价款调增报告并附上相关资料;承包人在14天内未提交合同价款调增报告的,应视为承包人对该事项不存在调整价款请求。此处所指合同价款调增事项不包括工程量偏差,是因为工程量偏差的调整在竣工结算完成之前均可提出;不包括计日工、现场签证和索赔,是因为这三项的合同价款调增时限在"13计价规范"中另有规定。

(3)出现合同价款调减事项(不含工程量偏差、索赔)后的14天内,发包人应向承包人提交合同价款调减报告并附相关资料;发包人在14天内未提交合同价款调减报告的,应视为发包人对该事项不存在调整价款请求。基于上述第(2)条同样的原因,此处合同价款调减事项中不包括工程量偏差和索赔两项。

(4)发(承)包人应在收到承(发)包人合同价款调增(减)报告及相关资料之日起14天内对其核实,予以确认的应书面通知承(发)包人。当有疑问时,应向承(发)包人提出协商意见。发(承)包人在收到合同价款调增(减)报告之日起14天内未确认也未提出协商意见的,应视为承(发)包人提交的合同价款调增(减)报告已被发(承)包人认可。发(承)包人提出协商意见的,承(发)包人应在收到协商意见后的14天内对其核实,予以确认的应书面通知发(承)包人。承(发)包人在收到发(承)包人的协商意见后14天内既不确认也未提出不同意见的,应视为发(承)包人提出的意见已被承(发)包人认可。

(5)发包人与承包人对合同价款调整的不同意见不能达成一致的,只要对发承包双方履约不产生实质影响,双方应继续履行合同义务,直到其按照合同约定的争议解决方式得到处理。

(6)财政部、原建设部印发的《建设工程价款结算暂行办法》(财建〔2004〕369号)第十五条规定:"发包人和承包人要加强施工现场的造价控制,及时对工程合同外的事项如实纪录并履行书面手续。凡由发、承包双方授权的现场代表签字的现场签证以及发、承包双方协商确定的索赔等费用,应在工程竣工结算中如实办理,不得因发、承包双方现场代表的中途变更改变其有效性。""13计价规范"对发承包双方确定调整的合同价款的支付方法进行了约定,即:"经发承包双方确认调整的合同价款,作为追加(减)合同价款,应与工程进度款或结算款同期支付"。

2. 法律法规变化

(1)工程建设过程中,发承包双方都是国家法律、法规、规章及政策的执行者。因此,在发承包双方履行合同的过程中,当国家的法律、法规、规章及政策发生变化,国家或省级、行业建设主管部门或其授权的工程造价管理机构据此发布工程造价调整文件时,工程价款应当进行调整。"13计价规范"中规定:"招标工程以投标截止日前28天、非招标工程以合同签订前28天为基准日,其后因国家的法律、法规、规章和政策发生变化引起工程造价增减变化的,发承包双方应按照省级或行业建设主管部门或其授权的工程造价管理机构据此发布的规定调整合同价款"。

(2)因承包人原因导致工期延误的,按上述第(1)条规定的调整时间,在合同工程原定竣工时间之后,合同价款调增的不予调整,合同价款调减的予以调整。这就说明由于承包人原因导致工期延误,将按不利于承包人的原则调整合同价款。

3. 工程变更

建设工程施工合同实施过程中,如果合同签订时所依赖的承包范围、设计标准、施工条件等发生变化,则必须在新的承包范围、新的设计标准或新的施工条件等前提下对发承包双方的权利和义务进行重新分配,从而建立新的平衡,追求新的公平和合理。由于施工条件变化和发包人要求变化等原因,往往会发生合同约定的工程材料性质和品种、建筑物结构形式、施工工艺和方法等的变动,此时必须变更才能维护合同的公平。因此,"13计价规范"中对因分部分项工程量清单的漏项或非承包人原因引起的工程变更,造成增加新的工程量清单项目时,新增项目综合单价的确定原则进行了约定,具体如下:

(1)因工程变更引起已标价工程量清单项目或其工程数量发生变化时,应按照下列规定调整:

1)已标价工程量清单中有适用于变更工程项目的,应采用该项目的单价;但当工程变更导致该清单项目的工程数量发生变化,且工程量偏差超过15%时,该项目单价应按照规定进行调整,即当工程量增加15%以上时,增加部分工程量的综合单价应予调低;当工程量减少15%以上时,减少后剩余部分的工程量的综合单价应予调高。采用此条进行调整的前提条件是其采用的材料、施工工艺和方法相同,亦不因此增加关键线路上工程的施工时间。

2)已标价工程量清单中没有适用但有类似于变更工程项目的,可在合理范围内参照类似项目的单价。采用此条进行调整的前提条件是其采用的材料、施工工艺和方法基本相似,不增加关键线路上工程的施工时间,则可仅就其变更后的差异部分,参考类似的项目单价由发、承包双方协商新的项目单价。

3)已标价工程量清单中没有适用也没有类似于变更工程项目的,应由承包人根据变更工程资料、计量规则和计价办法、工程造价管理机构发布的信息价格和承包人报价浮动率提出变更工程项目的单价,并应报发包人确认后调整。承包人报价浮动率可按下列公式计算:

招标工程:
$$承包人报价浮动率 L = (1 - 中标价/招标控制价) \times 100\%$$

非招标工程:
$$承包人报价浮动率 L = (1 - 报价/施工图预算) \times 100\%$$

【例6-1】 某工程招标控制价为2383692元,中标人的投标报价为2276938元,试计算该中标人的报价浮动率。

【解】 该中标人的报价浮动率为：
$$L = (1 - 2276938/2383692) \times 100\% = 4.48\%$$

【例6-2】 若例6-1中工程项目，施工过程中给水管道采用钢管，已标价清单项目中没有此类似项目，工程造价管理机构发布有该卷材单价为25元/m，试确定该项目综合单价。

【解】 由于已标价工程量清单中没有适用也没有类似于该工程项目的，故承包人应根据有关资料变更该工程项目的综合单价。查明项目所在地该项目定额人工费为5.85元，除钢管外的其他材料费为1.35元，管理费和利润为1.48元，则

$$该项目综合单价 = (5.85 + 25 + 1.35 + 1.48) \times (1 - 4.48\%) = 32.17(元)$$

发承包双方可按32.17元协商确定该项目综合单价。

4) 已标价工程量清单中没有适用也没有类似于变更工程项目，且工程造价管理机构发布的信息价格缺价的，应由承包人根据变更工程资料、计量规则、计价办法和通过市场调查等取得有合法依据的市场价格提出变更工程项目的单价，并应报发包人确认后调整。

(2) 工程变更引起施工方案改变并使措施项目发生变化时，承包人提出调整措施项目费的，应事先将拟实施的方案提交发包人确认，并应详细说明与原方案措施项目相比的变化情况。拟实施的方案经发承包双方确认后执行，并应按照下列规定调整措施项目费：

1) 安全文明施工费应按照实际发生变化的措施项目依据国家或省级、行业建设主管部门的规定计算。

2) 采用单价计算的措施项目费，应按照实际发生变化的措施项目，按上述第(1)条的规定确定单价。

3) 按总价(或系数)计算的措施项目费，按照实际发生变化的措施项目调整，但应考虑承包人报价浮动因素，即调整金额按照实际调整金额乘以上述第(1)条规定的承包人报价浮动率计算。如果承包人未事先将拟实施的方案提交给发包人确认，则应视为工程变更不引起措施项目费的调整或承包人放弃调整措施项目费的权利。

(3) 当发包人提出的工程变更因非承包人原因删减了合同中的某项原定工作或工程，致使承包人发生的费用或(和)得到的收益不能被包括在其他已支付或应支付的项目中，也未被包含在任何替代的工作或工程中时，承包人有权提出并应得到合理的费用及利润补偿。这主要是为了维护合同的公平，防止发包人在签约后擅自取消合同中的工作，转而由发包人自己或其他承包人实施而使本合同工程承包人蒙受损失。

4. 项目特征不符

工程量清单的项目特征是确定一个清单项目综合单价不可缺少的主要依据。对工程量清单项目的特征描述具有十分重要的意义，其主要体现包括三个方面：

(1) 项目特征是区分清单项目的依据。工程量清单项目特征是用来表述分部分项清单项目的实质内容，用于区分计价规范中同一清单条目下各个具体的清单项目。没有项目特征的准确描述，对于相同或相似的清单项目名称，就无从区分。

(2) 项目特征是确定综合单价的前提。由于工程量清单项目的特征决定了工程实体的实质内容，必然直接决定了工程实体的自身价值。因此，工程量清单项目特征描述得准确与否，直接关系到工程量清单项目综合单价的准确确定。

(3) 项目特征是履行合同义务的基础。实行工程量清单计价，工程量清单及其综合单价是施工合同的组成部分，因此，如果工程量清单项目特征的描述不清甚至漏项、错误，从而引起在施工过程中的更改，都会引起分歧，导致纠纷。在按"13工程计量规范"对工程量清单项目的特征进行

描述时,应注意"项目特征"与"工作内容"的区别。"项目特征"是工程项目的实质,决定着工程量清单项目的价值大小,而"工作内容"主要讲的是操作程序,是承包人完成能通过验收的工程项目所必须要操作的工序。在"13 工程计量规范"中,工程量清单项目与工程量计算规则、工作内容具有一一对应的关系,当采用"13 计价规范"进行计价时,工作内容即有规定,无须再对其进行描述。而"项目特征"栏中的任何一项都影响着清单项目综合单价的确定,招标人应高度重视分部分项工程项目清单项目特征的描述,任何不描述或描述不清,均会在施工合同履约过程中产生分歧,导致纠纷、索赔。在编制工程量清单时,必须对项目特征进行准确而且全面的描述,准确地描述工程量清单的项目特征对于准确地确定工程量清单项目的综合单价具有决定性的作用。

"13 计价规范"中对清单项目特征描述及项目特征发生变化后重新确定综合单价的有关要求进行了如下规定:

1)发包人在招标工程量清单中对项目特征的描述,应被认为是准确的和全面的,并且与实际施工要求相符合。承包人应按照发包人提供的招标工程量清单,根据项目特征描述的内容及有关要求实施合同工程,直到项目被改变为止。

2)承包人应按照发包人提供的设计图纸实施合同工程,若在合同履行期间出现设计图纸(含设计变更)与招标工程量清单任一项目的特征描述不符,且该变化引起该项目工程造价增减变化的,应按照实际施工的项目特征,按前述"一、工程计量"中的有关规定重新确定相应工程量清单项目的综合单价,并调整合同价款。

5. 工程量清单缺项

导致工程量清单缺项的原因主要包括:①设计变更;②施工条件改变;③工程量清单编制错误。由于工程量清单的增减变化必然使合同价款发生增减变化。

(1)合同履行期间,由于招标工程量清单中缺项,新增分部分项工程清单项目的,应按照前述"3. 工程变更"中的第(1)条的有关规定确定单价,并调整合同价款。

(2)新增分部分项工程清单项目后,引起措施项目发生变化的,应按照前述"3. 工程变更"中的第(2)条的有关规定,在承包人提交的实施方案被发包人批准后调整合同价款。

(3)由于招标工程量清单中措施项目缺项,承包人应将新增措施项目实施方案提交发包人批准后,按照前述"3. 工程变更"中的第(1)、(2)条的有关规定调整合同价款。

6. 工程量偏差

施工过程中,由于施工条件、地质水文、工程变更等变化以及招标工程量清单编制人专业水平的差异,往往会造成实际工程量与招标工程量清单出现偏差,工程量偏差过大,对综合成本的分摊带来影响。如突然增加太多,仍按原综合单价计价,对发包人不公平;如突然减少太多,仍按原综合单价计价,对承包人不公平。并且,这给有经验的承包人的不平衡报价打开了大门。为维护合同的公平,"13 计价规范"中进行了如下规定:

(1)合同履行期间,当应予计算的实际工程量与招标工程量清单出现偏差,且符合下述第(2)、(3)条规定时,发承包双方应调整合同价款。

(2)对于任一招标工程量清单项目,当因工程量偏差和前述"3. 工程变更"中规定的工程变更等原因导致工程量偏差超过 15% 时,可进行调整。当工程量增加 15% 以上时,增加部分的工程量的综合单价应予调低;当工程量减少 15% 以上时,减少后剩余部分工程量的综合单价应予调高。调整后的某一分部分项工程费结算价可参照以下公式计算:

1)当 $Q_1 > 1.15Q_0$ 时:

$$S = 1.15Q_0 \times P_0 + (Q_1 - 1.15Q_0) \times P_1$$

2)当 $Q_1 < 0.85Q_0$ 时：
$$S = Q_1 \times P_1$$

式中 S——调整后的某一分部分项工程费结算价；
Q_1——最终完成的工程量；
Q_0——招标工程量清单中列出的工程量；
P_1——按照最终完成工程量重新调整后的综合单价；
P_0——承包人在工程量清单中填报的综合单价。

由上述两式可以看出，计算调整后的某一分部分项工程费结算价的关键是确定新的综合单价 P_1。确定的方法，一是发承包双方协商确定，二是与招标控制价相联系，当工程量偏差项目出现承包人在工程量清单中填报的综合单价与发包人招标控制价相应清单项目的综合单价偏差超过15%时，工程量偏差项目综合单价的调整可参考以下公式确定：

1)当 $P_0 < P_2 \times (1-L) \times (1-15\%)$ 时，该类项目的综合单价 P_1 按 $P_2 \times (1-L) \times (1-15\%)$ 进行调整；

2)当 $P_0 > P_2 \times (1+15\%)$ 时，该类项目的综合单价 P_1 按 $P_2 \times (1+15\%)$ 进行调整；

3)当 $P_0 > P_2 \times (1-L) \times (1-15\%)$ 或 $P_0 < P_2 \times (1+15\%)$ 时，可不进行调整。

式中 P_0——承包人在工程量清单中填报的综合单价；
P_2——发包人招标控制价相应项目的综合单价；
L——承包人报价浮动率。

(3) 如果工程量出现变化引起相关措施项目相应发生变化时，按系数或单一总价方式计价的，工程量增加的措施项目费调增，工程量减少的措施项目费调减；反之，如未引起相关措施项目发生变化，则不予调整。

6. 计日工

(1) 发包人通知承包人以计日工方式实施的零星工作，承包人应予执行。

(2) 采用计日工计价的任何一项变更工作，在该项变更的实施过程中，承包人应按合同约定提交下列报表和有关凭证送发包人复核：

1)工作名称、内容和数量；
2)投入该工作所有人员的姓名、工种、级别和耗用工时；
3)投入该工作的材料名称、类别和数量；
4)投入该工作的施工设备型号、台数和耗用台时；
5)发包人要求提交的其他资料和凭证。

(3) 任一计日工项目持续进行时，承包人应在该项工作实施结束后的24小时内向发包人提交有计日工记录汇总的现场签证报告一式三份。发包人在收到承包人提交现场签证报告后的2天内予以确认并将其中一份返还给承包人，作为计日工计价和支付的依据。发包人逾期未确认也未提出修改意见的，应视为承包人提交的现场签证报告已被发包人认可。

(4) 任一计日工项目实施结束后，承包人应按照确认的计日工现场签证报告核实该类项目的工程数量，并应根据核实的工程数量和承包人已标价工程量清单中的计日工单价计算，提出应付价款；已标价工程量清单中没有该类计日工单价的，由发承包双方按前述"3. 工程变更"中的相关规定商定计日工单价计算。

(5) 每个支付期末，承包人应按规定向发包人提交本期间所有计日工记录的签证汇总表，并应说明本期间自己认为有权得到的计日工金额，调整合同价款，列入进度款支付。

7. 物价变化

(1) 物价变化合同价款调整方法。

1) 价格指数调整价格差额。

①价格调整公式。因人工、材料和设备等价格波动影响合同价格时,根据投标函附录中的价格指数和权重表约定的数据,按以下公式计算差额并调整合同价格:

$$P = P_0 \left[A + \left(B_1 \times \frac{F_{t1}}{F_{01}} + B_2 \times \frac{F_{t2}}{F_{02}} + B_3 \times \frac{F_{t3}}{F_{03}} + \cdots + B_n \times \frac{F_{tn}}{F_{0n}} \right) - 1 \right]$$

式中 P——需调整的价格差额;

P_0——约定的付款证书中承包人应得到的已完成工程量金额。此项金额应不包括价格调整整、不计质量保证金的扣留和支付、预付款的支付和扣回,约定的变更及其他金额已按现行价格计价的,也不计在内;

A——定值权重(即不调部分的权重);

$B_1, B_2, B_3, \cdots, B_n$——各可调因子的变值权重(即可调部分的权重),为各可调因子在投标函投标总报价中所占的比例;

$F_{t1}, F_{t2}, F_{t3}, \cdots, F_{tn}$——各可调因子的现行价格指数,指约定的付款证书相关周期最后一天的前42天的各可调因子的价格指数;

$F_{01}, F_{02}, F_{03}, \cdots, F_{0n}$——各可调因子的基本价格指数,指基准日期的各可调因子的价格指数。

以上价格调整公式中的各可调因子、定值和变值权重,以及基本价格指数及其来源在投标函附录价格指数和权重表中约定。价格指数应首先采用有关部门提供的价格指数,缺乏上述价格指数时,可采用有关部门提供的价格代替。

②暂时确定调整差额。在计算调整差额时得不到现行价格指数的,可暂用上一次价格指数计算,并在以后的付款中再按实际价格指数进行调整。

③权重的调整。约定的变更导致原定合同中的权重不合理时,由监理人与承包人和发包人协商后进行调整。

④承包人工期延误后的价格调整。由于承包人原因未在约定的工期内竣工的,则对原约定竣工日期后继续施工的工程,在使用第 1) 条的价格调整公式时,应采用原约定竣工日期与实际竣工日期的两个价格指数中较低的一个作为现行价格指数。

⑤若人工因素已作为可调因子包括在变值权重内,则不再对其进行单项调整。

2) 造价信息调整价格差额。

①施工期内,因人工、材料和工程设备、施工机械台班价格波动影响合同价格时,人工、机械使用费按照国家或省、自治区、直辖市建设行政管理部门、行业建设管理部门或其授权的工程造价管理机构发布的人工成本信息、机械台班单价或机械使用费系数进行调整;需要进行价格调整的材料,其单价和采购数应由发包人复核,发包人确认需调整的材料单价及数量,作为调整合同价款差额的依据。

②人工单价发生变化且该变化因省级或行业建设主管部门发布的人工费调整文件所致时,承包双方应按省级或行业建设主管部门或其授权的工程造价管理机构发布的人工成本文件调整合同价款。人工费调整时应以调整文件的时间为界限进行。

③材料、工程设备价格变化按照发包人提供的《承包人提供主要材料和工程设备一览表(适用于造价信息差额调整法)》,由发承包双方约定的风险范围按下列规定调整合同价款:

a. 承包人投标报价中材料单价低于基准单价:施工期间材料单价涨幅以基准单价为基础超过合同约定的风险幅度值,或材料单价跌幅以投标报价为基础超过合同约定的风险幅度值时,其超过部分按实调整。

b. 承包人投标报价中材料单价高于基准单价：施工期间材料单价跌幅以基准单价为基础超过合同约定的风险幅度值，或材料单价涨幅以投标报价为基础超过合同约定的风险幅度值时，其超过部分按实调整。

c. 承包人投标报价中材料单价等于基准单价：施工期间材料单价涨、跌幅以基准单价为基础超过合同约定的风险幅度值时，其超过部分按实调整。

d. 承包人应在采购材料前将采购数量和新的材料单价报送发包人核对，确认用于本合同工程时，发包人应确认采购材料的数量和单价。发包人在收到承包人报送的确认资料后3个工作日不予答复的视为已经认可，作为调整合同价款的依据。如果承包人未报经发包人核对即自行采购材料，再报发包人确认调整合同价款的，如发包人不同意，则不作调整。

④施工机械台班单价或施工机械使用费发生变化超过省级或行业建设主管部门或其授权的工程造价管理机构规定的范围时，按其规定调整合同价款。

(2) 物价变化合同价款调整要求。

1) 合同履行期间，因人工、材料、工程设备、机械台班价格波动影响合同价款时，应根据合同约定，按上述(1)中介绍的方法之一调整合同价款。

2) 承包人采购材料和工程设备的，应在合同中约定主要材料、工程设备价格变化的范围或幅度；当没有约定，且材料、工程设备单价变化超过5%时，超过部分的价格应按照上述(1)中介绍的方法计算调整材料、工程设备费。

3) 发生合同工程工期延误的，应按照下列规定确定合同履行期的价格调整：

①因非承包人原因导致工期延误的，计划进度日期后续工程的价格，应采用计划进度日期与实际进度日期两者的较高者。

②因承包人原因导致工期延误的，计划进度日期后续工程的价格，应采用计划进度日期与实际进度日期两者的较低者。

4) 发包人供应材料和工程设备的，不适用上述第1)和第2)条规定，应由发包人按照实际变化调整，列入合同工程的工程造价内。

8. 暂估价

(1) 按照《工程建设项目货物招标投标办法》(国家发改委、建设部等七部委27号令)第五条规定："以暂估价形式包括在总承包范围内的货物达到国家规定规模标准的，应当由总承包中标人和工程建设项目招标人共同依法组织招标"。若发包人在招标工程量清单中给定暂估价的材料、工程设备属于依法必须招标的，应由发承包双方以招标的方式选择供应商，确定价格，并应以此为依据取代暂估价，调整合同价款。所谓共同招标，不能简单理解为发承包双方共同作为招标人，最后共同与招标人签订合同。恰当的做法应当是仍由总承包中标人作为招标人，采购合同应当由总承包人签订。建设项目招标人参与的所谓共同招标可以通过恰当的途径体现建设项目招标人对这类招标组织的参与、决策和控制。建设项目招标人约束总承包人的最佳途径就是通过合同约定相关的程序。建设项目招标人的参与主要体现在对相关项目招标文件、评标标准和方法等能够体现招标目的和招标要求的文件进行审批，未经审批不得发出招标文件；评标时建设项目招标人也可以派代表进入评标委员会参与评标，否则，中标结果对建设项目招标人没有约束力，并且，建设项目招标人有权拒绝对相立项目拨付工程款，对相关工程拒绝验收。

(2) 发包人在招标工程量清单中给定暂估价的材料、工程设备不属于依法必须招标的，应由承包人按照合同约定采购，经发包人确认单价后取代暂估价，调整合同价款。暂估材料或工程设备的单价确定后，在综合单价中只应取代暂估单价，不应再在综合单价中涉及企业管理费或利润等其他费用的变动。

(3)发包人在工程量清单中给定暂估价的专业工程不属于依法必须招标的,应按照前述"3.工程变更"中的相关规定确定专业工程价款,并应以此为依据取代专业工程暂估价,调整合同价款。

(4)发包人在招标工程量清单中给定暂估价的专业工程,依法必须招标的,应当由发承包双方依法组织招标选择专业分包人,并接受有管辖权的建设工程招标投标管理机构的监督,还应符合下列要求:

1)除合同另有约定外,承包人不参加投标的专业工程发包招标,应由承包人作为招标人,但拟定的招标文件、评标工作、评标结果应报送发包人批准。与组织招标工作有关的费用应当被认为已经包括在承包人的签约合同价(投标总报价)中。

2)承包人参加投标的专业工程发包招标,应由发包人作为招标人,与组织招标工作有关的费用由发包人承担。同等条件下,应优先选择承包人中标。

3)应以专业工程发包中标价为依据取代专业工程暂估价,调整合同价款。

9. 不可抗力

(1)因不可抗力事件导致的人员伤亡、财产损失及其费用增加,发承包双方应按下列原则分别承担并调整合同价款和工期:

1)合同工程本身的损害、因工程损害导致第三方人员伤亡和财产损失以及运至施工场地用于施工的材料和待安装的设备的损害,应由发包人承担;

2)发包人、承包人人员伤亡应由其所在单位负责,并应承担相应费用;

3)承包人的施工机械设备损坏及停工损失,应由承包人承担;

4)停工期间,承包人应发包人要求留在施工场地的必要的管理人员及保卫人员的费用应由发包人承担;

5)工程所需清理、修复费用,应由发包人承担。

(2)不可抗力解除后复工的,若不能按期竣工,应合理延长工期。发包人要求赶工的,赶工费用应由发包人承担。

10. 提前竣工(赶工补偿)

《建设工程质量管理条例》第十条规定:"建设工程发包单位不得迫使承包方以低于成本的价格竞标,不得任意压缩合理工期"。因此,为了保证工程质量,承包人除了根据标准规范、施工图纸进行施工外,还应当按照科学合理的施工组织设计,按部就班地进行施工作业。

(1)招标人应依据相关工程的工期定额合理计算工期,压缩的工期天数不得超过定额工期的20%,超过者,应在招标文件中明示增加赶工费用。赶工费用主要包括:①人工费的增加,如新增加投入人工的报酬,不经济使用人工的补贴等;②材料费的增加,如可能造成不经济使用材料和损耗过大,材料运输费的增加等;③机械费的增加,例如可能增加机械设备投入,不经济的使用机械等。

(2)发包人要求合同工程提前竣工的,应征得承包人同意后与承包人商定采取加快工程进度的措施,并应修订合同工程进度计划。发包人应承担承包人由此增加的提前竣工(赶工补偿)费用,除合同另有约定外,提前竣工补偿的金额可为合同价款的5%。

(3)发承包双方应在合同中约定提前竣工每日历天应补偿额度,此项费用应作为增加合同价款列入竣工结算文件中,应与结算款一并支付。

11. 误期赔偿

(1)如果承包人未按照合同约定施工,导致实际进度迟于计划进度的,承包人应加快进度,实现合同工期。即使承包人采取了赶工措施,赶工费用仍应由承包人承担。如合同工程仍然误期,承包人应赔偿发包人由此造成的损失,并按照合同约定向发包人支付误期赔偿费,除合同另有约定外,误期赔偿可为合同价款的5‰。即使承包人支付误期赔偿费,也不能免除承包人按照合同约定应承担的任何责任和应履行的任何义务。

(2)发承包双方应在合同中约定误期赔偿费,并应明确每日历天应赔额度。误期赔偿费应列入竣工结算文件中,并应在结算款中扣除。

(3)在工程竣工之前,合同工程内的某单项(位)工程已通过了竣工验收,且该单项(位)工程接收证书中表明的竣工日期并未延误,而是合同工程的其他部分产生了工期延误时,误期赔偿费应按照已颁发工程接收证书的单项(位)工程造价占合同价款的比例幅度予以扣减。

12. 暂列金额

(1)已签约合同价中的暂列金额应由发包人掌握使用。

(2)暂列金额虽然列入合同价款,但并不属于承包人所有,也并不必然发生。只有按照合同约定实际发生后,才能成为承包人的应得金额,纳入工程合同结算价款中,发包人按照前述相关规定与要求进行支付后,暂列金额余额仍归发包人所有。

第四节 工程索赔与现场签证

一、工程索赔概念与特征

索赔是当事人在合同实施过程中,根据法律、合同规定及惯例,对不应由自己承担责任的情况造成的损失,向合同的另一方当事人提出给予赔偿或补偿要求的行为。

建设工程索赔通常是指在工程合同履行过程中,合同当事人一方因非自身因素或对方不履行或未能正确履行合同而受到经济损失或权利损害时,通过一定的合法程序向对方提出经济或时间补偿的要求。索赔是一种正当的权利要求,是发包方、工程师和承包方之间一项正常的、大量发生而且普遍存在的合同管理业务,是一种以法律和合同为依据的、合情合理的行为。

从索赔的基本含义,可以看出索赔具有以下基本特征:

(1)索赔是双向的,不仅承包人可以向发包人索赔,发包人同样也可以向承包人索赔。由于实践中发包人向承包人索赔发生的频率相对较低,而且在索赔处理中,发包人始终处于主动和有利地位,对承包人的违约行为他可以直接从应付工程款中扣抵、扣留保留金或通过履约保函向银行索赔来实现自己的索赔要求,因此在工程实践中大量发生的、处理比较困难的是承包人向发包人的索赔,这也是工程师进行合同管理的重点内容之一。

(2)只有实际发生了经济损失或权利损害,一方才能向对方索赔。经济损失是指因对方因素造成合同外的额外支出,如人工费、材料费、机械费、管理费等额外开支;权利损害是指虽然没有经济上的损失,但造成了一方权利上的损害,如由于恶劣气候条件对工程进度的不利影响,承包人有权要求工期延长等。因此,发生了实际的经济损失或权利损害,应是一方提出索赔的一个基本前提条件。

(3)索赔是一种未经对方确认的单方行为。它与人们通常所说的工程签证不同。在施工过程中签证是承发包双方就额外费用补偿或工期延长等达成一致的书面证明材料和补充协议,它可以直接作为工程款结算或最终增减工程造价的依据。而索赔则是单方面行为,对对方尚未形成约束力,这种索赔要求能否得到最终实现,必须要通过确认(如双方协商、谈判、调解或仲裁、诉讼)后才能得知。

二、索赔作用

索赔与项目合同同时存在,建设工程项目索赔的作用主要体现在以下几个方面:

(1) 索赔是合同和法律赋予正确履行合同者免受意外损失的权利，索赔是当事人一种保护自己、避免损失、增加利润、提高效益的重要手段。

(2) 索赔是落实和调整合同双方责、权、利关系的手段，也是合同双方风险分担的又一次合理再分配，离开了索赔，合同责任就不能全面体现，合同双方的责、权、利关系就难以平衡。

(3) 索赔是合同实施的保证。索赔是合同法律效力的具体体现，对合同双方形成约束条件，特别能对违约者起到警诫作用，违约方必须考虑违约的后果，从而尽量减少其违约行为的发生。

(4) 索赔对提高企业和工程项目管理水平起着重要的促进作用。我国承包商在许多项目上提不出或提不好索赔，与其企业管理松散混乱、计划实施不严、成本控制不力等有着直接关系。没有正确的工程进度网络计划就难以证明延误的发生及天数；没有完整翔实的记录，就缺乏索赔定量要求的基础。

承包商应正确地、辩证地对待索赔问题。在任何工程中，索赔是不可避免的，通过索赔能使损失得到补偿，增加收益。所以，承包商要保护自身利益，争取盈利，不能不重视索赔问题。

三、工程索赔分类

按照不同的标准，工程索赔可以进行不同的分类，见表 6-1。

表 6-1　　　　　　　　　　　　　　工程索赔分类

序号	划分标准	类别	说明
1	按索赔的合同依据分类	合同规定的索赔	索赔涉及的内容在合同中能找到依据，如工程变更，暂停施工造成的索赔
		非合同规定的索赔	索赔内容和权利虽然难以在合同中直接找到，但可以根据合同的某些条款含义，推论出承包人有索赔权
2	按索赔目的分类	工期索赔	由于非承包人责任的原因而导致施工进程延误，要求批准顺延合同工期的索赔
		费用索赔	由于发包人的原因或发包人应承担的风险，导致承包人增加开支而给予的费用补偿
3	按索赔事件的性质分类	工程延误索赔	因发包人未按合同要求提供施工条件，如未及时交付设计图纸、施工现场、道路等，或因发包人指令工程暂停或不可抗力事件等原因造成工期拖延的，承包人对此提出索赔
		工程变更索赔	由于发包人或工程师指令增加或减少工程量或增加附加工程、修改设计、变更工程顺序等，造成工期延长和费用增加，承包人对此提出索赔
		合同被迫终止的索赔	由于发包人或承包人违约以及不可抗力事件等原因造成合同非正常终止，无责任的受害方因其蒙受经济损失而向对方提出索赔
		工程加速索赔	由于发包人或监理工程师指令承包人加快施工速度，缩短工期，引起承包人人力、财力、物力的额外开支而提出的索赔
		意外风险和不可预见因素索赔	在工程实施过程中，因人力不可抗拒的自然灾害、特殊风险以及一个有经验的承包人通常不能合理预见的不利施工条件或外界障碍，如地下水、地质断层、溶洞、地下障碍物等引起的索赔
		其他索赔	如因货币贬值、汇率变化、物价、工资上涨、政策法令变化等原因引起的索赔

四、工程索赔处理

1. 工程索赔处理要求

（1）合同工期的延长。承包合同中都有工期（开始期和持续时间）和工程拖延的罚款条款。如果工程拖期是由承包商管理不善造成的，则他必须承担责任，接受合同规定的处罚。而对外界干扰引起的工期拖延，承包商可以通过索赔，取得发包人对合同工期延长的认可，则在这个范围内可免去对他的合同处罚。

（2）费用补偿。由于非承包商自身责任造成工程成本增加，使承包商增加额外费用，蒙受经济损失，他可以根据合同规定提出费用赔偿要求。如果该要求得到发包人的认可，发包人应向他追加支付这笔费用以补偿损失。这样，实质上承包商通过索赔提高了合同价格，不仅可以弥补损失，而且能增加工程利润。

2. 工程索赔处理原则

（1）索赔必须以合同为依据（合同条件、协议条款等）。
（2）必须注意资料的积累（技术、进度、其他重大问题的记录，工程日志、业务档案等）。
（3）及时、合理地处理索赔。
（4）加强主动控制，减少工程索赔。

3. 工程索赔处理程序

在建设工程项目施工阶段，一般工程索赔的处理程序如图6-2所示。

我国《建设工程施工合同（示范文本）》对索赔的处理程序具体规定如下：

（1）承包人提出索赔申请。索赔事件发生28天内，向工程师发出索赔意向通知。同时仍需遵照工程师的指令继续施工。逾期申报时，工程师有权拒绝承包人的索赔要求。

（2）发出索赔意向通知后28天内，向工程师提出补偿经济损失和（或）延长工期的索赔报告及有关资料。

（3）工程师审核承包人的索赔申请。工程师在收到承包人送交的索赔报告和有关资料后，应于28天内给予答复，或要求承包人进一步补充索赔理由和证据。工程师在28天内未予答复或未对承包人作进一步要求，视为该项索赔已经认可。

（4）当该索赔事件持续进行时，乙方应当阶段性地向工程师发出索赔意向，在索赔事件终了后28天内，向工程师送交索赔的有关资料和最终索赔报告。

（5）工程师与承包人谈判。如果双方对该事件的责任、索赔款额或工期展延天数分歧较大，通过谈判达不成共识的话，按照条款规定工程师有权确定一个他认为合理的单价或价格作为最终的处理意见报送业主并通知承包人。

（6）发包人审批工程师的索赔处理证明，决定是否批准工程师的索赔报告。

（7）承包人如接受最终的索赔决定，索赔事件即告结束，若承包人不接受工程师的单方面决定或业主删减的索赔或工期顺延天数，就会导致合同纠纷。通过谈判和协调双方达成互让的解决方案是处理纠纷的理想方式，否则就只能诉诸仲裁或者诉讼。承包人未能按合同约定履行自己的各项义务和发生错误给发包人造成损失的，发包人也可按以上各条款规定的时限向承包人提出索赔。

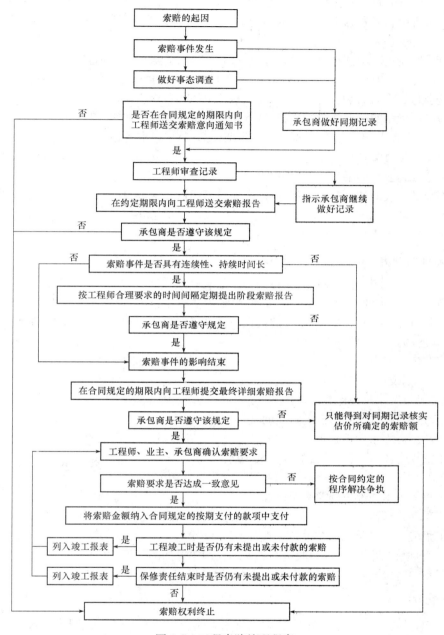

图 6-2 工程索赔处理程序

五、工程索赔证据

1. 索赔证据特征

（1）及时性：既然干扰事件已发生，又意识到需要索赔，就应在有效时间内提出索赔意向。在规定的时间内报告事件的发展影响情况，在规定时间内提交索赔的详细额外费用计算账单，对发包人或工程师提出的疑问及时补充有关材料。如果拖延太久，将增加索赔工作的难度。

(2)真实性:索赔证据必须是在实际过程中产生,完全反映实际情况,能经得住对方的推敲。由于在工程过程中合同双方都在进行合同管理,收集工程资料,所以双方应有相同的证据。使用不实的、虚假证据是违反商业道德甚至法律的。

(3)全面性:所提供的证据应能说明事件的全过程。索赔报告中所涉及的干扰事件、索赔理由、索赔值等都应有相应的证据,不能凌乱和支离破碎,否则发包人将退回索赔报告,要求重新补充证据。这会拖延索赔的解决,损害承包商在索赔中的有利地位。

(4)关联性:索赔的证据应当能互相说明,相互具有关联性,不能互相矛盾。

(5)法律证明效力:索赔证据必须有法律证明效力,特别对准备递交仲裁的索赔报告更要注意这一点。

1)证据必须是当时的书面文件,一切口头承诺、口头协议不算。

2)合同变更协议必须由双方签署,或以会谈纪要的形式确定,且为决定性决议。一切商讨性、意向性的意见或建议都不算。

3)工程中的重大事件、特殊情况的记录、统计应由工程师签署认可。

2. 索赔证据种类

(1)招标文件、工程合同、发包人认可的施工组织设计、工程图纸、技术规范等。

(2)工程各项有关的设计交底记录、变更图纸、变更施工指令等。

(3)工程各项经发包人或合同中约定的发包人现场代表或监理工程师签认的签证。

(4)工程各项往来信件、指令、信函、通知、答复等。

(5)工程各项会议纪要。

(6)施工计划及现场实施情况记录。

(7)施工日报及工长工作日志、备忘录。

(8)工程送电、送水、道路开通、封闭的日期及数量记录。

(9)工程停电、停水和干扰事件影响的日期及恢复施工的日期记录。

(10)工程预付款、进度款拨付的数额及日期记录。

(11)工程图纸、图纸变更、交底记录的送达份数及日期记录。

(12)工程有关施工部位的照片及录像等。

(13)工程现场气候记录,如有关天气的温度、风力、雨雪等。

(14)工程验收报告及各项技术鉴定报告等。

(15)工程材料采购、订货、运输、进场、验收、使用等方面的凭据。

(16)国家和省级或行业建设主管部门有关影响工程造价、工期的文件、规定等。

3. 索赔时效功能

索赔时效,是指合同履行过程中,索赔方在索赔事件发生后的约定期限内不行使索赔权即视为放弃索赔权利,其索赔权归于消灭的制度。一方面,索赔时效届满,即视为承包人放弃索赔权利,发包人可以此作为证据的代用,避免举证的困难;另一方面,只有促使承包人及时提出索赔要求,才能警示发包人充分履行合同义务,避免类似索赔事件的再次发生。

六、工程索赔计算

(一)工期索赔计算

在工程施工中,常常会发生一些未能预见的干扰事件使施工不能顺利进行,使预定的施工计划受到干扰,结果造成工期延长。工期索赔就是取得发包人对于合理延长工期的合法性的确认。工期索赔计算方法有网络分析法与比例分析法。

1. 网络分析法

网络分析法是利用进度计划的网络图,分析计算索赔事件对工期影响的一种方法。它是通过分析干扰事件发生前后不同的网络计划,对比两种工期计算结果来计算索赔值。这种方法适用于各种干扰事件的索赔,但它必须采用计算机网络技术进行工期计划和控制作为前提,否则分析极为困难。因为稍微复杂的工程,网络事件可能有几百个甚至几千个,人工分析和计算将十分烦琐。

2. 比例计算法

在实际工程中,干扰事件常影响某些单项工程、单位工程或分部分项工程的工期,要分析它们对总工期的影响,可以采用简单的比例分析法,即以某个技术经济指标作为比较基础,计算工期索赔值。

对于已知部分工程的延期的时间:

$$工期索赔值 = \frac{受干扰部分工程的合同价}{原整个工程合同总价} \times 该受干扰部分工程拖延时间$$

对于已知增加工程量或额外工程的价格:

$$工期索赔值 = \frac{增加的工程量或额外工程的价格}{原合同总价} \times 原合同总工期$$

(二)费用索赔计算

1. 索赔费用组成

(1)人工费。包括增加工作内容的人工费、停工损失费和工作效率降低的损失费等累计,但不能简单地用计日工费计算。

(2)设备费。可采用机械台班费、机械折旧费、设备租赁费等几种形式。

(3)材料费。

(4)管理费。

(5)利润。属成本增加的索赔事项可按有关规定计取利润。

(6)保函手续费。工程延期时,保函手续费相应增加,反之,取消部分工程且发包人与承包人达成提前竣工协议时,承包人的保函金额相应折减,则计入合同价内的保函手续费也应扣减。

2. 索赔费用计算

费用索赔的计算方法一般有总费用法和分项法两种。

(1)总费用法。总费用法的基本思路是把固定总价合同转化为成本加酬金合同,以承包商的额外成本为基点加上管理费和利润等附加费作为索赔值。总费用法是一种最简单的计算方法,但通常用得较少,且不易被对方、调解人和仲裁人认可,它的使用必须满足以下几个条件:

1)合同实施过程中的总费用核算是准确的;工程成本核算符合普遍认可的会计原则;成本分摊方法、分摊基础选择合理;实际总成本与报价总成本所包括的内容一致。

2)承包商的报价是合理的,反映实际情况。如果报价计算不合理,则按这种方法计算的索赔值也不合理。

3)费用损失的责任或干扰事件的责任完全在于发包人或其他人,承包商在工程中无任何过失,而且没有发生承包商风险范围内的损失。

4) 合同争执的性质不适用其他计算方法。例如，由于发包人原因造成工程性质发生根本变化，原合同报价已完全不适用。这种计算方法常用于对索赔值的估算。如果发包人和承包商签订协议或在合同中规定，对于一些特殊的干扰事件，例如，特殊的附加工程、发包人要求加速施工、承包商向发包人提供特殊服务等，可采用成本加酬金的方法计算赔（补）偿值。

（2）分项法。分项是按每个索赔事件所引起损失的费用项目分别分析计算索赔值的一种方法，是工程索赔计算中最常用的一种方法。

分项法计算索赔费用通常分三步：

1) 分析干扰事件影响的费用项目，即干扰事件引起哪些项目的费用损失。

2) 计算各费用项目的损失值。

3) 将各费用项目的计算值列表汇总，得到总费用索赔值。

用分项法计算，重要的是不能遗漏。在实际工程中，许多现场管理者提交索赔报告时常常仅考虑直接成本，即现场材料、人员、设备的损耗（这是由他直接负责的），而忽略计算一些附加的成本，例如工地管理费分摊，由于完成工程量不足而没有获得企业管理费，人员在现场延长停滞期间所产生的附加费，如假期、差旅费、工地住宿补贴、平均工资的上涨，由于推迟支付而造成的财务损失，保险费和保函费用增加等。

七、索赔报告

索赔报告是承包商在合同规定的时间内向工程师提交的要求发包人给予一定经济补偿和延长工期的正式书面报告。索赔报告的水平与质量如何，直接关系到索赔的成败。大型土木工程项目的重大索赔报告，承包商都是非常慎重、认真而全面地论证和阐述，充分地提供证据资料，甚至专门聘请合同及索赔管理方面的专家，帮助编写索赔报告，以尽力争取索赔成功。承包商的索赔报告必须有力地证明自己正当合理的索赔报告资格，受损失的时间和金钱，以及有关事项与损失之间的因果关系。

1. 索赔报告基本要求

第一，必须说明索赔的合同依据，即基于何种理由有资格提出索赔要求，一种是根据合同某条某款规定，承包商有资格因合同变更或追加额外工作而取得费用补偿和（或）延长工期；一种是发包人或其代理人如果违反合同规定给承包商造成损失，承包商有权索取补偿。

第二，索赔报告中必须有详细准确的损失金额及时间的计算。

第三，要证明客观事实与损失之间的因果关系，说明索赔事件前因后果的关联性，要以合同为依据，说明发包人违约或合同变更与引起索赔的必然性联系。如果不能有理有据地说明因果关系，而仅在事件的严重性和损失的巨大上花费过多的笔墨，对索赔的成功都无济于事。

2. 索赔报告准确性

编写索赔报告是一项比较复杂的工作，须有一个专门的小组和各方的大力协助才能完成。索赔小组的人员应具有合同、法律、工程技术、施工组织计划、成本核算、财务管理、写作等各方面的知识，进行深入的调查研究。对较大的、复杂的索赔需要向有关专家咨询，对索赔报告进行反复讨论和修改，写出的报告不仅要有理有据，而且必须准确可靠。应特别强调以下几点：

（1）责任分析应清楚、准确。在报告中所提出索赔事件的责任是对方引起的，应把全部或主要责任推给对方，不能有责任含混不清和自我批评式的语言。要做到这一点，就必须强调索赔事件的不可预见性，承包商对它不能有所准备，事发后尽管采取能够采取的措施也无法制止；指出索赔事件使承包商工期拖延、费用增加的严重性和索赔值之间的直接因果关系。

(2)索赔值的计算依据要正确,计算结果要准确。计算依据要用文件规定的和公认合理的计算方法,并加以适当的分析。数字计算上不要有差错,一个小的计算错误可能影响到整个计算结果,容易使人对索赔的可信度产生不好的印象。

(3)用词要婉转和恰当。在索赔报告中要避免使用强硬的不友好的抗议式的语言。不能因语言而伤害了和气和双方的感情。切忌断章取义、牵强附会、夸大其词。

3. 索赔报告内容

在实际承包工程中,索赔报告通常包括三个部分:

(1)承包商或其授权人致发包人或工程师的信。信中简要介绍索赔的事项、理由和要求,说明随函所附的索赔报告正文及证明材料情况等。

(2)索赔报告正文。针对不同格式的索赔报告,其形式可能不同,但实质性的内容相似,一般主要包括:

1)题目。简要地说明针对什么提出索赔。

2)索赔事件陈述。叙述事件的起因,事件经过,事件过程中双方的活动,事件的结果,重点叙述我方按合同所采取的行为,对方不符合合同的行为。

3)理由。总结上述事件,同时引用合同条文或合同变更和补充协议条文,证明对方行为违反合同或对方的要求超过合同规定,造成了该项事件,有责任对此造成的损失做出赔偿。

4)影响。简要说明事件对承包商施工过程的影响,而这些影响与上述事件有直接的因果关系。重点说明由于上述事件原因造成的成本增加和工期延长。

5)结论。对上述事件的索赔问题做出最后总结,提出具体索赔要求,包括工期索赔和费用索赔。

(3)附件。该报告中所列举事实、理由、影响的证明文件和各种计算基础、计算依据的证明文件。

索赔报告正文该编写至何种程度,需附上多少证明材料,计算书该详细到和准确到何种程度,这都根据监理工程师评审索赔报告的需要而定。对承包商来说,可以用过去的索赔经验或直接询问工程师或发包人的意图,以便配合协调,有利于施工和索赔工作的开展。

索赔意向通知提交后的28天内,或工程师可能同意的其他合理时间,承包人应递送正式的索赔报告。

如果索赔事件的影响持续存在,28天内还不能算出索赔额和工期展延天数时,承包人应按工程师合理要求的时间间隔(一般为28天),定期陆续报出每一个时间段内的索赔证据资料和索赔要求。在该项索赔事件的影响结束后28天内,报出最终详细报告,提出索赔论证资料和累计索赔额。

承包人发出索赔意向通知后,可以在工程师指示的其他合理时间内再报送正式索赔报告,也就是说,工程师在索赔事件发生后有权不马上处理该项索赔。如果事件发生时,现场施工非常紧张,工程师不希望立即处理索赔而分散各方抓施工管理的精力,可通知承包人将索赔的处理留待施工不太紧张时再去解决。但承包人的索赔意向通知必须在事件发生后28天内提出,包括因对变更估价双方不能取得一致意见,而先按工程师单方面决定的单价或价格执行时,承包人提出的保留索赔权利的意向通知。如果承包人未能按时间规定提出索赔意向和索赔报告,便失去了就该项事件请求补偿的索赔权利。此时承包人所受到损害的补偿,将不超过工程师认为应主动给予的补偿额。

八、反索赔

(一)反索赔的概念及特征

按照《中华人民共和国合同法》和《通用条款》的规定,索赔应是双方面的。在建设工程项目过程中,发包人与承包商之间,总承包商和分包商之间,合伙人之间,承包商与材料和设备供应商之间都可能有双向的索赔与反索赔。例如,承包商向发包人提出索赔,则发包人反索赔;同时发包人又可能向承包商提出索赔,则承包商必须反索赔。而工程师一方面通过圆满的工作防止索赔事件的发生;另一方面又必须妥善地解决合同双方的各种索赔与反索赔问题。按照通常的习惯,我们把追回己方损失的手段称为索赔,把防止和减少向己方提出索赔的手段称为反索赔。

索赔和反索赔是进攻和防守的关系。在合同实施过程中,合同双方都在进行合同管理,都在寻找索赔机会,一经干扰事件发生,都在企图推卸自己的合同责任,都在企图进行索赔。不能进行有效的反索赔,同样要蒙受损失,所以反索赔和索赔具有同等重要的地位。

发包人的反索赔或向承包商的索赔具有以下特征:

(1)发包人反过来向承包商的索赔发生频率要低得多,原因是工程发包人在工程建设期间,本身的责任重大,除了要向承包商按期付款,提供施工现场用地和协调管理工程的责任外,还要承担许多社会环境、自然条件等方面的风险,且这些风险是发包人所不能主观控制的,因而发包人要扣留承包商在现场的材料设备,承包商违约时提取履约保函金额等发生的概率很少。

(2)在反索赔时,发包人处于主动的有利地位,发包人在经工程师证明承包商违约后,可以直接从应付工程款中扣回款额,或从银行保函中得以补偿。

(二)反索赔的作用

从理论上说,反索赔和索赔是对立统一的,是相辅相成的。有了承包商的索赔要求,发包人也会提出一些反索赔要求,这是很常见的情况。

反索赔对合同双方具有同等重要的作用,主要表现为:

(1)成功的反索赔能防止或减少经济损失。如果不能进行有效的反索赔,不能推卸自己对干扰事件的合同责任,则必须满足对方的索赔要求,支付赔偿费用,致使自己蒙受损失。对合同双方来说,反索赔同样直接关系到工程经济效益的高低,反映着工程管理水平。

(2)成功的反索赔能增长管理人员士气,促进工作的开展。在国际工程中常常有这种情况:由于企业管理人员不熟悉工程索赔业务,不敢大胆地提出索赔,又不能进行有效的反索赔,在施工干扰事件处理中,总是处于被动地位,工作中丧失了主动权。常处于被动挨打局面的管理人员必然受到心理上的挫折,进而影响整体工作。

(3)成功的反索赔必然促进有效的索赔。能够成功有效地进行反索赔的管理者必然熟知合同条款内涵,掌握干扰事件产生的原因,占有全面的资料。具有丰富的施工经验,工作精细,能言善辩的管理者在进行索赔时,往往能抓住要害,击中对方弱点,使对方无法反驳。

同时,由于工程施工中干扰事件的复杂性,往往双方都有责任,双方都有损失。有经验的索赔管理人员在对索赔报告仔细审查后,通过反驳索赔不仅可以否定对方的索赔要求,使自己免受损失,而且可以重新发现索赔机会,找到向对方索赔的理由。

(三)反索赔的种类

1. 工程质量缺陷反索赔

对于土木工程承包合同,都严格规定了工程质量标准,有严格细致的技术规范和要求。因为工程质量的好坏直接与发包人的利益和工程的效益紧密相关。发包人只承担直接负责设计所造成的质量问题,工程师虽然对承包商的设计、施工方法、施工工艺工序以及对材料进行过批准、监督、检查,但只是间接责任,并不能因而免除或减轻承包商对工程质量应负的责任。在工程施工过程中,若承包商所使用的材料或设备不符合合同规定或工程质量不符合施工技术规范和验收规范的要求,或出现缺陷而未在缺陷责任期满之前完成修复工作,发包人均有权追究承包商的责任,并提出由承包商所造成的工程质量缺陷所带来的经济损失的反索赔。另外,发包人向承包商提出工程质量缺陷的反索赔要求时,往往不仅包括工程缺陷所产生的直接经济损失,也包括该缺陷带来的间接经济损失。

2. 工期拖延反索赔

依据土木工程施工承包合同条件规定,承包商必须在合同规定的时间内完成工程的施工任务。如果由于承包商的原因造成不可原谅的完工日期拖延,则影响到发包人对该工程的使用和运营生产计划,从而给发包人带来经济损失。此项发包人的索赔,并不是发包人对承包商的违约罚款,而只是发包人要求承包商补偿拖期完工给发包人造成的经济损失。承包商则应按签订合同时双方约定的赔偿金额以及拖延时间长短向发包人支付这种赔偿金,而不再需要去寻找和提供实际损失的证据去详细计算。在有些情况下,拖期损失赔偿金按该工程项目合同价的一定比例计算,若在整个工程完工之前,工程师已经对一部分工程颁发了移交证书,则对整个工程所计算的延误赔偿金数量应给予适当的减少。

3. 经济担保反索赔

经济担保是国际工程承包活动中不可缺少的部分,担保人要承诺在其委托人不适当履约的情况下代替委托人来承担赔偿责任或原合同所规定的权利与义务。在土木工程项目承包施工活动中,常见的经济担保有:预付款担保和履约担保等。

(1)预付款担保反索赔。预付款是指在合同规定开工前或工程价款支付之前,由发包人预付给承包商的款项。预付款的实质是发包人向承包商发放的无息贷款。对预付款的偿还,一般是由发包人在应支付给承包商的工程进度款中直接扣还。为了保证承包商偿还发包人的预付款,施工合同中都规定承包商必须对预付款提供等额的经济担保。若承包商不能按期归还预付款,发包人就可以从相应的担保款额中取得补偿,这实际上是发包人向承包商的索赔。

(2)履约担保反索赔。履约担保是承包商和担保方为了发包人的利益不受损害而作的一种承诺,担保承包商按施工合同所规定的条件进行工程施工。履约担保有银行担保和担保公司担保两种方法,并以银行担保较常见,担保金额一般为合同价的 10%~20%,担保期限为工程竣工期或缺陷责任期满。

当承包商违约或不能履行施工合同时,持有履约担保文件的发包人,可以很方便地在承包商担保人的银行中取得金钱补偿。

(3)保留金反索赔。保留金的作用是对履约担保的补充形式。一般的工程合同中都规定有保留金,其数额为合同价的 5%左右。保留金是从应支付给承包商的月工程进度款中扣下一笔合同价百分比的基金,由发包人保留下来,以便在承包商一旦违约时直接补偿发包人的损失。所以保留金也是发包人向承包商索赔的手段之一。保留金一般应在整个工程或规定的单项工程完工时退还保留金款额的 50%,最后在缺陷责任期满后再退还剩余的 50%。

4. 其他损失反索赔

依据合同规定,除了上述发包人的反索赔外,当发包人在受到其他由于承包商原因造成的经济损失时,发包人仍可提出反索赔要求。例如:由于承包商的原因,在运输施工设备或大型预制构件时,损坏了旧有的道路或桥梁;承包商的工程保险失效,给发包人造成损失等。

(四)反索赔工作的内容

承包人对发包人、分包人、供应商之间的反索赔管理工作应包括下列内容:

(1)对收到的索赔报告进行审查分析,收集反驳理由和证据,复核索赔值,并提出反索赔报告。

(2)通过合同管理,防止反索赔事件的发生。

(五)反索赔的工作步骤

在接到对方索赔报告后,应着手进行分析、反驳。反索赔与索赔有相似的处理过程,但也有其特殊性。通常反索赔的处理步骤如图6-3所示。

1. 合同总体分析

反索赔同样是以合同作为法律依据,作为反驳的理由和根据。合同分析的目的是分析、评价对方索赔要求的理由和依据。在合同中找出对对方不利,对己方有利的合同条文,以构成对对方索赔要求否定的理由。合同总体分析的重点是,与对方索赔报告中提出的问题有关的合同条款,通常有:合同的法律基础;合同的组成及合同变更情况;合同规定的工程范围和承包商责任;工程变更的补偿条件、范围和方法;合同价格,工期的调整条件、范围和方法,以及对方应承担的风险;违约责任;争执的解决方法等。

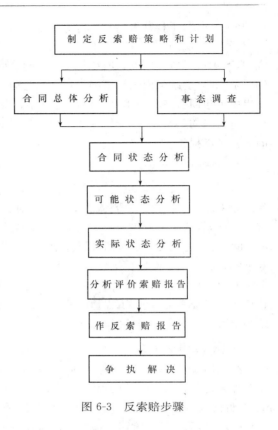

图6-3 反索赔步骤

2. 事态调查与分析

反索赔仍然基于事实,以事实为根据。这个事实必须有己方对合同实施过程跟踪和监督的结果,即以各种实际工程资料为证据,用以对照索赔报告所描述的事情经过和所附证据。通过调查可以确定干扰事件的起因、事件经过、持续时间、影响范围等真实的详细的情况。在此应收集整理所有与反索赔相关的工程资料。在事态调查和收集、整理工程资料的基础上进行合同状态、可能状态、实际状态分析。通过三种状态的分析可以达到:

(1)全面地评价合同、合同实际状况,评价双方合同责任的完成情况。

(2)对对方有理由提出索赔的部分进行总概括。分析出对方有理由提出索赔的干扰事件有哪些,对方索赔的大约值或最高值为多少。

(3)对对方的失误和风险范围进行具体指认,这样在谈判中有攻击点。

(4)针对对方的失误作进一步分析,以准备向对方提出索赔。这样可以在反索赔中同时使用索赔手段。国外的承包商和发包人在进行反索赔时,特别注意寻找向对方索赔的机会。

3. 对索赔报告进行全面分析与评价

分析评价索赔报告,可以通过索赔分析评价表进行。其中,分别列出对方索赔报告中的干扰事件、索赔理由、索赔要求,提出己方的反驳理由、证据、处理意见或对策等。

4. 起草并向对方提交反索赔报告

反索赔报告也是正规的法律文件。在调解或仲裁中,对方的索赔报告和己方的反索赔报告应一起递交调解人或仲裁人。反索赔报告的基本要求与索赔报告相似。通常反索赔报告的主要内容有：

(1) 合同总体分析简述。

(2) 合同实施情况简述和评价。这里重点针对对方索赔报告中的问题和干扰事件，叙述事实情况，应包括前述三种状态的分析结果，对双方合同责任完成情况和工程施工情况作评价。目标是，推卸自己对对方索赔报告中提出的干扰事件的合同责任。

(3) 反驳对方索赔要求。按具体的干扰事件，逐条反驳对方的索赔要求，详细叙述自己的反索赔理由和证据，全部或部分地否定对方的索赔要求。

(4) 提出索赔。对经合同分析和三种状态分析得出的对方违约责任，提出己方的索赔要求。对此，有不同的处理方法。通常，可以在反索赔报告中提出索赔，也可另外出具己方的索赔报告。

(5) 总结。对反索赔作全面总结，通常包括如下内容：

1) 对合同总体分析作简要概括。

2) 对合同实施情况作简要概括。

3) 对对方索赔报告作总评价。

4) 对己方提出的索赔作概括。

5) 双方要求，即索赔和反索赔最终分析结果比较。

6) 提出解决意见。

7) 附各种证据，即本反索赔报告中所述的事件经过、理由、计算基础、计算过程和计算结果等证明材料。

(六) 反驳索赔报告

对于索赔报告的反驳，通常可从以下几个方面着手。

1. 索赔事件的真实性

对于对方提出的索赔事件，应从两方面核实其真实性：一是对方的证据。如果对方提出的证据不充分，可要求其补充证据，或否定这一索赔事件，二是己方的记录。如果索赔报告中的论述与己方的工程记录不符，可向其提出质疑，或否定索赔报告。

2. 索赔事件责任分析

认真分析索赔事件的起因，澄清责任。以下五种情况可构成对索赔报告的反驳：

(1) 索赔事件是由索赔方责任造成的，如管理不善，疏忽大意，未正确理解合同文件内容等。

(2) 此事件应视作合同风险，且合同中未规定此风险由己方承担。

(3) 此事件责任在第三方，不应由己方负责赔偿。

(4) 双方都有责任，应按责任大小分摊损失。

(5) 索赔事件发生后，对方未采取积极有效的措施来降低损失。

3. 索赔依据分析

对于合同内索赔，可以指出对方所引用的条款不适用于此索赔事件，或者找出可为己方开脱责任的条款，以驳倒对方的索赔依据。对于合同外索赔，可以指出对方索赔依据不足，或者错解了合同文件的原意，或者按合同条件的某些内容，不应由己方负责此类事件的赔偿。

另外，可以根据相关法律法规，利用其中对自己有利的条文，来反驳对方的索赔。

4. 索赔事件的影响分析

分析索赔事件对工期和费用是否产生影响以及影响的程度，直接决定着索赔值的计算。对于工期的影响,可分析网络计划图,通过每一工作的时差分析来确定是否存在工期索赔。通过分析施工状态,可以得出索赔事件对费用的影响。例如业主未按时交付图纸,造成工程拖期,而承包商并未按合同规定的时间安排人员和机械,因此,工期应予以顺延,但不存在相应的各种闲置费。

5. 索赔证据分析

索赔证据不足、不当或片面,都可以导致索赔不成立。如索赔事件的证据不足,对索赔事件的成立可提出质疑。对索赔事件产生的影响证据不足,则不能计入相应部分的索赔值。仅出示对自己有利的片面的证据,将构成对索赔的全部或部分的否定。

6. 索赔值审核

索赔值审核工作量大,涉及的资料和证据多,需要花费许多时间和精力。审核的重点在于:

(1) 数据的准确性。对索赔报告中的各种计算基础数据均须进行核对,如工程量增加的实际量方,人员出勤情况,机械台班使用量,各种价格指数等。

(2) 计算方法的合理性。不同的计算方法得出的结果会有很大出入。应尽可能选择科学、精确的计算方法。对某些重大索赔事件的计算,其方法往往需双方协商确定。

(3) 是否有重复计算。索赔的重复计算可能存在于单项索赔与一揽子索赔之间,相关的索赔报告之间,以及各费用项目的计算中。索赔的重复计算包括工期和费用两方面,应认真比较核对,剔除重复索赔。

九、现场签证

由于施工生产的特殊性,施工过程中往往会出现一些与合同工程或合同约定不一致或未约定的事项,这时就需要发承包双方用书面形式记录下来,这就是现场签证。签证有多种情形,一是发包人的口头指令,需要承包人将其提出,由发包人转换成书面签证;二是发包人的书面通知如涉及工程实施,需要承包人就完成此通知需要的人工、材料、机械设备等内容向发包人提出,取得发包人的签证确认;三是合同工程招标工程量清单中已有,但施工中发现与其不符,比如土方类别,出现流砂等,需承包人及时向发包人提出签证确认,以便调整合同价款;四是由于发包人原因未按合同约定提供场地、材料、设备或停水、停电等造成承包人停工,需承包人及时向发包人提出签证确认,以便计算索赔费用;五是合同中约定材料、设备等价格,由于市场发生变化,需承包人向发包人提出采纳数量及其单价,以便发包人核对后取得发包人的签证确认;六是其他由于施工条件、合同条件变化需现场签证的事项等。

(1) 承包人应发包人要求完成合同以外的零星项目、非承包人责任事件等工作的,发包人应及时以书面形式向承包人发出指令,并应提供所需的相关资料;承包人在收到指令后,应及时向发包人提出现场签证要求。

(2) 承包人应在收到发包人指令后 7 天内向发包人提交现场签证报告,发包人应在收到现场签证报告后 48 小时内对报告内容进行核实,予以确认或提出修改意见。发包人在收到承包人现场签证报告后 48 小时内未确认也未提出修改意见的,应视为承包人提交的现场签证报告已被发包人认可。

(3) 现场签证的工作如已有相应的计日工单价,现场签证中应列明完成该类项目所需的人工、材料、工程设备和施工机械台班的数量。如现场签证的工作没有相应的计日工单价,应在现场签证报告中列明完成该签证工作所需的人工、材料设备和施工机械台班的数量及单价。

(4) 合同工程发生现场签证事项,未经发包人签证确认,承包人便擅自施工的,除非征得发包人书面同意,否则发生的费用应由承包人承担。

(5)按照财政部、原建设部印发的《建设工程价款结算办法》(财建〔2004〕369号)第十五条的规定:"发包人和承包人要加强施工现场的造价控制,及时对工程合同外的事项如实纪录并履行书面手续。凡由发、承包双方授权的现场代表签字的现场签证以及发、承包双方协商确定的索赔等费用,应在工程竣工结算中如实办理,不得因发、承包双方现场代表的中途变更改变其有效性","13计价规范"规定:"现场签证工作完成后的7天内,承包人应按照现场签证内容计算价款,报送发包人确认后,作为增加合同价款,与进度款同期支付"。此举可避免发包方变相拖延工程款以及发包人以现场代表变更而不承认某些索赔或签证的事件发生。

(6)在施工过程中,当发现合同工程内容因场地条件、地质水文、发包人要求等不一致时,承包人应提供所需的相关资料,并提交发包人签证认可,作为合同价款调整的依据。

第五节　合同价款支付

一、合同价款期中支付

(一)预付款

(1)预付款是发包人为解决承包人在施工准备阶段资金周转问题提供的协助,预付款用于承包人为合同工程施工购置材料、工程设备,购置或租赁施工设备以及组织施工人员进场。预付款应专用于合同工程。

(2)按照财政部、原建设部印发的《建设工程价款结算暂行办法》的相关规定,"13计价规范"中对预付款的支付比例进行了规定:"包工包料工程的预付款的支付比例不得低于签约合同价(扣除暂列金额)的10%,不宜高于签约合同价(扣除暂列金额)的30%。预付款的总金额,分期拨付次数,每次付款金额、付款时间等应根据工程规模、工期长短等具体情况,在合同中约定。"

(3)承包人应在签订合同或向发包人提供与预付款等额的预付款保函(如有)后向发包人提交预付款支付申请。

(4)发包人应在收到支付申请的7天内进行核实,向承包人发出预付款支付证书,并在签发支付证书后的7天内向承包人支付预付款。

(5)发包人没有按合同约定按时支付预付款的,承包人可催告发包人支付;发包人在预付款期满后的7天内仍未支付的,承包人可在付款期满后的第8天起暂停施工。发包人应承担由此增加的费用和延误的工期,并应向承包人支付合理利润。

(6)当承包人取得相应的合同价款时,预付款应从每一个支付期应支付给承包人的工程进度款中扣回,直到扣回的金额达到合同约定的预付款金额为止。通常约定承包人完成签约合同价款的比例在20%~30%时,开始从进度款中按一定比例扣还。

(7)承包人的预付款保函(如有)的担保金额根据预付款扣回的数额相应递减,但在预付款全部扣回之前一直保持有效。发包人应在预付款扣完后14天内将预付款保函退还给承包人。

(二)安全文明施工费

(1)财政部、国家安全生产监督管理总局印发的《企业安全生产费用提取和使用管理办法》(财企〔2012〕16号)第十九条规定:"建设工程施工企业安全费用应当按照以下范围使用:

1)完善、改造和维护安全防护设施设备支出(不含'三同时'要求初期投入的安全设施),包括施工现场临时用电系统、洞口、临边、机械设备、高处作业防护、交叉作业防护、防火、防爆、防尘、防毒、防雷、防台风、防地质灾害、地下工程有害气体监测、通风、临时安全防护等设施设备支出；

2）配备、维护、保养应急救援器材、设备支出和应急演练支出；

3）开展重大危险源和事故隐患评估、监控和整改支出；

4）安全生产检查、评价（不包括新建、改建、扩建项目安全评价）和标准化建设支出；

5）配备和更新现场作业人员安全防护用品支出；

6）安全生产宣传、教育、培训支出；

7）安全生产适用的新技术、新装备、新标准、新工艺的推广应用支出；

8）安全设施及特种设备检测检验支出；

9）其他与安全生产直接相关的支出。"

由于工程建设项目因专业及施工阶段的不同，对安全文明施工措施的要求也不一致，GB 50854—2013～GB 50862—2013 共 9 本计量规范（以下简称"13 工程计量规范"）针对不同的专业工程特点，规定了安全文明施工的内容和包含的范围。在实际执行过程中，安全文明施工费包括的内容及使用范围，既应符合国家现行有关文件的规定，也应符合"13 工程计量规范"中的规定。

(2) 发包人应在工程开工后 28 天内预付不低于当年施工进度计划的安全文明施工费总额的 60%，其余部分应按照提前安排的原则进行分解，并应与进度款同期支付。

(3) 发包人没有按时支付安全文明施工费的，承包人可催告发包人支付；发包人在付款期满后的 7 天内仍未支付的，若发生安全事故，发包人应承担相应责任。

(4) 承包人对安全文明施工费应专款专用，在财务账目中应单独列项备查，不得挪作他用，否则发包人有权要求其限期改正；逾期未改正的，造成的损失和延误的工期应由承包人承担。

(三)进度款

(1) 发承包双方应按照合同约定的时间、程序和方法，根据工程计量结果，办理期中价款结算，支付进度款。

(2) 发包人支付工程进度款，其支付周期应与合同约定的工程计量周期一致。工程量的正确计量是发包人向承包人支付工程进度款的前提和依据。计量和付款周期可采用分段或按月结算的方式。

1）按月结算与支付，即实行按月支付进度款，竣工后结算的办法。合同工期在两个年度以上的工程，在年终进行工程盘点，办理年度结算。

2）分段结算与支付，即当年开工、当年不能竣工的工程按照工程形象进度，划分不同阶段，支付工程进度款。

当采用分段结算方式时，应在合同中约定具体的工程分段划分，付款周期应与计量周期一致。

(3) 已标价工程量清单中的单价项目，承包人应按工程计量确认的工程量与综合单价计算；综合单价发生调整的，以发承包双方确认调整的综合单价计算进度款。

(4) 已标价工程量清单中的总价项目和采用经审定批准的施工图纸及其预算方式发包形成的总价合同应由承包人根据施工进度计划和总价构成、费用性质、计划发生时间和相应的工程量等因素按计量周期进行分解，分别列入进度款支付申请中的安全文明施工费和本周期应支付的总价项目的金额中，并形成进度款支付分解表，在投标时提交，非招标工程在合同洽商时提交。在施工过程中，由于进度计划的调整，发承包双方应对支付分解进行调整。

1）已标价工程量清单中的总价项目进度款支付分解方法可选择以下几项之一（但不限于）：

①将各个总价项目的总金额按合同约定的计量周期平均支付；

②按照各个总价项目的总金额占签约合同价的百分比，以及各个计量支付周期内所完成的单

价项目的总金额,以百分比方式均摊支付;

③按照各个总价项目组成的性质(如时间、与单价项目的关联性等)分解到形象进度计划或计量周期中,与单价项目一起支付;

2)采用经审定批准的施工图纸及其预算方式发包形成的总价合同,除由于工程变更形成的工程量增减予以调整外,其工程量不予调整。因此,总价合同的进度款支付应按照计量周期进行支付分解,以便进度款有序支付。

(5)发包人提供的甲供材料金额,应按照发包人签约提供的单价和数量从进度款支付中扣除,列入本周期应扣减的金额中。

(6)承包人现场签证和得到发包人确认的索赔金额应列入本周期应增加的金额中。

(7)进度款的支付比例按照合同约定,按期中结算价款总额计,不低于60%,不高于90%。

(8)承包人应在每个计量周期到期后的7天内向发包人提交已完工程进度款支付申请一式四份,详细说明此周期认为有权得到的款额,包括分包人已完工程的价款。支付申请应包括下列内容:

1)累计已完成的合同价款;

2)累计已实际支付的合同价款;

3)本周期合计完成的合同价款:

①本周期已完成单价项目的金额;

②本周期应支付的总价项目的金额;

③本周期已完成的计日工价款;

④本周期应支付的安全文明施工费;

⑤本周期应增加的金额;

4)本周期合计应扣减的金额:

①本周期应扣回的预付款;

②本周期应扣减的金额;

5)本周期实际应支付的合同价款。

上述"本周期应增加的金额"中包括除单价项目、总价项目、计日工、安全文明施工费外的全部应增金额,如索赔、现场签证金额,"本周期应扣减的金额"包括除预付款外的全部应减金额。

由于进度款的支付比例最高不超过90%,而且根据原建设部、财政部印发的《建设工程质量保证金管理暂行办法》第七条规定:"全部或者部分使用政府投资的建设项目,按工程价款结算总额5%左右的比例预留保证金",因此"13计价规范"未在进度款支付中要求扣减质量保证金,而是在竣工结算价款中预留保证金。

(9)发包人应在收到承包人进度款支付申请后14天内,根据计量结果和合同约定对申请内容予以核实,确认后向承包人出具进度款支付证书。若发承包双方对部分清单项目的计量结果出现争议,发包人应对无争议部分的工程计量结果向承包人出具进度款支付证书。

(10)发包人应在签发进度款支付证书后14天内,按照支付证书列明的金额向承包人支付进度款。

(11)若发包人逾期未签发进度款支付证书,则视为承包人提交的进度款支付申请已被发包人认可,承包人可向发包人发出催告付款的通知。发包人应在收到通知后的14天内,按照承包人支付申请的金额向承包人支付进度款。

(12)发包人未按照规定支付进度款的,承包人可催告发包人支付,并有权获得延迟支付的利息;发包人在付款期满后7天内仍未支付的,承包人可在付款期满后的第8天起暂停施工。发包人应承担由此增加的费用和延误的工期,向承包人支付合理利润,并应承担违约责任。

(13) 发现已签发的任何支付证书有错、漏或重复的数额,发包人有权予以修正,承包人也有权提出修正申请。经发承包双方复核同意修正的,应在本次到期的进度款中支付或扣除。

二、竣工结算价款支付

(一)结算款支付

(1) 承包人应根据办理的竣工结算文件向发包人提交竣工结算款支付申请。申请应包括下列内容:

1) 竣工结算合同价款总额;
2) 累计已实际支付的合同价款;
3) 应预留的质量保证金;
4) 实际应支付的竣工结算款金额。

(2) 发包人应在收到承包人提交竣工结算款支付申请后7天内予以核实,向承包人签发竣工结算支付证书。

(3) 发包人签发竣工结算支付证书后14天内,应按照竣工结算支付证书列明的金额向承包人支付结算款。

(4) 发包人在收到承包人提交的竣工结算款支付申请后7天内不予核实,不向承包人签发竣工结算支付证书的,视为承包人的竣工结算款支付申请已被发包人认可;发包人应在收到承包人提交的竣工结算款支付申请7天后的14天内,按照承包人提交的竣工结算款支付申请列明的金额向承包人支付结算款。

(5) 工程竣工结算办理完毕后,发包人应按合同约定向承包人支付工程价款。发包人按合同约定应向承包人支付而未支付的工程款视为拖欠工程款。根据《最高人民法院关于审理建设工程施工合同纠纷案件适用法律问题的解释》(法释〔2004〕14号)第十七条:"当事人对欠付工程价款利息计付标准有约定的,按照约定处理;没有约定的,按照中国人民银行发布的同期同类贷款利率计息和《中华人民共和国合同法》第二百八十六条:"发包人未按照约定支付价款的,承包人可以催告发包人在合理期限内支付价款。发包人逾期不支付的,除按照建设工程的性质不宜折价、拍卖的以外,承包人可以与发包人协议将该工程折价,也可以申请人民法院将该工程依法拍卖。建设工程的价款就该工程折价或者拍卖的价款优先受偿"等规定,"13计价规范"中指出:"发包人未按照上述第(3)条和第(4)条规定支付竣工结算款的,承包人可催告发包人支付,并有权获得延迟支付的利息。发包人在竣工结算支付证书签发后或者在收到承包人提交的竣工结算款支付申请7天后的56天内仍未支付的,除法律另有规定外,承包人可与发包人协商将该工程折价,也可直接向人民法院申请将该工程依法拍卖。承包人应就该工程折价或拍卖的价款优先受偿"。

所谓优先受偿,最高人民法院在《关于建设工程价款优先受偿权的批复》(法释〔2002〕16号)中规定如下:

1) 人民法院在审理房地产纠纷案件和办理执行案件中,应当依照《中华人民共和国合同法》第二百八十六条的规定,认定建筑工程的承包人的优先受偿权优于抵押权和其他债权。

2) 消费者交付购买商品房的全部或者大部分款项后,承包人就该商品房享有的工程价款优先受偿权不得对抗买受人。

3) 建筑工程价款包括承包人为建设工程应当支付的工作人员报酬、材料款等实际支出的费用,不包括承包人因发包人违约所造成的损失。

4) 建设工程承包人行使优先权的期限为六个月,自建设工程竣工之日或者建设工程合同约定的竣工之日起计算。

(二)质量保证金

(1)发包人应按照合同约定的质量保证金比例从结算款中预留质量保证金。质量保证金用于承包人按照合同约定履行属于自身责任的工程缺陷修复义务的,为发包人有效监督承包人完成缺陷修复提供资金保证。原建设部、财政部印发的《建设工程质量保证金管理暂行办法》(建质〔2005〕7号)第七条规定:"全部或者部分使用政府投资的建设项目,按工程价款结算总额5%左右的比例预留保证金。社会投资项目采用预留保证金方式的,预留保证金的比例可参照执行。"

(2)承包人未按照合同约定履行属于自身责任的工程缺陷修复义务的,发包人有权从质量保证金中扣除用于缺陷修复的各项支出。经查验,工程缺陷属于发包人原因造成的,应由发包人承担查验和缺陷修复的费用。

(3)在合同约定的缺陷责任期终止后,发包人应按照规定,将剩余的质量保证金返还给承包人。原建设部、财政部印发的《建设工程质量保证金管理暂行办法》(建质〔2005〕7号)第九条规定:"缺陷责任期内,承包人认真履行合同约定的责任,到期后,承包人向发包人申请返还保证金。"

(三)最终结清

(1)缺陷责任期终止后,承包人已完成合同约定的全部承包工作,但合同工程的财务账目需要结清,因此,承包人应按照合同约定向发包人提交最终结清支付申请。发包人对最终结清支付申请有异议的,有权要求承包人进行修正和提供补充资料。承包人修正后,应再次向发包人提交修正后的最终结清支付申请。

(2)发包人应在收到最终结清支付申请后14天内予以核实,并应向承包人签发最终结清支付证书。

(3)发包人应在签发最终结清支付证书后14天内,按照最终结清支付证书列明的金额向承包人支付最终结清款。

(4)发包人未在约定的时间内核实,又未提出具体意见的,应视为承包人提交的最终结清支付申请已被发包人认可。

(5)发包人未按期最终结清支付的,承包人可催告发包人支付,并有权获得延迟支付的利息。

(6)最终结清时,承包人被预留的质量保证金不足以抵减发包人工程缺陷修复费用的,承包人应承担不足部分的补偿责任。

(7)承包人对发包人支付的最终结清款有异议的,应按照合同约定的争议解决方式处理。

三、合同解除价款结算与支付

合同解除是合同非常态的终止,为了限制合同的解除,法律规定了合同解除制度。根据解除权来源划分,可分为协议解除和法定解除。鉴于建设工程施工合同的特性,为了防止社会资源浪费,法律不赋予发承包人享有任意单方解除权,因此,除了协议解除,按照《最高人民法院关于审理建设工程施工合同纠纷案件适用法律问题的解释》第八条、第九条的规定,施工合同的解除有承包人根本违约的解除和发包人根本违约的解除两种。

(1)发承包双方协商一致解除合同的,应按照达成的协议办理结算和支付合同价款。

(2)由于不可抗力致使合同无法履行解除合同的,发包人应向承包人支付合同解除之日前已完成工程但尚未支付的合同价款,此外,还应支付下列金额:

1)招标文件中明示应由发包人承担的赶工费用;

2)已实施或部分实施的措施项目应付价款;

3）承包人为合同工程合理订购且已交付的材料和工程设备货款；

4）承包人撤离现场所需的合理费用，包括员工遣送费和临时工程拆除、施工设备运离现场的费用；

5）承包人为完成合同工程而预期开支的任何合理费用，且该项费用未包括在本款其他各项支付之内。

发承包双方办理结算合同价款时，应扣除合同解除之日前发包人应向承包人收回的价款。当发包人应扣除的金额超过了应支付的金额，承包人应在合同解除后的 86 天内将其差额退还给发包人。

(3) 由于承包人违约解除合同的，对于价款结算与支付应按以下规定处理：

1）发包人应暂停向承包人支付任何价款。

2）发包人应在合同解除后 23 天内核实合同解除时承包人已完成的全部合同价款以及按施工进度计划已运至现场的材料和工程设备货款，按合同约定核算承包人应支付的违约金以及造成损失的索赔金额，并将结果通知承包人。发承包双方应在 28 天内予以确认或提出意见，并办理结算合同价款。如果发包人应扣除的金额超过了应支付的金额，则承包人应在合同解除后的 56 天内将其差额退还给发包人。

3）发承包双方不能就解除合同后的结算达成一致的，按照合同约定的争议解决方式处理。

(4) 由于发包人违约解除合同的，对于价款结算与支付应按以下规定处理：

1）发包人除应按照上述第(2)条的有关规定向承包人支付各项价款外，应按合同约定核算发包人应支付的违约金以及给承包人造成损失或损害的索赔金额费用。该笔费用由承包人提出，发包人核实后与承包人协商确定后的 7 天内向承包人签发支付证书。

2）发承包双方协商不能达成一致的，按照合同约定的争议解决方式处理。

第六节　合同价款争议的解决

施工合同履行过程中出现争议是在所难免的，解决合同履行过程中争议的主要方法包括协商、调解、仲裁和诉讼四种。当发承包双方发生争议后，可以先进行协商和解从而达到消除争议的目的，也可以请第三方进行调解；若争议继续存在，发承包双方可以继续通过仲裁或诉讼的途径解决，当然，也可以直接进入仲裁或诉讼程序解决争议。不论采用何种方式解决发承包双方的争议，只有及时并有效的解决施工过程中的合同价款争议，才是工程建设顺利进行的必要保证。

一、监理或造价工程师暂定

从我国现行施工合同示范文本、监理合同示范文本、造价咨询合同示范文本的内容可以看出，合同中一般均会对总监理工程师或造价工程师在合同履行过程中发承包双方的争议如何处理有所约定。为使合同争议在施工过程中就能够由总监理工程师或造价工程师予以解决，"13 计价规范"对总监理工程师或造价工程师的合同价款争议处理流程及职责权限进行了如下规定：

(1) 若发包人和承包人之间就工程质量、进度、价款支付与扣除、工期延期、索赔、价款调整等发生任何法律上、经济上或技术上的争议，首先应根据已签约合同的规定，提交合同约定职责范围内的总监理工程师或造价工程师解决，并应抄送另一方。总监理工程师或造价工程师在收到此提交件后 14 天内应将暂定结果通知发包人和承包人。发承包双方对暂定结果认可的，应以书面形式予以确认,暂定结果成为最终决定。

(2)发承包双方在收到总监理工程师或造价工程师的暂定结果通知之后的14天内未对暂定结果予以确认也未提出不同意见的,应视为发承包双方已认可该暂定结果。

(3)发承包双方或一方不同意暂定结果的,应以书面形式向总监理工程师或造价工程师提出,说明自己认为正确的结果,同时抄送另一方,此时该暂定结果成为争议。在暂定结果对发承包双方当事人履约不产生实质影响的前提下,发承包双方应实施该结果,直到按照发承包双方认可的争议解决办法被改变为止。

二、管理机构的解释和认定

(1)合同价款争议发生后,发承包双方可就工程计价依据的争议以书面形式提请工程造价管理机构对争议以书面文件进行解释或认定。工程造价管理机构是工程造价计价依据、办法以及相关政策的制定和管理机构。对发包人、承包人或工程造价咨询人在工程计价中,对计价依据、办法以及相关政策规定发生的争议进行解释是工程造价管理机构的职责。

(2)工程造价管理机构应在收到申请的10个工作日内就发承包双方提请的争议问题进行解释或认定。

(3)发承包双方或一方在收到工程造价管理机构书面解释或认定后仍可按照合同约定的争议解决方式提请仲裁或诉讼。除工程造价管理机构的上级管理部门做出了不同的解释或认定,或在仲裁裁决或法院判决中不予采信的外,工程造价管理机构做出的书面解释或认定应为最终结果,并应对发承包双方均有约束力。

三、协商和解

(1)合同价款争议发生后,发承包双方任何时候都可以进行协商。协商达成一致的,双方应签订书面和解协议,并明确和解协议对发承包双方均有约束力。

(2)如果协商不能达成一致协议,发包人或承包人都可以按合同约定的其他方式解决争议。

四、调解

根据《中华人民共和国合同法》的规定,当事人可以通过调解解决合同争议,但在工程建设领域,目前的调解主要出现在仲裁或诉讼中,即所谓司法调解;有的通过建设行政主管部门或工程造价管理机构处理,双方认可,即所谓行政调解。司法调解耗时较长,且增加了诉讼成本;行政调解受行政管理人员专业水平、处理能力等的影响,其效果也受到限制。因此,"13计价规范"提出了由发承包双方约定相关工程专家作为合同工程争议调解人的思路,类似于国外的争议评审或争端裁决,可定义为专业调解,这在我国合同法的框架内,为有法可依,使争议尽可能在合同履行过程中得到解决,确保工程建设顺利进行。

(1)发承包双方应在合同中约定或在合同签订后共同约定争议调解人,负责双方在合同履行过程中发生争议的调解。

(2)合同履行期间,发承包双方可协议调换或终止任何调解人,但发包人或承包人都不能单独采取行动。除非双方另有协议,在最终结清支付证书生效后,调解人的任期应即终止。

(3)如果发承包双方发生了争议,任何一方可将该争议以书面形式提交调解人,并将副本抄送另一方,委托调解人调解。

(4)发承包双方应按照调解人提出的要求,给调解人提供所需要的资料、现场进入权及相应设施。调解人应被视为不是在进行仲裁人的工作。

(5) 调解人应在收到调解委托后 28 天内或由调解人建议并经发承包双方认可的其他期限内提出调解书,发承包双方接受调解书的,经双方签字后作为合同的补充文件,对发承包双方均具有约束力,双方都应立即遵照执行。

(6) 当发承包双方中任一方对调解人的调解书有异议时,应在收到调解书后 28 天内向另一方发出异议通知,并应说明争议的事项和理由。但除非并直到调解书在协商和解或仲裁裁决、诉讼判决中做出修改,或合同已经解除,承包人应继续按照合同实施工程。

(7) 当调解人已就争议事项向发承包双方提交了调解书,而任一方在收到调解书后 28 天内均未发出表示异议的通知时,调解书对发承包双方应均具有约束力。

五、仲裁、诉讼

(1) 发承包双方的协商和解或调解均未达成一致意见,其中的一方已就此争议事项根据合同约定的仲裁协议申请仲裁,应同时通知另一方。进行协议仲裁时,应遵守《中华人民共和国仲裁法》的有关规定,如第四条:"当事人采用仲裁方式解决纠纷,应当双方自愿,达成仲裁协议。没有仲裁协议,一方申请仲裁的,仲裁委员会不予受理";第五条:"当事人达成仲裁协议,一方向人民法院起诉的,人民法院不予受理,但仲裁协议无效的除外";第六条:"仲裁委员会应当由当事人协议选定。仲裁不实行级别管辖和地域管辖"。

(2) 仲裁可在竣工之前或之后进行,但发包人、承包人、调解人各自的义务不得因在工程实施期间进行仲裁而有所改变。当仲裁是在仲裁机构要求停止施工的情况下进行时,承包人应对合同工程采取保护措施,由此增加的费用应由败诉方承担。

(3) 在前述"一、"至"四、"中规定的期限之内,暂定或和解协议或调解书已经有约束力的情况下,当发承包中一方未能遵守暂定或和解协议或调解书时,另一方可在不损害他可能具有的任何其他权利的情况下,将未能遵守暂定或不执行和解协议或调解书达成的事项提交仲裁。

(4) 发包人、承包人在履行合同时发生争议,双方不愿和解、调解或者和解、调解不成,又没有达成仲裁协议的,可依法向人民法院提起诉讼。

第七节　工程计价资料与档案

一、工程计价资料

为有效减少甚至杜绝工程合同价款争议,发承包双方应认真履行合同义务,认真处理双方往来的信函,并共同管理好合同工程履约过程中双方之间的往来文件。

(1) 发承包双方应当在合同中约定各自在合同工程中现场管理人员的职责范围,双方现场管理人员在职责范围内签字确认的书面文件是工程计价的有效凭证,但如有其他有效证据或经实证证明其是虚假的除外。

1) 发承包双方现场管理人员的职责范围。首先是要明确发承包双方的现场管理人员,包括受其委托的第三方人员,如发包人委托的监理人、工程造价咨询人,仍然属于发包人现场管理人员的范畴;其次是明确管理人员的职责范围,也就是业务分工,并应明确在合同中约定,施工过程中如发生人员变动,应及时以书面形式通知对方,涉及合同中约定的主要人员变动需经对方同意的,应事先征求对方的意见,同意后才能更换。

2) 现场管理人员签署的书面文件的效力。首先,双方现场管理人员在合同约定的职责范围签署的书面文件必定是工程计价的有效凭证;其次,双方现场管理人员签署的书面文件如有错误的应予纠正,这方面的错误主要有两方面的原因,一是无意识失误,属工作中偶发性错误,只要双方认真核对就可有效减少此类错误;二是有意致错,如双方现场管理人员以利益交换,有意犯错,如工程计量有意多计等。对于现场管理人员签署的书面文件,如有其他有效证据或经实证证明其是虚假的,则应更正。

(2)发承包双方不论在何种场合对与工程计价有关的事项所给予的批准、证明、同意、指令、商定、确定、确认、通知和请求,或表示同意、否定、提出要求和意见等,均应采用书面形式,口头指令不得作为计价凭证。

(3)任何书面文件送达时,应由对方签收,通过邮寄应采用挂号、特快专递传送,或以发承包双方商定的电子传输方式发送,交付、传送或传输至指定的接收人的地址。如接收人通知了另外地址时,随后通信信息应按新地址发送。

(4)发承包双方分别向对方发出的任何书面文件,均应将其抄送现场管理人员,如系复印件应加盖合同工程管理机构印章,证明与原件相同。双方现场管理人员向对方所发任何书面文件,也应将其复印件发送给发承包双方,复印件应加盖合同工程管理机构印章,证明与原件相同。

(5)发承包双方均应当及时签收另一方送达其指定接收地点的来往信函,拒不签收的,送达信函的一方可以采用特快专递或者公证方式送达,所造成的费用增加(包括被迫采用特殊送达方式所发生的费用)和延误的工期由拒绝签收一方承担。

(6)书面文件和通知不得扣压,一方能够提供证据证明,另一方拒绝签收或已送达的,应视为对方已签收并应承担相应责任。

二、计价档案

(1)发承包双方以及工程造价咨询人对具有保存价值的各种载体的计价文件,均应收集齐全,整理立卷后归档。

(2)发承包双方和工程造价咨询人应建立完善的工程计价档案管理制度,并应符合国家和有关部门发布的档案管理相关规定。

(3)工程造价咨询人归档的计价文件,保存期不宜少于五年。

(4)归档的工程计价成果文件应包括纸质原件和电子文件,其他归档文件及依据可为纸质原件、复印件或电子文件。

(5)归档文件应经过分类整理,并应组成符合要求的案卷。

(6)归档可以分阶段进行,也可以在项目竣工结算完成后进行。

(7)向接受单位移交档案时,应编制移交清单,双方应签字、盖章后方可交接。

第八节 投资偏差

一、投资偏差形成

施工阶段投资偏差的形成过程,是由于施工过程随机因素与风险因素的影响形成了实际投资与计划投资,实际工程进度与计划工程进度的差异,这些差异是称为投资偏差与进度偏差,这些偏差即是施工阶段工程造价计算与控制的对象。

投资偏差指投资计划值与实际值之间存在的差异,即:

$$投资偏差=已完工程实际投资-已完工程计划投资$$

结果为正,表示投资超支;结果为负,表示投资节约。但是,必须特别指出,进度偏差对投资偏差分析的结果有重要影响,如果不加考虑就不能正确反映投资偏差的实际情况。如某一阶段的投资超支,可能是由于进度超前导致的,也可能由于物价上涨导致。所以,必须引入进度偏差的概念。

$$进度偏差1=已完工程实际时间-已完工程计划时间$$

为了与投资偏差联系起来,进度偏差也可表示为:

$$进度偏差2=拟完工程计划投资-已完工程计划投资$$

所谓拟完工程计划投资,是指根据进度计划安排在某一确定时间内所应完成的工程内容的计划投资。即:

$$拟完工程计划投资=拟完工程量(计划工程量)\times 计划单价$$

进度偏差为正值,表示工期拖延;结果为负值,表示工期提前。用上述公式来表示进度偏差,其思路是可以接受的,但表达并不十分严格。在实际应用时,为了便于工期调整,还需将用投资差额表示的进度偏差转换为所需要的时间。

在上述概念中,"拟完"可以理解为"原计划中规定的","已完"可以理解为"实际过程中发生"的。拟完工程计划投资与已完工程计划投资中的计划投资均指原计划中规定的单项工程计划投资值(可以假设其不改变)。已完工程计划投资与已完工程实际投资两个概念中表示它们有相同的实际进度。

在进行投资偏差分析时,还要考虑以下几组投资偏差参数。

1. 局部偏差和累计偏差

局部偏差有两层含义:一是相对于总项目的投资而言,指各单项工程、单位工程和分部分项工程的偏差;二是相对于项目实施的时间而言,指每一控制周期所发生的投资偏差。累计偏差,则是在项目已经实施的时间内累计发生的偏差。在偏差的工程内容及其原因一般都比较明确,分析结果也就比较可靠,而累计偏差所涉及的工程内容较多、范围较大,且原因也较复杂,因而累计偏差分析必须以局部偏差分析的结果进行综合分析,其结果更能显示规律性,对投资控制工作在较大范围内具有指导作用。

2. 绝对偏差和相对偏差

绝对偏差是指投资实际值与计划值比较所得到的差额,绝对偏差的结果很直观,有助于投资管理人员了解项目投资出现偏差的绝对数额,并依此采取一定措施,制定或调整投资支付计划和资金筹措计划。但是,绝对偏差有其不容忽视的局限性。如同样是1万元的投资偏差,对于总投资1000万元的项目和总投资10万元的项目而言,其严重性显然是不同的。因此,又引入相对偏差这一参数。

$$相对偏差=\frac{绝对偏差}{投资计划值}=\frac{投资实际值-投资计划值}{投资计划值}$$

与绝对偏差一样,相对偏差可正可负,且二者同号。正值表示投资超支,反之表示投资节约。

二、投资偏差分析方法

投资偏差分析方法常用的是横道图法、表格法、曲线法和时标网络图法。

1. 横道图法

用横道图法进行投资偏差分析,是用不同的横道标识已完工程计划投资、拟完工程计划投资和已完工程实际投资,横道的长度与其金额成正比例,如图6-4所示。

横道图法具有形象、直观、一目了然等优点,它能够准确表达出投资的绝对偏差,而且容易发现偏差的严重性。但是,这种方法反映的信息量少,一般在项目的较高管理层应用。

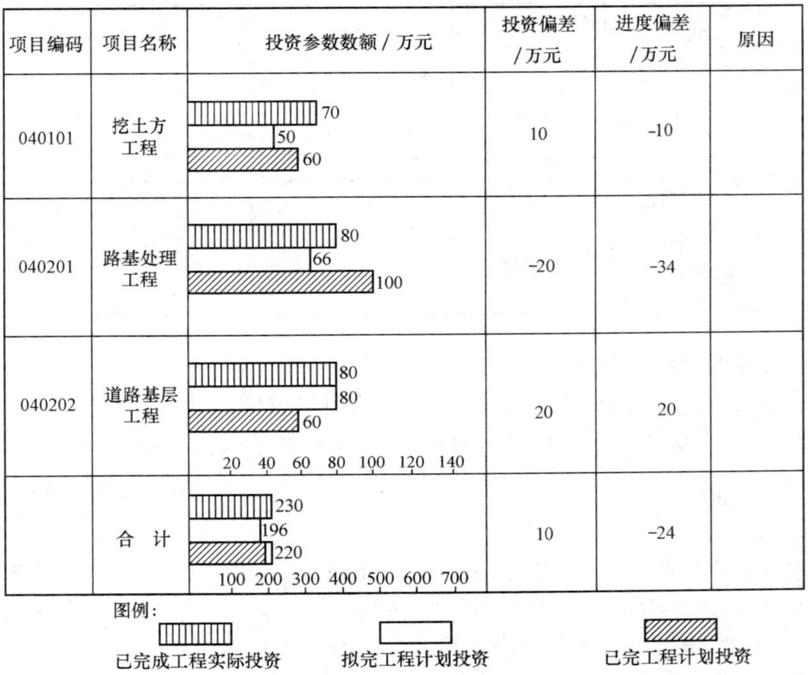

项目编码	项目名称	投资参数数额/万元	投资偏差/万元	进度偏差/万元	原因
040101	挖土方工程	70 / 50 / 60	10	-10	
040201	路基处理工程	80 / 66 / 100	-20	-34	
040202	道路基层工程	80 / 80 / 60	20	20	
	合计	230 / 196 / 220	10	-24	

图例:
▥ 已完成工程实际投资　　□ 拟完工程计划投资　　▨ 已完工程计划投资

图 6-4　投资偏差分析(横道图法)

2. 表格法

表格法是进行偏差分析最常用的一种方法。它将项目编号、名称、各投资参数以及投资偏差数综合归纳入一张表格中,并且直接在表格中进行比较。由于各偏差参数都在表中列出,使得投资管理者能够综合地了解并处理这些数据。投资偏差分析见表 6-2。

表 6-2　　　　　　　　　　投资偏差分析表

项目编码	(1)	040101	040201	040202
项目名称	(2)	挖土方工程	路基处理工程	道路基层工程
单位	(3)			
计划单价	(4)			
拟完工程量	(5)			
拟完工程计划投资	(6)=(4)×(5)	50	66	80
已完工程量	(7)			
已完工程计划投资	(8)=(4)×(7)	60	100	60
实际单价	(9)			
其他款项	(10)			
已完工程实际投资	(11)=(7)×(9)+(10)	70	80	80
投资局部偏差	(12)=(11)-(8)	10	-20	20
投资局部偏差程度	(13)=(11)÷(8)	1.17	0.8	1.33

续表

项目编码	(1)	040101	040201	040202
投资累计偏差	(14)=∑(12)			
投资累计偏差程度	(15)=∑(11)÷∑(8)			
进度局部偏差	(16)=(6)−(8)	−10	−34	20
进度局部偏差程度	(17)=(6)÷(8)	0.83	0.66	1.33
进度累计偏差	(18)=∑(16)			
进度累计偏差程度	(19)=∑(6)÷∑(8)			

用表格法进行偏差分析具有如下优点：

(1)灵活、适用性强。可根据实际需要设计表格，进行增减项。

(2)信息量大。可以反映偏差分析所需的资料，从而有利于投资控制人员及时采取针对性措施，加强控制。

3. 曲线法

曲线法是用投资累计曲线（S型曲线）来进行投资偏差分析的一种方法，如图6-5所示。其中 a 表示投资实际值曲线，p 表示投资计划值曲线，两条曲线之间的竖向距离表示投资偏差。

在用曲线法进行投资偏差分析时，首先要确定投资计划值曲线。投资计划值曲线是与确定的进度计划联系在一起的。同时，也应考虑实际进度的影响，应当引入三条投资参数曲线，即已完工程实际投资曲线 a、已完工程计划投资曲线 b 和拟完工程计划投资曲线 p，如图6-6所示。图中曲线 a 与曲线 b 之间的竖向距离表示投资偏差，曲线 b 与曲线 p 的水平距离表示进度偏差。

图6-6反映的偏差为累计偏差。用曲线法进行偏差分析同样具有形象、直观的特点，但这种方法很难直接用于定量分析，只能对定量分析起一定的指导作用。

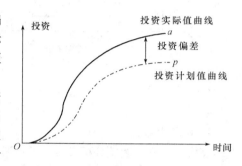

图6-5 投资计划值与实际值曲线

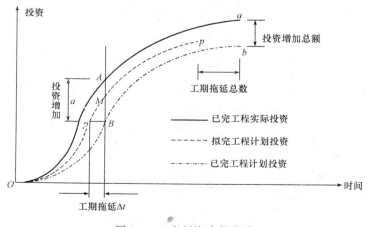

图6-6 三条投资参数曲线

4. 时标网络图法

时标网络图是在确定施工计划网络图的基础上,将施工的实施进度与日历工期相结合而形成的网络图,它可以分为早时标网络图与迟时标网络图,图 6-7 为早时标网络图。早时标网络图中的结点位置与以该结点为起点的工序的最早开工时间相对应;图中的实线长度为工序的工作时间;虚节线表示对应施工检查日(用▼标示)施工的实际进度;图中箭线上标入的数字可以表示箭线对应工序单位时间的计划投资值。例如,图 6-7 中①$\xrightarrow{5}$②,即表示该工序每日计划投资 5 万元;对应 4 月份有②$\xrightarrow{3}$③、②$\xrightarrow{4}$⑤、②$\xrightarrow{3}$④三项工作列入计划,由上述数字可确定 4 月份拟完工程计划投资为 10 万元。图 6-7 下方表格中的第 1 行数字为拟完工程计划投资的逐月累计值,例如 4 月份为 5+5+10+10=30 万元;表格中的第 2 行数字为已完工程实际投资逐月累计值,是表示工程进度实际变化所对应的实际投资值。

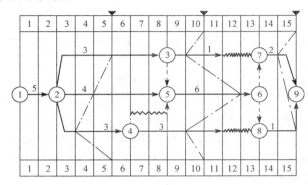

月份	1	2	3	4	5	6	7	8	9	10	11	12	13	14	15
(1)	5	10	20	30	40	50	60	70	80	90	100	106	112	115	118
(2)	5	15	25	35	45	53	61	69	77	85	94	103	112	116	120

图 6-7 某工程时标网络计划(投资数据单位:万元)
注:1. 图中每根箭头线上方数值为该工作每月计划投资。
2. 图下方表内(1)栏数值为该工程计划投资累计值;
(2)栏数值为该工程已完工程实际投资累计值。

在图 6-7 中如果不考虑实际进度前锋线,可以得到每个月份的拟完工程计划投资。例如,4 月份有 3 项工作,投资分别为 3 万元、4 万元、3 万元,则 4 月份拟完工程计划投资值为 10 万元。将各月中数据累计计算即可产生拟完工程计划投资累计值,即图 6-7 中的表格中(1)栏的数据、(2)栏中的数据为已完工程实际投资,其数据为单独给出。在图中如果考虑实际进度前锋线,可以得到对应月份的已完工程计划投资。

三、偏差原因分析

偏差原因分析的一个重要目的就是要找出引起偏差的原因,从而有可能采取有针对性的措施,减少或避免相同原因的再次发生。在进行偏差原因分析时,首先应当将已经导致和可能导致偏差的各种原因逐一列举出来。导致不同工程项目产生投资偏差的原因具有一定共性,因而可以通过对已建项目的投资偏差原因进行归纳、总结,为该项目采用预防措施提供依据。

一般来说,产生投资偏差的原因有以下几种,如图 6-8 所示。

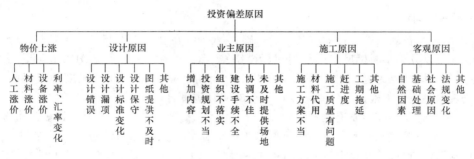

图 6-8 投资偏差原因

四、纠偏

对偏差原因进行分析的目的是为了有针对性地采取纠偏措施,从而实现投资的动态控制和主动控制。

纠偏首先要确定纠偏的主要对象,如上面介绍的偏差原因,有些是无法避免和控制的,如客观原因,充其量只能对其中少数原因做到防患于未然,力求减少该原因所产生的经济损失。对于施工原因所导致的经济损失通常是由承包商自己承担的,从投资控制的角度只能加强合同的管理,避免被承包商索赔。所以,这些偏差原因都不是纠偏的主要对象。纠偏的主要对象是业主原因和设计原因造成的投资偏差。在确定了纠偏的主要对象之后,就需要采取有针对性的纠偏措施。纠偏可采用组织措施、经济措施、技术措施和合同措施等。

1. 组织措施

组织措施是指从投资控制的组织管理方面采取的措施。例如,落实投资控制的组织机构和人员,明确各级投资控制人员的任务、职能分工、权利和责任,改善投资控制工作流程等。组织措施往往被人忽视,其实它是其他措施的前提和保障,而且一般无需增加什么费用,运用得当时可以收到良好的效果。

2. 经济措施

经济措施最为人们接受,但运用中要特别注意不可把经济措施简单理解为审核工程量及相应的支付价款。应从全局出发来考虑问题,如检查投资目标分解的合理性,资金使用计划的保障性,施工进度计划的协调性。另外,通过偏差分析和未完工程预测还可以发现潜在的问题,及时采取预防措施,从而取得造价控制的主动权。

3. 技术措施

从造价控制的要求来看,技术措施并不都是因为发生了技术问题才加以考虑的,也可以因为出现了较大的投资偏差而加以适用,不同的技术措施往往会有不同的经济效果,因此,运用技术措施纠偏差时,要对不同的技术方案进行技术经济分析综合评价分加的选择。

4. 合同措施

合同措施在纠偏方面主要指索赔管理。在施工过程中,索赔事件的发生是难免的,造价工程师在发生索赔事件后,要认真审查有关索赔依据是否符合合同规定,索赔计算是否合理等,从主动控制的角度出发,加强日常的合同管理,落实合同规定的责任。

第七章 市政工程定额体系与工程量计算

第一节 工程定额概述

一、工程定额的概念

在工程建设过程中,为了完成某合格建筑产品,就要消耗一定数量的人工、材料、机械台班及资金,这种在正常施工条件下,完成单位合格产品所必须消耗的人力、材料、机械设备及其资金的规定额度称为工程定额。

市政工程定额是根据国家一定时期的管理体制和管理制度,根据定额的不同用途和适用范围,由国家指定的机构按照一定程序编制的,并按照规定的程序审批和颁发执行。在市政工程中实行定额管理的目的,是为了在施工中力求最少的人力、物力和资金消耗量,生产出更多、更好的市政工程产品,取得最好的经济效益。

二、工程定额的性质

工程定额的编制是在认真研究客观规律的基础上,自觉遵循客观规律的要求,用科学的方法确定各项消耗量标准。所确定的定额水平,是大多数企业和职工经过努力能够达到的平均先进水平,因此定额具有一定的科学性。

工程定额一经国家、地方主管部门或授权单位颁发,各地区及有关施工企业单位,都必须严格遵守和执行,不得随意变更定额的内容和水平。定额的法令性保证了工程统一的造价与核算尺度,所以说定额具有较强的法令性。

工程定额的拟定和执行,都要有广泛的群众基础。定额的拟定,通常采取工人、技术人员和专职定额人员三结合方式。使拟定定额时能够从实际出发,反映建筑安装工人的实际水平,并保持一定的先进性,使定额易为广大职工所掌握,所以说定额具有群众性。

工程定额中的任何一种定额,在一段时期内都表现出稳定的状态。根据具体情况不同,稳定的时间有长有短。但是任何一种定额都只能反应一定时期的生产力水平,当生产力向前发展了定额就会变的陈旧。所以,工程定额在具有稳定性特点的同时,也具有显著的时效性。

三、工程定额的分类

(1)按生产要素分类。工程定额按其生产要素分类,可分为劳动消耗定额、材料消耗定额和机械台班定额。

(2)按编制程序和用途分类。工程定额按其编制程序和用途分类,可分为施工定额、预算定额、概算定额及概算指标等。

(3)按性质分类。工程定额按其费用性质分类,可分为直接费定额、间接费定额等。

(4)按主编单位和执行范围分类。工程定额按其主编单位和执行范围分类,可分为全国统一定额、主管部定额、地区统一定额及企业定额等。

四、工程定额计价程序

我国采用的以定额单价确定工程造价的办法,是一种与计划经济相适应的工程造价管理制度。市政工程定额计价的程序如图 7-1 所示。

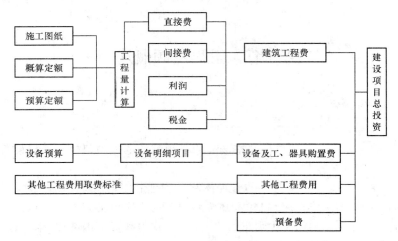

图 7-1 市政工程定额计价程序

第二节 市政工程定额编制

一、消耗定额

(一)施工定额

1. 施工定额的概念及作用

施工定额是以同一性质的施工过程或工序为测定对象,确定建筑安装工人在正常施工条件下,为完成单位合格产品所需劳动、机械、材料消耗的数量标准。建筑安装企业定额一般称为施工定额。施工定额是施工企业直接用于建筑工程施工管理的一种定额。施工定额由劳动定额、材料消耗定额和机械台班定额组成,是最基本的定额。

施工定额是施工企业进行科学管理的基础;是施工企业编制施工预算进行工料分析和"两算对比"的基础;是编制施工组织设计,施工作业设计和确定人工、材料及机械台班需要量计划的基础;是施工企业向工作班(组)签发任务单、限额领料的依据;是组织工人班(组)开展劳动竞赛、实行内部经济核算,承发包、计取劳动报酬和奖励工作的依据;是编制预算定额和企业补充定额的基础。

2. 施工定额的编制水平

定额水平是指规定消耗在单位产品上的劳动、机械和材料数量的多少。施工定额的水平不仅直接反映劳动生产率水平,也反映劳动和物质消耗水平。

平均先进水平,是指在正常条件下,多数施工班组或生产者经过努力可以达到,少数班组或生产者可以接近,个别班组或生产者可以超过的水平。通常它低于先进水平,略高于平均水平。这种水平使先进的班组和工人感到有一定压力,使大多数处于中间水平的班组或工人感到定额水平可望也可及。因此,平均先进水平使少数落后者产生努力工作的责任感,尽快达到定额水平。平均先进水平是一种鼓励先进、勉励中间、鞭策后进的定额水平。认真贯彻"平均先进"的原则,才能促进企业科学管理和不断提高劳动生产率,进而达到提高企业经济效益的目的。

(二)劳动定额

1. 劳动定额的概念

劳动定额,又称人工定额,是建筑安装工人在正常的施工(生产)条件下,在一定的生产技术和生产组织条件下,在平均先进水平的基础上制定的。它表明每个建筑安装工人生产单位合格产品所必须消耗的劳动时间,或在单位时间所生产的合格产品的数量。

2. 劳动定额的编制

(1)分析基础资料,拟定编制方案。

1)影响工时消耗因素的确定。

①技术因素:包括完成产品的类别;材料、构配件的种类和型号等级;机械和机具的种类、型号和尺寸;产品质量等。

②组织因素:包括操作方法和施工的管理与组织;工作地点的组织;人员组成和分工;工资与奖励制度;原材料和构配件的质量及供应的组织;气候条件等。

2)计时观察资料的整理。对每次计时观察的资料进行整理之后,要对整个施工过程的观察资料进行系统的分析研究和整理。

整理观察资料的方法大多是采用平均修正法。平均修正法是一种在对测时数列进行修正的基础上,求出平均值的方法。修正测时数列,就是剔除或修正那些偏高、偏低的可疑数值。目的是保证不受那些偶然性因素的影响。

如果测时数列受到产品数量的影响时,采用加权平均值则是比较适当的。因为采用加权平均值可在计算单位产品工时消耗时,考虑到每次观察中产品数量变化的影响,从而使我们也能获得可靠的值。

3)日常积累资料的整理分析。日常积累的资料主要有四类:第一类是现行定额的执行情况及存在问题的资料;第二类是企业和现场补充定额资料,如因现行定额漏项而编制的补充定额资料,因解决采用新技术、新结构、新材料和新机械而产生的定额缺项所编制的补充定额资料;第三类是已采用的新工艺和新的操作方法的资料;第四类是现行的施工技术规范、操作规程、安全规程和质量标准等。

4)拟定定额的编制方案。

①提出对拟编定额的定额水平总的设想。

②拟定定额分章、分节、分项的目录。

③选择产品和人工、材料、机械的计量单位。

④设计定额表格的形式和内容。

(2)拟定施工的正常条件。

1)拟定工作地点的组织。工作地点是工人施工活动场所。拟定工作地点的组织时,要特别注意使人在操作时不受妨碍,所使用的工具和材料应按使用顺序放置于工人最便于取用的地方,以减少疲劳和提高工作效率,工作地点应保持清洁和秩序井然。

2)拟定工作组成。拟定工作组成就是将工作过程按照劳动分工的可能划分为若干工序,以达到合理使用技术工人。可以采用两种基本方法:一种是把工作过程中简单的工序,划分给技术熟练程度较低的工人去完成;另一种是分出若干个技术程度较低的工人,去帮助技术程度较高的工人工作。采用后一种方法就把个人完成的工作过程,变成小组完成的工作过程。

3)拟定施工人员编制。拟定施工人员编制即确定小组人数、技术工人的配备,以及劳动的分工和协作。原则是使每个工人都能充分发挥作用,均衡地担负工作。

(3)确定劳动定额消耗量的方法。时间定额是在拟定基本工作时间、辅助工作时间、不可避免中断时间、准备与结束的工作时间以及休息时间的基础上制定的。

1)拟定基本工作时间。基本工作时间在必须消耗的工作时间中占的比重最大。

在拟定基本工作时间时,必须细致、精确。基本工作时间消耗一般应根据计时观察资料来确定。其做法是,首先确定工作过程每一组成部分的工时消耗,然后再综合出工作过程的工时消耗。如果组成部分的产品计量单位和工作过程的产品计量单位不符,就需先求出不同计量单位的换算系数,进行产品计量单位的换算,然后再相加,求得工作过程的工时消耗。

2)拟定辅助工作时间和准备与结束工作时间。辅助工作和准备与结束工作时间的确定方法与基本工作时间相同。但是,如果这两项工作时间在整个工作班工作时间消耗中所占比重不超过5%~6%,则可归纳为一项,以工作过程的计量单位表示,确定出工作过程的工时消耗。

如果在计时观察时不能取得足够的资料,也可采用工时规范或经验数据来确定。如具有现行的工时规范,可以直接利用工时规范中规定的辅助和准备与结束工作时间的百分比来计算。例如,根据工时规范规定,各个工程的辅助、准备、结束工作、不可避免中断、休息时间等项,在工作日或作业时间中各占的百分比。

3)拟定不可避免的中断时间。在确定不可避免中断时间的定额时,必须注意区别两种不同的工作中断情况。一种是由于小组施工人员所担负的任务不均衡引起的,这种工作中断应该通过改善小组人员编制、合理进行劳动分工来克服;另一种情况是由工艺特点所引起的不可避免中断,此项工作消耗应列入工作过程的时间定额。

不可避免中断时间也需要根据测时资料通过整理分析获得,由于手动过程中不可避免中断发生较少,加之不易获得充足的资料,如前所述,也可以根据经验数据,以占工作班的百分比表示此项工时消耗的时间定额。

4)拟定休息时间。休息时间应根据工作班作息制度、经验资料、计时观察资料,以及对工作的疲劳程度作全面分析来确定。同时,应考虑尽可能利用不可避免中断时间作为休息时间。

从事不同工种、不同工作的工人,疲劳程度有很大差别。为了合理确定休息时间,往往要对从事各种工作的工人进行观察、测定,以及进行生理和心理方面的测试,以便确定其疲劳程度。国内外往往按工作轻重和工作条件好坏,将各种工作划分为不同的级别。如我国某地区工时规范将体力劳动分为六类:最沉重、沉重、较重、中等、较轻、轻便。

划分出疲劳程度的等级,就可以合理规定休息需要的时间,按六个等级划分的休息时间见表7-1。

表 7-1   休息时间占工作日的比重

疲劳程度	轻便	较轻	中等	较重	沉重	最沉重
等级	1	2	3	4	5	6
占工作日比重(%)	4.16	6.25	8.33	11.45	16.7	22.9

5)拟定时间定额。确定的基本工作时间、辅助工作时间、准备与结束工作时间、不可避免中断时间和休息时间之和,就是劳动定额的时间定额。其计算公式如下:

定额时间=基本工作时间+辅助工作时间+不可避免中断时间+准备与结束时间+休息时间
$$=\frac{作业时间}{1-其他各项时间所占比重(\%)}$$

(三)机械台班使用定额

1. 机械台班使用定额的概念

在市政工程中,有些工程产品或工作是由工人来完成的,有些是由机械来完成的,有些则是由人工和机械配合共同完成的。由机械或人机配合来完成的产品或工作中,就包含一个机械工作时间。

机械台班使用定额或称机械台班消耗定额,是指在正常施工条件下,合理的劳动组合和使用机械,完成单位合格产品或某项工作所必需的机械工作时间,包括准备与结束时间、基本工作时间、辅助工作时间、不可避免的中断时间以及使用机械的工人生理需要与休息时间。

2. 施工机械台班定额编制

(1)拟定机械台班施工的正常条件。拟定机械工作正常条件主要是拟定工作地点的合理组织和合理的工人编制。

工作地点的合理组织,就是对施工地点机械和材料的放置位置、工人从事操作的场所,做出科学合理的平面布置和空间安排。它要求施工机械和操纵机械的工人在最小范围内移动,但又不阻碍机械运转和工人操作;应使机械的开关和操纵装置尽可能集中地装置在操纵工人的近旁,以节省工作时间和减轻劳动强度;应最大限度发挥机械的效能,减少工人的手工操作。

拟定合理的工人编制,就是根据施工机械的性能和设计能力,工人的专业分工和劳动工效,合理确定操纵机械的工人和直接参加机械化施工过程的工人的编制人数。拟定合理的工人编制,应要求保持机械的正常生产率和工人正常的劳动工效。

(2)确定机械纯工作 1h 的正常生产率。确定机械正常生产率,必须首先确定机械纯工作 1h 的正常生产效率。机械纯工作时间就是指机械的必需消耗时间,包括在满载和有根据地降低负荷下的工作时间、不可避免的无负荷工作时间和必要的中断时间。机械纯工作 1h 正常生产率,就是在正常施工组织条件下,具有必需的知识和技能的技术工人操纵机械纯工作 1h 的生产率。

根据机械工作特点的不同,机械纯工作 1h 正常生产率的确定方法也有所不同,对于循环动作机械,确定机械纯工作 1h 正常生产率的计算公式如下:

$$\text{机械一次循环的正常延续时间} = \sum \left(\text{循环各组成部分正常延续时间} \right) - \text{交叠时间}$$

$$\frac{\text{机械纯工作 1h}}{\text{循环次数}} = \frac{60 \times 60 (\text{s})}{\text{一次循环的正常延续时间}}$$

$$\frac{\text{机械纯工作 1h}}{\text{正常生产率}} = \frac{\text{机械纯工作 1h}}{\text{正常循环次数}} \times \text{一次循环生产的产品数量}$$

从公式中可以看到,计算循环机械纯工作 1h 正常生产率的步骤是:根据现场观察资料和机械说明书确定各循环组成部分的延续时间,将各循环组成部分的延续时间相加,减去各组成部分之间的交叠时间,求出循环过程的正常延续时间;计算机械纯工作 1h 的正常循环次数;计算循环机械纯工作 1h 的正常生产率。

对于连续动作机械,确定机械纯工作 1h 正常生产率要根据机械的类型和结构特征,以及工作过程的特点来进行。其计算公式如下:

$$\frac{\text{连续动作机械纯工作 1h 正常生产率}}{} = \frac{\text{工作时间内生产的产品数量}}{\text{工作时间(h)}}$$

工作时间内的产品数量和工作时间的消耗,要通过多次现场观察和机械说明书来取得数据。

对于同一机械进行作业属于不同的工作过程,如挖掘机所挖土壤的类别不同,碎石机所破碎的石块硬度和粒径不同,均需分别确定其机械纯工作 1h 的正常生产率。

(3)确定施工机械的正常利用系数。施工机械的正常利用系数指机械在工作班内对工作时间的利用率。机械的利用系数与机械在工作班内的工作状况有着密切的关系。

(4)计算施工机械的产量定额。计算施工机械定额是编制机械定额工作的最后一步。在确定了机械工作正常条件、机械纯工作 1h 正常生产率和机械正常利用系数之后,采用下列公式计算施工机械的产量定额:

$$\frac{施工机械台班}{产量定额} = \frac{机械纯工作1h}{正常生产率} \times 工作班纯工作时间$$

或

$$\frac{施工机械台}{班产量定额} = \frac{机械纯工作1h}{正常生产率} \times \frac{工作班延}{续时间} \times \frac{机械正常}{利用系数}$$

$$施工机械时间定额 = \frac{1}{机械台班产量定额指标}$$

(四)材料消耗定额

1. 材料消耗定额的概念

材料消耗定额是指在正常的施工(生产)条件下,在节约和合理使用材料的情况下,生产单位合格产品所必须消耗的一定品种、规格的材料、半成品、配件等的数量标准。

材料消耗定额是编制材料需要量计划、运输计划、供应计划、计算仓库面积、签发限额领料单和经济核算的根据。制定合理的材料消耗定额是组织材料的正常供应,保证生产顺利进行,以及合理利用资源,减少积压、浪费的必要前提。

2. 材料消耗定额的组成

施工中材料的消耗,可分为必需的材料消耗和损失的材料。

必需的消耗材料,是指在合理用料的条件下,生产合格产品所需消耗的材料。它包括:直接用于建筑和安装工程的材料、不可避免的施工废料和不可避免的材料损耗。必需的消耗材料属于施工正常消耗,是确定材料消耗定额的基本数据。其中:直接用于建筑和安装工程的材料,属于材料净用量;不可避免的施工废料和材料损耗,属于材料损耗量。用公式表示如下:

$$材料总消耗量 = 材料净用量 + 材料损耗量$$

材料损耗量是指不可避免的损耗。如:场内运输及场内堆放中在允许范围内不可避免的损耗,加工制作中的合理损耗及施工操作中的合理损耗等。材料损耗量按下式计算:

$$材料损耗量 = 材料净用量/材料损耗率$$

材料损耗率是通过观测和统计得到。

3. 材料消耗定额的制定方法

材料消耗定额必须在充分研究材料消耗规律的基础上制定。科学的材料消耗定额应当是材料消耗规律的正确反映。材料消耗定额是通过施工生产过程中对材料消耗进行观测、试验以及根据技术资料的统计与计算等方法制定的。

市政工程常用材料损耗率见表 7-2。

表 7-2　　　　　　　　　　市政工程常用材料损耗率表

序号	材料名称	损耗率(%)	序号	材料名称	损耗率(%)
1	钢筋 ϕ10 以内	2	4	高强钢丝、钢线	9
2	钢筋 ϕ11 以外	4	5	钢板(钢管桩)	12
3	预应力钢筋	6	6	中厚钢板	6

续一

序号	材料名称	损耗率(%)	序号	材料名称	损耗率(%)
7	中厚钢板(作连接板用)	15	42	滑石粉(150—325)	1
8	型钢	6	43	铅油	2.5
9	预制构件运输	1.5	44	石膏	5
10	焊接钢管	2	45	煤油	3
11	无缝钢管	2	46	桐油	4
12	钢板卷管	1.5	47	硝铵类炸药	1
13	铸铁管	1	48	雷管(电、火雷管)	3
14	各种管件	1	49	导火索(5.0~5.5mm)	0
15	镀锌薄钢板	2	50	环氧树脂	2
16	镀锌铁丝	3	51	硫磺(粉、块状99%)	2
17	圆钉	2	52	氧气(工业用)	10
18	螺栓	2	53	防水粉	2
19	钢丝绳	2.5	54	石棉	2
20	铁件	1	55	石棉绳	2.5
21	钢钎	20	56	石棉灰	2.5
22	焊条	10	57	麻绳	2
23	水泥	2	58	麻丝	2
24	水泥(管道接口)	10	59	级配砂石	2
25	普通砂	3	60	砂砾	2
26	毛竹	5	61	碎石	2
27	麻竹	5	62	卵石	2
28	锻穴	3	63	料石	1
29	石油沥青(普通)	3	64	石屑	3
30	沥青混凝土	1	65	钢渣	2
31	沥青石屑	1	66	矿渣	2
32	沥青砂	1	67	煤渣	2
33	黑色碎石	2	68	生石灰(二八灰)	3
34	渣油	9	69	石粉(白云石粉)	3
35	煤沥青	5	70	黏土	4
36	汽油	3	71	机砖	3
37	柴油(轻、重质)	5	72	机瓦	3
38	机油(液压用)	3	73	煤渣砖	3
39	调和漆(y03—1 y03—1)	2.5	74	石棉水泥瓦	4
40	防锈漆(y53—1,2 f53—1,2,3)	2.5	75	盖板石(花岗石料)	1
41	环氧树脂漆(E52—3)	2.5	76	粉煤灰	3

续二

序号	材料名称	损耗率(%)	序号	材料名称	损耗率(%)
77	水碎渣	4	97	水泥混凝土管	2.5
78	石灰膏	1	98	钢筋混凝土管	1
79	礓石	2	99	料管	2
80	锯材	5	100	水泥混凝土大、小方砖	2.5
81	桩木(杉木)	5	101	水泥混凝土侧缘石	1.5
82	枕木	5	102	混凝土及钢筋混凝土小型预制构件	1
83	木模板(一般)	4	103	预制钢筋混凝土桩甲级工	3
84	麻袋	1	104	预制钢筋混凝土桩乙级工	4
85	油麻	5	105	砌缝(普通砂浆)	2.5
86	草袋	4	106	砌筑(普通砂浆)	2.5
87	草绳	3	107	压浆(普通砂浆)	5
88	沥青伸缩缝板	2	108	水泥混凝土盖板	3
89	橡胶支座	2	109	水泥混凝土井、井框	2
90	玻璃钢伸缩缝板	5	110	水泥混凝土、二渣(现浇)	2
91	棕绳	3	111	三渣等混合料(预制)	1.5
92	油纸	2	112	煤	8
93	油毡(石油沥青、煤沥青)	2	113	稻草	4
94	木炭	3	114	防腐剂	3
95	焦炭	5	115	沥青纤维板	10
96	预应力钢筋混凝管	1	116	水	5

(1)观测法。观测法亦称现场测定法,是在合理使用材料的条件下,在施工现场按一定程序对完成合格产品的材料耗用量进行测定,通过分析、整理,最后得出一定的施工过程单位产品的材料消耗定额。

利用现场测定法主要是编制材料损耗定额,也可以提供编制材料净用量定额的数据。其优点是能通过现场观察、测定,取得产品产量和材料消耗的情况,为编制材料定额提供技术根据。

观测法的首要任务是选择典型的工程项目,其施工技术、组织及产品质量,均要符合技术规范的要求;材料的品种、型号、质量也应符合设计要求;产品检验合格,操作工人能合理使用材料和保证产品质量。在观测前要充分做好准备工作,如选用标准的运输工具和衡量工具,采取减少材料损耗措施等。观测的结果,要取得材料消耗的数量和产品数量的数据资料。

观测法是在现场实际施工中进行的。观测法的优点是真实可靠,能发现一些问题,也能消除一部分消耗材料不合理的浪费因素。但是,用这种方法制定材料消耗定额,由于受到一定的生产技术条件和观测人员的水平等限制,仍然不能把所消耗材料不合理的因素都揭露出来。同时,也有可能把生产和管理工作中的某些与消耗材料有关的缺点保存下来。对观测取得的数据资料要进行分析研究,区分哪些是合理的,哪些是不合理的,哪些是不可避免的,以制定出在一般情况下都可以达到的材料消耗定额。

(2)试验法。利用实验室试验法,主要是提供编制材料定额净用量的数据。通过试验,能够对材料的结构、化学成分和物理性能以及按强度等级控制的混凝土、砂浆配比做出科学的结论,为编制材料消耗定额提供有技术根据的、比较精确的计算数据。但是,实验室试验法不能取得在施工现场实际条件下,由于各种客观因素对材料耗用量的影响,这是该法的不足之处。

实验室试验必须符合国家有关材料标准规范,计量要使用标准容器和称量设备,质量符合施工与验收规范要求,以保证获得可靠的定额编制依据。

(3)统计法。统计法是指通过对现场进料、用料的大量统计资料进行分析计算,获得材料消耗的数据。这种方法由于不能分清材料消耗的性质,因而不能作为确定材料净用量定额和材料损耗定额的精确依据。

对积累的各分部分项工程结算的产品所耗用材料的统计分析,是根据各分部分项工程拨付材料数量、剩余材料数量及总共完成产品数量来进行计算。

采用统计法,必须要保证统计和测算的耗用材料和相应产品一致。在施工现场中的某些材料,往往难以区分用在各个不同部位上的准确数量。因此,要有意识地加以区分,才能得到有效的统计数据。

用统计法制定材料消耗定额一般采取经验估算法和统计法两种。

1)经验估算法。经验估算法是指以有关人员的经验或以往同类产品的材料实耗统计资料为依据,通过研究分析并考虑有关影响因素的基础上制定材料消耗定额的方法。

2)统计法。统计法是对某一确定的单位工程拨付一定的材料,待工程完工后,根据已完产品数量和领退材料的数量,进行统计和计算的一种方法。这种方法的优点是不需要专门人员测定和实验。由统计得到的定额有一定的参考价值,但其准确程度较差,应对其分析研究后才能采用。

(4)理论计算法。理论计算法是指根据施工图,运用一定的数学公式,直接计算材料耗用量。计算法只能计算出单位产品的材料净用量,材料的损耗量仍要在现场通过实测取得。采用这种方法必须对工程结构、图纸要求、材料特性和规格、施工及验收规范、施工方法等先进行了解和研究。计算法适宜于不易产生损耗,且容易确定废料的材料,如木材、钢材、砖瓦、预制构件等材料。因为这些材料根据施工图纸和技术资料从理论上都可以计算出来,不可避免的损耗也有一定的规律可找。

理论计算法是材料消耗定额制定方法中比较先进的方法。但是,用这种方法制定材料消耗定额,要求掌握一定的技术资料和各方面的知识,以及有较丰富的现场施工经验。

4. 周转性材料消耗量的计算

在编制材料消耗定额时,某些工序定额、单项定额和综合定额中涉及周转材料的确定和计算。如劳动定额中的架子工程、模板工程等。

周转性材料在施工过程中不是属通常的一次性消耗材料,而是可多次周转使用,经过修理、补充才逐渐消耗尽的材料,如模板、钢板桩、脚手架等,实际上它也是作为一种施工工具和措施。在编制材料消耗定额时,应按多次使用、分次摊销的办法确定。

周转性材料消耗的定额是指每使用一次摊销的数量,其计算必须考虑一次使用量、周转使用量、回收价值和摊销量之间的关系。

(1)一次使用量是指周转性材料一次使用的基本量,即一次投入量。周转性材料的一次使用量根据施工图计算,其用量与各分部分项工程部位、施工工艺和施工方法有关。

(2)周转使用量是指周转性材料在周转使用和补损的条件下,每周转一次的平均需用量,根据一定的周转次数和每次周转使用的损耗量等因素来确定。

1)周转次数是指周转性材料从第一次使用起可重复使用的次数。它与不同的周转性材料、使用的工程部位、施工方法及操作技术有关。正确规定周转次数，对准确计算用料，加强周转性材料管理和经济核算起重要作用。

2)损耗量是周转性材料使用一次后由于损坏而需补损的数量，故在周转性材料中又称"补损量"，按一次使用量的百分数计算。该百分数即为损耗率。

(3)周转回收量是指周转性材料在周转使用后除去损耗部分的剩余数量，即尚可以回收的数量。

(4)周转性材料摊销量是指完成一定计量单位产品，一次消耗周转性材料的数量。

$$材料的摊销量 = 一次使用量 \times 摊销系数$$

其中

$$一次使用量 = 材料的净用量 \times (1 - 材料损耗率)$$

$$摊销系数 = \frac{周转使用系数 - [(1-损耗率) \times 回收价值率]}{周转次数 \times 100\%}$$

$$周转使用系数 = \frac{(周转次数 - 1) \times 损耗率}{周转次数 \times 100\%}$$

$$回收价值率 = \frac{一次使用量 \times (1-损耗率)}{周转次数 \times 100\%}$$

(5)全国统一市政定额中的周转性材料已按规定的材料周转次数摊销计入定额内，见表7-3。

表7-3　　　　　　　主要周转材料使用次数表

名称	周转次数		备注
	预制	现浇	
组合钢模：			
钢模板	150	50	
卡具	40	20	
支撑	—	75	
木　模：			
木模板	15	7	道路工程：18次
支撑	20	12	
沟槽木(竹)撑板、支撑	20		
沟槽组钢支撑	50		
沟槽金属支撑	50		
工字钢桩	40		
钢板桩	50		
桩帽	30		
桩靴桩垫	5		
枕木	30		

二、预算定额编制

(一)预算定额的概念与作用

预算定额规定一定计量单位的分项工程或结构构件所必须消耗的人工、材料和机械台班的数量标准,是国家及地区编制和颁发的一种法令性指标。

预算定额的作用主要体现在:预算定额是编制施工图预算的基本依据,确定工程预算造价的依据;预算定额是对设计方案进行技术经济比较,对新结构、新材料进行技术经济分析的依据;预算定额是施工企业编制人工、材料、机械台班需要量计划,统计完成工程量,考核工程成本,实行经济核算的依据;预算定额是在建筑工程招标投标中确定招标控制价和投标报价,实行招标承包制的重要依据;预算定额是建设单位和建设银行拨付工程价款、建设资金贷款和竣工结(决)算的依据;预算定额是编制地区单位估价表、概算定额和概算指标的基础资料。

(二)预算定额编制依据、原则和步骤

1. 预算定额编制依据

(1)现行劳动定额和施工定额。预算定额是在现行劳动定额和施工定额的基础上编制的。预算定额中劳力、材料、机械台班消耗水平,需要根据劳动定额或施工定额取定;预算定额的计量单位的选择,也要以施工定额为参考,从而保证两者的协调和可比性,减轻预算定额的编制工作量,缩短编制时间。

(2)现行设计规范、施工验收规范和安全操作规程。预算定额在确定劳力、材料和机械台班消耗数量时,必须考虑上述各项法规的要求和影响。

(3)具有代表性的典型工程施工图及有关标准图。对这些图纸进行仔细分析研究,并计算出工程数量,作为编制定额时选择施工方法、确定定额含量的依据。

(4)新技术、新结构、新材料和先进的施工方法等。这类资料是调整定额水平和增加新的定额项目所必需的依据。

(5)有关科学试验、技术测定和统计、经验资料。这类资料是确定定额水平的重要依据。

(6)现行的预算定额、材料预算价格及有关文件规定等。包括过去定额编制过程中积累的基础资料,也是编制预算定额的依据和参考。

2. 预算定额编制原则

(1)平均水平原则。
(2)简明准确和适用的原则。
(3)坚持统一性和差别性相结合的原则。
(4)坚持由专业人员编审的原则。

3. 预算定额编制步骤

(1)准备阶段。此阶段主要是根据收集到的有关资料和国家政策性文件,拟定编制方案,对编制过程中一些重大原则问题做出统一规定,包括:

1)建筑业的深化改革对预算定额编制的要求;
2)确定预算定额的适用范围、用途和水平;
3)确定编制机构的人员组成,安排编制工作的进度;
4)确定定额的编制形式、项目内容、计量单位及小数位数;
5)确定人工、材料和机械台班消耗量的计算资料。

(2)编制预算定额初稿,测算预算定额水平。

1)编制预算定额初稿。在这个阶段,根据确定的定额项目和基础资料,进行反复分析和测算,编制定额项目劳动力计算表、材料及机械台班计算表,并附注有关计算说明,然后汇总编制预算定额项目表,即预算定额初稿。

2)测算预算定额水平。新定额编制成稿,必须与原定额进行对比测算,分析水平升降原因。一般新编定额的水平应该不低于历史上已经达到过的水平,在定额水平测算前并略有提高,必须编出同一工人工资,材料价格,机械台班费的新旧两套定额的工程单价。

(3)修改定稿,整理资料阶段。

1)印发征求意见。定额编制初稿完成后,需要征求各有关方面意见和组织讨论,反馈意见。在统一意见的基础上整理分类,制定修改方案。

2)修改整理报批。按修改方案的决定,将初稿按照定额的顺序进行修改,并经审核无误后形成报批稿,经批准后交付印刷。

3)撰写编制说明。为顺利地贯彻执行定额,需要撰写新定额编制说明。其内容包括:项目、子目数量;人工、材料、机械的内容范围;资料的依据和综合取定情况;定额中允许换算和不允许换算规定的计算资料;工人、材料、机械单价的计算和资料;施工方法、工艺的选择及材料运距的考虑;各种材料损耗率的取定资料;调整系数的使用;其他应该说明的事项与计算数据、资料。

4)立档、成卷。定额编制资料是贯彻执行定额中需查对资料的唯一依据,也为修编定额提供历史资料数据,应作为技术档案永久保存。

(三)预算定额的编制方法

1. 预算定额编制的主要工作

(1)定额项目的划分。

(2)工程内容的确定。

(3)预算定额计量单位的确定。

(4)预算定额施工方法的确定。

(5)人工、材料、机械台班消耗量的确定。

(6)编制定额表和拟定有关说明。

2. 人工工日消耗量的确定

预算定额中人工工日消耗量是指在正常施工生产条件下,生产单位合格产品必须消耗的人工工日数量,是由分项工程所综合的各个工序劳动定额包括的基本用工、其他用工以及劳动定额与预算定额工日消耗量的幅度差三部分组成的。

(1)基本用工。基本用工是指完成单位合格产品所必须消耗的技术工种用工。包括:

1)完成定额计量单位的主要用工。按综合取定的工程量和相应劳动定额进行计算。其计算公式如下:

$$基本用工 = \sum(综合取定的工程量 \times 劳动定额)$$

2)按劳动定额规定应增加计算的用工量。例如砖基础埋深超过 1.5m,超过部分要增加用工。预算定额中应按一定比例给予增加。又例如砖墙项目要增加附墙烟囱孔、垃圾道、壁橱等零星组合部分的加工。

3)由于预算定额是以劳动定额子目综合扩大的,包括的工作内容较多,施工的工效视具体部位而不一样,需要另外增加用工,列入基本用工内。

(2)其他用工。预算定额内的其他用工,包括材料超运距用工和辅助工作用工。

1)材料超运距用工,是指预算定额取定的材料、半成品等运距,超过劳动定额规定的运距应增加的工日。其用工量以超运距(预算定额取定的运距减去劳动定额取定的运距)和劳动定额计算。其计算公式为:

$$超运距用工 = \sum(超运距材料数量 \times 时间定额)$$

2)辅助工作用工。辅助工作用工是指劳动定额中未包括的各种辅助工序用工,如材料的零星加工用工、土石方工程的筛砂子、淋石灰膏、洗石子等增加的用工量。辅助工作用工量一般按加工的材料数量乘以时间定额计算。

(3)人工幅度差。人工幅度差是指预算定额对在劳动定额规定的用工范围内没有包括,而在一般正常情况下又不可避免的一些零星用工,常以百分率计算。一般在确定预算定额用工量时,按基本用工、超运距用工、辅助工作用工之和的10%~15%范围内取定。其计算公式为:

$$人工幅度差(工日)=(基本用工+超运距用工+辅助用工) \times 人工幅度差百分率$$

3. 材料消耗量计算

预算定额中的材料消耗量是指在合理和节约使用材料的条件下,生产单位假定市政工程必须消耗的一定品种规格的材料、构配件等的数量标准。

(1)凡有标准规格的材料,按规范要求计算定额计量单位的耗用量。

(2)凡设计图纸标注尺寸及下料要求的按设计图纸尺寸计算材料净用量。

(3)换算法。各种胶结、涂料等材料的配合比用料,可以根据要求条件换算,得出材料用量。

(4)测定法。包括实验室试验法和现场观察法。指各种强度等级的混凝土及砌筑砂浆配合比的耗用原材料数量的计算,需按照规范要求试配经过试压合格以后并经过必要的调整后得出的水泥、砂子、石子、水的用量。对新材料、新结构又不能用其他方法计算定额消耗用量时,需用现场测定方法来确定,根据不同条件可以采用写实记录法和观察法,得出定额的消耗量。

材料损耗量,指在正常条件下不可避免的材料损耗,如现场内材料运输及施工操作过程中的损耗等。其计算公式为:

$$材料损耗率 = \frac{损耗量}{净用量} \times 100\%$$

$$材料损耗量 = 材料净用量 \times 损耗率$$

$$材料消耗量 = 材料净用量 + 损耗量$$

或

$$材料消耗量 = 材料净用量 \times (1+损耗率)$$

其他材料的确定一般按工艺测算并在定额项目材料计算表内列出名称、数量,并依编制期价格以其他材料占主要材料的比率计算,列在定额材料栏之下,定额内可不列材料名称及消耗量。

4. 机械台班消耗量的计算

预算定额中的机械台班消耗量是指在正常施工条件下,生产单位合格产品(分部分项工程或结构件)必需消耗的某类某种型号施工机械的台班数量。它由分项工程综合的有关工序劳动定额确定的机械台班消耗量以及劳动定额与预算定额的机械台班幅度差组成。

垂直运输机械依工期定额分别测算台班量,以台班/100m^2建筑面积表示。

确定预算定额中的机械台班消耗量指标,应根据《全国市政工程统一劳动定额》中各种机械施工项目所规定的台班产量加机械幅度差进行计算。若按实际需要计算机械台班消耗量,不应再增加机械幅度差。

机械幅度差是指在劳动定额(机械台班量)中未曾包括的,而机械在合理的施工组织条件下所

必需的停歇时间,在编制预算定额时,应予以考虑,内容主要体现在以下几个方面:

(1)施工机械转移工作面及配套机械互相影响损失的时间。
(2)在正常的施工情况下,机械施工中不可避免的工序间歇。
(3)检查工程质量影响机械操作的时间。
(4)临时水、电线路在施工中移动位置所发生的机械停歇时间。
(5)工程结尾时,工作量不饱满所损失的时间。

机械幅度差系数一般根据测定和统计资料取定。大型机械幅度差系数为:土方机械1.25,打桩机械1.33,吊装机械1.3,其他均按统一规定的系数计算。由于垂直运输用的塔吊、卷扬机及砂浆、混凝土搅拌机是按小组配合,应以小组产量计算机械台班产量,不另增加机械幅度差。

综上所述,预算定额的机械台班消耗量按下式计算:

$$预算定额机械耗用台班=施工定额机械耗用台班×(1+机械幅度差系数)$$

占比重不大的零星小型机械按劳动定额小组成员计算出机械台班使用量,以"机械费"或"其他机械费"表示,不再列台班数量。

三、预算定额手册应用

(一)预算定额手册简介

预算定额手册中包括以下几个部分。

1. 总说明部分

在使用定额手册前,首先要读懂总说明部分的内容,因为它是针对定额的共性问题阐述的,除编制目的、指导思想、编制原则、编制依据外,重点明确适用范围、水平运输范围、垂直运输高度、已考虑到和未考虑到的因素等。

2. 分部说明部分

这部分是工程量计算的基础,它主要说明该分部的工程内容和该分部所包括的工程项目和工作内容及主要施工过程,工程量计算方法以及计算单位、尺寸及起讫范围,应扣除和应增加的部分,以及计算附表等。

3. 建筑面积计算规则部分

因为建筑面积是分析建筑工程技术经济指标的重要数据,根据建筑面积计算的每一单位建筑面积的工程量、造价、用工、用料等,可与同类结构性质的工程相互比较其技术经济效果。所以在计算工程量时,还可利用其他已完同类工程每一单位建筑面积的工程量进行核对,如相差悬殊,可检查计算是否有限。

4. 定额项目表部分

在定额项目中人工表现形式是以分工种、工日数及合计工日数表示,工资等级按总(综合)平均等级编制,材料栏内只列主要材料消耗量,零星材料以"其他材料费"表示。有的分部工程列出施工机械台班数量,在定额项目中还列有根据取定的工资标准及材料预算价格等分别计算出的人工、材料、施工机械的费用及其汇总的基价(即综合单价)。

5. 附录及附件部分

附录、附件(或附表),包括建筑机械台班费用定额表,各种砂浆、混凝土、三合土、灰土及玛琋脂配合比表,脚手架费用定额表,建筑材料、成品、半成品场内运输及操作损耗系数表,建筑材料名称及规格表(用以作为材料换算和补充计算预算价格之用)。

(二)预算定额使用注意事项

在执行预算定额时,要对相关规定特别注意,它们包括:定额中不准调整的规定;定额中允许按实计算的规定;定额中允许换算和调整的规定;定额中规定的计算系数;定额中规定对工、料、机消耗水平的调整方法;定额中规定应按施工组织设计进行计算。

按原则确定每一工程项目的名称,即设计规定的做法、要求,必须与定额的做法和工作内容相符合,否则必须根据有关规定进行换算或补充。

使用定额时注意计量单位的变化,因为在某些价值较低的工程项目,扩大了计量单位,如抹灰工程的计量单位采用100m^2,混凝土工程的计量单位采用10m^3等。

第三节 通用项目定额工程量计算

一、定额工程量计算说明

1. 土石方工程定额工程量计算说明

土石方工程定额工程量计算说明见表7-4。

表7-4 土石方工程定额工程量计算说明

序号	内容	说明
1	干湿土的划分	干、湿土的划分首先以地质勘察资料为准,含水率≥25%为湿土或以地下水位为准,常水位以上为干土,以下为湿土。挖湿土时,人工和机械乘以系数1.18,干湿土工程量分别计算,采用中点降水的土方应按干土计算
2	土堤的夯实	人工夯实土堤、机械夯实土堤执行人工填土夯实平地、机械填土夯实平地子目
3	挖土机作业	挖土机在垫板上作业,人工和机械乘以系数1.25,搭拆垫板的人工、材料和辅机摊销费另行计算
4	推土机推土或铲土机铲土	推土机推土或铲运机铲土的平均土层厚度<30cm时,其推土机台班乘以系数1.25,铲运机台班乘以系数1.17
5	支撑下挖土	在支撑下挖土,按实挖体积,人工乘以系数1.43,机械乘以系数1.20。先开挖后支撑的不属支撑下挖土
6	挖密实钢渣	挖密实的钢渣,按四类土人工乘以系数2.50,机械乘以系数1.50
7	挖土机挖土	0.2m^3抓斗挖土机挖土、淤泥、流砂按0.5m^3抓铲挖掘机挖土、淤泥、流砂定额消耗量乘以系数2.50计算
8	自卸汽车运土	自卸汽车运土,如系反铲挖掘机装车,则自卸汽车运土台班数量乘以系数1.10;拉铲挖掘机装车,自卸汽车运土台班数量乘以系数1.20
9	石方爆破	石方爆破按炮眼法松动爆破和无地下渗水积水考虑,防水和覆盖材料未在定额内。采用火雷可以换算,雷管数量不变,扣除胶质导线用量,增加导火索用量,导火索长度按每个雷管2.12m计算。抛掷和定向爆破另行处理。打眼爆破若要达到石料粒径要求,则增加的费用另计

续表

序号	内容	说明
10	现场障碍物清理	定额*第一册《通用项目》第一章土石方工程不包括现场障碍物清理,障碍物清理费用另行计算。弃土、石方的场地占用费按当地规定处理
11	开挖冻土	开挖冻土套定额《通用项目》第五章拆除素混凝土障碍物子目乘以系数0.8
12	洒水车降尘	定额第一册《通用项目》第一章土石方工程中为满足环保要求而配备了洒水汽车在施工现场降尘,若实际施工中未采用洒水汽车降尘的,在结算中应扣除洒水汽车和水的费用

2. 打拔工具桩定额工程量计算说明

打拔工具桩定额工程量计算说明见表7-5。

表7-5　　　　　　　　打拔工具桩定额工程量计算说明

序号	内容	说明
1	打拔工具桩的使用	定额第一册《通用项目》第二章打拔工具桩适用于市政各专业的打拔工具桩
2	水上作业	定额中所指的水上作业,是以距岸线1.5m以外或者水深在2m以上的打拔桩。距岸线1.5m以内时,水深在1m以内者,按陆上作业考虑。如水深在1m以上2m以内者,其工程量则按水、陆各50%计算
3	水上打拔	水上打拔工具桩按二艘驳船捆扎成船台作业,驳船捆扎和拆除费用按定额第三册《桥涵工程》相应定额执行
4	打拔工具桩	打拔工具桩均以直桩为准,如遇打斜桩(包括俯打、仰打)按相应定额人工、机械乘以系数1.35
5	导桩及导桩夹木	导桩及导桩夹木的制作、安装、拆除已包括在相应定额中
6	各种桩的计算	圆木桩按疏打计算;钢板桩按密打计算;如钢板桩需要疏打时,按相应定额人工乘以系数1.05
7	打拔桩架	打拔桩架90°调面及超运距移动已综合考虑
8	竖、拆0.6t柴油打桩机架	竖、拆0.6t柴油打桩机架按定额第三册《桥涵工程》相应定额执行
9	防腐费用	钢板桩和木桩的防腐费用等,已包括在其他材料费用中
10	钢板桩的使用	钢板桩的使用费标准[元/(t·天)]由各省、自治区、直辖市自定,钢板桩摊销时间按十年考虑。钢板桩的损耗量按其使用量的1%计算。钢板桩若由施工单位提供,则其损耗费应支付给打桩的施工单位。若使用租赁的钢板桩,则按租赁费计算

---

* 本节中所指定额如无特殊说明,均是指《全国统一市政工程预算定额》。

3. 围堰工程定额工程量计算说明

围堰工程定额工程量计算说明见表 7-6。

表 7-6　　　　　　　　　　　　围堰工程定额工程量计算说明

序号	内　容	说　　明
1	围堰工程定额的适用	定额第一册《通用项目》第三章围堰工程适用于市政工程围堰施工项目
2	养护工料	围堰定额未包括施工期内发生潮汛冲刷后所需的养护工料。潮汛养护工料可根据各地规定计算。如遇特大潮汛发生人力所不能抗拒的损失时,应根据实际情况,另行处理
3	围堰工程限定范围的取土	围堰工程 50m 范围以内取土、砂、砂砾,均不计土方和砂、砂砾的材料价格。取 50m 范围以外的土方、砂、砂砾,应计算土方和砂、砂砾材料的挖、运或外购费用,但应扣除定额中土方现场挖运的人工:55.5 工日/100m³ 黏土。定额括号中所列黏土数量为取自然土方数量,结算中可按取土的实际情况调整
4	围堰工程中的木桩与钢桩	围堰定额中的各种木桩、钢桩均按定额第一册《通用项目》第二章中水上打拔工具桩的相应定额执行,数量按实际计算。定额括号中所列打拔工具桩数量仅供参考
5	草袋围堰	草袋围堰如使用麻袋、尼龙袋装土围筑,应按麻袋、尼龙袋的规格、单价换算,但人工、机械和其他材料消耗量应按定额规定执行
6	围堰施工	围堰施工中若未使用驳船,而是搭设了栈桥,则应扣除定额中驳船费用而套用相应的脚手架子目
7	定额围堰尺寸的取定	(1)土草围堰的堰顶宽为 1～2m,堰高为 4m 以内。 (2)土石混合围堰的堰顶宽为 2m,堰高为 6m 以内。 (3)圆木桩围堰的堰顶宽为 2～2.5m,堰高 5m 以内。 (4)钢桩围堰的堰顶宽为 2.5～3m,堰高 6m 以内。 (5)钢板桩围堰的堰顶宽为 2.5～3m,堰高 6m 以内。 (6)竹笼围堰竹笼间黏土填心的宽度为 2～2.5m,堰高 5m 以内。 (7)木笼围堰的堰顶宽度为 2.4m,堰高为 4m 以内
8	筑岛填心	筑岛填心子目是指在围堰围成的区域内填土、砂及砂砾石
9	双层竹笼围堰竹笼	双层竹笼围堰竹笼间黏土填心的宽度超过 2.5m,则超出部分可套筑岛填心子目
10	施工围堰尺寸	施工围堰的尺寸按有关设计施工规范确定。堰内坡脚至堰内基坑边缘距离根据河床土质及基坑深度而定,但不得小于 1m

4. 支撑工程定额工程量计算说明

支撑工程定额工程量计算说明见表 7-7。

表 7-7　　支撑工程定额工程量计算说明

序号	内容	说明
1	支撑工程定额的适用	定额第一册《通用项目》第四章支撑工程适用于沟槽、基坑、工作坑及检查井的支撑
2	挡土板间距	挡土板间距不同时,不作调整
3	横板、竖撑	除槽钢挡土板外,本章定额均按横板、竖撑计算,如采用竖板、横撑时,其工日乘以系数 1.20
4	撑土板支撑	定额中挡土板支撑按槽坑两侧同时支撑挡土板考虑,支撑面积为两侧挡土板面积之和,支撑宽度为 4.1m 以内。如槽坑宽度超过 4.1m 时,其两侧均按一侧支挡土板考虑。按槽坑一侧支撑挡土板面积计算时,工日数乘以系数 1.33,除挡土板外,其他材料乘以系数 2.0
5	放坡开挖	放坡开挖不得再计算挡土板,如遇上层放坡、下层支撑则按实际支撑面积计算
6	钢桩挡土板中的槽钢桩	钢桩挡土板中的槽钢桩按设计以 t 为单位,按《通用项目》第二章打拔工具桩相应定额执行
7	井字支撑	如采用井字支撑时,按竖撑乘以系数 0.61

5. 拆除工程定额工程量计算说明

拆除工程定额工程量计算说明见表 7-8。

表 7-8　　拆除工程定额工程量计算说明

序号	内容	说明
1	拆除工程定额的适用	定额第一册《通用项目》第五章拆除工程均不包括挖土方,挖土方按《通用项目》第一章有关子目执行
2	机械拆除	机械拆除项目中包括人工配合作业
3	拆除后的旧料整理	拆除后的旧料应整理干净就近堆放整齐。如需运至指定地点回收利用,则另行计算运费和回收价值
4	管道拆除	管道拆除要求拆除后的旧管保持基本完好,破坏性拆除不得套用本定额。拆除混凝土管道未包括拆除基础及垫层用工。基础及垫层拆除按相应定额执行
5	地下水因素	拆除工程定额中未考虑地下水因素,若发生则另行计算
6	二渣、三渣的拆除	人工拆除二渣、三渣基层应根据材料组成情况套无骨料多合土或有骨料多合土基层拆除子目。机械拆除二渣、三渣基层执行液压岩石破碎机破碎松石

6. 脚手架及其他工程定额工程量计算说明

脚手架及其他工程定额工程量计算说明见表 7-9。

表 7-9 脚手架及其他工程定额工程量计算说明

序号	内容	说明
1	脚手架及其他工程定额的适用	定额第一册《通用项目》第六章脚手架及其他工程中竹、钢管脚手架已包括斜道及拐弯平台的搭设。砌筑物高度超过1.2m可计算脚手架搭拆费用。仓面脚手架不包括斜道,若发生则另按建筑工程预算定额中脚手架斜道计算;但采用井字架或吊扒杆转运施工材料时,不再计算斜道费用。对无筋或单层布筋的基础和垫层不计算仓面脚手费
2	混凝土小型构件	混凝土小型构件是指单件体积在0.04m³以内,质量在100kg以内的各类小型构件。小型构件、半成品运输是指预制、加工场地取料中心至施工现场堆放使用中心距离的超出150m的运输
3	井点降水项目的适用	井点降水项目适用于地下水位较高的粉砂土、砂质粉土、黏质粉土或淤泥质夹薄层砂性土的地层。其他降水方法如深井降水、集水井排水等,各省、自治区、直辖市可自行补充
4	井点降水	井点降水:轻型井点、喷射井点、大口径井点的采用由施工组织设计确定。一般情况下,降水深度6m以内采用轻型井点,6m以上30m以内采用相应的喷射井点,特殊情况下可选用大口径井点。井点使用时间按施工组织设计确定。喷射井点定额包括两根观察孔制作,喷射井管包括了内管和外管。井点材料使用摊销量中已包括井点拆除时的材料损耗量。井点间距根据地质和降水要求由施工组织设计确定,一般轻型井点管间距为1.2m,喷射井点管间距为2.5m,大口径井点管间距为10m。轻型井点井管(含滤水管)的成品价可按所需钢管的材料价乘以系数2.40计算
5	水位监测费和资料整理费	井点降水过程中,如需提供资料,则水位监测和资料整理费用另计
6	泥水处理及挖沟排水	井点降水成孔过程中产生的泥水处理及挖沟排水工作应另行计算。遇有天然水源可用时,不计水费
7	井点降水供电	井点降水必须保证连续供电,在电源无保证的情况下,使用备用电源的费用另计
8	沟槽、基坑排水	沟槽、基坑排水定额由各省、自治区、直辖市自定

7. 护坡、挡土墙定额工程量计算说明

护坡、挡土墙定额工程量计算说明见表 7-10。

表 7-10 护坡、挡土墙定额工程量计算说明

序号	内容	说明
1	护坡、挡土墙定额的适用	定额第一册《通用项目》第七章护坡、挡土墙适用于市政工程的护坡和挡土墙工程
2	挡土墙工程脚手架	挡土墙工程需搭脚手架的执行脚手架定额
3	块石的冲洗	块石如需冲洗时(利用旧料),每1m³块石增加:用工0.24工日,用水0.5m³

二、定额工程量计算方法

在编制施工组织设计之前,要掌握设计施工图纸和市政工程施工及验收规范要求,这样有利于工程量的确定及劳动力、施工机具的计算,并以此作为工程量清单的计价和概预(结)算的依据。

1. 土石方工程

(1)定额第一册《通用项目》第一章土石方工程的土、石方体积均以天然密实体积(自然方)计算,回填土按碾压后的体积(实方)计算。土方体积换算见表 7-11。

表 7-11 土方体积换算表

虚方体积	天然密实度体积	夯实后体积	松填体积
1.00	0.77	0.67	0.83
1.20	0.92	0.80	1.00
1.30	1.00	0.87	1.08
1.50	1.15	1.00	1.25

(2)土方工程量按图纸尺寸计算,修建机械上下坡的便道土方量并入土方工程量内。石方工程量按图纸尺寸加允许超挖量。开挖坡面每侧允许超挖量:松、次坚石 20cm,普、特坚石 15cm。

(3)夯实土堤按设计断面计算。清理土堤基础按设计规定以水平投影面积计算,清理厚度为 30cm 内,废土运距按 30m 计算。

(4)人工挖土堤台阶工程量,按挖前的堤坡斜面积计算,运土应另行计算。

(5)人工铺草皮工程量以实际铺设的面积计算,花格铺草皮中的空格部分不扣除。花格铺草皮,设计草皮面积与定额不符时可以调整草皮数量,人工按草皮增加比例增加,其余不调整。

(6)管道接口作业坑和沿线各种井室所需增加开挖的土石方工程量按有关规定如实计算。管沟回填土应扣除管径在 200mm 以上的管道、基础、垫层和各种构筑物所占的体积。

(7)挖土放坡和沟、槽底加宽应按图纸尺寸计算,如无明确规定,可按表 7-12、表 7-13 计算。

表 7-12 放坡系数

土壤类别	放坡起点深度/m	机械开挖		人工开挖
		坑内作业	坑上作业	
一、二类土	1.20	1:0.33	1:0.75	1:0.50
三类土	1.50	1:0.25	1:0.67	1:0.33
四类土	2.00	1:0.10	1:0.33	1:0.25

表 7-13 管沟底部每侧工作面宽度 cm

管道结构宽/cm	混凝土管道基础 90°	混凝土管道基础>90°	金属管道	构筑物	
				无防潮层	有防潮层
50 以内	40	40	30	40	60
100 以内	50	50	40		
250 以内	60	50	40		

挖土交接处产生的重复工程量不扣除。如在同一断面内遇有数类土壤,其放坡系数可按各类

土占全部深度的百分比加权计算。

管道结构宽:无管座按管道外径计算,有管座按管道基础外缘计算,构筑物按基础外缘计算,如设挡土板则每侧增加10cm。

(8)土石方运距应以挖土重心至填土重心或弃土重心最近距离计算,挖土重心、填土重心、弃土重心按施工组织设计确定。如遇下列情况应增加运距:

1)人力及人力车运土、石方上坡坡度在15%以上,推土机、铲运机重车上坡坡度大于5%,斜道运距按斜道长度乘以表7-14中系数。

表 7-14　　　　　　　　　　　斜道运距系数

项　目	推土机、铲运机				人力及人力车
坡度(%)	5~10	15 以内	20 以内	25 以内	15 以上
系　数	1.75	2	2.25	2.5	5

2)采用人力垂直运输土、石方,垂直深度每米折合水平运距7m计算。

3)拖式铲运机3m³加27m转向距离,其余型号铲运机加45m转向距离。

(9)沟槽、基坑、平整场地和一般土石方的划分:底宽7m以内,底长大于底宽3倍以上按沟槽计算;底长小于底宽3倍以内按基坑计算,其中基坑底面积在150m²以内执行基坑定额。厚度在30cm以内就地挖、填土按平整场地计算。超过上述范围的土、石方按挖土方和石方计算。

(10)机械挖土方中如需人工辅助开挖(包括切边、修整底边),机械挖土应按实挖土方量计算,人工挖土土方量按实套相应定额乘以系数1.5。

(11)人工装土汽车运土时,汽车运土定额乘以系数1.1。

(12)土壤及岩石(普氏)分类见表7-15。

表 7-15　　　　　　　　　　　土壤及岩石(普氏)分类表

定额分类	普氏分类	土壤及岩石名称	天然湿度下平均堆积密度/(kg/m³)	极限压碎强度/(kg/cm²)	用轻钻孔机钻进1m耗时/min	开挖方法及工具	紧固系数 f
一、二类土壤	Ⅰ	砂 砂壤土 腐殖土 泥炭	1500 1600 1200 600	—	—	用尖锹开挖	0.5~0.6
	Ⅱ	轻壤土和黄土类土 潮湿而松散的黄土,软的盐渍土和碱土 平均15mm以内的松散而软的砾石 含有草根的密实腐殖土 含有直径在30mm以内根类的泥炭和腐殖土 掺有卵石、碎石和石屑的砂和腐殖土 含有卵石或碎石杂质的胶结成块的填土 含有卵石、碎石和建筑料杂质的砂壤土	1600 1600 1700 1400 1100 1650 1750 1900	—	—	用锹开挖并少数用镐开挖	0.6~0.8

续一

定额分类	普氏分类	土壤及岩石名称	天然湿度下平均堆积密度/(kg/m³)	极限压碎强度/(kg/cm²)	用轻钻孔机钻进1m耗时/min	开挖方法及工具	紧固系数 f
三类土壤	Ⅲ	肥黏土其中包括石炭纪侏罗纪的黏土和冰黏土 重壤土、粗砾石、粒径为15～40mm的碎石和卵石 干黄土和掺有碎石和卵石的自然含水量黄土 含有直径大于30mm根类的腐殖土或泥炭 掺有碎石或卵石和建筑碎料的土壤	1800 1750 1790 1400 1900	—	—	用尖锹并同时用镐开挖(30%)	0.81～1.0
四类土壤	Ⅳ	含碎石重黏土，其中包括侏罗纪和石炭纪的硬黏土 含有碎石、卵石、建筑碎料和重达25kg的顽石(总体积10%以内)等杂质的肥黏土和重壤土 冰碛黏土，含有重量在50kg以内的巨砾，其含量为总体积10%以内 泥板岩 不含或含有质量达10kg的顽石	1950 1950 2000 2000 1950	—	—	用尖锹并同时用镐和撬棍开挖(30%)	1.0～1.5
松石	Ⅴ	含有重量在50kg以内的巨砾(占体积10%以上)的冰碛石 硅藻岩和软白垩岩 胶结力弱的砾岩 各种不坚实的片岩 石膏	2100 1800 1900 2600 2200	小于200	小于3.5	部分用手凿工具，部分用爆破开挖	1.5～2.0
次坚石	Ⅵ	凝灰岩和浮石 松软多孔和裂隙严重的石灰岩和介质石灰岩 中等硬变的片岩 中等硬变的泥灰岩	1100 1200 2700 2300	200～400	3.5	用风镐和爆破法开挖	2～4
次坚石	Ⅶ	石灰石胶结的带有卵石和沉积岩的砾石 风化的和有大裂缝的黏土质砂岩 坚实的泥板岩 坚实的泥灰岩	2200 2000 2800 2500	400～600	6.0	用爆破方法开挖	4～6
	Ⅷ	砾质花岗岩 泥灰质石灰岩 黏土质砂岩 砂质云片石 硬石膏	2300 2300 2200 2300 2900	600～800	8.5	用爆破方法开挖	6～8

续二

定额分类	普氏分类	土壤及岩石名称	天然湿度下平均堆积密度/(kg/m³)	极限压碎强度/(kg/cm²)	用轻钻孔机钻进1m耗时/min	开挖方法及工具	紧固系数 f
普坚石	IX	严重风化的软弱的花岗岩、片麻岩和正长岩 滑石化的蛇纹岩 致密的石灰岩 含有卵石、沉积岩的渣质胶结和砾石 砂岩 砂质石灰质片岩 菱镁矿	2500 2400 2500 2500 2500 2500 3000	800~1000	11.5	用爆破法开挖	8~10
	X	白云岩 坚固的石灰岩 大理岩 石灰岩质胶结的致密砾石 坚固砂质片岩	2700 2700 2700 2600 2600	1000~1200	15.0	用爆破方法开挖	10~12
特坚石	XI	粗花岗岩 非常坚硬的白云岩 蛇纹岩 石灰质胶结的含有火成岩之卵石的砾石 石英胶结的坚固砂岩 粗粒正长岩	2800 2900 2600 2800 2700 2700	1200~1400	18.5	用爆破方法开挖	12~14
	XII	具有风化痕迹的安山岩和玄武岩 片麻岩 非常坚固的石灰岩 硅质胶结的含有火成岩之卵石的砾岩 粗石岩	2700 2600 2900 2900 2600	1400~1600	22.0	用爆破方法开挖	14~16
特坚石	XIII	中粒花岗岩 坚固的片麻岩 辉绿岩 玢岩 坚固的粗石岩 中粒正长岩	3100 2800 2700 2500 2800 2800	1600~1800	27.5	用爆破法开挖	16~18
	XIV	非常坚固的细粒花岗岩 花岗岩麻岩 闪长岩 高硬度的石灰岩 坚固的玢岩	3300 2900 2900 3100 2700	1800~2000	32.5	用爆破法开挖	18~20
	XV	安山岩、玄武岩、坚固的角页岩 高硬度的辉绿岩和闪长岩 坚固的辉长岩和石英岩	3100 2900 2800	2000~2500	46.0	用爆破法开挖	20~25
	XVI	拉长玄武岩和橄榄玄武岩 特别坚固的辉长辉绿岩、石英石和玢岩	3300 3000	>2500	>60	用爆破法开挖	>25

2. 打拔工具桩

(1) 圆木桩：按设计桩长 L（检尺长）和圆木桩小头直径 D（检尺径）查《木材、立木材积速算表》，计算圆木桩体积。

(2) 钢板桩：以 t 为单位计算。

钢板桩使用费＝钢板桩定额使用量×使用天数×钢板桩使用费标准[元/(t·天)]

(3) 凡打断、打弯的桩，均需拔除重打，但不重复计算工程量。

(4) 竖、拆打拔桩架次数，按施工组织设计规定计算。如无规定时按打桩的进行方向：双排桩每 100 延长米、单排桩每 200 延长米计算一次，不足一次者均各计算一次。

(5) 打拔桩土质类别的划分见表 7-16。

表 7-16　　　　　　　　　　打拔桩土质类别划分

土壤级别	鉴别方法								说明
	砂夹层情况			土壤物理、力学性能				每10m纯平均沉桩时间/min	
	砂层连续厚度/m	砂粒种类	砂层中卵石含量(%)	孔隙比	天然含水量(%)	压缩系数	静力触探值	动力触探击数		
甲级土	—	—	—	＞0.8	＞30	＞0.03	＜30	＜7	15以内	桩经机械作用易沉入的土
乙级土	＜2	粉细砂	—	0.6～0.8	25～30	0.02～0.03	30～60	7～15	25以内	土壤中夹有较薄的细砂层，桩经机械作用易沉入的土
丙级土	＞2	中粗砂	＞15	＜0.6	—	＜0.02	＞60	＞15	25以外	土壤中夹有较厚的粗砂层或卵石层，桩经机械作用较难沉入的土

注：本册定额仅列甲、乙级土项目，如遇丙级土时，按乙级土的人工及机械乘以系数 1.43。

3. 围堰工程

(1) 围堰工程分别采用"m^3"和"延长米"计量。

(2) 用 m^3 计算的围堰工程按围堰的施工断面乘以围堰中心线的长度。

(3) 以延长米计算的围堰工程按围堰中心线的长度计算。

(4) 围堰高度按施工期内的最高临水面加 0.5m 计算。

(5) 草袋围堰如使用麻袋、尼龙袋装土其定额消耗量应乘以调整系数，调整系数为：装 $1m^3$ 土需用麻袋或尼龙袋数除以系数 17.86。

4. 支撑工程

支撑工程按施工组织设计确定的支撑面积"m^2"计算。

5. 拆除工程

(1) 拆除旧路及人行道按实际拆除面积以"m^2"计算。

(2)拆除侧缘石及各类管道按长度以"m"计算。
(3)拆除构筑物及障碍物按体积以"m^3"计算。
(4)伐树、挖树蔸按实挖数以"棵"计算。
(5)路面凿毛、路面铣刨按施工组织设计的面积以"m^2"计算。铣刨路面厚度>5cm须分层铣刨。

6. 脚手架及其他工程

(1)脚手架工程量按墙面水平边线长度乘以墙面砌筑高度以 m^2 计算。柱形砌体按图示柱结构外围周长另加 3.6m 乘以砌筑高度以 m^2 计算。浇混凝土用仓面脚手按仓面的水平面积以 m^2 计算。

(2)轻型井点 50 根为一套;喷射井点 30 根为一套;大口径井点以 10 根为一套。井点使用定额单位为套天,累计根数不足一套者作一套计算,一天系按 24h 计算。井管的安装、拆除以"根"计算。

7. 护坡、挡土墙

(1)块石护底、护坡以不同平面厚度按 m^3 计算。
(2)浆砌料石、预制块的体积按设计断面以 m^3 计算。
(3)浆砌台阶以设计断面的实砌体积计算。
(4)砂石滤沟按设计尺寸以 m^3 计算。

三、全国统一定额编制说明

1. 关于人工土方

定额是指把劳动定额中的一、二类土设 1 个子目,取一类土 5%,二类土 95%,将砂性淤泥和黏性淤泥综合设一个子目,取砂性淤泥 10%,黏性淤泥 90%。

(1)挖土方。定额用工数按劳动定额计算。
(2)沟槽土方。沟槽宽度按劳动定额综合,取底宽 1.5m 内 50%,3m 内 45%,7m 内 5%,深度按劳动定额每米分层定额取算术平均值。
(3)基坑土方。基坑底面积按劳动定额综合,取 $5m^2$ 内 30%,$10m^2$ 内 30%,$20m^2$ 内 15%,$50m^2$ 内 15%,$100m^2$ 内 10%。深度按劳动定额每米分层定额取算术平均值。
(4)开挖冻土按拆除混凝土障碍物子目乘以系数 0.8 计算。
(5)人工运土。按劳动定额计算。
(6)平整场地、填土夯实。平整场地用工按劳动定额一、二类土,三类土,四类土综合,各取 1/3。填土夯实密实度综合比例为 85%、90%、95%,各取 1/3。
(7)土壤含水量超过 25%以上时,由于土壤密度增加和对机具的黏附作用,挖运土方时,人工和机械乘以系数 1.18,土方工程量按计算规则计算。

2. 关于机械土方

(1)机械土石方项目划分主要是依据机械的作业性能划分。土方调运应按调运距离短、调运量少、调运费最低的原则编制施工组织设计。

机械台班预算定额数量的计算公式为:
$$机械台班数量 = 1000m^3 \div 劳动定额台班产量 \times 幅度差系数$$

(2)推土机、铲运机。55kW 以内推土机推土距离到 40m 止,75kW 以上的推土机推土、石推距到80m止。推距接近或超过最大推距,则工效降低、费用增加,应采取铲运机调运土方。拖式3m³铲运机调运土方,调运距离到500m止。拖式6～8m³铲运机调运土方距离调到800m止。拖式8～10m³、10～12m³铲运机调运土距调到800m止。自行式铲运机调运土方距离调到1800m止。

拖式及自行式铲运机,均按主机台班数的10%配推土机作辅机,以完成推开工作面、修整边坡等工作。

(3)挖掘机。

1)以挖掘机挖斗容量划分,并考虑正铲、反铲、拉铲挖掘形式,分装车和不装车编制定额项目。挖掘机挖土(石)的台班产量,按劳动定额中挖掘深(高)度综合计算台班产量,再换算为预算定额中机械台班数。

2)辅助机械以75kW推土机配备,并随主机的工作条件选定配置台班数如下:配合挖掘机挖土不装车按主机台班量的10%配置;配合挖掘机挖土装车按主机台班量的90%配置;配合挖掘机挖渣不装车按主机台班量的100%配置;配合挖掘机挖渣装车按主机台班量的140%配置。

(4)装载机装运土方。定额中分轮胎式装载机装松散土(装车)和自装自运土方的项目。装载机在装松散土装车前,如系原状土,则应由推土机破土,编制预算时增加推土机推土一项。

(5)自卸汽车运土。定额中自卸汽车运土,适合配挖掘机。各种铲斗和装载机,也适合配人工装车。自卸汽车车型分为4.5t、6.5t、8t、10t、12t、15t,运输距离分为1km、3km、5km、7km、10km、13km、16km、20km、25km、30km。

自卸汽车运输道路条件按一、二、三类道路各占1/3综合计算。自卸汽车运输中对路面清扫和降低装载量(防止满载时的泼洒)的因素,在施工时应结合当地情况按各市定额管理部门规定作适当调整。

(6)抓铲挖掘机挖土、淤泥、流砂按抓斗0.5m³、1.0m³选配机型,若采用0.2m³的机型则按0.5m³定额台班量乘以2.5系数计算。并考虑了装车、不装车因素按深6m以内、6m以外编制。辅助工按4人/台班(协助抓土3人,卸土或装车1人)配备,挖淤泥、流砂的湿度系数为1.25,难度系数为1.5。

机械台班数量=1000m³÷劳动定额台班产量×幅度差系数×湿度系数×难度系数

(7)液压岩石破碎机破碎岩石、混凝土和钢筋混凝土。本补充定额根据南京市土石方施工单位常用的日本进口EX系列挖掘机配G系列液压岩石破碎机的有关技术参数,并考虑到目前施工队伍的实际工效编制。该机械的台班费用由各省自行补充。

(8)有关辅助工工日的计算。机械土石方施工中,必不可缺少辅助人工,其工作内容为:工作面内排水,机械行走道路的养护,配合洒水汽车洒水,清除车、铲斗内积土,现场机械工作时的看护。根据《全国统一建筑工程基础定额》,推土、铲土、装载、挖填土方,按每1000m³配6工日。

(9)洒水汽车及水量。为保障土石方工程施工人员的健康和保障施工质量及安全行车,根据《全国统一建筑工程基础定额》,综合考虑了洒水汽车台班及水量。

(10)机械幅度差系数。机械幅度差系数按原建设部统一规定:土方1.25、石方为1.33,内容包括:

1)施工中工序之间间隔、机械转移、配套机械之间的相互影响。

2)施工初期与结束的工作条件,造成的工效差。

3)工程质量、安全生产的检查发生的影响。

4)正常条件下,施工机械排除故障的影响。

3. 关于石方

岩石以普氏系数划分为松石、次坚石、普坚石和特坚石,以强度系数 f 表示。松石 f 为1.5～

4；次坚石 f 为 4～8；普坚石 f 为 8～12；特坚石 f 为 12～16。

定额中未考虑 $f16$ 以上的岩石开挖，若发生时需另行处理。

(1) 人工凿石。人工凿石用工根据各省市现行定额对比分析，各类岩石用工级差取定为 1.52，以松石为 1，则次坚石 1.52，普坚石 2.31，特坚石 3.51。松石用工采用湖南省 1980 年市政劳动定额，每立方米 0.82 个工日，其他各类岩石乘以上述系数，另按湖南省市政劳动定额，每立方米增加 0.293 个运输工作为人工清渣等辅助用工。

(2) 人工打眼爆破。人工打眼爆破采用《全国统一建筑工程基础定额》的相应子目。

(3) 机械打眼爆破。机械打眼爆破石方采用《全国统一建筑工程基础定额》的相应子目。

4. 注意事项

(1) 土石方体积均以天然密实体积（自然方）计算，回填土按碾压后的体积（实方）计算。定额给出了土方体积换算表。有的地区存在大孔隙土，利用大孔隙土挖方作填方时，其挖方量的系数应增加，数值可由各地定额管理部门确定。

(2) 定额中管道作业坑和沿线各种井室（包括沿线的检查井、雨水井、阀门井和雨水进水口等）所需增加开挖的土方量按有关规定如实计算。

(3) 定额中所有填土（包括松填、夯填、碾压）均是按就近 5m 按以下办法计算：

1) 就地取余松土或堆积土回填者，除按填方定额执行外，另按运土方定额计算土方费用。

2) 外购土者，应按实计算土方费用。

(4) 定额中的工料机消耗水平是按劳动定额、施工验收规范、合理的施工组织设计以及多数施工企业现有的施工机械装备水平，根据有关规定计算的，在执行中不得因工程的施工方法和工、料、机等用量与定额有出入而调整定额（定额中规定允许调整的除外）。

5. 相关数据的取定

(1) 人工工日的计算：

1) 人工用量主要采用《1985 年全国市政工程统一劳动定额》，包括基本人工和其他用工，并结合市政工程特点，综合计算了人工幅度差。

2) 人工幅度差＝$\sum$（基本用工＋超运距用工）×人工幅度差率。人工幅度差率为 10%，水平运距为 150m。

3) 综合工日＝基本用工＋超运距用工＋人工幅度差＋辅助用工。

(2) 机械。凡劳动定额已确定了台班产量的，一律以台班产量计算；劳动定额没有确定台班产量的，以合理的劳动组合按小组产量计算，个别的根据现行定额取定。根据原建设部统一要求，取消了定额中的其他机械费和价值在 2000 元以下的机械台班费。

(3) 周转材料的场外运输。因各地情况不同，定额中不包括周转材料的场外运输。周转材料的场外运输可按各地规定处理。

第四节　道路工程定额工程量计算

一、定额工程量计算说明

1. 路床（槽）整形定额工程量计算说明

路床（槽）整形定额工程量计算说明见表 7-17。

表 7-17　　　　　　　　　　路床(槽)整形定额工程量计算说明

序号	内容	说明
1	路床(槽)整形包括的子目	定额第二册《道路工程》第一章路床(槽)整形包括路床(槽)整形、路基盲沟、基础弹软处理、铺筑垫层料等计39个子目
2	路床(槽)整形项目内容	路床(槽)整形项目的内容,包括平均厚度10cm以内的人工挖高填低、整平路床,使之形成设计要求的纵横坡度,并应经路机碾压密实
3	边沟成型	边沟成型,综合考虑了边沟挖土的土类和边沟两侧边坡培整面积所需的挖土、培土、修整边坡及余土抛出沟外的全过程所需的人工。边坡所出余土弃运路基50m以外
4	混凝土滤管盲沟	混凝土滤管盲沟定额中不含滤管外滤层材料
5	粉喷桩	粉喷桩定额中,桩直径取定50cm

2. 道路基层定额工程量计算说明

道路基层定额工程量计算说明见表7-18。

表 7-18　　　　　　　　　　道路基层定额工程量计算说明

序号	内容	说明
1	道路基层包括的子目	定额第二册《道路工程》第二章道路基层包括各种级配的多合土基层计195个子目
2	石灰基层、多合基层、多层次铺筑	石灰土基、多合土基、多层次铺筑时,其基础顶层需进行养护,养护期按7d考虑,其用水量已综合在顶层多合土养护定额内,使用时不得重复计算用水量
3	底基层材料消耗	各种材料的底基层材料消耗中不包括水的使用量,当作为面层封顶时如需加水碾压,加水量由各省、自治区、直辖市自行确定
4	多合土基层中的材料	多合土基层中各种材料是按常用的配合比编制的,当设计配合比与定额不符时,有关的材料消耗量可由各省、自治区、直辖市另行调整,但人工和机械台班的消耗不得调整
5	石灰土基层中的石灰	石灰土基层中的石灰均为生石灰的消耗量,土为松方用量
6	"每增减"子目	定额中设有"每增减"的子目,适用于压实厚度20cm以内。厚度在20cm以上应按两层结构层铺筑

3. 道路面层定额工程量计算说明

道路面层定额工程量计算说明见表7-19。

表 7-19　　　　　　　　　　道路面层定额工程量计算说明

序号	内容	说明
1	道路面层包括的内容	定额第二册《道路工程》第三章道路面层包括简易路面、沥青表面处治、沥青混凝土路面及水泥混凝土路面等71个子目

续表

序号	内 容	说 明
2	沥青混凝土路面与黑色碎石路面	沥青混凝土路面、黑色碎石路面所需要的面层熟料实行定点搅拌时,其运至作业面所需的运费不包括在该项目中,需另行计算
3	水泥混凝土路面的工效	水泥混凝土路面,综合考虑了前台的运输工具不同所影响的工效及有筋无筋等不同的工效。施工中无论有筋无筋及出料机具如何均不换算。水泥混凝土路面中未包括钢筋用量。如设计有筋时,套用水泥混凝土路面钢筋制作项目
4	水泥混凝土路面的搅拌	水泥混凝土路面均按现场搅拌机搅拌。如实际施工与定额不符时,由各省、自治区、直辖市另行调整
5	真空吸水与路面刻防滑槽	水泥混凝土路面定额中,不含真空吸水和路面刻防滑槽
6	喷洒沥青油料	喷洒沥青油料定额中,分别列有石油沥青和乳化沥青两种油料,应根据设计要求套用相应项目

4. 人行道侧缘石及其他定额工程量计算说明

人行道侧缘石及其他定额工程量计算说明见表7-20。

表7-20　　　　　　　　人行道侧缘石及其他定额工程量计算说明

序号	内 容	说 明
1	道路工程包括的子目	定额第二册《道路工程》第四章人行道侧缘石及其他包括人行道板、侧石(立缘石)、花砖安砌等45个子目
2	砌料及垫层	所采用的人行道板、侧石(立缘石)、花砖等砌料及垫层如与设计不同时,材料量可按设计要求另计其用量,但人工不变

二、定额工程量计算方法

1. 路床(槽)整形

道路工程路床(槽)碾压宽度计算应按设计车行道宽度另计两侧加宽值,加宽值的宽度由各省、自治区、直辖市自行确定,以保证路基的压实。

2. 道路基层

(1)道路工程路基应按设计车行道宽度另计两侧加宽值,加宽值的宽度由各省、自治区、直辖市自行确定。

(2)道路工程石灰土、多合土养护面积计算,按设计基层、顶层的面积计算。

(3)道路基层计算不扣除各种井位所占的面积。

(4)道路工程的侧缘(平)石、树池等项目以"延长米"计算,包括各转弯处的弧形长度。

3. 道路面层

(1)水泥混凝土路面以平口为准,如设计为企口时,其用工量按定额相应项目乘以系数1.01。木材摊销量按定额相应项目摊销量乘以系数1.051。

(2)道路工程沥青混凝土、水泥混凝土及其他类型路面工程量以设计长乘以设计宽计算(包括转弯面积),不扣除各类井所占面积。

(3)伸缩缝以"m^2"为计量单位。此面积为伸缩缝的断面积,即设计宽×设计厚。

(4)道路面层按设计图所示面积(带平石的面层应扣除平石面积)以"m^2"计算。

4. 人行道侧缘石及其他

人行道板、异型彩色花砖安砌面积计算按实铺面积计算。

三、全国统一定额编制说明

定额第二册《道路工程》适用于城市基础设施中的新建、扩建工程,不适用于城市基础设施中的大、中、小修护与养护工程。

1. 相关数据的取定

(1)人工。

1)定额中人工量以综合工日数表示,不分工种及技术等级。内容包括:基本用工和其他用工。其他用工包括:人工幅度差、超运距用工和辅助用工。

2)综合工日=基本用工×(1+人工幅度差)+超运距用工+辅助用工,人工幅度差本册定额综合取定10%。人工是随机械产量计算的,人工幅度差率按机械幅度差率计算。定额中基本运距为50m,超运距综合取定为100m。

(2)材料。

1)主要材料、辅助材料凡能计量的均应按品种、规格、数量,并按材料损耗率规定增加损耗量后列出。其他材料以占材料费的百分比表示,不再计入定额材料消耗量。其他材料费道路工程综合取定为0.50%。

2)主要材料的压实干密度、松方干密度、压实系数详见表7-21。

表7-21 材料压实干密度、松方干密度、压实系数表

项目	压实干密度/(t/m³)	压实系数	松方干密度										
			生石灰	土	炉渣	砂	粉煤灰	碎石	砂砾	卵石	块石	混石渣	矿渣	山皮石	石屑	水泥
石灰土基	1.65		1.00	1.15												
改换炉渣	1.65				1.40											
改换片石	1.30															
石灰炉渣土基	1.46		1.00	1.15	1.40											
石灰炉(煤)渣	1.25				1.40											
石灰、粉煤灰土基	1.43		1.00	1.15			0.75									
石灰、粉煤灰碎石	1.92		1.00				0.75	1.45								
石灰、粉煤灰砂砾	1.92		1.00				0.75		1.60							
石灰、土、碎石	2.05		1.00	1.15				1.45								
砂底(垫)层	1.25					1.43										
砂砾底层	1.20								1.60							
卵石底层	1.70									1.65						
碎石底层	1.30							1.45								
块石底层	1.30										1.60					

续表

| 项目 | 压实干密度/(t/m³) | 压实系数 | 松方干密度 |||||||||||||
			生石灰	土	炉渣	砂	粉煤灰	碎石	砂砾	卵石	块石	混石	矿渣	山皮石	石屑	水泥
混石底层		1.30										1.54				
矿渣底层		1.30											1.40			
炉渣底(垫)层		1.65			1.40											
山皮石底层		1.30												1.54		
石屑垫层		1.30													1.45	
石屑土封面		1.90		1.10												
碎石级配路面		2.20						1.45								
厂拌粉煤灰三渣基		2.13					0.75									
水泥稳定土		1.68														1.20
沥青砂加工		2.30														
细粒式沥青混凝土		2.30														
粗、中粒式沥青混凝土		2.37														
黑色碎石		2.25														

3)各种材料消耗均按统一规定计算(材料损耗率及损耗系数详见表 7-22),另根据各章节中混合料配比不同,其用水量如下。

表 7-22　材料损耗率及损耗系数表

材料名称	损耗率(%)	损耗系数	材料名称	损耗率(%)	损耗系数	材料名称	损耗率(%)	损耗系数
生石灰	3	1.031	混石	2	1.02	石质块	1	1.01
水泥	2	1.02	山皮土	2	1.02	结合油	4	1.042
土	4	1.042	沥青混凝土	1	1.01	透层油	4	1.042
粗、中砂	3	1.031	黑色碎石	2	1.02	滤管	5	1.053
炉(焦)渣	3	1.031	水泥混凝土	2	1.02	煤	8	1.087
煤渣	2	1.02	混凝土侧、缘石	1.5	1.015	木材	5	1.053
碎石	2	1.02	石质侧、缘石	1	1.01	柴油	5	1.053
水	5	1.053	各种厂拌沥青混合物	4	1.04	机砖	3	1.031
粉煤灰	3	1.031	矿渣	2	1.02	混凝土方砖	2	1.02
砂砾	2	1.02	石屑	3	1.031	块料人行道板	3	1.031
厂拌粉煤灰三渣	2	1.02	石粉	3	1.031	钢筋	2	1.02
水泥砂浆	2.5	1.025	石棉	2	1.02	条石块	2	1.02
混凝土块	1.5	1.015	石油沥青	3	1.031	草袋	4	1.042
铁件	1	1.01	乳化沥青	4	1.042	片石	2	1.02
卵石	2	1.02	石灰下脚	3	1.031	石灰膏	1	1.01
块石	2	1.02	混合砂浆	2.5	1.025	各种厂拌稳定土	2	1.02

第一章：弹软土基处理（人工、机械掺石灰、水泥稳定土壤）均按 15% 水量计入材料消耗量，砂底层铺入垫层料均按 8% 用水量计入材料消耗量。

第二章：石灰土基、多合土基均按 15% 用水量计入材料消耗量，其他类型基层均按 8% 用水量计入材料消耗量。

第三章：水泥混凝土路面均按 20% 用水量计入材料消耗量，水泥混凝土路面层养护、简易路面按 5% 用水量计入材料消耗量。

第四章：人行道、侧缘石铺装均按 8% 用水量计入材料消耗量。

（3）机械。定额中所列机械，综合考虑了目前市政行业普遍使用的机型、规格，对原定额中道路基层、面层中的机械配置进行了调整，以满足目前高等级路面技术质量的要求及现场实际施工水平的需要。定额中在确定机械台班使用量时，均计入了机械幅度差，其系数见表 7-23。

表 7-23　　　　　　　　　　机械幅度差

序号	机械名称	机械幅度差	序号	机械名称	机械幅度差	序号	机械名称	机械幅度差
1	推土机	1.33	7	平地机	1.33	13	加工机械	1.30
2	灰土拌和机	1.33	8	洒布机	1.33	14	焊接机械	1.30
3	沥青洒布机	1.33	9	沥青混凝土摊铺机	1.33	15	起重及垂直运输机械	1.30
4	手泵喷油机	1.33	10	混凝土及砂浆机械	1.33	16	打桩机械	1.33
5	机泵喷油机	1.33	11	履带式拖拉机	1.33	17	动力机械	1.25
6	压路机	1.33	12	水平运输机械	1.25	18	泵类机械	1.30

2. 注意事项

（1）定额均按照合理的施工组织设计，合理的劳动组织与机械配备以及正常的施工条件，根据现行和有关质量检验评定标准及操作规程编制。

（2）定额中的工作内容以简明的方法，说明了主要施工工序，对次要工序未加叙述，但在编制预算定额时均已考虑。

（3）定额中施工用水均考虑以自来水为供水水源，如需采用其他水源时，其定额允许调整换算。

（4）半成品材料规格、重量不同时可以换算，但人工、机械消耗量不得进行调整。

（5）各种材料配合比不同时可调整换算，但人工、机械消耗量不得进行调整。

（6）定额中半成品材料均不包括其运费（拌和场至施工现场），在编制预算时，各地区可根据本地区的运输价格另行计算。

（7）由于各省市、地区情况不同，定额没有考虑商品混凝土。若各地区使用商品混凝土时，采用定额应减除搅拌机台班数量和 90% 的人工量。如实际中采用集中搅拌站拌和混凝土、搅拌车运输时，其运费应另行计算。

（8）定额中未编制混凝土搅拌站项目，各地区在施工中需设立搅拌站时可参考其他专业预算定额。

第五节　桥涵护岸工程定额工程量计算

一、定额工程量计算说明

1. 打桩工程定额工程量计算说明

打桩工程定额工程量计算说明见表 7-24。

表 7-24　　　　　　　　　　打桩工程定额工程量计算说明

序号	内　容	说　　　　明
1	打桩工程包括的内容	定额第三册《桥涵工程》第一章打桩工程内容包括打木制桩、打钢筋混凝土桩、打钢管桩、送桩、接桩等项目共12节107个子目
2	土质类别	定额中土质类别均按甲级土考虑。各省、自治区、直辖市可按本地区土质类别进行调整
3	打桩	定额均为打直桩,如打斜桩(包括俯打、仰打)斜率在1:6以内时,人工乘以1.33,机械乘以1.43
4	支架平台	定额均考虑在已搭置的支架平台上操作,但不包括支架平台,其支架平台的搭设与拆除应按定额《桥涵工程》第九章有关项目计算
5	陆上打桩	陆上打桩采用履带式柴油打桩机时,不计陆上工作平台费,可计20cm碎石垫层,面积按陆上工作平台面积计算
6	船上打桩	船上打桩定额按两艘船只搭拼、捆绑考虑
7	打板桩	打板桩定额中,均已包括打、拔导向桩内容,不得重复计算
8	运桩	陆上、支架上、船上打桩定额均未包括运桩
9	送桩	(1)送桩定额按送4m为界,如实际超过4m时,按相应定额乘以下列调整系数: (2)送桩5m以内乘以1.2系数 (3)送桩6m以内乘以1.5系数 (4)送桩7m以内乘以2.0系数 (5)送桩7m以上,以调整后7m为基础,每超过1m递增0.75系数
10	打桩机械的安装、拆除	打桩机械的安装、拆除按定额《桥涵工程》第九章有关项目计算。打桩机械场外运输费按机械台班费用定额计算

2. 钻孔灌注桩工程定额工程量计算说明

钻孔灌注桩工程定额工程量计算说明见表 7-25。

表 7-25　　　　　　　　　钻孔灌注桩工程定额工程量计算说明

序号	内　容	说　　　　明
1	钻孔灌注桩工程包含的内容	定额第三册《桥涵工程》第二章钻孔灌注桩工程包括埋设护筒,人工挖孔、卷扬机带冲抓锥、冲击钻机、回旋钻机四种成孔方式及灌注混凝土等项目共7节104个子目

续表

序号	内 容	说 明
2	定额适用范围	定额适用于桥涵工程钻孔灌注桩基础工程
3	成孔定额	成孔定额按孔径、深度和土质划分项目,若超过定额使用范围时,应另行计算
4	埋设钢护筒	埋设钢护筒定额中钢护筒按摊销量计算,若在深水作业时,钢护筒无法拔出时,经建设单位签证后,可按钢护筒实际用量减去定额数量一次增列计算,但该部分不得计取除税金外的其他费用
5	定额未包括的内容	定额中不包括钻机场外运输、截除余桩、废泥浆处理及外运,其费用可另行计算。在钻孔中遇到障碍必须清除的工作,发生时另行计算
6	泥浆制作	泥浆制作定额按普通泥浆考虑,若需采用膨润土,各省、自治区、直辖市可作相应调整

3. 砌筑工程定额工程量计算说明

砌筑工程定额工程量计算说明见表7-26。

表7-26　　　　　　　　　砌筑工程定额工程量计算说明

序号	内 容	说 明
1	砌筑工程包括的内容	定额第三册《桥涵工程》第三章砌筑工程包括浆砌块石、料石、混凝土预制块和砖砌体等项目共5节21个子目
2	定额适用范围	定额适用于砌筑高度在8m以内的桥涵砌筑工程。定额未列的砌筑项目,按定额第一册《通用项目》相应定额执行
3	砌筑定额包括的内容	砌筑定额中未包括垫层、拱背和台背的填充项目,如发生上述项目,可套用有关定额
4	拱圈底模	拱圈底模定额中不包括拱盔和支架,可按定额《桥涵工程》第九章临时工程相应定额执行
5	调制砂浆	定额中调制砂浆,均按砂浆拌和机拌和,如采用人工拌制,则定额不予调整

4. 钢筋工程定额工程量计算说明

钢筋工程定额工程量计算说明见表7-27。

表7-27　　　　　　　　　钢筋工程定额工程量计算说明

序号	内 容	说 明
1	钢筋工程包括的内容	定额第三册《桥涵工程》第四章钢筋工程包括桥涵工程各种钢筋、高强钢丝、钢绞线、预埋铁件的制作安装等共4节27个子目
2	钢筋的分列	定额中钢筋按$\phi 10$以内及$\phi 10$以外两种分列,$\phi 10$以内采用Q235钢,$\phi 10$以外采用16锰钢,钢板均按Q235钢计列,预应力筋采用HRB500级钢、钢绞线和高强钢丝。因设计要求采用钢材与定额不符时,可予调整
3	锚具	因束道长度不等,故定额中未列锚具数量,但已包括锚具安装的人工费

续表

序号	内 容	说 明
4	先张法预应力筋	先张法预应力筋制作、安装定额,未包括张拉台座,该部分可由各省、自治区、直辖市视具体情况另行规定
5	压浆管道	压浆管道定额中的铁皮管、波纹管均已包括套管及三通管安装费用,但未包括三通管费用,可另行计算
6	钢绞线	定额中钢绞线按 $\phi15.24$、束长在 40m 以内考虑,如规格不同或束长超过 40m 时,应另行计算

5. 现浇混凝土工程定额工程量计算说明

现浇混凝土工程定额工程量计算说明见表 7-28。

表 7-28　　　　　　　　　现浇混凝土工程定额工程量计算说明

序号	内 容	说 明
1	现浇混凝土包括的内容	定额第三册《桥涵工程》第五章现浇混凝土工程包括基础、墩、台、柱、梁、桥面、接缝等项目共 14 节 76 个子目
2	定额适用范围	定额适用于桥涵工程现浇各种混凝土构筑物
3	嵌石混凝土块石含量	定额中嵌石混凝土的块石含量如与设计不同时可以换算,但人工及机械不得调整
4	预埋铁件	定额中均未包括预埋铁件,如设计要求预埋铁件时,可按设计用量套用定额《桥涵工程》第四章有关项目
5	承台	承台分有底模及无底模两种,应按不同施工方法套用相应项目
6	混凝土	定额中混凝土按常用强度等级列出,如设计要求不同时可以换算
7	模板	定额中模板以木模、工具式钢模为主(除防撞护栏采用定型钢模外)。若采用其他类型模板时,允许各省、自治区、直辖市进行调整
8	现浇梁、板模板	现浇梁、板等模板定额中均已包括铺筑底模内容,但未包括支架部分。如发生时可套用定额《桥涵工程》第九章有关项目

6. 预制混凝土工程定额工程量计算说明

预制混凝土工程定额工程量计算说明见表 7-29。

表 7-29　　　　　　　　　预制混凝土工程定额工程量计算说明

序号	内 容	说 明
1	预制混凝土工程内容	定额第三册《桥涵工程》第六章预制混凝土工程包括预制桩、柱、板、梁及小型构件等项目共 8 节 44 个子目
2	定额适用范围	定额适用于桥涵工程现场制作的预制构件
3	定额中未包括的内容	定额中均未包括预埋铁件,如设计要求预埋铁件时,可按设计用量套用定额《桥涵工程》第四章有关项目
		定额不包括地模、胎模费用,需要时可按定额《桥涵工程》第九章有关定额计算。胎、地模的占用面积可由各省、自治区、直辖市另行规定

7. 立交箱涵工程定额工程量计算说明

立交箱涵工程定额工程量计算说明见表 7-30。

表 7-30　　　　立交箱涵工程定额工程量计算说明

序号	内　容	说　　明
1	立交箱涵工程包括的内容	定额第三册《桥涵工程》第七章立交箱涵工程包括箱涵制作、顶进、箱涵内挖土等项目共7节36个子目
2	定额适用范围	定额适用于穿越城市道路及铁路的立交箱涵顶进工程及现浇箱涵工程
3	顶进土质	定额顶进土质按Ⅰ、Ⅱ类土考虑,若实际土质与定额不同时,可由各省、自治区、直辖市进行调整
4	定额中未包括的内容	定额中未包括箱涵顶进的后靠背设施等,其发生费用另行计算 定额中未包括深基坑开挖、支撑及井点降水的工作内容,可套用有关定额计算
5	立交桥引道的结构	立交桥引道的结构及路面铺筑工程,根据施工方法套用有关定额计算

8. 安装工程定额工程量计算说明

安装工程定额工程量计算说明见表 7-31。

表 7-31　　　　安装工程定额工程量计算说明

序号	内　容	说　　明
1	安装工程包括的内容	定额第三册《桥涵工程》第八章安装工程包括安装排架立柱、墩台管节、板、梁、小型构件、栏杆扶手、支座、伸缩缝等项目共13节90个子目
2	定额适用范围	定额适用于桥涵工程混凝土构件安装等项目
3	小型构件安装	小型构件安装已包括150m场内运输,其他构件未包括场内运输
4	安装预制构件	安装预制构件定额中,均未包括脚手架,如需要用脚手架时,可套用定额第一册《通用项目》相应定额项目 安装预制构件,应根据施工现场具体情况,采用合理的施工方法,套用相应定额
5	其他构件	除安装梁分陆上、水上安装外,其他构件安装均未考虑船上吊装,发生时可增计船只费用

9. 临时工程定额工程量计算说明

临时工程定额工程量计算说明见表 7-32。

表 7-32　　　　临时工程定额工程量计算说明

序号	内　容	说　　明
1	临时工程包括的内容	定额第三册《桥涵工程》第九章临时工程内容包括桩基础支架平台、木垛、支架的搭拆,打桩机械、船排、万能杆件的组拆,挂篮的安拆和推移,胎地模的筑拆及桩顶混凝土凿除等项目共10节40个子目

续表

序号	内容	说明
2	支架平台	定额中支架平台适用于陆上、支架上打桩及钻孔灌注桩。支架平台分陆上平台与水上平台两类,其划分范围由各省、自治区、直辖市根据当地的地形条件和特点确定
3	桥涵拱盔及支架	桥涵拱盔、支架均不包括底模及地基加固在内
4	组装、拆卸船排	组装、拆卸船排定额中未包括压舱费用。压舱材料取定为大石块,并按船排总吨位的30%计取(包括装、卸在内150m的二次运输费)
5	打桩机械锤	打桩机械锤重的选择见表7-33
6	搭、拆水上工作平台	搭、拆水上工作平台定额中,已综合考虑了组装、拆卸船排及组装、拆卸打拔桩架工作内容,不得重复计算

表 7-33　　　　　　　　　　打桩机械锤重的选择

桩类别	桩长度/m	桩截面积 S/m^2,管径 ϕ/mm	柴油桩机锤重/kg
钢筋混凝土方桩及板桩	$L \leqslant 8.00$	$S \leqslant 0.05$	600
	$L \leqslant 8.00$	$0.05 < S \leqslant 0.105$	1200
	$8.00 < L \leqslant 16.00$	$0.105 < S \leqslant 0.125$	1800
	$16.00 < L \leqslant 24.00$	$0.125 < S \leqslant 0.160$	2500
	$24.00 < L \leqslant 28.00$	$0.160 < S \leqslant 0.225$	4000
	$28.00 < L \leqslant 32.00$	$0.225 < S \leqslant 0.250$	5000
	$32.00 < L \leqslant 40.00$	$0.250 < S \leqslant 0.300$	7000
钢筋混凝土管桩	$L \leqslant 25.00$	$\phi 400$	2500
	$L \leqslant 25.00$	$\phi 550$	4000
	$L \leqslant 25.00$	$\phi 600$	5000
	$L \leqslant 50.00$	$\phi 600$	7000
	$L \leqslant 25.00$	$\phi 800$	5000
	$L \leqslant 50.00$	$\phi 800$	7000
	$L \leqslant 25.00$	$\phi 1000$	7000
	$L \leqslant 50.00$	$\phi 1000$	8000

注:钻孔灌注桩工作平台按孔径 $\phi \leqslant 1000$,套用锤重1800kg打桩工作平台;$\phi > 1000$,套用锤重2500kg打桩工作平台。

10. 装饰工程定额工程量计算说明

装饰工程定额工程量计算说明见表7-34。

表 7-34　　　　　　　　　　装饰工程定额工程量计算说明

序号	内容	说明
1	装饰工程包括的内容	定额第三册《桥涵工程》第十章装饰工程包括砂浆抹面、水刷石、剁斧石、拉毛、水磨石、镶贴面层、涂料、油漆等项目共8节46个子目

续表

序号	内 容	说 明
2	定额适用范围	定额适用于桥、涵构筑物的装饰项目
3	镶贴面层	镶贴面层定额中,贴面材料与定额不同时,可以调整换算,但人工与机械台班消耗量不变
4	水质涂料	水质涂料不分面层类别,均按定额计算,由于涂料种类繁多,如采用其他涂料时,可以调整换算
5	水泥白石子浆抹灰	水泥白石子浆抹灰定额,均未包括颜料费用,如设计需要颜料调制时,应增加颜料费用
6	油漆	油漆定额按手工操作计取,如采用喷漆时,应另行计算。定额中油漆种类与实际不同时,可以调整换算
7	定额中未包括的内容	定额中均未包括施工脚手架,发生时可按定额第一册《通用项目》相应定额执行

二、定额工程量计算方法

1. 打桩工程

(1)打桩。
1)钢筋混凝土方桩、板桩按柱长度(包括桩尖长度)乘以桩横断面面积计算;
2)钢筋混凝土管桩按桩长度(包括桩尖长度)乘以桩横断面面积,减去空心部分体积计算;
3)钢管桩按成品桩考虑,以吨计算;
4)桥梁打桩的类型、计算规则及适用范围见表7-35。

表7-35　　　　　　　桥梁打桩类型

序号	类 型		单位	计算规则	适用范围
1	陆上、水上工作平台	桥梁打桩 墩、台	m²	(宽度两桩之间距离+6.5m,长度两桩之间距离+8.0m)×N个	桥梁基础桩包括预制混凝土方桩、预制混凝土板桩、钢混凝土管桩、PHC管桩和钢管桩
		桥梁打桩 通道	m²	[桥长-N个(宽度两桩之间距离+6.5m)]×6.5m	
		护岸打桩	m²	(宽度两桩之间距离+6.5m,长度两桩之间距离+6.0m)×N个	
		钻孔灌注桩 墩、台	m²	(宽度两桩之间距离+6.5m,长度两桩之间距离+6.5m)×N个	钻孔灌注桩
		钻孔灌注桩 通道	m²	[桥长-N个(宽度两桩之间距离+6.5m)]×6.5m	

续表

序号	类型		单位	计算规则	适用范围
2	基础桩	预制钢混凝土方桩	m³	按设计截面积×设计长度（包括桩尖长度）	桥梁基础桩
		预制钢混凝土板桩	m³	按设计截面积×设计长度（包括桩尖长度）	
		钢混凝土管桩	m³	按设计截面积×设计长度（包括桩尖长度）	
		PHC管桩	m³	按设计截面积×设计长度（包括桩尖长度）	
		钢管桩	m³	按设计截面积×设计长度（设计桩顶至桩底标高）	
		钻孔灌注桩 陆上	m³	按设计截面积×(设计长度+0.25m)	
		钻孔灌注桩 水上	m³	按设计截面积×(设计长度+1.0m)	

(2)焊接桩型钢用量可按实际调整。

(3)送桩。

1)陆上打桩时，以原地面平均标高增加1m为界线，界线以下至设计桩顶标高之间的打桩实体积为送桩工程量；

2)支架上打桩时，以当地施工期间的最高潮水位增加0.5m为界线，界线以下至设计桩顶标高之间的打桩实体积为送桩工程量；

3)船上打桩时，以当地施工期间的平均水位增加1m为界线，界线以下至设计桩顶标高之间的打桩实体积为送桩工程量。

2. 钻孔灌注桩工程

(1)灌注桩钻孔工程量按设计入土深度计算。定额中的孔深指护筒顶至桩底的深度。成孔定额中同一孔内的不同土质，不论其所在的深度如何，均执行总孔深定额。

(2)人工挖桩孔土方工程量按护壁外缘包围的面积乘以深度计算。

(3)灌注桩水下混凝土工程量按设计桩长增加1.0m乘以设计横断面面积计算。

(4)灌注桩工作平台按定额《桥涵工程》第九章有关项目计算。

(5)钻孔灌注桩钢筋笼按设计图纸计算，套用定额《桥涵工程》第四章钢筋工程有关项目。

(6)钻孔灌注桩需使用预埋铁件时，套用定额《桥涵工程》第四章钢筋工程有关项目。

3. 砌筑工程

(1)砌筑工程量按设计砌体尺寸以立方米体积计算，嵌入砌体中的钢管、沉降缝、伸缩缝以及单孔面积0.3m²以内的预留孔所占体积不予扣除。

(2)拱圈底模工程量按模板接触砌体的面积计算。

4. 钢筋工程

(1)钢筋按设计数量套用相应定额计算（损耗已包括在定额中）。设计未包括施工用筋经建设单位同意后可另计。

(2) T形梁连接钢板项目按设计图纸,以"t"为单位计算。

(3) 锚具工程量按设计用量乘以下列系数计算:

锥形锚:1.05;OVM 锚:1.05;墩头锚:1.00。

(4) 管道压浆不扣除钢筋体积。

5. 现浇混凝土工程

(1) 混凝土工程量按设计尺寸以实体积计算(不包括空心板、梁的空心体积),不扣除钢筋、铁丝、铁件、预留压浆孔道和螺栓所占的体积。

(2) 模板工程量按模板接触混凝土的面积计算。

(3) 现浇混凝土墙、板上单孔面积在 $0.3m^2$ 以内的孔洞体积不予扣除,洞侧壁模板面积亦不再计算;单孔面积在 $0.3m^2$ 以上时,应予扣除,洞侧壁模板面积并入墙、板模板工程量计算。

6. 预制混凝土工程

(1) 混凝土工程量计算。

1) 预制桩工程量按桩长度(包括桩尖长度)乘以桩横断面面积计算。

2) 预制空心构件按设计图尺寸扣除空心体积,以实体积计算。空心板梁的堵头板体积不计入工程量内,其消耗量已在定额中考虑。

3) 预制空心板梁,凡采用橡胶囊做内模的,考虑其压缩变形因素,可增加混凝土数量,当梁长在 16m 以内时,可按设计计算体积增加 7%,若梁长大于 16m 时,则增加 9%计算。如设计图已注明考虑橡胶囊变形时,不得再增加计算。

4) 预应力混凝土构件的封锚混凝土数量并入构件混凝土工程量计算。

(2) 模板工程量计算。

1) 预制构件中预应力混凝土构件及 T 形梁、工形梁、双曲拱、桁架拱等构件均按模板接触混凝土的面积(包括侧模、底模)计算。

2) 灯柱、端柱、栏杆等小型构件按平面投影面积计算。

3) 预制构件中非预应力构件按模板接触混凝土的面积计算,不包括胎、地模。

4) 空心板梁中空心部分,定额中采用橡胶囊抽拔,其摊销量已包括在定额中,不再计算空心部分模板工程量。

5) 空心板中空心部分,可按模板接触混凝土的面积计算工程量。

(3) 预制构件中的钢筋混凝土桩、梁及小型构件,可按混凝土定额基价的 2%计算其运输、堆放、安装损耗,但该部分不计材料用量。

7. 立交箱涵工程

(1) 箱涵滑板下肋楞的工程量并入滑板内计算。

(2) 箱涵混凝土工程量,不扣除单孔面积 $0.3m^2$ 以下的预留孔洞体积。

(3) 顶柱、中继间护套及挖土支架均属专用周转性金属构件,定额中已按摊销量计列,不得重复计算。

(4) 箱涵顶进定额分空顶、无中继间实土顶和有中继间实土顶三类,其工程量计算如下:

1) 空顶工程量按空顶的单节箱涵重量乘以箱涵位移距离计算。

2) 实土顶工程量按被顶箱涵的重量乘以箱涵位移距离分段累计计算。

(5) 气垫只考虑在预制箱涵底板上使用,按箱涵底面积计算。气垫的使用天数由施工组织设计确定,但采用气垫后在套用顶进定额时应乘以系数 0.7。

8. 安装工程

(1)定额中安装预制构件以 m^3 为计量单位的,均按构件混凝土实体积(不包括空心部分)计算。

(2)驳船不包括进出场费,其吨位单价由各省、自治区、直辖市确定。

9. 临时工程

(1)搭拆打桩工作平台面积计算。

1)桥梁打桩: $\quad F = N_1 F_1 + N_2 F_2$

每座桥台(桥墩): $\quad F_1 = (5.5 + A + 2.5) \times (6.5 + D)$

每条通道: $\quad F_2 = 6.5 \times [L - (6.5 + D)]$

2)钻孔灌注桩: $\quad F = N_1 F_1 + N_2 F_2$

每座桥台(桥墩): $\quad F_1 = (A + 6.5) \times (6.5 + D)$

每条通道: $\quad F_2 = 6.5 \times [L - (6.5 + D)]$

式中　F——工作平台总面积;

F_1——每座桥台(桥墩)工作平台面积;

F_2——桥台至桥墩间或桥墩至桥墩间通道工作平台面积;

N_1——桥台和桥墩总数量;

N_2——通道总数量;

D——二排桩之间距离(m);

L——桥梁跨径或护岸的第一根桩中心至最后一根桩中心之间的距离(m);

A——桥台(桥墩)每排桩的第一根桩中心至最后一根桩中心之间的距离(m)。

(2)凡台与墩或墩与墩之间不能连续施工时(如不能断航、断交通或拆迁工作不能配合),每个墩、台可计一次组装、拆卸柴油打桩架及设备运输费。

(3)桥涵拱盔、支架空间体积计算。

1)桥涵拱盔体积按起拱线以上弓形侧面积乘以(桥宽+2m)计算。

2)桥涵支架体积按结构底至原地面(水上支架为水上支架平台顶面)平均标高乘以纵向距离再乘以(桥宽+2m)计算。

10. 装饰工程

定额中除金属面油漆以 t 计算外,其余项目均按装饰面积计算。

三、全国统一定额编制说明

1. 适用范围

(1)单跨 100 以内的城镇桥梁工程。

(2)单跨 5 以内的各种板涵、拱涵工程。

(3)穿越城市道路及铁路的立交箱涵工程。

2. 编制原则

(1)桥涵工程编制以大、中、小桥为主,适用于单跨 100m 以内钢筋混凝土及预应力钢筋混凝土桥梁。

(2)桥高取定 8m,跨径取定为 30m 以内,水中桥水深取定为 3m 以内,桥宽取定为 14m。

(3)桥梁施工范围分陆地桥、跨河桥。

(4)桥梁结构形式分为:
1)简支梁(含板式梁、T形梁、箱梁、工形梁、槽形梁)。
2)连续梁(支架上现浇、悬浇),预制拼装。
(5)现浇及预制混凝土定额中混凝土、钢筋、模板分别列开。

3. 相关数据的取定

(1)人工。定额人工的工日不分工种、技术等级一律以综合工日表示。内容包括基本用工、超运距用工、人工幅度差和辅助用工。

$$综合工日=基本用工+超运距用工+人工幅度差+辅助用工$$

1)基本用工:以全国统一劳动定额或全国统一建筑基础定额和全国统一安装基础定额为基础计算。

2)人工幅度差 $=\sum$(基本用工+超运距用工)×人工幅度差率,人工幅度差率取定15%。

3)以全国统一劳动定额为基础计算基本用工,可计人工幅度差。

4)以交通部公路预算定额(1992年)为基础,计算基本用工时,应先扣除8%,再计人工幅度差。

5)以全国统一建筑工程基础定额为基础计算基本用工以及根据实际需要采用估工增加的辅助用工,不再计人工幅度差。

(2)材料。桥梁工程各种材料损耗按相关规定计算。
1)钢筋。定额中钢筋按直径分为 $\phi10$ 以下、$\phi10$ 以上两种,比例按结构部位来确定。
2)钢材焊接与切割单位材料消耗用量见表7-36~表7-39。
3)钢筋的接头及焊接用量见表7-40。

表7-36　　　　　　　　钢筋焊接焊条用量

项目	单位	钢筋直径/mm												
		12	14	16	18	19	20	22	24	25	26	28	30	32	36
拼接焊	1m焊缝	0.28	0.33	0.38	0.42	0.44	0.46	0.52	0.59	0.62	0.66	0.75	0.85	0.94	1.14
搭接焊	1m焊缝	0.28	0.33	0.38		0.44	0.47	0.50	0.61	0.74	0.81	0.88	1.03	1.19	1.36	1.67
与钢板搭接	1m焊缝	0.24	0.28	0.33	0.38	0.41	0.44	0.54	0.67	0.73	0.80	0.95	1.10	1.27	1.56
电弧焊对接	100个接头						0.78	0.99	1.25	1.40	1.55	2.01	2.42	2.83	3.95
总焊	100点														

表7-37　　　　　钢板搭接焊焊条用量(每1m焊缝)

焊缝高/mm	4	6	8	10	12	13	14	15	16
焊条/kg	0.24	0.44	0.71	1.04	1.43	1.65	1.88	2.13	2.37

表7-38　　　　　钢板对接焊焊条用量(每1m焊缝)

方式	不开坡口				开坡口							
钢板厚/mm	4	5	6	8	4	5	6	8	10	12	16	20
焊条/kg	0.30	0.35	0.40	0.67	0.45	0.58	0.73	1.04	1.46	2.00	3.28	4.80

表 7-39　　　　　　　　　钢板切割氧气和乙炔气用量(每1m割缝)

钢板焊/mm	3～4	5～6	7～8	9～10	11～12	13～14	15～16	17～18	19～20
氧气/m³	0.11	0.13	0.16	0.18	0.20	0.22	0.24	0.26	0.28
乙炔气/m³	0.048	0.057	0.070	0.078	0.087	0.096	0.104	0.113	0.122

表 7-40　　　　　　　　　　　每1t钢筋接头及焊接用量

钢筋直径/mm	长度/m	阻焊接头/只	搭接焊缝/m	搭接焊每1m焊缝电焊条用量/kg
10	1620.7	202.6	20.3	
12	1126.1	140.8	16.9	0.28
14	827.8	103.4	14.5	0.33
16	633.7	79.2	12.7	0.38
18	500.5	62.6	11.3	0.44
20	405.5	50.7	10.1	0.50
22	335.1	41.9	9.2	0.61
24	281.6	35.2	8.4	0.74
25	259.7	32.4	8.1	0.81
26	240.0	30.0	7.8	0.88
28	207.0	25.9	7.2	1.03
30	180.2	22.5	6.8	1.19
32	158.4	19.8	6.3	1.36
34	140.3	17.5	6.0	
36	125.2	15.7	5.6	1.67

说明：1. 此表是根据《公路工程概算预算定额编制说明》一书换算。

2. 钢筋每根长度取定为8m。

3. 计算公式：

$$长度(m) = \frac{1t 钢筋重量}{每1m 钢筋重量}$$

$$阻焊接头(个) = \frac{钢筋总长度}{每1根钢筋长度(取定8m)}$$

搭接焊缝(m)＝阻焊接头×10倍钢筋直径

搭接焊缝为单面焊缝。

4）工程用水。

①冲洗搅拌机综合取定为$2m^3/10m^3$ 混凝土。

②养护用水：

平面露面：$0.004(m^3/m^2) \times 5(次/天) \times 7(天) = 0.149(m^3/m^2)$

垂直露面：$0.004(m^3/m^2) \times 2(次/天) \times 7(天) = 0.06(m^3/m^2)$

③纯水泥浆的用水量按水泥重量的35%计算。

④浸砖用水量按使用砖的体积50%计算。

5）周转材料。指不构成工程实地，但在施工中必须发生，并以周转次数摊销量表示的材料。例如模板，平面以工具式钢模为主，异形则以木模为主。

①工具式钢模：

a. 钢模周转材料使用次数见表7-41。

表7-41　　　　　　　　　钢模周转材料使用次数表

项目	钢模		扣件		钢管支撑
	现浇	预制	现浇	预制	
周转次数	50	150	20	40	75

b. 工具式钢模重量取定。工具式钢模由钢模(包括平模、阴阳角模、固定角模)、零星卡具(U型卡、插销及其他扣件等)、支撑钢管和部分木模组成。定额按厚2.5mm钢模计算,每平方米钢模为34kg,扣件为5.43kg,钢支撑另行计算。

c. 钢支撑。钢管支撑采用ϕ48,壁厚3.5mm,每1m单位重量3.84kg,扣件每个重量1.3kg(T字型、回转型、加权平均)计算。

根据构筑物高度,确定钢模接触混凝土面积,所需每平方米支撑用量：

1m 以内：$1\times4+0.5\times1.4=4.7$m
2m 以内：$1\times4+1\times1.4=5.4$m
3m 以内：$1\times4+1.5\times1.4=6.1$m
4m 以内：$1\times4+2\times1.4=6.8$m
5m 以内：$1\times4+5\times1.4=11.0$m
6m 以内：$1\times4+7\times1.4=13.8$m
7m 以内：$1\times4+8\times1.4=15.2$m
8m 以内：$1\times4+9\times1.4=16.6$m
9m 以内：$1\times4+10\times1.4=18.0$m
10m 以内：$1\times4+11\times1.4=19.4$m
11m 以内：$1\times4+12\times1.4=20.8$m
12m 以内：$1\times4+13\times1.4=22.2$m

扣件：用量根据各种高度综合考虑,217个/m。

钢模支撑拉杆：用量按钢模接触混凝土面积每$1m^2$一根,采用ϕ12圆钢(每米单位重量0.888kg),并配2只尼龙帽。

定额中钢木模比例取定为钢模85%,木模15%。

②木模周转次数和一次补损率见表7-42。

表7-42　　　　　　　　　木模周转次数和一次补损率

项目及材料		周转次数	一次补损率(%)	木模回收折价率(%)	周转使用系数 K_1	摊销量系数 K_2
现浇模板	模板	7	15	50	0.2714	0.2107
	支撑	12	15	50	0.2208	0.1854
预制模板	模板	15	15	50	0.2067	0.1784
	支撑	20	15	50	0.1925	0.1712
以钢模为主木模		5	15	50	0.3200	0.2400

a. 木模材料的取定。板厚取定为2.5cm,支撑规格根据不同结构部位受力情况计算而定,不

作统一规定。

　　b. 木模的计算方法：

$$摊销量 = 周转使用量 - 回收量 \times 回收折价率$$

$$周转使用量 = \frac{一次使用量 \times (周转次数 - 1) \times 损耗率}{周转次数}$$

$$回收量 = 一次使用量 \times \left(\frac{1 - 损耗率}{周转次数}\right)$$

$$K_1 = 周转使用系数 = \frac{1 + (周转次数 - 1) \times 损耗率}{周转次数}$$

则：周转使用量 = 一次使用量 $\times K_1$

故：　　　　摊销量 = 一次使用量 $\times K_1 -$ 一次使用量 $\times \dfrac{(1-损耗率) \times 回收折价率}{周转次数}$

$$= 一次使用量 \times \left[K_1 - \frac{(1-损耗率) \times 回收折价率}{周转次数}\right]$$

$$K_2 = 摊销量系数 = \left[K_1 \frac{(1-损耗率) \times 回收折价率}{周转次数}\right]$$

摊销量 = 一次使用量 $\times K_2$

定额使用量 = 摊销量 $\times (1 + 模板损耗率)$

　　6）铁钉用量计算。按配不同构件的模板，根据支撑的质量标准来计算。

　　7）设备材料用量计算。设备材料指机械台班中不包括的，如木扒杆、铁扒杆、地拢等材料。各种设备材料用量计算根据1986年全国统一市政定额桥涵基本数据确定，用量按桥次摊销，每一个桥次为315m³混凝土。

　　8）草袋用量计算：

$$草袋摊销量 = \frac{混凝土露明面积 \times (1 + 草袋搭接损耗)}{草袋周转次数}$$

草袋损耗率4%，草袋搭接损耗率30%考虑，草袋周转次数为5次。

$$草袋摊销系数 = \frac{1 + 草袋搭接损耗}{草袋周转次数} = \frac{1 + 0.3}{5} = 0.26$$

$$草袋摊销量(个) = \frac{混凝土露明面积 \times 0.26}{草袋有效使用面积按0.42m^2 计}$$

草袋定额使用量 = 草袋摊销量 $\times (1 + 草袋损耗率)$

　　9）其他材料的取定：

　　①脱模油按每平方米模板接触混凝土面积0.10kg计。

　　②模板嵌缝料（绒布），按20.05kg/m计。

　　③尼龙帽按5次摊销。

　　④白棕绳按2桥次摊销。

　　(3) 机械。机械台班耗用量指按照施工作业，取用合理的机械，完成单位产品耗用的机械台班消耗量。

　　1）属于按施工机械技术性能直接计取台班产量的机械，则直接按台班产量计算。

　　2）按劳动定额计算定额台班量：

$$定额台班量 = \frac{1}{产量定额 \times 小组成员} \times 定额单位量$$

分项工程量指单位定额中需要加工的分项工程量，产量定额指按劳动定额取定的每工日完成的产量。

3) 桥涵机械幅度差见表7-43。

表7-43　　　　　　　　　　桥涵机械幅度差

序号	机械名称	幅度差	序号	机械名称	幅度差
1	单斗挖掘机	1.25	16	电焊机	1.50
2	装载机	1.33	17	点焊机	1.50
3	载重汽车	1.25	18	对焊机	1.50
4	自卸汽车	1.25	19	自动弧焊机	1.50
5	机动翻斗车	1.43	20	木工机械	1.50
6	轨道平车	2.20	21	空气压缩机	1.50
7	各式起重机	1.60	22	离心式水泵	1.30
8	卷扬机	1.60	23	多级离心泵	1.30
9	打桩机	1.33	24	泥浆泵	1.30
10	混凝土搅拌机	1.33	25	打夯机	1.33
11	灰浆搅拌机	1.33	26	钢筋加工机械	1.50
12	振动机	1.33	27	潜水设备	1.60
13	拉伸机	1.60	28	驳船	3.00
14	喷浆机	2.00	29	气焊设备	1.50
15	油压千斤顶	2.30	30	回旋钻机	1.60

4. 注意事项

(1) 运输的取定：

1) 预算定额运距的取定，除注明运距外，均按150m运距计。

2) 超运距=150m总运距－劳动定额基本运距。

3) 垂直运输1m按水平运输7m计。

① 后台生料运输采用人力手推车，水泥、黄砂、石子运输数量参照1992年交通部公路工程预算定额混凝土配合比表。

② 前台熟料运输采用1t机动翻斗车。

4) 构件安装（包括打桩）均不包括场内运输。

(2) 一桥次的计算依据。按3孔、16m的板梁、14m宽的中型桥梁，混凝土量为315m³。

(3) 安装定额中，机械选用一般按构件重量的3倍配备机械。

(4) 悬臂浇筑定额中所使用的挂篮及金属托架，按单位工程一次用量扣25%的残值后一次摊销。

第六节　隧道工程定额工程量计算

一、定额工程量计算说明

1. 隧道开挖与出渣定额工程量计算说明

隧道开挖与出渣定额工程量计算说明见表7-44。

表 7-44　　　　　　　　　　隧道开挖与出渣定额工程量计算说明

序号	内　容	说　　　　明
1	定额适用范围	平硐全断面开挖 4m² 以内和斜井、竖井全断面开挖 5m² 以内的最小断面不得小于 2m²；如果实际施工中，断面小于 2m² 和平硐全断面开挖的断面大于 100m²，斜井全断面开挖的断面大于 20m²，竖井全断面开挖断面大于 25m² 时，各省、自治区、直辖市可另编补充定额。 　　平硐全断面开挖的坡度在 5°以内；斜井全断面开挖的坡度在 15°～30°范围内。平硐开挖与出渣定额，适用于独头开挖和出渣长度在 500m 内的隧道。斜井和竖井开挖与出渣定额，适用于长度在 50m 内的隧道。硐内地沟开挖定额，只适用于硐内独立开挖的地沟，非独立开挖地沟不得执行《隧道工程》定额
2	开挖定额的制定	开挖定额均按光面爆破制定，如采用一般爆破开挖时，其开挖定额应乘以系数 0.935
3	平硐断面开挖的施工方法	平硐各断面开挖的施工方法，斜井的上行和下行开挖，竖井的正井和反井开挖，均已综合考虑，施工方法不同时，不得换算
4	爆破材料仓库的选址	爆破材料仓库的选址由公安部门确定，2km 内爆破材料的领退运输用工已包括在定额内，超过 2km 时，其运输费用另行计算
5	出渣定额	出渣定额中，岩石类别已综合取定，石质不同时不予调整
6	重车上坡	平硐出渣"人力、机械装渣，轻轨斗车运输"子目中，重车上坡，坡度在 2.5% 以内的工效降低因素已综合在定额内，实际在 2.5% 以内的不同坡度，定额不得换算
7	斜井出渣定额	斜井出渣定额是按向上出渣制定的，若采用向下出渣时，可执行定额；若从斜井底通过平硐出渣时，其平硐段的运输应执行相应的平硐出渣定额
8	斜井和竖井出渣定额	斜井和竖井出渣定额，均包括硐口外 50m 内的人工推斗车运输，若出硐口后运距超过 50m，运输方式也与此运输方式相同时，超过部分可执行平硐出渣、轻轨斗车运输，每增加 50m 运距的定额，若出硐后，改变了运输方式，应执行相应的运输定额
9	积水的排水费与施工防水措施费	定额是按无地下水制定的(不含施工湿式作业积水)，如果施工出现地下水时，积水的排水费和施工的防水措施费另行计算
10	塌方和溶洞	隧道施工中出现塌方和溶洞时，由于塌方和溶洞造成的损失(含停工、窝工)及处理塌方和溶洞发生的费用另行计算
11	硐口的明槽开挖	隧道工程硐口的明槽开挖执行定额第一册《通用项目》土石方工程的相应开挖定额
12	开挖子目	各开挖子目是按电力起爆编制的，若采用火雷管导火索起爆时，可按如下规定换算：电雷管换为火雷管，数量不变，将子目中的两种胶质线扣除，换为导火索，导火索的长度按每个雷管 2.12m 计算

2. 临时工程定额工程量计算说明

临时工程定额工程量计算说明见表 7-45。

表 7-45　　　　　　　　　临时工程定额工程量计算说明

序号	内容	说明
1	定额适用范围	定额第四册《隧道工程》第二章临时工程适用于隧道硐内施工所用的通风、供水、压风、照明、动力管线以及轻便轨道线路的临时性工程
2	定额计算依据	定额按年摊销量计算,一年内不足一年按一年计算,超过一年按每增一季定额增加,不足一季(3个月)按一季计算(不分月)

3. 隧道内衬定额工程量计算说明

隧道内衬定额工程量计算说明见表 7-46。

表 7-46　　　　　　　　　隧道内衬定额工程量计算说明

序号	内容	说明
1	定额的范围	现浇混凝土及钢筋混凝土边墙、拱部均考虑了施工操作平台,竖井采用的脚手架,已综合考虑在定额内,不另计算。喷射混凝土定额中未考虑喷射操作平台费用,如施工中需搭设操作平台时,执行喷射平台定额
2	混凝土及钢筋混凝土边墙、拱部衬砌	混凝土及钢筋混凝土边墙、拱部衬砌,已综合了先拱后墙、先墙后拱的衬砌比例,因素不同时不另计算。边墙如为弧形时,其弧形段每 $10m^3$ 衬砌体积按相应定额增加人工 1.3 工日
3	模板	定额中的模板是以钢拱架、钢模板计算的,如实际施工的拱架及模板不同时,可按各地区规定执行
4	钢筋	定额中的钢筋是以机制手绑、机制电焊综合考虑的(包括钢筋除锈),实际施工不同时不做调整
5	料石砌拱	料石砌拱部不分拱跨大小和拱体厚度均执行定额
6	隧道内衬施工	隧道内衬施工中,凡处理地震、涌水、流砂、坍塌等特殊情况所采取的必要措施,必须做好签证和隐蔽验收手续,所增加的人工、材料、机械等费用另行计算
7	混凝土的浇筑	采用混凝土输送泵浇筑混凝土或商品混凝土时,按各地区的规定执行

4. 隧道沉井定额工程量计算说明

隧道沉井定额工程量计算说明见表 7-47。

表 7-47　　　　　　　　　隧道沉井定额工程量计算说明

序号	内容	说明
1	隧道沉井包括的内容	定额第四册《隧道工程》第四章隧道沉井包括沉井制作、沉井下沉、封底、钢封门安拆等共 13 节 45 个子目
2	定额适用范围	定额适用于软土隧道工程中采用沉井方法施工的盾构工作井及暗埋段连续沉井

续表

序号	内 容	说 明
3	沉井定额取定	沉井定额按矩形和圆形综合取定,无论采用何种形状的沉井,定额不做调整
4	沉井下沉方法	定额中列有几种沉井下沉方法,套用何种沉井下沉定额由批准的施工组织设计确定。挖土下沉不包括土方外运费,水力出土不包括砌筑集水坑及排泥水处理
5	水力机械法出土下沉与钻吸法吸泥下沉	水力机械出土下沉及钻吸法吸泥下沉等子目均包括井内、外管路及附属设备的费用

5. 盾构法掘进定额工程量计算说明

盾构法掘进定额工程量计算说明见表 7-48。

表 7-48 盾构法掘进定额工程量计算说明

序号	内 容	说 明
1	盾构法掘进包含的内容	定额第四册《隧道工程》第五章盾构法掘进包括盾构掘进、衬砌拼装、压浆、管片制作、防水涂料、柔性接缝环、施工管线路拆除以及负环管片拆除等共 33 节 139 个子目
2	定额适用范围	定额适用于采用国产盾构掘进机,在地面沉降达到中等程度(盾构在砖砌建筑物下穿越时允许发生结构裂缝)的软土地区隧道施工
3	盾构及车架安装	盾构及车架安装是指现场吊装及试运行,适用于 $\phi7000$ 以内的隧道施工,拆除是指拆卸装车。$\phi7000$ 以上盾构及车架安拆按实计算。盾构及车架场外运输费按实另计
4	盾构掘进机的选型	盾构掘进机选型应根据地质报告、隧道复土层厚度、地表沉降量要求及掘进机技术性能等条件,由批准的施工组织设计确定
5	盾构掘进机穿越不同土层	盾构掘进在穿越不同区域土层时,根据地质报告确定的盾构正掘面含砂性土的比例,按表 7-49 所示系数调整该区域的人工、机械费(不含盾构的折旧及大修理费)
6	盾构掘进机穿越建筑层	盾构掘进在穿越密集建筑群、古文物建筑或堤防、重要管线时,对地表升降有特殊要求者,按表 7-50 所示系数调整该区域的掘进人工、机械费(不含盾构的折旧及大修理费)
7	干式出土掘进	采用干式出土掘进,其土方以吊出井口装车止。采用水力出土掘进,其排放的泥浆水以送至沉淀池止,水力出土所需的地面部分取水、排水的土建及土方外运费用另计。水力出土掘进用水按取用自然水源考虑,不计水费,若采用其他水源需计算水费时可另计
8	管片宽度和成环块数	盾构掘进定额中已综合考虑了管片的宽度和成环块数等因素,执行定额时不得调整
9	定额中不含的内容	盾构掘进定额中含贯通测量费用,不包括设置平面控制网、高程控制网、过江水准及方向、高程传递等测量,如发生时费用另计
10	预制混凝土管片	预制混凝土管片采用高精度钢模和高强度等级混凝土,定额中已含钢模摊销费,管片预制场地费另计,管片场外运输费另计

表7-49　　　盾构掘进机穿越不同区域土层时的人工、机械费调整系数

盾构正掘面土质	隧道横截面含砂性土比例	调整系数
一般软黏土	≤25%	1.0
黏土夹层砂	25%～50%	1.2
砂性土(干式出土盾构掘进)	>50%	1.5
砂性土(水力出土盾构掘进)	>50%	1.3

表7-50　　盾构掘进机穿越对地表升降有特殊要求时的掘进人工、机械费调整系数

盾构直径/mm	允许地表升降量/mm			
	±250	±200	±150	±100
$\phi \geqslant 7000$	1.0	1.1	1.2	
$\phi < 7000$			1.0	1.2

注：1. 允许地表升降量是指复土层厚度>1倍盾构直径处的轴线上方地表升降量。
　　2. 如表7-48中序号5、6所列两种情况同时发生时,调整系数相加减1计算。

6. 垂直顶升定额工程量计算说明

垂直顶升定额工程量计算说明见表7-51。

表7-51　　　　　　　　垂直顶升定额工程量计算说明

序号	内　容	说　　明
1	垂直升顶包含的内容	定额第四册《隧道工程》第六章垂直顶升包括顶升管节、复合管片制作、垂直顶升设备安拆、管节垂直顶升、阴极保护安装及滩地揭顶盖等共6节21个子目
2	定额适用范围	定额适用于管节外壁断面<4m²、每座顶升高度<10m的不出土垂直顶升
3	预制管节制作混凝土	预制管节制作混凝土已包括内模摊销费及管节制成后的外壁涂料。管节中的钢筋已归入顶升钢壳制作的子目中
4	阴极保护安装	阴极保护安装不包括恒电位仪、阳极、参比电极的原值
5	滩地揭顶盖	滩地揭顶盖只适用于滩地水深不超过0.5m的区域,定额未包括进出水口的围护工程,发生时可套用相应定额计算

7. 地下连续墙定额工程量计算说明

地下连续墙定额工程量计算说明见表7-52。

表7-52　　　　　　　　地下连续墙定额工程量计算说明

序号	内　容	说　　明
1	地下连续墙包括的内容	定额第四册《隧道工程》第七章地下连续墙包括导墙、挖土成槽、钢筋笼制作吊装、锁口管吊拔、浇捣连续墙混凝土、大型支撑基坑土方及大型支撑安装、拆除等共7节29个子目

续表

序号	内　容	说　明
2	定额适用范围	定额适用于在黏土、砂土及冲填土等软土层地下连续墙工程,以及采用大型支撑围护的基坑土方工程
3	护壁泥浆	地下连续墙成槽的护壁泥浆采用比重为1.055的普通泥浆。若需取用重晶石泥浆可按不同比重泥浆单价进行调整。护壁泥浆使用后的废浆处理另行计算
4	钢筋笼制作	钢筋笼制作包括台模摊销费,定额中预埋件用量与实际用量有差异时允许调整
5	基坑开挖	大型支撑基坑开挖定额适用于地下连续墙、混凝土板桩、钢板桩等作围护的跨度大于8m的深基坑开挖。定额中已包括湿土排水,若需采用井点降水或支撑安拆需打拔中心稳定桩等,其费用另行计算
6	支撑基坑开挖	大型支撑基坑开挖由于场地狭小只能单面施工时,挖土机械按表7-53调整

表 7-53　　　　　　　　　　单面施工时挖土机械的调整

宽　度	两边停机施工	单边停机施工
基坑宽15m内	15t	25t
基坑宽15m外	25t	40t

8. 地下混凝土结构定额工程量计算说明

地下混凝土结构定额工程量计算说明见表7-54。

表 7-54　　　　　　　　　　地下混凝土结构定额工程量计算说明

序号	内　容	说　明
1	地下混凝土结构包含的内容	定额第四册《隧道工程》第八章地下混凝土结构包括护坡、地梁、底板、墙、柱、梁、平台、顶板、楼梯、电缆沟、侧石、弓形底板、支承墙、内衬侧墙及顶内衬、行车道槽形板以及隧道内车道等共11节58个子目
2	定额适用范围	定额适用于地下铁道车站、隧道暗埋段、引道段沉井内部结构、隧道内路面及现浇内衬混凝土工程
3	混凝土浇捣	定额中混凝土浇捣未含脚手架费用
4	圆形隧道路面	圆形隧道路面以大型槽形板作底模,如采用其他形式时定额允许调整
5	隧道内衬施工	隧道内衬施工未包括各种滑模、台车及操作平台费用,可另行计算

9. 地基加固与监测定额工程量计算说明

地基加固与监测定额工程量计算说明见表7-55。

表 7-55　　　　　　　　　地基加固与监测定额工程量计算说明

序号	内　容	说　　　明
1	地基加固与监测包含的内容	定额第四册《隧道工程》第九章地基加固、监测分为地基加固和监测两部分共 7 节 59 个子目,地基加固包括分层注浆、压密注浆、双重管和三重管高压旋喷,监测包括地表和地下监测孔布置、监控测试等
2	定额适用范围	定额按软土地层建筑地下构筑物时采用的地基加固方法和监测手段进行编制。地基加固是控制地表沉降,提高土体承载力,降低土体渗透系数的一个手段。适用于深基坑底部稳定、隧道暗挖法施工和其他建筑物基础加固等。监测是地下构筑物建造时,反映施工对周围建筑群影响程度的测试手段。定额适用于建设单位确认需要监测的工程项目,包括监测点布置和监测两部分,监测单位需及时向建设单位提供可靠的测试数据,工程结束后监测数据并立案成册
3	注浆	分层注浆加固的扩散半径为 0.8m,压密注浆加固半径为 0.75m,双重管、三重管高压旋喷的固结半径分别为 0.4m、0.6m。浆体材料(水泥、粉煤灰、外加剂等)用量按设计含量计算,若设计未提供含量要求时,按批准的施工组织设计计算。检测手段只提供注浆前后 N 值之变化
4	定额中不包括的内容	定额中不包括泥浆处理和微型桩的钢筋费用,为配合土体快速排水需打砂井的费用另计

10. 金属构件制作定额工程量计算说明

金属构件制作定额工程量计算说明见表 7-56。

表 7-56　　　　　　　　　金属构件制作定额工程量计算说明

序号	内　容	说　　　明
1	金属构件制作包含的内容	定额第四册《隧道工程》第十章金属构件制作包括顶升管片钢壳、钢管片、顶升止水框、联系梁、车架、走道板、钢跑板、盾构基座、钢围囹、钢闸墙、钢轨枕、钢支架、钢扶梯、钢栏杆、钢支撑、钢封门等共 8 节 26 个子目
2	定额适用范围	定额适用于软土层隧道施工中的钢管片、复合管片钢壳及盾构工作井布置、隧道内施工用的金属支架、安全通道、钢闸墙、垂直顶升的金属构件以及隧道明挖法施工中大型支撑等加工制作
3	预算价格	预算价格仅适用于施工单位加工制作,需外加工者则按实结算
4	钢支撑	定额钢支撑按 $\phi 600$ 考虑,采用 12mm 钢板卷管焊接而成,若采用成品钢管时定额不做调整
5	钢管片	钢管片制作已包括台座摊销费,侧面环板燕尾槽加工不包括在内
6	复合管片钢壳	复合管片钢壳包括台模摊销费,钢筋在复合管片混凝土浇捣子目内
7	钢骨架	垂直顶升管节钢骨架已包括法兰、钢筋和靠模摊销费
8	构件制作的计算	构件制作均按焊接计算,不包括安装螺栓在内

二、定额工程量计算方法

1. 隧道开挖与出渣

(1)隧道的平硐、斜井和竖井开挖与出渣工程量,按设计图开挖断面尺寸,另加允许超挖量以 m^3 计算。定额中光面爆破允许超挖量:拱部为 15cm,边墙为 10cm;若采用一般爆破,其允许超挖量:拱部为 20cm,边墙为 15cm。

(2)隧道内地沟的开挖和出渣工程量,按设计断面尺寸,以 m^3 计算,不得另行计算允许超挖量。

(3)平硐出渣的运距,按装渣重心至卸渣重心的直线距离计算,若平硐的轴线为曲线时,硐内段的运距按相应的轴线长度计算。

(4)斜井出渣的运距,按装渣重心至斜井口摘钩点的斜距离计算。

(5)竖井的提升运距,按装渣重心至井口吊斗摘钩点的垂直距离计算。

2. 临时工程

(1)粘胶布通风筒及铁风筒按每一硐口施工长度减 30m 计算。

(2)风、水钢管按硐长加 100m 计算。

(3)照明线路按硐长计算,如施工组织设计规定需要安双排照明时,应按实际双线部分增加。

(4)动力线路按硐长加 50m 计算。

(5)轻便轨道以施工组织设计所布置的起、止点为准,定额为单线,如实际为双线应加倍计算,对所设置的道岔,每处按相应轨道折合 30m 计算。

(6)硐长=主硐+支硐(均以硐口断面为起止点,不含明槽)。

3. 隧道内衬

(1)隧道内衬现浇混凝土和石料衬砌的工程量,按施工图所示尺寸加允许超挖量(拱部为 15cm,边墙为 10cm)以 m^3 计算,混凝土部分不扣除 $0.3m^2$ 以内孔洞所占体积。

(2)隧道衬砌边墙与拱部连接时,以拱部起拱点的连线为分界线,以下为边墙,以上为拱部。边墙底部的扩大部分工程量(含附壁水沟),应并入相应厚度边墙体积内计算。拱部两端支座,先拱后墙的扩大部分工程量,应并入拱部体积内计算。

(3)喷射混凝土数量及厚度按设计图计算,不另增加超挖、填平补齐的数量。

(4)喷射混凝土定额配合比,按各地区规定的配合比执行。

(5)混凝土初喷 5cm 为基本层,每增 5cm 按增加定额计算,不足 5cm 同样按 5cm 计算,若做临时支护可按一个基本层计算。

(6)喷射混凝土定额已包括混合料 200m 运输,超过 200m 时,材料运费另计。运输吨位按初喷 5cm 拱部 $26t/100m^2$,边墙 $23t/100m^2$;每增厚 5cm 拱部 $16t/100m^2$,边墙 $14t/100m^2$。

(7)锚杆按 $\phi22$ 计算,若实际不同时,定额人工、机械应按表 7-57 中所列系数调整,锚杆按净重计算不加损耗。

表 7-57　　　　　　　　　人工、机械费调整系数

锚杆直径	$\phi28$	$\phi25$	$\phi22$	$\phi20$	$\phi18$	$\phi16$
调整系数	0.62	0.78	1	1.21	1.49	1.89

4. 垂直顶升

(1)复合管片不分直径,管节不分大小,均执行《隧道工程》定额。

(2)顶升车架及顶升设备的安拆,以每顶升一组出口为安拆一次计算。顶升车架制作费按顶升一组摊销50%计算。

(3)顶升管节外壁如需压浆时,则套用分块压浆定额计算。

(4)垂直顶升管节试拼装工程量按所需顶升的管节数计算。

5. 地下连续墙

(1)地下连续墙成槽土方量按连续墙设计长度、宽度和槽深(加超深0.5m)计算。混凝土浇注量同连续墙成槽土方量。

(2)锁口管及清底置换以段为单位(段指槽壁单元槽段),锁口管吊拔按连续墙段数加1段计算,定额中已包括锁口管的摊销费用。

6. 地下混凝土结构

(1)现浇混凝土工程量按施工图计算,不扣除单孔面积0.3m³以内的孔洞所占体积。

(2)有梁板的柱高,自柱基础顶面至梁、板顶面计算,梁高以设计高度为准。梁与柱交接,梁长算至柱侧面(即柱间净长)。

(3)结构定额中未列预埋件费用,可另行计算。

(4)隧道路面沉降缝、变形缝按定额第二册《道路工程》相应定额执行,其人工、机械乘以系数1.1。

7. 地基加固与监测

(1)地基注浆加固以孔为单位的子目,定额按全区域加固编制,若加固深度与定额不同时可内插计算;若采取局部区域加固,则人工和钻机台班不变,材料(注浆阀管除外)和其他机械台班按加固深度与定额深度同比例调减。

(2)地基注浆加固以"m³"为单位的子目,已按各种深度综合取定,工程量按加固土体的体积计算。

(3)监测点布置分为地表和地下两部分,其中地表测孔深度与定额不同时可内插计算。

(4)监控测试以一个施工区域内监控3项或6项测定内容划分步距,以"组日"为计量单位,监测时间由施工组织设计确定。

8. 金属构件制作

(1)金属构件的工程量按设计图纸的主材(型钢,钢板,方、圆钢等)的重量以"t"计算,不扣除孔眼、缺角、切肢、切边的重量。圆形和多边形的钢板按作方计算。

(2)支撑由活络头、固定头和本体组成,本体按固定头单价计算。

三、全国统一定额编制说明

(一)岩石层隧道定额编制说明

1. 岩石层隧道定额的适用范围

岩石层隧道定额适用于城镇管辖范围内,新建和扩建的各种车行隧道、人行隧道、给排水隧道及电缆隧道等隧道工程,但不适用于岩石层的地铁隧道工程。岩石层隧道定额,确切地说,属于岩石层不含站台的区间性的隧道定额。属于有站台的,大断面的岩石层隧道工程,在开挖与内衬等施工过程中,将要出现的诸多的、比区间隧道更为复杂的困难因素,定额未考虑,所以岩石层地铁隧道工程不宜直接采用。

岩石层隧道定额适用的岩石类别见表 7-58。

表 7-58　　　　　　　　岩石层隧道定额适用的岩石类别

定额岩石类别	岩石按 16 级分类	岩石按紧固系数（f）分类
次坚石	Ⅵ～Ⅷ	$f=4\sim8$
普坚石	Ⅸ～Ⅹ	$f=8\sim12$
特坚石	Ⅺ～Ⅻ	$f=12\sim18$

凡岩石层隧道工程的岩石类别不在上表范围内的应另编补充定额。

岩石层隧道采用的岩石分类标准，与定额第一册《通用项目》的岩石分类标准是一致的。

2. 适用范围的划分

岩石层隧道定额所列子目包括的范围，只考虑了隧道内（以隧道洞口断面为界）的岩石开挖、运输和衬砌成型，以及在开挖、运输和衬砌成型的施工过程中必需的临时工程子目。至于进出隧道洞口的土石方开挖与运输（含仰坡）、进出隧道口两侧（不含洞门衬砌）的护坡、挡墙等应执行定额第一册《通用项目》的相应子目；岩石层隧道内的道路路面、各种照明（不含施工照明）、通过隧道的各种给排水管（不含施工用水管）等等，均应执行定额有关分册的相应子目。

上述执行其他分册子目的情况，均应被视为岩石层隧道定额"缺项"。因此，岩石层隧道与定额其他各册，乃至全国其他统一定额的关系、界限，应按以下原则确定：凡岩石层隧道定额项目中，所"缺项"的子目，首先执行定额其他有关册的相关子目，若还缺项目，可执行全国其他统一定额的相应子目或编制补充定额。岩石层隧道工程的洞内项目，执行定额其他（隧道外）分册或全国其他统一定额项目时，其定额的人工和机械应乘以系数 1.2。

3. 相关数据的取定

(1) 定额人工。

1) 岩石层隧道的定额人工工日，是以《全国统一市政工程预算定额》(1988)岩石层隧道的定额工日（该工日是按有关劳动定额规定计算得出的）为基础，按规定调整后确定的。工日中，包括基本用工、超运距用工、人工幅度差和辅助用工。

2) 岩石层隧道定额人工工日，比《全国统一市政工程预算定额》(1988)岩石层隧道定额新增加了原定额机械栏中原值 2000 元以下的机械，按规定不再列入机械内，而是将其费用列入其他直接费的工具用具费内，将原机械的机上人工工日增列到定额相应子目的人工工日内。

3) 岩石层隧道定额的人工工日，均为不分等级的综合工日。

4) 岩石层隧道定额的人工工资单价，按规定包括：基本工资、辅助工资、工资性补贴、职工福利费及劳动保护费等。定额的工资单价，采用的是北京市 1996 年的工资标准。定额工资标准中，不包括岩石层隧道施工的下井津贴，各地区可根据定额用工和当地劳动保护部门规定的标准，另行计算。

5) 岩石层隧道井下掘进，是按每工日 7h 工作制编制的。

(2) 材料。

1) 定额有关材料的损耗率，按相关规定标准计算。

2) 雷管的基本损耗，按劳动定额的有关说明规定，计算出炮孔个数，按每个炮孔一个雷管取定。

3)炸药的基本耗量、炮孔长度,按劳动定额规定计算,炮孔的平均孔深综合取定。装药按每米炮孔装 1kg 取定,每孔装药量按占炮孔深度的比例取定。

4)岩石层隧道开挖爆破的起爆方法,这次已将原《全国统一市政工程预算定额》(1988)采用的火雷管起爆改为电力起爆,因此将火雷管改为电雷管(迟发雷管),导火索改为胶质线(两种规格分别称区域线和主导线)。平洞、斜井、竖井及各种不同断面爆破用胶质线计算参数见表7-59。

表 7-59　　　　　　　　　区域线及主导线用量计算参数表

参数名称	平洞开挖断面积/(m^2 以内)						
	4	6	10	20	35	65	100
一次爆破进尺/m	1.2	1.3	1.4	1.5	1.55	1.6	1.65
一次爆破工程量/m^3	4.8	7.8	14.0	30.0	54.25	104.0	165.0
每平方米爆破断面积用区域线/m	1.1	1.1	1.1	1.1	1.1	1.1	1.1
每完成 100m^3 爆破量需放炮次数	20.83	12.82	7.14	3.33	1.84	0.96	0.61
每完成 100m^3 爆破量用区域线/m	91.65	84.61	78.54	73.26	69.92	68.64	67.10
每次放炮用主导线/m	200	200	200	200	200	200	200
每放一次炮主导线损耗量/m	3	4	5	10	13	21	30
每完成 100m^3 爆破量摊销主导线/m	62.49	51.28	35.70	33.30	23.92	20.16	18.30

参数名称	斜井开挖断面积/(m^2 以内)			竖井开挖断面积/(m^2 以内)		
	5	10	20	5	10	25
一次爆破进尺/m	1.2	1.4	1.5	1.2	1.4	1.5
一次爆破工程量/m^3	6.0	14.0	30.0	6.0	14.0	37.51
每平方米爆破断面积用区域线/m	1.1	1.1	1.1	1.1	1.1	1.1
每完成 100m^3 爆破量需放炮次数	16.67	7.14	3.33	16.67	7.14	2.67
每完成 100m^3 爆破量用区域线/m	91.65	78.54	72.26	91.65	78.54	73.26
每次放炮用主导线/m	120	120	120	120	120	120
每放一次炮主导线损耗量/m	2.4	3.6	5.4	3.75	7.18	13.4
每完成 100m^3 爆破量摊销主导线/m	40.01	25.70	17.98	40.01	25.70	17.98

注:1. 区域线为定额中的 BV—2.5mm 胶质线;主导线为定额中的 BV—4.0mm 胶质线。
　　2. 地沟开挖:底宽 0.5m 内、1.0m 内和 1.5m 内的区域线及主导线定额耗量,分别与平洞断面 6m^2 内、10m^2 内和 20m^2 内的耗量相同。

5)合金钻头的基本耗量,按每个合金钻头钻不同类别岩石的不同延长米,来确定合金钻头的报废量。每开挖 100m^3 不同类别岩石需要钻孔的总延长米数,按劳动定额规定计算。每个合金钻头钻不同类别岩石报废延长米的取定见表7-60。

表 7-60　　　　　　　　　钻不同类别岩石报废延长米的取定

岩石类别	次坚石	普坚石	特坚石
一个钻头报废钻孔延长米	39.5	32.0	24.5

6) 六角空心钢的基本耗量(含六角空心钢加工损耗和不够使用长度的报废量):平洞、斜井和竖井,按每消耗一个合金钻头,消耗 1.5kg 六角空心钢取定;地沟按每消耗一个合金钻头,消耗 1.2kg 六角空心钢取定。

7) 风动凿岩机和风动装岩机用高压胶皮风管($\phi25$ 与 $\phi50$)按相应凿岩机和装岩机台班数量来确定摊销量。由于两种风动机械的原配管长度发生变化,本定额的摊销量长度将由原定额每台班摊销 0.11m 改为每台班摊销 0.18m。

8) 凿岩机用高压胶皮水管($\phi19$)的定额摊销量,按每个凿岩机台班摊销 0.18m 取定。

9) 喷射混凝土用高压胶皮管基本用量($\phi50$),按混凝土喷射机每个台班摊销 2.3m 取定。

10) 凿岩机湿式作业的基本耗水量,按每个凿岩机台班每实际运转 1h 耗水 $0.3m^3$ 取定。台班实际运转时间,按劳动定额规定,平洞开挖 5h,斜井、竖井和地沟开挖,综合取定为 4.4h。

11) 临时工程的各种风管、水管、动力线、照明线、轨道等材料以年摊销量形式表示。各种材料的年摊销率见表 7-61。

表 7-61　　　　　　　　　　临时工程材料年摊销率表

材料名称	年摊销率(%)	材料名称	年摊销率(%)
粘胶布轻便软管	33.0	铁皮风管	20.0
钢管	17.5	法兰盘	15.0
阀门	30.0	电缆	26.0
轻轨 15kg/m	14.5	轻轨 18kg/m	12.5
轻轨 24kg/m	10.5	鱼尾板	19.0
鱼尾螺栓	27.0	道钉	32.0
垫板	16.0	枕木	35.0

12) 混凝土、砂浆(锚杆用)均以半成品体积,按常用强度等级列入定额,设计强度等级不同时可以调整。内衬现浇混凝土按现场拌和编制,若采用预拌(商品)混凝土则按各地区规定执行。

13) 模板以钢模为主,定额已适当配以木模。模板以与混凝土的接触面积用"m^2"表示。各种衬砌形式的模板与混凝土接触面积取定数见表 7-62。

表 7-62　　　　　　　　衬砌每 $10m^3$ 混凝土与模板接触面积的取定

序号	项目	混凝土衬砌厚度/cm	接触面积/m^2
1	平洞拱跨跨径 10m 内	30~50	23.81
2	平洞拱跨跨径 10m 内	50~80	15.51
3	平洞拱跨跨径 10m 内	80 以上	9.99
4	平洞拱跨跨径 10m 以上	30~50	24.09
5	平洞拱跨跨径 10m 以上	50~80	15.82
6	平洞拱跨跨径 10m 以上	80 以上	10.32
7	平洞边墙	30~50	24.55
8	平洞边墙	50~80	17.33

续表

序号	项 目	混凝土衬砌厚度/cm	接触面积/m²
9	平洞边墙	80以上	12.01
10	斜井拱跨跨径10m内	30~50	26.19
11	斜井拱跨跨径10m内	50~80	17.06
12	斜井边墙	30~50	27.01
13	斜井边墙	50~80	18.84
14	竖井	15~25	46.69
15	竖井	25~35	30.22
16	竖井	35~45	23.12

14)定额材料栏中所列的耗电量,只包括原《全国统一市政工程预算定额》(1988)中所列机械,且其原值在2000元以内。这次定额规定将其费用列入工具用具费后,原电动机械应发生的耗电量,不含除此之外的任何其他耗电量。

15)定额的主要材料已列入各子目的材料栏内,次要材料均包括在定额其他材料费内,不得调整。

(3)机械。

1)凿岩机、装岩机台班,按劳动定额计算所得的凿岩工(或装岩机)工日数的1/2再加凿岩机(或装岩机)机械幅度差得出。

2)锻钎机(风动)台班,按定额每消耗10kg六角空心钢需要0.2锻钎机台班计算。

3)空气压缩机台班计算:

①空气压缩机由凿岩机用空气压缩机和锻钎机用空气压缩机两部分组成。

②定额选用的空气压缩机产风量为10m³/min的电动空气压缩机。凿岩机(气腿式)的耗风量取定为3.6m³/min,锻钎机耗风量取定为6m³/min。

③空气压缩机定额台班=[3.6m³/min×凿岩机台班+6m³/min×锻钎机台班]÷10m³/min。

4)开挖用轴流式通风机台班按以下公式计算:

$$轴流式通风机台班=\frac{a}{b}\times 100$$

式中 a——各种开挖断面每放一次炮需要通风机台班数;

b——各种开挖断面每放一次炮计算得出的爆破石方工程量(m³)。

爆破工程量=平均炮孔深度×炮孔利用率×设计断面积

隧道内地开挖未单独考虑通风机。

5)隧道内机械装自卸汽车出渣用通风机台班,是根据机械能进洞的断面积及机械进洞完成定额工程量所需的时间综合取定的。

6)隧道内机械装、自卸汽车运石渣的装运机械,是以隧道外的相应定额水平为基础,考虑到隧洞内外工效差异,经过调整后取定的。定额的挖掘机和自卸汽车采用的是综合台班,其各自的综合比例如下:

①挖掘机综合比例:

a. 机械、单斗挖掘机　　1m³　　占20%

b. 液压、单斗挖掘机　　0.6m³　　占15%

c. 液压、单斗挖掘机　　1m³　　占30%
d. 液压、单斗挖掘机　　2m³　　占35%
②自卸汽车综合比例：
a. 自卸汽车　　4t　　占30%
b. 自卸汽车　　6t　　占20%
c. 自卸汽车　　8t　　占15%
d. 自卸汽车　　10t　　占15%
e. 自卸汽车　　15t　　占20%

7) 斗车台班数：

①平洞出渣用斗车，按劳动定额计算所得出的运渣工日数，分别按下述标准计算：

a. 0.6m³ 斗车台班，按运渣工工日数的1/2计算。

b. 1m³ 斗车台班，按运渣工工日数的1/3计算。

c. 电瓶车用斗车，按每个电瓶车台班用6个斗车计算。

②斜井和竖井出渣用斗车，按每个卷扬机台班用两个斗车计算。

8) 电瓶车台班，按劳动定额计算所得的电瓶车工工日数的1/2计算。

9) 充电机台班，按电瓶车台班数的2/3计算。

10) 卷扬机台班数，按劳动定额说明中，斜井、竖井的作业时间，每出一次渣所需的时间和每出一次渣的工作量等规定计算。

11) 定额的机械台班费单价，采用的是建设部建标(1998)57号文颁发的《全国统一施工机械台班费用定额》的台班单价。

12) 定额的机械栏中，不再列其他机械费。定额机械栏中的不同类型的机械，都分别计取了不同的机械幅度差。

4. 注意事项

(1) 隧道开挖定额步距的确定，是依据劳动定额的步距和收集的实际施工的多个工程资料，隧道最小断面3.98m²、最大断面100m²左右，经过比较、测算确定的。

(2) 岩石层隧道开挖定额，平洞最小断面4m²以内，斜井、竖井最小断面5m²以内，定额规定最小断面均不得小于2m²，不是实际工程中不需要小于2m²的隧洞，而是定额确定的施工方法，用于小于2m²内断面隧道时，无法施工。

(3) 平洞全断面开挖定额的4m²内到35m²内，是按劳动定额相应全断面标准计算的；65m²内和100m²内，是按劳动定额的导洞、光爆层和扩大开挖的不同标准综合计算的。平洞的轴线坡度在5°以内。

(4) 斜井全断面开挖定额，劳动定额确定的施工方法包括上行开挖和下行开挖两种。本定额按劳动定额的上行开挖占20%、下行开挖占80%综合计算的，开挖方法比例不同时，不得调整。斜井的轴线与水平线的夹角在15°～30°。若实际工程的夹角不在此范围内时，可另编补充定额。

(5) 竖井全断面开挖，劳动定额分正井开挖和反井开挖两种施工方法。本定额按正井开挖占80%、反井开挖占20%综合编制的，实际施工方法所占比例不同时，不得调整。

(6) 隧道内地沟开挖，为使地沟成型完整，定额按爆破开挖占70%、人工凿石占30%综合编制的，即地沟的边壁按人工凿石形成考虑的。定额的工程量计算规则中规定："隧道内地沟的开挖和出渣工程量，按设计断面尺寸，以m³计算，不得另行计算允许超挖量"，其原因就在于此。

(7) 开挖定额的岩石分为次坚石、普坚石和特坚石三类，每类岩石劳动定额还包括不同的标

准。本定额的各类岩石分别按下述标准综合编制:
1)次坚石,包括 $f=4\sim8$ 标准,定额按 $f=4\sim6$ 标准占 40%, $f=6\sim8$ 标准占 60%。
2)普坚石,包括 $f=8\sim12$ 标准,定额按 $f=8\sim10$ 标准占 40%, $f=10\sim12$ 标准占 60%。
3)特坚石,包括 $f=12\sim18$ 标准,定额按 $f=12\sim14$ 标准占 30%, $f=14\sim16$ 标准占 35%, $f=16\sim18$ 标准占 35%。

(8)出渣定额中的岩石类别,定额按 $f=8\sim14$ 占 20%, $f=14\sim18$ 占 80%综合编制的。$f=4\sim8$ 的定额水平比较高,经过分析比较后,认为不占一定的综合比例,是合理的。

(9)岩石层隧道定额,在开挖、内衬等施工过程中,若出现瓦斯、涌水、流砂、塌方、溶洞等特殊情况时,因处理塌方、溶洞等发生的人工、材料和机械等费用以及因此而发生停工、窝工等费用,未包括在定额内,应另行计算。

(二)软土层隧道定额编制说明

1. 适用范围

软土层隧道工程预算定额,适用于城镇管辖范围内新建和扩建的各种人行车行隧道、越江隧道、地铁隧道、给排水隧道和电缆隧道等工程。

2. 相关数据的取定

(1)人工。

1)基本工。以《全国市政工程劳动定额(1997年版)》"隧道分册"为基础,不足部分参照《上海市政补充劳动定额》"隧道分册"和《建筑安装工程基础定额》。定额人工不分工种、不分技术等级,以综合工种所需的工日数表示,定额工作内容中综合了完成该项子目的多道工序,计算时按各项工序分别套用相应的劳动定额取定。劳动定额中步骤划分较细的,计算时按工序的比重综合取定。

2)辅助工。指为主要工序服务的机电值班工、泵房值班工和为浇捣混凝土服务的看模工、看筋工、养护工等。定额第四册《隧道工程》中按下列规定取定:

①盾构推进项目,定额中只考虑井下操作工,未包括地面辅助工,根据现行的施工规定,按每班增加 2~3 名机电、泵房值班工。

②混凝土结构中,机电值班工按每 $10m^3$ 混凝土地梁、底板、封底项目增加 0.25 工日,刃脚、墙壁、隔墙项目增加 0.28 工日,垫层、内部结构项目增加 0.4 工日。

③混凝土浇捣中,按每 $10m^3$ 混凝土垫块制作项目增加 0.1 工日,钢筋翻样、看筋项目增加 0.5 工日,木工翻样、看模项目增加 0.5 工日,浇水养护项目增加 0.5 工日,泵送混凝土装卸硬管增加 0.06 工日。

④以钢模为主的模板工程中,木模以刨光为准,在套用木模定额时每 $10m^2$ 增加 0.08 工日。

⑤木模板、立柱、横梁、拉杆支撑的场内运输。装卸工按 4 人/$10m^3$ ×0.20×一次使用量计算。

3)其他用工。

①超运距人工。软土层隧道地面材料运输的总运距取定为 100m,超运距人工按各种材料的运输方法及超运距,套用相应的劳动定额分册。钢模、木模以一次模板作用量乘安拆各一次计算超运距运输人工。

②人工幅度差。软土层隧道的人工幅度差综合取定为 10%。

(2)材料。各种材料损耗率按相关规定取定计算。

1)混凝土。软土层隧道施工目前主要集中在沿海城市。由于城市施工场地窄小,隧道主体结构混凝土工程量大、连续性强。因此,定额中除预制构件外均采用商品混凝土计价,商品混凝土价格包括10km内的运输费,定额中只采用一种常用的混凝土强度等级,设计强度等级与定额不同时允许调整。

2)护壁泥浆。地下连续墙施工中的护壁泥浆,定额中列一种常用的普通泥浆,并考虑部分重复使用。当地质和槽深不同需要采用重晶石泥浆时允许调整。

3)触变泥浆。沉井助沉触变泥浆和隧道管片外衬砌压浆,定额中按常用的配合比计划,定额执行中一般不作调整。

4)钢筋。混凝土结构中的钢筋单列项目,以重量为计量单位。施工用筋量按不同部位取定,一般控制在2‰以内,钢筋不考虑除锈,设计图纸已注明的钢筋接头按图纸规定计算,设计图纸未说明的通长钢筋,$\phi 25$ 以内的按8m长计算一个接头,$\phi 25$ 以上的按6m长计算一个接头。不同钢筋每吨接头个数见表7-63。

表 7-63　　　　　　　　　不同钢筋每吨接头个数

钢筋直径/mm	长度/(m/t)	阻焊接头/个	钢筋直径/mm	长度/(m/t)	阻焊接头/个	钢筋直径/mm	长度/(m/t)	阻焊接头/个
12	1126.10	140.77	20	405.50	50.69	30	180.20	30.03
14	827.81	103.48	22	335.10	41.89	32	158.40	26.40
16	633.70	79.21	25	259.70	43.28	36	125.40	20.87
18	500.50	62.56	28	207.00	34.50			

5)模板。定额采用工具式定型钢模为主,少量木模结合为辅。

①钢、木模的比值根据各工程的施工部位测算取定。

a. 沉井各部位钢、木模比例见表7-64。

表 7-64　　　　　　　　　沉井各部位钢、木模比例

项目	刃脚	底板	框架外井壁	框架内井壁	井壁	隔墙	综合
木模	25	100	—	100	13	5	10
钢模	75	—	100	—	87	95	90

b. 地下混凝土结构钢、木模比例见表7-65。

表 7-65　　　　　　　　　地下混凝土结构钢、木模比例

项目	底板	双面墙	单面墙	柱、梁	平台顶板	扶梯	电缆沟侧石	支承墙
木模	15	11	8	10	10	10	10	11
钢模	85	89	92	90	90	90	90	89

c. 预制混凝土管片、顶升管节、复合管片全部采用专用钢模。

d. 软土层隧道内衬混凝土采用液压拉模,定额中未包括拉模摊销费用。

②钢模板:

a. 钢模板周转材料使用次数见表7-66。

表 7-66　　　　　　　　　钢模板周转材料使用次数

项目	钢模		钢模扣配件	钢管支撑
	现浇	预制		
周转使用次数	50	100	25	75

b. 钢模板重量取定。工具式钢模板由钢模板、零星卡具、支撑钢管和部分木模组成。现浇构件钢模板每 $1m^2$ 接触面积经过综合折算，钢模板重量为 $38.65kg/m^2$。

③木模板：

a. 木模板周转次数和一次补损率见表 7-67。

表 7-67　　　　　　　　　木模板周转次数和一次补损率

项目及材料		周转次数	一次补损率（%）	木模回收折价率（%）	周转使用系数 K_1	摊销量系数 K_2
现浇木模	模板	7	15	50	0.2714	0.2107
	支撑	20	15	50	0.1925	0.1713
预制木模		15	15	50	0.2067	0.1784
以钢模为主木模		2.5	20	50	0.5200	0.3600

b. 木模板材料用量的取定：

木枋 $5cm \times 7cm$：$0.1106 m^3/10m^2$。

支撑：$0.248 m^3/10m^2$。

c. 木模板的计算方法：

摊销量系数 $K_2 = K_1 -(1-补损率) \times 回收折价率/周转次数$

摊销量＝一次使用量$\times K_2$

6)脚手架。脚手架耐用期限见表 7-68。

表 7-68　　　　　　　　　脚手架耐用期限表

材料名称	脚手板		钢管（附扣件）	安全网
	木	竹		
耐用期限/月	42	24	180	48

7)铁钉。木模板中铁钉用量：经测算按概预算编制手册现浇构件模板工程次要材料表中 15 个项目综合取定，铁钉摊销量 $0.297kg/m^2$（木模）。

8)铁丝。钢筋铁丝绑扎取用镀锌铁丝，直径 10mm 以下钢筋取 2 股 22 号铅丝，直径 10mm 以上钢筋取 3 股 22 号铅丝。每 1000 个接点钢筋绑扎铁丝用量按表 7-69 取定。

表 7-69　　　　　　　　每 1000 个接点钢筋绑扎铁丝用量　　　　　　　　kg

钢筋直径/mm	6~8	10~12	14~16	18~20	22	25	28	32
6~8	0.91	1.03	2.84	3.29	3.74	4.04	4.34	4.64
10~12	1.03	2.84	3.29	3.74	4.04	4.34	4.64	4.94
14~16	2.84	3.29	3.74	4.04	4.34	4.64	4.94	5.24

续表

钢筋直径/mm	6~8	10~12	14~16	18~20	22	25	28	32
18~20	3.29	3.74	4.04	4.34	4.64	4.94	5.24	5.54
22	3.74	4.04	4.34	4.64	4.94	5.24	5.54	5.84
25	4.04	4.34	4.64	4.94	5.24	5.54	5.84	6.14
28	4.34	4.64	4.94	5.24	5.54	5.84	6.14	6.44
32	4.64	4.94	5.24	5.54	5.84	6.14	6.44	6.89

9)预埋铁件。预制构件中已包括预埋铁件,现浇混凝土中未考虑预埋铁件,现浇混凝土所需的预埋铁件者,套用铁件安装定额。

10)电焊条:

①钢筋焊接焊条用量见表 7-70(已包括操作损耗)。

表 7-70　　　　　　　　钢筋焊接焊条用量表　　　　　　　　kg

钢筋直径/mm	拼接焊	搭接焊	与钢板搭接	电弧焊对接
	1m 焊缝			10 个接头
12	0.28	0.28	0.24	
14	0.33	0.33	0.28	
16	0.38	0.38	0.33	
18	0.42	0.44	0.38	
20	0.46	0.50	0.44	0.78
22	0.52	0.61	0.54	0.99
25	0.62	0.81	0.73	1.40
28	0.75	1.03	0.95	2.01
30	0.85	1.19	1.10	2.42
32	0.94	1.36	1.27	2.88
36	1.14	1.67	1.58	3.95

②钢板搭接焊焊条用量(每 1m 焊缝)见表 7-71(已包括操作损耗)。

表 7-71　　　　　　　　钢板搭接焊焊条用量

焊缝高/mm	4	6	8	10	12	13
焊条/kg	0.24	0.44	0.71	1.04	1.43	1.65
焊缝高/mm	14	15	16	18	20	
焊条/kg	1.88	2.13	2.37	2.92	3.50	

③堆角搭接每 100m 焊缝的焊条消耗量见表 7-72。

表 7-72　　　　　　　　　　堆角搭接每 100m 焊缝的焊条消耗量

用料	堆角搭接焊缝,焊件厚度/mm							
	6	8	10	12	14	16	18	20
电焊条/kg	33	65	104	135	180	237	292	350

11) 氧气、乙炔。氧切槽钢、角钢、工字钢每切 10 个口的氧气、乙炔消耗量见表 7-73。

表 7-73　　　　　氧切槽钢、角钢、工字钢的氧气、乙炔消耗量　　　　　每 10 个切口

槽钢规格	氧气/m³	乙炔/kg	角钢规格	氧气/m³	乙炔/kg	工字钢规格	氧气/m³	乙炔/kg
18A	0.72	0.24	130×10	0.50	0.17	18A	1.00	0.33
20A	0.83	0.28	150×150	0.80	0.27	20A	1.20	0.40
22A	0.95	0.32	200×200	1.11	0.37	22A	1.33	0.44
24A	1.09	0.36				24A	1.50	0.50
27A	1.20	0.40				27A	1.62	0.54
30A	1.33	0.44				30A	1.82	0.61
36A	1.70	0.57				36A	2.14	0.71
40A	2.00	0.67				40A	2.40	0.80

12) 盾构用油、用电、用水量：

①盾构用油量,根据平均日耗油量和平均日掘进量取定：

盾构用油量＝平均日耗油量/平均日掘进量

②盾构用电量,根据盾构总功率、每班平均总功率使用时间及台班掘进进尺取定：

盾构用电量＝盾构机总功率×每班总功率使用时间/台班掘进进尺

③盾构用水量中,水力出土盾构考虑主要由水泵房供水,不再另计掘进中自来水量；干式出土盾构掘进按配用水管、直径流速、用水时间及班掘进进尺取定：

盾构用水量＝水管断面×流速×每班用水时间/班掘进进尺

13) 盾构掘进中照明用电。井下作业凡掘进后施工的项目照明灯具、线路摊销费在掘进定额中已综合考虑,分项不再另计,照明用量按下列原则计算：

单位定额耗电量＝预算定额用工/劳动组合×6h×施工区域照明灯用电量

14) 隧道施工中管线、铁件摊销。盾构法隧道掘进一般施工周期很长,为了正确反映掘进过程中各种管线、轨道的摊销量,以 1000m 定额工期/360 天为一个隧道年,按管线一次使用量及管线年折旧率确定摊销量。

单位进尺施工管线路摊销量＝1000m 定额工期/360 天×年折旧率×单位进尺使用量

①盾构法施工中管线路年折旧率见表 7-74。

表 7-74　　　　　　　　　　　　　管线路年折旧率

项目	轨道	轨枕	进出水管	风管	自来水管	支架	栏杆	走道板
折旧率	0.167	0.20	0.25	0.333	0.333	0.667	0.667	0.667

②盾构法施工中,轨道、轨枕、进出水管、风管、走道板、支架、栏杆等材料用量见表9-72。

表 7-75　　　　　　　　　　　材料用量表　　　　　　　　　　　　　kg/m

项　目	轨道双根	轨　枕	进出水管	风　管	走道板	支　架	栏　杆	自来水管
盾构掘进	36.40	16.90	47.60	38.90	21.10	12.00	2.76	11.96

③地下连续墙铁件摊销量见表7-76。

表 7-76　　　　　　　　　　地下连续墙铁件摊销量

项　　目	现浇混凝土导墙		吊拔锁口管
	钢撑框	固定铁件	锁口管
摊销次数	12	5	70

15)其他材料费:
①脱模油:按模板接触面积 0.11kg/m², 0.684 元/kg。
②尼龙帽以 5 次摊销, 0.58 元/只。
③草包:按每平方米水平露面积 0.69 只/m², 0.72 元/只。
(3)机械。
1)机械台班幅度差按表7-77确定。

表 7-77　　　　　　　　　　　机械台班幅度差

机械种类	台班幅度差	机械种类	台班幅度差	机械种类	台班幅度差
盾构掘进机	1.30	灰浆搅拌机	1.33	沉井钻吸机组	1.33
履带式推土机	1.25	混凝土输送泵车	1.33	反循环钻机	1.25
履带式挖掘机	1.33	混凝土输送泵	1.50	超声波测壁机	1.43
压路机	1.33	振动器	1.33	泥浆制作循环设备	1.33
夯实机	1.33	钢筋加工机	1.30	液压钻机	1.43
装载机	1.25	木工加工机	1.30	液压注浆泵	1.25
履带式起重机	1.30	金属加工机械	1.43	垂直顶升设备	1.25
汽车式起重机	1.25	电动离心泵	1.30	轴流风机	1.25
龙门式起重机	1.30	泥浆泵	1.30	电瓶车	1.25
桅杆式起重机	1.20	潜水泵	1.30	轨道平车	1.25
载重汽车	1.25	电焊机	1.30	整流充电机	1.25
自卸汽车	1.25	对焊机	1.30	工业锅炉	1.33
电动卷扬机	1.30	电动空压机	1.25	潜水设备	1.66
混凝土搅拌机	1.33	履带式液压成槽机	1.33	旋喷桩机	1.33

机械台班耗用量是指按照施工作业,取用合理的机械完成单位产品耗用的机械台班消耗量。属于按施工机械技术性能直接计取台班产量的机械,按机械幅度差取定。

定额台班产量＝分项工程量×1/(产量定额×小组成员)

2)机械台班量的取定：

①商品混凝土泵车台班量见表 7-78。

表 7-78　　　　　　　　　商品混凝土泵车台班量

部位		单位	台班产量	耗用台班/10m³
垫层		m³	54.2	0.18
地梁		m³	47.7	0.21
刃脚		m³	51.1	0.20
墙	0.5m 内	m³	44.33	0.23
	0.5m 外	m³	49.26	0.21
	衬墙	m³	39.12	0.25
底板	50 以内	m³	78.8	0.13
	50 以外	m³	94.5	0.11

②地下连续墙成槽机械台班量见表 7-79。

表 7-79　　　　　　　　　地下连续墙成槽机械台班量

机械名称	履带式液压成槽机			钻机
挖槽深度/m	15	25	35	25
台班产量/m³	30.23	21.12	16.22	21.12

③部分加工机械劳动组合的取定见表 7-80。

表 7-80　　　　　　　　　部分加工机械劳动组合的取定

项目	钢筋切断机	钢筋弯曲机	钢筋碰焊机	电焊机	立式钻床	木圆锯	车床	剪板机
劳动组合	2	2	3	1	2	2	1	3

④插入式震动器台班按 1 台搅拌机配 2 台震动器计算。

⑤木模板场内外运输,按 4t 载重汽车每台班运 13m³ 木模计算。配备装卸工 4 人,木模运输量按 1 次使用量的 20％计算。

⑥盾构掘进机械台班量取定先把不同阶段的劳动定额中 6h 台班产量折算为 8h 台班产量,再根据机械配备量求出台班耗用量：

台班耗用量＝1/(劳动定额台班产量×8/6)×配备数量×机械幅度差

第七节　给排水工程定额工程量计算

一、定额工程量计算说明

1. 管道安装工程定额工程量计算说明

管道安装工程定额工程量计算说明见表 7-81。

表 7-81　　　　　　　　　管道安装工程定额工程量计算说明

序号	内　容	说　　明
1	管道安装包含的内容	定额第五册《给水工程》第一章管道安装内容包括铸铁管、混凝土管、塑料管安装,铸铁管及钢管新旧管连接、管道试压、消毒冲洗
2	管节长度	定额中管节长度是综合取定的,实际不同时不做调整
3	套管内的管道铺设	套管内的管道铺设按相应的管道安装人工、机械乘以系数1.2
4	混凝土管安装	混凝土管安装不需要接口时,按定额第六册《排水工程》相应定额执行
5	消毒冲洗水	定额给定的消毒冲洗水量,如水质达不到饮用水标准,水量不足时,可按实调整,其他不变
6	管径	新旧管线连接项目所指的管径是指新旧管中最大的管径
7	定额不包括的内容	管道试压、消毒冲洗、新旧管道连接的排水工作内容,按批准的施工组织设计另计 新旧管连接所需的工作坑及工作坑垫层、抹灰、马鞍卡子、盲板安装,工作坑及工作坑垫层、抹灰执行定额第六册《排水工程》有关定额,马鞍卡子、盲板安装执行有关定额

2. 管道内防腐工程定额工程量计算说明

管道内防腐工程定额工程量计算说明见表 7-82。

表 7-82　　　　　　　　　管道内防腐工程定额工程量计算说明

序号	内　容	说　　明
1	管道内防腐包含的内容	定额第五册《给水工程》第二章管道内防腐内容包括铸铁管、钢管的地面离心机械内涂防腐、人工内涂防腐
2	现场和厂内集中防腐	地面防腐综合考虑了现场和厂内集中防腐两种施工方法

3. 管件安装工程定额工程量计算说明

管件安装工程定额工程量计算说明见表 7-83。

表 7-83　　　　　　　　　管件安装工程定额工程量计算说明

序号	内　容	说　　明
1	管件安装包含的内容	定额第五册《给水工程》第三章管件安装内容包括铸铁管件、承插式预应力混凝土转换件、塑料管件、分水栓、马鞍卡子、二合三通、铸铁穿墙管、水表安装
2	定额适用范围	铸铁管件安装适用于铸铁三通、弯头、套管、乙字管、渐缩管、短管的安装,并综合考虑了承口、插口、带盘的接口,与盘连接的阀门或法兰应另计
3	铸铁管件安装	铸铁管件安装(胶圈接口)也适用于球墨铸铁管件的安装
4	马鞍卡子	马鞍卡子安装所列直径是指主管直径
5	法兰式水表	法兰式水表组成与安装定额内无缝钢管、焊接弯头所采用壁厚与设计不同时,允许调整其材料预算价格,其他不变
6	定额包含的内容	(1)与马鞍卡子相连的阀门安装,执行定额第七册《燃气与集中供热工程》。 (2)分水栓、马鞍卡子、二合三通安装的排水内容,应按批准的施工组织设计另计

4. 管道附属构筑物工程定额工程量计算说明

管道附属构筑物工程定额工程量计算说明见表7-84。

表7-84　　　　　　管道附属构筑物工程定额工程量计算说明

序号	内容	说明
1	管道附属构筑物包含的内容	定额第五册《给水工程》第四章管道附属构筑物内容包括砖砌圆形阀门井、砖砌矩形卧式阀门井、砖砌矩形水表井、消火栓井、圆形排泥湿井、管道支墩工程
2	砖砌圆形阀门井	砖砌圆形阀门井是按《给水排水标准图集》S143、砖砌矩形卧式阀门井按S144、砖砌矩形水表井按S145、消火栓井按S162、圆形排泥湿井按S146编制的,且全部按无地下水考虑
3	井深	定额所指的井深是指垫层顶面至铸铁井盖顶面的距离。井深大于1.5m时,应按定额第六册《排水工程》有关项目计取脚手架搭拆费
4	定额考虑内容	定额是按普通铸铁井盖、井座考虑的,如设计要求采用球墨铸铁井盖、井座,其材料预算价格可以换算,其他不变
5	排气阀井	排气阀井,可套用阀门井的相应定额
6	矩形卧式阀门	矩形卧式阀门井筒每增0.2m定额,包括两个井筒同时增0.2m
7	定额不包括的内容	(1)模板安装拆除、钢筋制作安装,如发生时,执行定额第六册《排水工程》有关定额。 (2)预制盖板、成型钢筋的场外运输。如发生时,执行定额第一册《通用项目》有关定额。 (3)圆形排泥湿井的进水管、溢流管的安装,执行有关定额

5. 取水工程定额工程量计算说明

取水工程定额工程量计算说明见表7-85。

表7-85　　　　　　取水工程定额工程量计算说明

序号	内容	说明
1	取水工程包含的内容	定额第五册《给水工程》第五章取水工程内容包括大口井内套管安装、辐射井管安装、钢筋混凝土渗渠管制作安装、渗渠滤料填充
2	套管安装	(1)大口井套管为井底封闭套管,按法兰套管全封闭接口考虑; (2)大口井底作反滤层时,执行渗渠滤料填充项目
3	定额不包括的内容	(1)辐射井管的防腐,执行《全国统一安装工程预算定额》。 (2)模板制作安装拆除、钢筋制作安装、沉井工程。如发生时,执行定额第六册《排水工程》有关定额。其中渗渠制作的模板安装拆除人工按相应项目乘以系数1.2。 (3)土石方开挖、回填、脚手架搭拆、围堰工程执行定额第一册《通用项目》有关定额。 (4)船上打桩及桩的制作,执行定额第三册《桥涵工程》有关项目。 (5)水下管线铺设,执行定额第七册《燃气与集中供热工程》有关项目

二、定额工程量计算方法

1. 管道安装工程

(1)管道安装均按施工图中心线的长度计算(支管长度从主管中心开始计算到支管末端交接处的中心),管件、阀门所占长度已在管道施工损耗中综合考虑,计算工程量时均不扣除其所占长度。

(2)管道安装均不包括管件(指三通、弯头、异径管)、阀门的安装,管件安装执行本册有关定额。

(3)遇有新旧管连接时,管道安装工程量计算到碰头的阀门处,但阀门及与阀门相连的承(插)盘短管、法兰盘的安装均包括在新旧管连接定额内,不再另计。

2. 管道内防腐工程

管道内防腐按施工图中心线长度计算,计算工程量时不扣除管件、阀门所占的长度,但管件、阀门的内防腐也不另行计算。

3. 管件安装工程

管件、分水栓、马鞍卡子、二合三通、水表的安装按施工图数量以"个"或"组"为单位计算。

4. 管道附属构筑物工程

(1)各种井均按施工图数量,以"座"为单位。

(2)管道支墩按施工图以实体积计算,不扣除钢筋、铁件所占的体积。

5. 取水工程

大口井内套管、辐射井管安装按设计图中心线长度计算。

三、全国统一定额编制说明

定额第五册《给水工程》适用于城镇范围内的新建、扩建市政给水工程。

1. 相关数据的取定

(1)人工。

1)定额人工工日不分工种、技术等级一律以综合工日表示。

综合工日＝基本用工＋超运距用工＋人工幅度差＋辅助用工

2)水平运距综合取定 150m,超运距 150－50＝100m。

3)人工幅度差＝(基本用工＋超运距用工)×10％

(2)材料。

1)主要材料净用量按现行规范、标准(通用)图集重新计算取定。

2)损耗率按建设部(96)建标经字第 47 号文件的规定计算。

(3)机械。

1)凡是以台班产量定额为基础计算台班消耗量,均计入了机械幅度差。

2)凡是以班组产量计算的机械台班消耗量,均不考虑幅度差。

2. 注意事项

(1)所有电焊条的项目,均考虑了电焊条烘干箱烘干电焊条的费用。

(2)管件安装经过典型工程测算,综合取定每一件含 2.3 个口(其中铸件管件含 0.3 个盘),简化了定额套用。

(3)套用机械作业的劳动定额项目,凡劳动定额包括司机的项目,均已扣除了司机工日。

(4)取水工程项目均按无外围护考虑,经测算在符合《全国统一市政劳动定额基础》后乘以折减系数 0.87。

(5)安装管件配备的机械规格与安装直管配备的机械规格相同。

第八节 排水工程定额工程量计算

一、定额工程量计算说明

1. 定型混凝土管道基础及铺设工程定额工程量计算说明

定型混凝土管道基础及铺设工程定额工程量计算说明见表 7-86。

表 7-86　　　定型混凝土管道基础及铺设工程定额工程量计算说明

序号	内　容	说　明
1	定型混凝土管道基础及铺设包含的内容	定额第六册《排水工程》第一章定型混凝土管道基础及铺设包括混凝土管道基础、管道铺设、管道接口、闭水试验、管道出水口,是依据《给水排水标准图集》(1996)合订本 S2 计算的。适用于市政工程雨水、污水及合流混凝土排水管道工程
2	混凝土管铺设	$D300 \sim D700$ 混凝土管铺设分为人工下管和人机配合下管,$D800 \sim D2400$ 为人机配合下管
3	无基础的槽内铺设管道	如在无基础的槽内铺设管道,其人工、机械乘以系数 1.18
4	特殊情况考虑	如遇有特殊情况,必须在支撑下串管铺设,人工、机械乘以系数 1.33
5	枕基上铺设缸瓦管	若在枕基上铺设缸瓦管,人工乘以系数 1.18
6	自(预)应力混凝土	自(预)应力混凝土管胶圈接口采用给水册的相应定额项目
7	管道接口	企口管的膨胀水泥砂浆接口和石棉水泥接口适于 360°,其他接口均是按管座 120°和 180°列项的。如管座角度不同,按相应材质的接口做法,依据管道接口调整表进行调整(表 7-87)
8	水泥砂浆抹带与钢丝网水泥砂浆接口	定额中的水泥砂浆抹带、钢丝网水泥砂浆接口均不包括内抹口,如设计要求内抹口时,按抹口周长每 100 延长米增加水泥砂浆 $0.042m^3$、人工 9.22 工日计算
9	项目设计要求	如工程项目的设计要求与定额所采用的标准图集不同时,执行非定型的相应项目
10	模板、钢筋加工	定额中各项所需模板、钢筋加工,执行定额《排水工程》第七章相应项目
11	砖砌、石砌一字式、门字式	定额中计列了砖砌、石砌一字式、门字式、八字式适用于 $D300 \sim D2400$ 不同覆土厚度的出水口,依据是《给排水标准图集》(1996)合订本 S2,须对应选用,非定型或材质不同时可执行定额第一册《通用项目》和第六册《排水工程》第三章相应项目

表 7-87　　　　　　　　　　　管道接口调整表

序号	项目名称	实做角度	调整基数或材料	调整系数
1	水泥砂浆抹带接口	90°	120°定额基价	1.330
2	水泥砂浆抹带接口	135°	120°定额基价	0.890
3	钢丝网水泥砂浆抹带接口	90°	120°定额基价	1.330
4	钢丝网水泥砂浆抹带接口	135°	120°定额基价	0.890
5	企口管膨胀水泥砂浆抹带接口	90°	定额中1:2水泥砂浆	0.750
6	企口管膨胀水泥砂浆抹带接口	120°	定额中1:2水泥砂浆	0.670
7	企口管膨胀水泥砂浆抹带接口	135°	定额中1:2水泥砂浆	0.625
8	企口管膨胀水泥砂浆抹带接口	180°	定额中1:2水泥砂浆	0.500
9	企口管石棉水泥接口	90°	定额中1:2水泥砂浆	0.750
10	企口管石棉水泥接口	120°	定额中1:2水泥砂浆	0.670
11	企口管石棉水泥接口	135°	定额中1:2水泥砂浆	0.625
12	企口管石棉水泥接口	180°	定额中1:2水泥砂浆	0.500

注：现浇混凝土外套环、变形缝接口，通用于平口、企口管。

2. 定型井工程定额工程量计算说明

定型井工程定额工程量计算说明见表 7-88。

表 7-88　　　　　　　　　　　定型井工程定额工程量计算说明

序号	内容	说明
1	定型井包含的内容	定额第六册《排水工程》第二章定型井包括各种定型的砖砌检查井、收水井，适用于 D700～D2400 间混凝土雨水、污水及合流管道所设的检查井和收水井
2	各类井	各类井是按 1996 年《给水排水标准图集》S2 编制的，实际设计与定额不同时，执行第三章相应项目
3	砖砌	各类井均为砖砌，如为石砌时，执行《排水工程》第三章相应项目
4	内抹灰	各类井只计列了内抹灰，如设计要求外抹灰时，执行《排水工程》第三章的相应项目
5	井盖、井座	各类井的井盖、井座、井箅均系按铸铁件计列的，如采用钢筋混凝土预制件，除扣除定额中铸铁件外应作相应的调整
6	混凝土过梁	混凝土过梁的制、安小于 0.04m³/件时，执行定额《排水工程》第三章小型构件项目；大于 0.04m³/件时，执行定型井项目
7	预制混凝土构件	各类井预制混凝土构件所需的模板钢筋加工，均执行定额《排水工程》第七章的相应项目。但定额中已包括构件混凝土部分的人、材、机费用，不得重复计算
8	检查井	各类检查井当井深大于 1.5m 时，可视井深、井字架材质执行定额《排水工程》第七章的相应项目
9	井深	当井深不同时，除定额中列有增（减）调整项目外，均按定额《排水工程》第三章中井筒砌筑定额进行调整

3. 非定型井、渠、管道基础及砌筑工程定额工程量计算说明

非定型井、渠、管道基础及砌筑工程定额工程量计算说明见表7-89。

表7-89　　　　非定型井、渠、管道基础及砌筑工程定额工程量计算说明

序号	内容	说明
1	非定型井、渠、管道基础所包含内容	定额第六册《排水工程》第三章非定型井、渠、管道及构筑物垫层、基础、砌筑、抹灰、混凝土构件的制作、安装、检查井筒砌筑等,适用于定额各章节非定型的工程项目
2	定额中各项目均不包括的内容	定额中各项目均不包括脚手架,当井深超过1.5m时,执行定额《排水工程》第七章井字脚手架项目;砌墙高度超过1.2m时,抹灰高度超过1.5m所需脚手架执行定额第一册《通用项目》相应定额
3	模板与钢筋	定额中所列各项目所需模板的制、安、拆,钢筋(铁件)的加工均执行定额《排水工程》第七章相应项目
4	收水井的混凝土过梁	收水井的混凝土过梁制作、安装执行小型构件的相应项目
5	跌水井跌水部位的抹灰	跌水井跌水部位的抹灰,按流槽抹面项目执行
6	混凝土枕基和管座	混凝土枕基和管座不分角度均按相应定额执行
7	干砌、浆砌的出水口	干砌、浆砌出水口的平坡、锥坡、翼墙执行定额第一册《通用项目》相应项目
8	小型构件	定额中小型构件是指单件体积在0.04m³以内的构件。凡大于0.04m³的检查井过梁,执行混凝土过梁制作安装项目
9	拱型混凝土盖板的安装	拱(弧)型混凝土盖板的安装,按相应体积的矩形板定额人工、机械乘以系数1.15执行
10	井内抹灰	定额只计列了井内抹灰的子目,如井外壁需要抹灰,砖、石井均按井内侧抹灰项目人工乘以0.8,其他不变
11	井的升高检查	砖砌检查井的升高,执行检查井筒砌筑相应项目,降低则执行《市政定额》第一册《通用项目》拆除构筑物相应项目
12	石砌体	石砌体均按块石考虑,如采用片石或平石时,块石与砂浆用量分别乘以系数1.09和1.29,其他不变
13	构筑物的垫层	给排水构筑物的垫层执行相应定额项目,其中人工乘以系数0.87,其他不变;如构筑物池底混凝土垫层需要找坡时,其中人工不变
14	现浇混凝土方沟底板	现浇混凝土方沟底板,采用渠(管)道基础中平基的相应项目

4. 顶管工程定额工程量计算说明

顶管工程定额工程量计算说明见表7-90。

表 7-90　　　　　　　　　　　　顶管工程定额工程量计算说明

序号	内容	说明
1	顶管工程包含的内容	定额第六册《排水工程》第四章顶管工程包括工作坑土方、人工挖土顶管、挤压顶管、混凝土方(拱)管涵顶进，不同材质不同管径的顶管接口等项目，适用于雨、污水管(涵)以及外套管的不开槽顶管工程项目
2	工作坑垫层、基础	工作坑垫层、基础执行定额《排水工程》第三章的相应项目，人工乘以系数 1.10，其他不变。如果方(拱)涵管需设滑板和导向装置时，需另行计算
3	工作坑挖土方	工作坑挖土方是按土壤类别综合计算的，土壤类别不同，不允许调整。工作坑回填土，视其回填的实际做法，执行定额第一册《通用项目》的相应项目
4	工作坑内管明敷	工作坑内管(涵)明敷，应根据管径、接口做法执行第一章的相应项目，人工、机械乘以系数 1.10，其他不变
5	地下水	定额是按无地下水考虑的，如遇地下水时，排(降)水费用按相关定额另行计算
6	钢板内、外套环接口	定额中钢板内、外套环接口项目，只适用于设计所要求的永久性管口，顶进中为防止错口，在管内接口处所设置的工具式临时性钢胀圈不得套用
7	顶进施工的方拱	顶进施工的方(拱)涵断面大于 4m² 的，按箱涵顶进项目或规定执行
8	顶镐	管道顶进项目中的顶镐均为液压自退式，如采用人力顶镐，定额人工乘以系数 1.43；如系人力退顶(回镐)时间定额乘以系数 1.2，其他不变
9	人工挖土顶管设备	人工挖土顶管设备、千斤顶，高压油泵台班单价中已包括了安拆及场外运费，执行中不得重复计算
10	工作坑设沉井	工作坑如设沉井，其制作、下沉套用给排水构筑物章的相应项目
11	水力机械顶进	水力机械顶进定额中，未包括泥浆处理、运输费用，可另计
12	管径顶进	单位工程中，管径 φ1650 以内敞开式顶进在 100m 以内、封闭式顶进(不分管径)在 50m 以内时，顶进定额中的人工费与机械费乘以系数 1.3
13	中继间顶进	顶管采用中继间顶进时，顶进定额中的人工费与机械费乘以表 7-91 所列系数分级计算
14	安拆中继间项目	安拆中继间项目仅适用于敞开式管道顶进，当采用其他顶进方法时，中继间费用允许另计

表 7-91　　　　　　　　　　中继间顶进定额中人工费、机械费调整系数

中继间顶进分级	一级顶进	二级顶进	三级顶进	四级顶进	超过四级
人工费、机械费调整系数	1.36	1.64	2.15	2.80	另计

(1)钢筋工程量按图示尺寸以 t 计算。现浇混凝土中固定钢筋位置的支撑钢筋、双层钢筋用的架立筋(铁马)，伸出构件的锚固钢筋均按钢筋计算，并入钢筋工程量。钢筋的搭接用量：设计图纸已注明的钢筋接头，按图纸规定计算；设计图纸未注明的通长钢筋接头，φ25 以内的，每 8m 计算 1 个接头，φ25 以上的，每 6m 计算 1 个接头，搭接长度按规范计算。

(2)模板工程量按模板与混凝土的接触面积以"m²"计算。

(3)喷射平台工程量,按实际搭设平台的最外立杆(或最外平杆)之间的水平投影面积以 m^2 计算。

5. 隧道沉井定额工程量计算说明

(1)沉井工程的井点布置及工程量,按批准的施工组织设计计算,执行定额第一册《通用项目》相应定额。

(2)基坑开挖的底部尺寸,按沉井外壁每侧加宽 2.0m 计算,执行定额第一册《通用项目》中的基坑挖土定额。

(3)沉井基坑砂垫层及刃脚基础垫层工程量按批准的施工组织设计计算。

(4)刃脚的计算高度,从刃脚踏面至井壁外凸口计算,如沉井井壁没有外凸口时,则从刃脚踏面至底板顶面为准。底板下的地梁并入底板计算。框架梁的工程量包括切入井壁部分的体积。井壁、隔墙或底板混凝土中,不扣除单孔面积 $0.3m^3$ 以内的孔洞所占体积。

(5)沉井制作的脚手架安、拆,不论分几次下沉,其工程量均按井壁中心线周长与隔墙长度之和乘以井高计算。

(6)沉井下沉的土方工程量,按沉井外壁所围的面积乘以下沉深度(预制时刃脚底面至下沉后设计刃脚底面的高度),并分别乘以土方回淤系数计算。回淤系数:排水下沉深度大于 10m 为 1.05;不排水下沉深度>15m 为 1.02。

(7)沉井触变泥浆的工程量,按刃脚外凸口的水平面积乘以高度计算。

(8)沉井砂石料填心、混凝土封底的工程量,按设计图纸或批准的施工组织设计计算。

(9)钢封门安、拆工程量,按施工图用量计算。钢封门制作费另计,拆除后应回收 70% 的主材原值。

6. 盾构法掘进定额工程量计算说明

(1)掘进过程中的施工阶段划分:

1)负环段掘进:从拼装后靠管片起至盾尾离开出洞井内壁止。

2)出洞段掘进:从盾尾离开出洞井内壁至盾尾离开出洞井内壁 40m 止。

3)正常段掘进:从出洞段掘进结束至进洞段掘进开始的全段掘进。

4)进洞段掘进:按盾构切口距进洞井外壁 5 倍盾构直径的长度计算。

(2)掘进定额中盾构机按摊销考虑,若遇下列情况时,可将定额中盾构掘进机台班内的折旧费和大修理费扣除,保留其他费用作为盾构使用费台班进入定额,盾构掘进机费用按不同情况另行计算。

1)顶端封闭采用垂直顶升方法施工的给排水隧道。

2)单位工程掘进长度≤300m 的隧道。

3)采用进口或其他类型盾构机掘进的隧道。

4)由建设单位提供盾构机掘进的隧道。

(3)衬砌压浆量根据盾尾间隙,由施工组织设计确定。

(4)柔性接缝环适合于盾构工作井洞门与圆隧道接缝处理,长度按管片中心圆周长计算。

(5)预制混凝土管片工程量按实体积加 1% 损耗计算,管片试拼装以每 100 环管片拼装 1 组(3 环)计算。

7. 给排水构筑物工程定额工程量计算说明

给排水构筑物工程定额工程量计算说明见表 7-92。

表 7-92　　　　　　　　　　给排水构筑物工程定额工程量计算说明

类别	序号	内容	说明
沉井	1	给排水构筑物包含的内容	定额第六册《排水工程》第五章给排水构筑物包括沉井、现浇钢筋混凝土池、预制混凝土构件、折(壁)板、滤料铺设、防水工程、施工缝、井池渗漏试验等项目
	2	沉井工程的考虑范围	沉井工程系按深度12m以内、陆上排水沉井考虑的。水中沉井、陆上水冲法沉井以及离河岸边近的沉井,需要采取地基加固等特殊措施者,可执行定额第四册《隧道工程》相应项目
	3	沉井下沉	沉井下沉项目中已考虑了沉井下沉的纠偏因素,但不包括压重助沉措施,若发生可另行计算
	4	沉井制作	沉井制作不包括外渗剂,若使用外渗剂时可按当地有关规定执行
现浇钢筋混凝土池	5	池壁遇有附壁柱	池壁遇有附壁柱时,按相应柱定额项目执行,其中人工乘以系数1.05,其他不变
	6	池壁挑檐	池壁挑檐是指在池壁上向外出檐作走道板用;池壁牛腿是指池壁上向内出檐以承托池盖用
	7	无梁盖柱	无梁盖柱包括柱帽及桩座
	8	井字梁、框架梁	井字梁、框架梁均执行连续梁项目
	9	混凝土池壁、柱(梁)、池盖	混凝土池壁、柱(梁)、池盖是按在地面以上3.6m以内施工考虑的,如超过3.6m需按相关规定执行
	10	池盖定额	池盖定额项目中不包括进人孔,可按《全国统一安装工程预算定额》相应定额执行
	11	格型池池壁	格型池池壁执行直型池壁相应项目(指厚度)人工乘以系数1.15,其他不变
	12	悬空落泥斗	悬空落泥斗按落泥斗相应项目人工乘以系数1.4,其他不变
预制混凝土构件	13	预制混凝土滤板	预制混凝土滤板中已包括了所设置预埋件ABS塑料滤头的套管用工,不得另计
	14	集水槽留孔	集水槽若需留孔时,按每10个孔增加0.5个工日计
	15	其他混凝土构件安装	除混凝土滤板、铸铁滤板、支墩安装外,其他预制混凝土构件安装均执行异型构件安装项目
施工缝	16	材质填缝的断面	各种材质填缝的断面尺寸见表7-93
	17	实际设计的施工缝断面	如实际设计的施工缝断面与表7-93不同时,材料用量可以换算,其他不变
井、池渗漏试验	18	小型池槽	井、池渗漏试验容量在500m³是指井或小型池槽
	19	井、池渗漏试验注水	井、池渗漏试验注水采用电动单级离心清水泵,定额项目中已包括了泵的安装与拆除用工,不得再另计
	20	潜水泵用于渗漏试验	如构筑物池容量较大,需从一个池子向另一个池注水作渗漏试验采用潜水泵时,其台班单价可以换算,其他均不变

续表

类别	序号	内容	说明
执行其他册或章节的项目	21	构筑物垫层	构筑物的垫层执行定额《排水工程》第三章非定型井、渠砌筑相应项目
	22	构筑物混凝土钢筋、模板	构筑物混凝土项目中的钢筋、模板项目执行《排水工程》相应项目
	23	搭拆脚手架	需要搭拆脚手架的,执行定额第一册《通用项目》相应项目
	24	泵站上部工程未包含的内容	泵站上部工程以及定额中未包括的建筑工程,执行《全国统一建筑工程基础定额》相应项目
	25	金属构件	构筑物中的金属构件制作安装,执行《全国统一安装工程预算定额》相应项目
	26	构筑物的防腐、内衬工程	构筑物的防腐、内衬工程金属面,执行《全国统一安装工程预算定额》相应项目,非金属面应执行《全国统一建筑工程基础定额》相应项目

表 7-93　　　　　　　　　各种材质填缝的断面尺寸

序号	项目名称	断面尺寸/cm
1	建筑油膏、聚氯乙烯胶泥	3×2
2	油浸木丝板	2.5×15
3	紫铜板止水带	展开宽45
4	氯丁橡胶止水带	展开宽30
5	其余均匀	15×3

8. 给排水机械设备安装工程定额工程量计算说明

给排水机械设备安装工程定额工程量计算说明见表7-94。

表 7-94　　　　　给排水机械设备安装工程定额工程量计算说明

序号	内容	说明
1	给排水设备机械安装包含的内容	定额第六册《排水工程》第六章给排水机械设备安装适用于给水厂、排水泵站及污水处理厂新建、扩建建设项目的专用设备安装。通用机械设备安装应套用《全国统一安装工程预算定额》有关专业册的相应项目
2	设备机械和材料搬运	(1)设备:包括自安装现场指定堆放地点运到安装地点的水平和垂直搬运。 (2)机具和材料:包括施工单位现场仓库运至安装地点的水平和垂直搬运。 (3)垂直运输基准面:在室内,以室内地平面为基准面;在室外以室外安装现场地平面为基准面
3	定额未包括的内容	定额中除各节另有说明外,未包括的内容按相关规定执行
4	设备安装	定额中设备的安装是按无外围护条件下施工考虑的,如在有外围护的施工条件下施工,定额人工及机械应乘以1.15的系数,其他不变

续表

序号	内容	说明
5	定额编制	定额是按国内大多数施工企业普遍采用的施工方法、机械化程度和合理的劳动组织编制的,除另有说明外,均不得因上述因素有差异而对定额进行调整或换算
6	起重机具摊销费	一般起重机具的摊销费,执行《全国统一安装工程预算定额》的有关规定

9. 模板、钢筋、井字架工程定额工程量计算说明

模板、钢筋、井字架工程定额工程量计算说明见表 7-95。

表 7-95　　模板、钢筋、井字架工程定额工程量计算说明

序号	内容	说明
1	模板、钢筋、井字架工程包含的内容	定额第六册《排水工程》第七章模板、钢筋、井字架工程包括现浇、预制混凝土工程所用不同材质模板的制、安、拆,钢筋、铁件的加工制作,井字脚手架等项目,适用于定额第六册《排水工程》及第五册《给水工程》中的第四章管道附属构筑物和第五章取水工程
2	模板的列项	模板是分别按钢模钢撑、复合木模木撑、木模木撑区分不同材质分别列项的,其中钢模模数差部分采用木模
3	定额现浇、预制项目	定额中现浇、预制项目中,均已包括了钢筋垫块或第一层底浆的工、料,及看模工日,套用时不得重复计算
4	预制构件模板	预制构件模板中不包括地、胎模,须设置者,土地模可按定额第一册《通用项目》平整场地的相应项目执行;水泥砂浆、混凝土砖地、胎模可按定额第三册《桥涵工程》的相应项目执行
5	模板安拆	模板安拆以槽(坑)深 3m 为准,超过 3m 时人工增加 8％系数,其他不变
6	现浇混凝土梁、板、柱、墙模板	现浇混凝土梁、板、柱、墙的模板,支模高度是按 3.6m 考虑的,超过 3.6m 时,超过部分的工程量另按超高的项目执行
7	模板预留洞	模板的预留洞,按水平投影面积计算,小于 $0.3m^2$ 者:圆形洞每 10 个增加 0.72 工日;方形洞每 10 个增加 0.62 工日
8	小型构件	小型构件是指单件体积在 $0.04m^3$ 以内的构件;地沟盖板项目适用于单块体积在 $0.3m^3$ 内的矩形板;井盖项目适用于井口盖板,井室盖板按矩形板项目执行,预留洞按上述表项 7 的规定执行
9	钢筋加工定额	钢筋加工定额是按现浇、预制混凝土构件、预应力钢筋分别列项的,工作内容包括加工制作、绑扎(焊接)成型、安放及浇捣混凝土时的维护用工等全部工作,除另有说明外均不允许调整
10	钢筋规格的计算	各项目中的钢筋规格是综合计算的,子目中的××以内系指主筋最大规格,凡小于 $\phi 10$ 的构造筋均执行 $\phi 10$ 以内子目
11	非预应力钢筋加工	定额中非预应力钢筋加工,现浇混凝土构件是按手工绑扎,预制混凝土构件是按手工绑扎、点焊综合计算的,加工操作方法不同不予调整
12	钢筋接头	钢筋加工中的钢筋接头、施工损耗,绑扎铁线及成型点焊和接头用的焊条均已包括在定额内,不得重复计算

续表

序号	内 容	说　明
13	预制构件钢筋	预制构件钢筋,如用不同直径钢筋点焊在一起时,按直径最小的定额计算,如粗细筋直径比在两倍以上时,其人工增加25％系数
14	后张法钢筋的锚固	后张法钢筋的锚固是按钢筋绑条焊、U型插垫编制的,如采用其他方法锚固,应另行计算
15	非预应力钢筋	非预应力钢筋不包括冷加工,如设计要求冷加工时,另行计算
16	构件钢筋的人工和机械增加系数	构件钢筋的人工和机械增加系数见表7-96

表7-96　　　　　　　　构件钢筋的人工和机械增加系数

项 目	计算基数	现浇构件钢筋		构筑物钢筋	
		小型构件	小型池槽	矩形	圆形
增加系数	人工和机械	100％	152％	25％	50％

二、定额工程量计算方法

1. 定型混凝土管道基础及铺设工程

(1)各种角度的混凝土基础、混凝土管、缸瓦管铺设,井中至井中的中心扣除检查井长度,以延长米计算工程量。每座检查井扣除长度按表7-97计算。

表7-97　　　　　　　　每座检查井扣除长度

检查井规格/mm	扣除长度/m	检查井规格	扣除长度/m
φ700	0.4	各种矩形井	1.0
φ1000	0.7	各种交汇井	1.20
φ1250	0.95	各种扇形井	1.0
φ1500	1.20	圆形跌水井	1.60
φ2000	1.70	矩形跌水井	1.70
φ2500	2.20	阶梯式跌水井	按实扣

(2)管道接口区分管径和做法,以实际接口个数计算工程量。
(3)管道闭水试验,以实际闭水长度计算,不扣各种井所占长度。
(4)管道出水口区分形式、材质及管径,以"处"为单位计算。

2. 定型井工程

(1)各种井按不同井深、井径以"座"为单位计算。
(2)各类井的井深按井底基础以上至井盖顶计算。

3. 非定型井、渠、管道基础及砌筑工程

(1)定额所列各项目的工程量均以施工图为准计算,其中:
1)砌筑按计算体积,以"10m³"为单位计算。

2)抹灰、勾缝以"100m²"为单位计算。

3)各种井的预制构件按实体积以"m³"为单位计算,安装以"套"为单位计算。

4)井、渠垫层、基础按实体积以"10m³"为单位计算。

5)沉降缝应区分材质按沉降缝的断面积或铺设长度分别以"100m²"和"100m"为单位计算。

6)各类混凝土盖板的制作按实体积以"m³"为单位计算,安装应区分单件(块)体积,以"10m³"为单位计算。

(2)检查井筒的砌筑适用于混凝土管道井深不同的调整和方沟井筒的砌筑,区分高度以"座"为单位计算,高度与定额不同时采用每增减0.5m计算。

(3)方沟(包括存水井)闭水试验的工程,按实际长度的用水量,以"100m³"为单位计算。

4. 顶管工程

(1)工作坑土方区分挖土深度,以挖方体积计算。

(2)各种材质管道的顶管工程量,按实际顶进长度,以"延长米"计算。

(3)顶管接口应区分操作方法、接口材质,分别以口的个数和管口断面积计算工程量。

(4)钢板内、外套环的制作,按套环重量以"t"为单位计算。

5. 给排水构筑物工程

(1)沉井工程。

1)沉井垫木按刃脚中心线以"100延长米"为单位。

2)沉井井壁及隔墙的厚度不同如上薄下厚时,可按平均厚度执行相应定额。

(2)钢筋混凝土池工程。

1)钢筋混凝土各类构件均按图示尺寸,以混凝土实体积计算,不扣除0.3m²以内的孔洞体积。

2)各类池盖中的进人孔、透气孔盖以及与盖相连接的结构,工程量合并在池盖中计算。

3)平底池的池底体积,应包括池壁下的扩大部分;池底带有斜坡时,斜坡部分应按坡底计算;锥形底应算至壁基梁底面,无壁基梁者算至锥底坡的上口。

4)池壁分别不同厚度计算体积,如上薄下厚的壁,以平均厚度计算。池壁高度应自池底板面算至池盖下面。

5)无梁盖柱的柱高,应自池底上表面算至池盖的下表面,并包括柱座、柱帽的体积。

6)无梁盖应包括与池壁相连的扩大部分的体积;肋形盖应包括主、次梁及盖部分的体积;球形盖应自池壁顶面以上,包括边侧梁的体积在内。

7)沉淀池水槽,系指池壁上的环形溢水槽及纵横U型水槽,但不包括与水槽相连接的矩形梁,矩形梁可执行梁的相应项目。

(3)预制混凝土构件。

1)预制钢筋混凝土滤板按图示尺寸区分厚度以"10m³"计算,不扣除滤头套管所占体积。

2)除钢筋混凝土滤板外其他预制混凝土构件均按图示尺寸以"m³"计算,不扣除0.3m²以内孔洞所占体积。

(4)折板、壁板制作安装。

1)折板安装区分材质均按图示尺寸以"m²"计算。

2)稳流板安装区分材质不分断面均按图示长度以"延长米"计算。

(5)滤料铺设。各种滤料铺设均按设计要求的铺设平面乘以铺设厚度以"m³"计算,锰砂、铁矿石滤料以"10t"计算。

(6)防水工程。

1)各种防水层按实铺面积,以"100m²"计算,不扣除0.3m²以内孔洞所占面积。

2)平面与立面交接处的防水层,其上卷高度超过500mm时,按立面防水层计算。

(7)施工缝。各种材质的施工缝填缝及盖缝均不分断面按设计缝长以"延长米"计算。

(8)井、池渗漏试验。井、池的渗漏试验区分井、池的容量范围,以"1000m³"水容量计算。

6. 给排水机械设备安装工程

(1)机械设备。

1)格栅除污机、滤网清污机、搅拌机械、曝气机、生物转盘、带式压滤机均区分设备重量,以"台"为计量单位,设备重量均包括设备带有的电动机的重量在内。

2)螺旋泵、水射器、管式混合器、辊压转鼓式污泥脱水机、污泥造粒脱水机均区分直径以"台"为计量单位。

3)排泥、撇渣和除砂机械均区分跨度或池径按"台"为计量单位。

4)闸门及驱动装置,均区分直径或长×宽以"座"为计量单位。

5)曝气管不分曝气池和曝气沉砂池,均区分管径和材质按"延长米"为计量单位。

(2)其他项目。

1)集水槽制作安装分别按碳钢、不锈钢,区分厚度按"10m²"为计量单位。

2)集水槽制作、安装以设计断面尺寸乘以相应长度以"m²"计算,断面尺寸应包括需要折边的长度,不扣除出水孔所占面积。

3)堰板制作分别按碳钢、不锈钢区分厚度按"10m²"为计量单位。

4)堰板安装分别按金属和非金属区分厚度按"10m²"计量。金属堰板适用于碳钢、不锈钢,非金属堰板适用于玻璃钢和塑料。

5)齿型堰板制作安装按堰板的设计宽度乘以长度以"m²"计算,不扣除齿型间隔空隙所占面积。

6)穿孔管钻孔项目,区分材质按管径以"100个孔"为计量单位。钻孔直径是综合考虑取定的,不论孔径大与小均不做调整。

7)斜板、斜管安装仅是安装费,按"10m²"为计量单位。

8)格栅制作安装区分材质按格栅重量,以"t"为计量单位,制作所需的主材应区分规格、型号分别按定额中规定的使用量计算。

7. 模板、钢筋、井字架工程

(1)现浇混凝土构件模板按构件与模板的接触面积以"m²"计算。

(2)预制混凝土构件模板,按构件的实体积以"m³"计算。

(3)砖、石拱圈的拱盔和支架均以拱盔与圈弧弧形接触面积计算,并执行定额第三册《桥涵工程》相应项目。

(4)各种材质的地模胎膜,按施工组织设计的工程量,并应包括操作等必要的宽度以"m²"计算,执行定额第三册《桥涵工程》相应项目。

(5)井字架区分材质和搭设高度以"架"为单位计算,每座井计算一次。

(6)井底流槽按浇注的混凝土流槽与模板的接触面积计算。

(7)钢筋工程,应区别现浇、预制分别按设计长度乘以单位重量,以"t"计算。

(8)计算钢筋工程量时,设计已规定搭接长度的,按规定搭接长度计算;设计未规定搭接长度的,已包括在钢筋的损耗中,不另计算搭接长度。

(9)先张法预应力钢筋,按构件外形尺寸计算长度,后张法预应力钢筋按设计图规定的预应力钢筋预留孔道长度,并区别不同锚具,分别按下列规定计算:

1)钢筋两端采用螺杆锚具时,预应力的钢筋按预留孔道长度减长 0.35m,螺杆另计。

2)钢筋一端采用镦头插片,另一端采用螺杆锚具时,预应力钢筋长度按预留孔道长度计算。

3)钢筋一端采用镦头插片,另一端采用帮条锚具时,增加 0.15m,如两端均采用帮条锚具,预应力钢筋共增加 0.3m 长度。

4)采用后张混凝土自锚时,预应力钢筋共增加 0.35m 长度。

(10)钢筋混凝土构件预埋铁件,按设计图示尺寸,以"t"为单位计算工程量。

三、全国统一定额编制说明

定额第六册《排水工程》主要适用于城镇范围内新建、改(扩)建及大修的市政排水管渠;净水厂、污水厂、排水泵站的给排水构筑物和专用给排水机械设备。

1. 定额套用界限的划分

(1)市政排水管道与厂、区室外排水管道以接入市政管道的检查井、接户井为界,凡市政管道检查井(接户井)以外的厂、区室外排水管道,均执行建筑或安装定额。

(2)城市污水厂、净水厂内的雨水、污水混凝土管线及检查井、收水井均应执行市政定额。

(3)给排水构筑物工程中的泵站上部建筑工程以及定额中未包括的建筑工程均应执行当地的建筑工程预算定额。

(4)给排水机械设备安装中的通用机械应执行安装定额。

2. 相关数据的取定

(1)人工。

1)定额人工工日不分工种、技术等级一律以综合工日表示。

综合工日=基本用工+超运距用工+人工幅度差+辅助用工

2)水平运距综合取定 150m,超运距 100m。

3)人工幅度差=(基本用工+超运用工)×100%。

(2)材料。

1)主要材料净用量按现行规范、标准(通用)图集重新计算取定,对影响不大的原定额净用量比较合适的材料,未作变动。

2)材料损耗率按建设部(96)建标经字第 47 号文件的规定取定。

(3)机械。

1)凡以台班产量定额为基础计算的台班消耗量,均按原建设部的规定计入了幅度差。

2)凡以班组产量计算的机械台班消耗量,均不考虑幅度差。

第九节 燃气与集中供热工程定额工程量计算

一、定额工程量计算说明

1. 管道安装工程定额工程量计算说明

管道安装工程定额工程量计算说明见表 7-98。

表 7-98　　　　　　　　　管道安装工程定额工程量计算说明

序号	内容	说明
1	管道安装包含的内容	定额第七册《燃气与集中供热工程》第一章管道安装包括碳钢管、直埋式预制保温管、碳素钢板卷管、铸铁管(机械接口)、塑料管以及套管内铺设钢板卷管和铸铁管(机械接口)等各种管道安装
2	工作内容	工作内容除各节另有说明外,均包括沿沟排管、50mm以内的清沟底、外观检查及清扫管材
3	新旧管道带气接头	新旧管道带气接头未列项目,各地区可按燃气管理条例和施工组织设计以实际发生的人工、材料、机械台班的耗用量和煤气管理部门收取的费用进行结算
4	管件制作安装包含的内容	定额第七册《燃气与集中供热工程》第二章管件制作安装包括碳钢管件制作、安装,铸铁管件安装,盲(堵)板安装,钢塑过渡接头安装,防雨环帽制作与安装等
5	异径管安装	异径管安装以大口径为准,长度综合取定
6	中频煨弯	中频煨弯不包括煨制时胎具更换
7	挖眼接管加强筋	挖眼接管加强筋已在定额中综合考虑

2. 法兰、阀门安装工程定额工程量计算说明

法兰、阀门安装工程定额工程量计算说明见表7-99。

表 7-99　　　　　　　　法兰、阀门安装工程定额工程量计算说明

序号	内容	说明
1	法兰、阀门安装工程包含的内容	定额第七册《燃气与集中供热工程》第三章法兰阀门安装包括法兰安装,阀门安装,阀门解体、检查、清洗、研磨,阀门水压试验、操纵装置安装等
2	电动阀门的安装	电动阀门安装不包括电动机的安装
3	阀门解体、检查和研磨	阀门解体、检查和研磨,已包括一次试压,均按实际发生的数量,按相应项目执行
4	阀门压力试验	阀门压力试验介质是按水考虑的,如设计要求其他介质,可按实调整
5	垫片	定额内垫片均按橡胶石棉板考虑,如垫片材质与实际不符时,可按实调整
6	法兰安装	各种法兰安装定额中只包括一个垫片,不包括螺栓使用量。螺栓用量见表7-100、表7-101
7	中压法兰、阀门安装	中压法兰、阀门安装执行低压相应项目,其人工乘以系数1.2

表 7-100　　　　　　　　　　平焊法兰安装用螺栓用量表

外径×壁厚/mm	规格	质量/kg	外径×壁厚/mm	规格	质量/kg
57×4.0	M12×50	0.319	377×10.0	M20×75	3.906
76×4.0	M12×50	0.319	426×10.0	M20×80	5.42
89×4.0	M16×55	0.635	478×10.0	M20×80	5.42
108×5.0	M16×55	0.635	529×10.0	M20×85	5.84
133×5.0	M16×60	1.338	630×8.0	M22×85	8.89
159×6.0	M10×60	1.338	720×10.0	M22×90	10.668
219×6.0	M16×65	1.404	820×10.0	M27×95	19.962
273×8.0	M16×70	2.208	920×10.0	M27×100	19.962
325×8.0	M20×70	3.747	1020×10.0	M27×105	24.633

表 7-101　　　　　　　　　　　　对焊法兰安装用螺栓用量表

外径×壁厚/mm	规格	质量/kg	外径×壁厚/mm	规格	质量/kg
57×3.5	M12×50	0.319	325×8.0	M20×75	3.906
76×4.0	M12×50	0.319	377×9.0	M20×75	3.906
89×4.0	M16×60	0.669	426×9.0	M20×75	5.208
108×4.0	M16×60	0.669	478×9.0	M20×75	5.208
133×4.5	M16×65	1.404	529×9.0	M20×80	5.42
159×5.0	M16×65	1.404	630×9.0	M22×80	8.25
219×6.0	M16×70	1.472	720×9.0	M22×80	9.9
273×8.0	M16×75	2.31	820×10.0	M27×85	18.804

3. 燃气用设备安装工程定额工程量计算说明

燃气用设备安装工程定额工程量计算说明见表 7-102。

表 7-102　　　　　　　　　　　　燃气用设备安装工程定额工程量计算说明

序号	内　容	说　明
1	燃气用设备安装包含的内容	定额第七册《燃气与集中供热工程》第四章燃气用设备安装包括凝水缸制作、安装,调压器安装,过滤器、萘油分离器安装,安全水封、检漏管安装,煤气调长器安装
2	凝水缸安装	(1)碳钢、铸铁凝水缸安装如使用成品头部装置时,只允许调整材料费,其他不变。 (2)碳钢凝水缸安装未包括缸体、套管、抽水管的刷油、防腐,应按不同设计要求另行套用其他定额相应项目计算
3	调压器安装	(1)雷诺式调压器、T型调压器(TMJ、TMZ)安装是指调压器成品安装,调压站内组装的各种管道、管件、各种阀门根据不同设计要求,执行《燃气与集中供热工程》的相应项目另行计算。 (2)各类型调压器安装均不包括过滤器、萘油分离器(脱萘筒)、安全放散装置(包括水封)安装,发生时,可执行《燃气与集中供热工程》相应项目另行计算。 (3)定额中过滤器、萘油分离器均按成品件考虑
4	检漏管安装	检漏管安装是按在套管上钻眼攻丝安装考虑的,已包括小井砌筑
5	煤气调长器	(1)煤气调长器是按焊接法兰考虑的,如采用直接对焊时,应减去法兰安装用材料,其他不变。 (2)煤气调长器是按三波考虑的,如安装三波以上者,其人工乘以系数 1.33,其他不变。

4. 集中供热用容器具安装定额工程量计算说明

集中供热用容器具安装定额工程量计算说明见表 7-103。

表 7-103　　　　　　　　　　　　集中供热用容器具安装定额工程量计算说明

序号	内　容	说　明
1	碳钢波纹补偿器	碳钢波纹补偿器是按焊接法兰考虑的,如直接焊接时,应减掉法兰安装用材料,其他不变
2	法兰用螺栓	法兰用螺栓按表 7-100、表 7-101 中螺栓用量选用

5. 管道试压、吹扫工程定额工程量计算说明

管道试压、吹扫工程定额工程量计算说明见表 7-104。

表 7-104　　　　　管道试压、吹扫工程定额工程量计算说明

序号	内　容	说　　　明
1	管道试压、吹扫包含的内容	定额第七册《燃气与集中供热工程》第六章管道试压、吹扫包括管道强度试验、气密性试验、管道吹扫、管道总试压、牺牲阳极和测试桩安装等
2	强度试验、气密性试验、管道试压	(1)管道压力试验不分材质和作业环境均执行定额。试压水如需加温,热源费用及排水设施另行计算。 (2)强度试验、气密性试验项目,均包括了一次试压的人工、材料和机械台班的耗用量。 (3)液压试验是按普通水考虑的,如试压介质有特殊要求,介质可按实调整

二、定额工程量计算方法

1. 管道安装工程

(1)定额第七册《燃气与集中供热工程》第一章管道安装中各种管道的工程量均按"延长米"计算,管件、阀门、法兰所占长度已在管道施工损耗中综合考虑,计算工程量时均不扣除其所占长度。

(2)埋地钢管使用套管时(不包括顶进的套管),按套管管径执行同一安装项目。套管封堵的材料费可按实际耗用量调整。

(3)铸铁管安装按 N1 和 X 型接口计算,如采用 N 型和 SMJ 型人工乘以系数 1.05。

2. 管道试压、吹扫

(1)强度试验,气密性试验项目,分段试验合格后,如需总体试压和发生二次或二次以上试压时,应再套用本定额相应项目计算试压费用。

(2)管件长度未满 10m 者,以 10m 计,超过 10m 者按实际长度计。

(3)管道总试压按每公里为一个打压次数,执行定额一次项目,不足 0.5km 按实际计算,超过 0.5km 计算一次。

(4)集中供热高压管道压力试验执行低中压相应定额,其人工乘以系数 1.3。

三、全国统一定额编制说明

定额第七册《燃气与集中供热工程》适用新建、改建的城市燃气工程和集中供热工程。

1. 定额套用界限的划分

与《全国统一安装工程预算定额》的界线划分,安装工程范围为厂区范围内的车间、装置、站、罐区及其相互之间各种生产用介质输送管道,厂区第一个连接点以内的生产用(包括生产与生活共用)给水、排水、蒸汽、煤气输送管道的安装工程。其中给水以入口水表井为界;排水以厂区围墙外第一个污水井为界;蒸汽和煤气以入口第一个计量表(阀门)为界;锅炉房、水泵房以墙皮为界,界线以外的为市政工程。

2. 相关数据的取定

(1)人工。

1)定额第七册《燃气与集中供热工程》中人工以《全国统一市政工程劳动定额》、《全国统一安装工程基础定额》为编制依据。人工工日包括基本用工和其他用工,定额人工工日不分工种、技术等级一律以综合工日表示。

2)水平运距综合取定150m,超运距100m。
3)人工幅度差:(基本用工+超运距用工)×10%。
(2)材料。
1)主要材料净用量按现行规范、标准(通用)图集重新计算取定,对影响不大,原定额的净用量比较合适的材料未作变动。
2)材料损耗率按建设部(96)建标经字第47号文的规定不足部分意见作补充。
(3)机械。
1)凡以台班产量定额为基础计算台班消耗量的,均计入了幅度差,套用基础定额的项目未加机械幅度差。幅度差的取定按建设部47号文的规定。
2)定额的施工机械台班是按正常合理机械配备和大多数施工企业的机械化程度综合取定的,实际与定额不一致时,除定额中另有说明外,均不得调整。

3. 注意事项
(1)铸铁管安装除机械接口外其他接口形式按定额第五册《给水工程》相应定额执行。
(2)刷油、防腐、保温和焊接探伤按《全国统一安装工程预算定额》相应项目执行。
(3)异形管、三通制作、刚性套管和柔性套管制作、安装及管道支架制作、安装按《全国统一安装工程预算定额》相应定额执行。

第十节 路灯工程定额工程量计算

一、定额工程量计算说明

1. 变配电设备工程定额工程量计算说明

变配电设备工程定额工程量计算说明见表7-105。

表7-105　　　　变配电设备工程定额工程量计算说明

序号	内容	说明
1	变配电设备工程包含的内容	定额第八册《路灯工程》第一章变配电设备工程主要包括:变压器安装,组合型成套箱式变电站安装;电力电容器安装;高低压配电柜及配电箱、盖板制作安装;熔断器、控制器、启动器、分流器安装;接线端子焊压安装
2	变压器安装	变压器安装用枕木、绝缘导线、石棉布是按一定的折旧率摊销的,实际摊销量与定额不符时不作换算
3	变压器油	变压器油按设备带来考虑,但施工中变压器油的过滤损耗及操作损耗已包括在有关定额中
4	高压成套配电柜安装	高压成套配电柜安装定额是综合考虑编制的,执行中不作更换
5	配电及控制设备安装	配电及控制设备安装均不包括支架制作和基础型钢制作安装,也不包括设备元件安装及端子板外部接线,应另执行相应定额
6	铁构件制作安装	铁构件制作安装适用于定额范围的各种支架制作安装,但铁构件制作安装均不包括镀锌。轻型铁构件是指厚度在3mm以内的构件
7	接线端子及二次接线	各项设备安装均未包括接线端子及二次接线

2. 架空线路工程定额工程量计算说明

架空线路工程定额工程量计算说明见表7-106。

表7-106　架空线路工程定额工程量计算说明

序号	内容	说明
1	架空线路或工程包含的内容	定额第八册《路灯工程》第二章架空线路工程是按平原条件编制的，如在丘陵、山地施工时，其人工和机械乘以表7-107中的地形调整系数
2	地形划分	(1)平原地带：指地形比较平坦，地面比较干燥的地带 (2)丘陵地带：指地形起伏的矮岗、土丘等地带 (3)一般山地：指一般山岭、沟谷地带、高原台地等
3	线路一次施工量	线路一次施工工程量按5根以上电杆考虑，如5根以内者，其人工和机械乘以系数1.2
4	导线跨越	(1)在同一跨越挡内，有两种以上跨越物时，则每一跨越物视为"一处"跨越，分别套用定额 (2)单线广播线不算跨越物
5	横担安装	横担安装定额已包括金具及绝缘子安装人工
6	基础子目	定额中基础子目适用于路灯杆塔、金属灯柱、控制箱安置基础工程，其他混凝土工程套用有关定额

表7-107　地形调整系数

地形类别	丘陵(市区)	一般山地
调整系数	1.2	1.6

3. 电缆工程定额工程量计算说明

电缆工程定额工程量计算说明见表7-108。

表7-108　电缆工程定额工程量计算说明

序号	内容	说明
1	电缆工程包含的内容	定额第八册《路灯工程》第三章电缆工程包括常用的10kV以下电缆敷设，未考虑在河流和水区、水底、井下等条件的电缆敷设
2	电缆埋设	电缆在山地丘陵地区直埋敷设时，人工乘以系数1.3。该地段所需的材料如固定桩、夹具等按实计算
3	电缆敷设定额	电缆敷设定额中均未考虑波形增加长度及预留等富余长度，该长度应计入工程量之内
4	定额未包括的内容	(1)隔热层、保护层的制作安装。 (2)电缆的冬期施工加温工作

4. 配管配线工程定额工程量计算说明

配管配线工程定额工程量计算说明见表7-109。

表 7-109　　　　　　　　　　配管配线工程定额工程量计算说明

序号	内容	说明
1	计算时的区别	各种配管的工程量计算,应区别不同敷设方式、敷设位置、管材材质、规格,以"延长米"为单位计算。不扣除管路中间的接线箱(盒)、灯盒、开关盒所占长度
2	定额未包括的内容	定额中未包括钢索架设及拉紧装置、接线箱(盒)、支架的制作安装,其工程量另行计算
3	管内穿线	管内穿线定额工程量计算,应区别线路性质、导线材质、导线截面积,按单线延长米计算。线路的分支接头线的长度已综合考虑在定额中,不再计算接头长度
4	塑料护套线明敷设	塑料护套线明敷设工程量计算,应区别导线截面积、导线芯数、敷设位置,按单线路延长米计算
5	钢索架设	钢索架设工程量计算,应区分圆钢、钢索直径,按图示墙柱内缘距离,按延长米计算,不扣除拉紧装置所占长度
6	母线拉紧装置及钢索拉紧	母线拉紧装置及钢索拉紧装置制作安装工程量计算,应区别母线截面积、花篮螺栓直径,以"10 套"为单位计算
7	带形母线安装	带形母线安装工程量计算,应区分母线材质、母线截面积、安装位置,按"延长米"为单位计算
8	接线盒安装	接线盒安装工程量计算,应区别安装形式以及接线盒类型,以"10 个"为单位计算
9	预留线	开关、插座、按钮等的预留线,已分别综合在相应定额内,不另计算

5. 照明器具安装工程定额工程量计算说明

照明器具安装工程定额工程量计算说明见表 7-110。

表 7-110　　　　　　　　　　照明器具安装工程定额工程量计算说明

序号	内容	说明
1	照明器具安装包含的内容	《市政定额》第八册《路灯工程》第五章照明器具安装工程主要包括各种悬挑灯、广场灯、高杆灯、庭院灯以及照明元器件的安装
2	灯架元器件的配线	各种灯架元器件的配线,均已综合考虑在定额内,使用时不作调整
3	灯柱穿线	各种灯柱穿线均套相应的配管配线定额
4	高空作业	定额中已考虑了高度在 10m 以内的高空作业因素,如安装高度超过 10m 时,其定额人工乘以系数 1.4
5	仪表测量与灯具试亮	定额中已包括利用仪表测量绝缘及一般灯具的试亮工作
6	定额未包括的内容	定额未包括电缆接头的制作及导线的焊压接线端子。如实际使用时,可套用有关章节的定额

6. 防雷接地装置工程定额工程量计算说明

防雷接地装置工程定额工程量计算说明见表 7-111。

表 7-111　　　　　　　　　　防雷接地装置工程定额工程量计算说明

序号	内容	说明
1	防雷接地装置工程定额的适用	定额第八册《路灯工程》第六章防雷接地装置工程适用于高杆灯杆防雷接地,变配电系统接地及避雷针接地装置
2	接地母线敷设	接地母线敷设定额按自然地坪和一般土质考虑的,包括地沟的挖填土和夯实工作,执行定额时不应再计算土方量。如遇有石方、矿渣、积水、障碍物等情况可另行计算

续表

序号	内容	说　明
3	定额不适用的子目	定额不适用于采用爆破法施工敷设接地线、安装接地极,也不包括高土壤电阻率地区采用换土或化学处理的接地装置及接地电阻的测试工作
4	避雷针	定额中避雷针安装、避雷引下线的安装均已考虑了高空作业的因素 定额中避雷针按成品件考虑的

7. 刷油防腐工程定额工程量计算说明

刷油防腐工程定额工程量计算说明见表 7-112。

表 7-112　　　　刷油防腐工程定额工程量计算说明

序号	内容	说　明
1	刷油防腐工程定额的适用	定额第八册《路灯工程》第八章刷油防腐工程适用于金属灯杆面的人工、半机械除锈、刷油防腐工程
2	人工、半机械除锈	轻锈:部分氧化皮开始破裂脱落,轻锈开始发生。 中锈:氧化皮部分破裂脱呈堆粉末状,除锈后用肉眼能见到腐蚀小凹点
3	定额不包括的内容	定额中不包括除微锈(标准氧化皮完全紧附,仅有少量锈点),发生时按轻锈定额的人工、材料、机械乘以系数 0.2
4	二次除锈	因施工需要发生的二次除锈,其工程量另行计算
5	金属面刷油	金属面刷油不包括除锈费用
6	油漆	油漆与实际不同时,可根据实际要求进行换算,但人工不变

二、定额工程量计算方法

1. 变配电设备工程

(1)变压器安装,按不同容量以"台"为计量单位。一般情况下不需要变压器干燥,如确实需要干燥,可执行《全国统一安装工程预算定额》相应项目。

(2)变压器油过滤,不论过滤多少次,直到过滤合格为止。以"t"为计量单位,变压器油的过滤量,可按制造厂提供的油量计算。

(3)高压成套配电柜和组合箱式变电站安装,以"台"为计量单位,均未包括基础槽钢、母线及引下线的配置安装。

(4)各种配电箱、柜安装均按不同半周长以"套"为单位计算。

(5)铁构件制作安装按施工图示以"100kg"为单位计算。

(6)盘柜配线按不同断面、长度依据表 7-113 计算。

表 7-113　　　　盘柜配线工程量计算

序　号	项　目	预留长度/m	说　明
1	各种开关柜、箱、板	高+宽	盘面尺寸
2	单独安装(无箱、盘)的铁壳开关、闸刀开关、启动器、母线槽进出线盒等	0.3	以安装对象中心计算
3	以安装对象中心计算	1	以管口计算

(7)各种接线端子按不同导线截面积,以"10个"为单位计算。

2. 架空线路工程

(1)底盘、卡盘、拉线盘按设计用量以"块"为单位计算。
(2)各种电线杆组立分材质与高度,按设计数量以"根"为单位计算。
(3)拉线制作安装按施工图设计规定,分不同形式以"组"为单位计算。
(4)横担安装按施工图设计规定,分不同线数以"组"为单位计算。
(5)导线架设分导线类型与截面,按"1km/单线"计算,导线预留长度规定见表7-114。

表 7-114　　　　　　　　　　　　导线预留长度

项　目　名　称		长度/m
高压	转　角	2.5
	分支、终端	2.0
低压	分支、终端	0.5
	交叉跳线转交	1.5
	与设备连接	0.5

注:导线长度按线路总长加预留长度计算。

(6)导线跨越架设,指越线架的搭设、拆除和越线架的运输以及因跨越施工难度而增加的工作量,以"处"为单位计算,每个跨越间距按50m以内考虑的,大于50m小于100m时,按2处计算。
(7)路灯设施编号按"100个"为单位计算;开关箱号不满10个按10个计算;路灯编号不满15个按15个计算;钉粘贴号牌不满20个按20个计算。
(8)混凝土基础制作以"m^3"为单位计算。
(9)绝缘子安装以"10个"为单位计算。

3. 电缆工程

(1)直埋电缆的挖、填土(石)方,除特殊要求外,可按表7-115计算土方量。

表 7-115　　　　　　　　　　　　挖、填土(石)方量计算

项　目	电　缆　根　数	
	1~2	每增一根
每米沟长挖方量(m^3/m)	0.45	0.153

(2)电缆沟盖板揭、盖定额,按每揭盖一次以"延长米"计算。如又揭又盖,则按两次计算。
(3)电缆保护管长度,除按设计规定长度计算外,遇有下列情况,应按以下规定增加保护管长度。
1)横穿道路,按路基宽度两端各加2m。
2)垂直敷设时管口离地面加2m。
3)穿过建筑物外墙时,按基础外缘以外加2m。
4)穿过排水沟,按沟壁外缘以外加1m。
(4)电缆保护管埋地敷设时,其土方量有施工图注明的,按施工图计算;无施工图的一般按沟深0.9m,沟宽按最外边的保护管两侧边缘外各加0.3m工作面计算。
(5)电缆敷设按单根延长米计算。
(6)电缆敷设长度应根据敷设路径的水平和垂直敷设长度,另附加表7-116规定预留长度。

表 7-116　　　　　　　　　　　预留长度

序　号	项　目	预留长度	说　明
1	电缆敷设弛度、波形弯度、交叉	2.5%	按电缆全长计算
2	电缆进入建筑物内	2.0m	规范规定最小值
3	电缆进入沟内或吊架时引上预留	1.5m	规范规定最小值
4	变电所进出线	1.5m	规范规定最小值
5	电缆终端头	1.5m	检修余量
6	电缆中间头盒	两端各 2.0m	检修余量
7	高压开关柜	2.0m	柜下进出线

注：电缆附加及预留长度是电缆敷设长度的组成部分，应计入电缆长度工程量之内。

(7)电缆终端头及中间头均以"个"为计量单位。一根电缆按两个终端头，中间头设计有图示的，按图示确定，没有图示，按实际计算。

4. 照明器具安装工程

(1)各种悬挑灯、广场灯、高杆灯灯架分别以"10 套"、"套"为单位计算。

(2)各种灯具、照明器件安装分别以"10 套"、"套"为单位计算。

(3)灯杆座安装以"10 只"为单位计算。

5. 防雷接地装置工程

(1)接地极制作安装以"根"为计量单位，其长度按设计长度计算，设计无规定时，按每根 2.5m 计算，若设计有管帽时，管帽另按加工件计算。

(2)接地母线敷设，按设计长度以"10m"为计量单位计算。接地母线、避雷线敷设，均按"延长米"计算，其长度按施工图设计水平和垂直规定长度另加 3.9% 的附加长度(包括转弯、上下波动、避绕障碍物、搭接头所占长度)。计算主材费时另加规定的损耗率。

(3)接地跨接线以"10 处"为计量单位计算。按规程规定凡需作接地跨接线的工作内容，每跨接一次按一处计算。

6. 路灯灯架制作安装工程

(1)路灯灯架制作安装按每组质量及灯架直径，以"t"为单位计算。

(2)型钢煨制胎具，按不同钢材、煨制直径以"个"为单位计算。

(3)焊缝无损探伤按被探件厚度不同，分别以"10 张"、"10m"为单位计算。

7. 刷油防腐工程

灯杆除锈刷油外表面积以"10m^2"为单位计算；灯架按实际质量以"100kg"为单位计算。

三、全国统一定额编制说明

1. 适用范围

定额第八册《路灯工程》适用于城镇市政道路、广场照明工程的新建、扩建工程，不适用于庭院内、小区内、公园内、体育场内及装饰性照明等工程。

2. 界限划分

与安装定额界限划分，是以路灯供电系统与城市供电系统碰头点为界。

3. 相关数据的取定

(1)人工。

1)定额中人工不分工种和技术等级均以综合工日计算,包括基本用工、其他用工。综合工日计算式如下:

$$综合用工 = \sum(基本用工 + 其他用工) \times (1 + 人工幅度差率)$$

基本工日、其他工日以全统安装预算定额有关的劳动定额确定。超运距用工可以参照有关定额另行计算。

2)人工幅度差=(基本用工+其他用工)×人工幅度差率

人工幅度差率综合为10%。

(2)材料。

1)定额中的材料消耗量按以下原则取定:

①材料划分为主材、辅材两类。

②材料费分为基本材料费和其他材料费。

③其他材料费占基本材料费的3%。

2)定额部分材料的取定:

①定额中所用的螺栓一律以"1套"为计量单位,每套包括1个螺栓、1个螺母、2个平垫圈、1个弹簧垫圈。

②工具性的材料,如砂轮片、合金钢冲击钻头等,列入材料消耗定额内。

③材料损耗率按表7-117取定。

表7-117　　　　　　　　　　　　材料损耗率

序号	材料名称	损耗率(%)	序号	材料名称	损耗率(%)
1	裸铝导线	1.3	15	一般灯具及附件	1.0
2	绝缘导线	1.8	16	路灯号牌	1.0
3	电力电缆	1.0	17	白炽灯泡	3.0
4	硬母线	2.3	18	玻璃灯罩	5.0
5	钢绞线、镀锌铁丝	1.5	19	灯头开关插座	2.0
6	金属管材、管件	3.0	20	开关、保险器	1.0
7	型钢	5.0	21	塑料制品(槽、板、管)	1.0
8	金具	1.0	22	金属灯杆及铁横担	0.3
9	压接线夹、螺栓类	2.0	23	木杆类	1.0
10	木螺钉、圆钉	4.0	24	混凝土电杆及制品类	0.5
11	绝缘子类	2.0	25	石棉水泥板及制品类	8.0
12	低压瓷横担	3.0	26	砖、水泥	4.0
13	金属板材	4.0	27	砂、石	8.0
14	瓷夹等小瓷件	3.0	28	油类	1.8

(3)施工机械台班。

1)定额的机械台班是按正常合理的机械配备和大多数施工企业的机械化程度综合取定的。如实际情况与定额不符时,除另有说明者外,均不得调整。

2)单位价值在2000元以下,使用年限在两年以内的不构成固定资产的工具,未按机械台班进入定额,应在费用定额内。

第八章　市政工程工程量清单与计价

第一节　工程量清单编制

一、工程量清单概述

1. 工程量清单的概念

工程量清单是表现拟建工程的分部分项工程项目、措施项目、其他项目、规费项目和税金项目的名称和相应数量的明细清单。工程量清单包括分部分项工程量清单、措施项目清单、其他项目清单、规费项目清单和税金项目清单。应用工程量清单时应注意：

(1)工程量清单应由招标人负责编制，若招标人不具有编制工程量清单的能力，则可根据《工程造价咨询企业管理办法》(原建设部第 149 号令)的规定，委托具有工程造价咨询性质的工程造价咨询人编制。

(2)采用工程量清单方式招标，工程量清单必须作为招标文件的组成部分，其准确性和完整性由招标人负责。

(3)工程量清单是工程量清单计价的基础，应作为编制招标控制价、投标报价、计算工程量、支付工程款、调整合同价款、办理竣工结算以及工程索赔等的依据之一。

2. 市政工程工程计量相关规定

(1)《市政工程工程量计算规范》(GB 50857—2013)各项目仅列出了主要工作内容，除另有规定和说明外，应视为已经包括完成该项目所列或未列的全部工作内容。

(2)市政工程涉及房屋建筑和装饰装修工程的项目，按照现行国家标准《房屋建筑与装饰工程工程量计算规范》(GB 50854—2013)的相应项目执行；涉及电气、给排水、消防等安装工程的项目，按照现行国家标准《通用安装工程工程量计算规范》(GB 50856—2013)的相应项目执行；涉及园林绿化工程的项目，按照现行国家标准《园林绿化工程工程量计算规范》(GB 50858—2013)的相应项目执行；采用爆破法施工的石方工程按照现行国家标准《爆破工程工程量计算规范》(GB 50862—2013)的相应项目执行。具体划分界限确定如下：

1)《市政工程工程量计算规范》管网工程与现行国家标准《通用安装工程工程量计算规范》(GB 50856—2013)中工业管道工程的规定：给水管道以厂区入口水表井为界；排水管道以厂区围墙外第一个污水井为界；热力和燃气管道以厂区入口第一个计量表(阀门)为界。

2)《市政工程工程量计算规范》管网工程与现行国家标准《通用安装工程工程量计算规范》(GB 50856—2013)中给排水、采暖、燃气工程的规定：室外给排水、采暖、燃气管道以与市政管道碰头井为界；厂区、住宅小区的庭院喷灌及喷泉水设备安装按现行国家标准《通用安装工程工程量计算规范》(GB 50856—2013)中的相应项目执行；市政庭院喷灌及喷泉水设备安装按《市政工程工程量计算规范》的相应项目执行。

3)《市政工程工程量计算规范》水处理工程、生活垃圾处理工程与现行国家标准《通用安装工程工程量计算规范》(GB 50856—2013)中设备安装工程的界定：《市政工程工程量计算规范》(GB

50857—2013)只列了水处理工程和生活垃圾处理工程专用设备的项目,各类仪表、泵、阀门等标准、定型设备应按现行国家标准《通用安装工程工程量计算规范》(GB 50856—2013)中相应项目执行。

4)《市政工程工程量计算规范》路灯工程与现行国家标准《通用安装工程工程量计算规范》(GB 50856—2013)中电气设备安装工程的界定:市政道路路灯安装工程、市政庭院艺术喷泉等电气安装工程的项目,按《市政工程工程量计算规范》路灯工程的相应项目执行;厂区、住宅小区的道路路灯安装工程、庭院艺术喷泉等电气设备安装工程按现行国家标准《通用安装工程工程量计算规范》(GB 50856—2013)附录 D 电气设备安装工程的相应项目执行。

(3)由水源地取水点至厂区或市、镇第一个储水点之间距离 10km 以上的输水管道,按《市政工程工程量计算规范》(GB 50857—2013)附录 E"管网工程"相应项目执行。

二、工程量清单编制依据

(1)"13 计价规范"。
(2)国家或省级、行业建设主管部门颁发的计价依据和办法。
(3)建设工程设计文件。
(4)与建设工程项目有关的标准、规范、技术资料。
(5)招标文件及其补充通知、答疑纪要。
(6)施工现场情况、工程特点及常规施工方案。
(7)其他相关资料。

三、分部分项工程项目清单

(1)分部分项工程项目清单应包括项目编码、项目名称、项目特征、计量单位和工程量。这是构成分部分项工程项目清单的五个要件,在分部分项工程项目清单的组成中缺一不可。

(2)分部分项工程项目清单应根据《市政工程工程量计算规范》(GB 50857—2013)中附录规定的项目编码、项目名称、项目特征、计量单位和工程量计算规则进行编制。

(3)分部分项工程项目清单的项目编码应采用十二位阿拉伯数字表示。其中一、二位为工程分类顺序码,房屋建筑与装饰工程为 01,仿古建筑工程为 02,通用安装工程为 03,市政工程为 04,园林绿化工程为 05,矿山工程为 06,构筑物工程为 07,城市轨道交通工程为 08,爆破工程为 09;三、四位为专业工程顺序码;五、六位为分部工程顺序码;七、八、九位为分项工程项目名称顺序码;十至十二位为清单项目名称顺序码,应根据拟建工程的工程量清单项目名称设置,同一招标工程的项目编码不得有重码。在编制工程量清单时应注意对项目编码的设置不得有重码,特别是当同一标段(或合同段)的一份工程量清单中含有多个单项或单位工程且工程量清单是以单项或单位工程为编制对象时,应注意项目编码中的十至十二位的设置不得重码。例如一个标段(或合同段)的工程量清单中含有三个单项或单位工程,每一单项或单位工程中都有项目特征相同的挖一般土方,在工程量清单中又需反映三个不同单项或单位工程的挖一般土方工程量时,此时工程量清单应以单项或单位工程为编制对象,第一个单项或单位工程的挖一般土方的项目编码为040101001001,第二个单项或单位工程的挖一般土方的项目编码为 040101001002,第三个单项或单位工程的挖一般土方的项目编码为 040101001003。

(4)分部分项工程项目清单的项目名称应按《市政工程工程量计算规范》(GB 50857—2013)附录的项目名称结合拟建工程的实际确定。

(5)分部分项工程项目清单中所列工程量应按《市政工程工程量计算规范》(GB 50857—2013)

附录中规定的工程量计算规则计算。工程量的有效位数应遵守下列规定：

1) 以"t"为单位，应保留三位小数，第四位小数四舍五入。

2) 以"m"、"m^2"、"m^3"、"kg"为单位，应保留两位小数，第三位小数四舍五入。

3) 以"个"、"件"、"根"、"组"、"系统"为单位，应取整数。

(6) 分部分项工程项目清单的计量单位应按《市政工程工程量计算规范》(GB 50857—2013)附录中规定的计量单位确定，当计量单位有两个或两个以上时，应根据拟建工程项目的实际，选择最适宜表现该项目特征并方便计量的单位。

(7) 分部分项工程项目清单项目特征应按《市政工程工程量计算规范》附录中规定的项目特征，结合拟建工程项目的实际予以描述。

四、措施项目清单

(1) 措施项目清单必须根据相关工程现行国家计量规范的规定编制。

(2) 由于工程建设施工特点和承包人组织施工生产的施工装备水平、施工方案及施工管理水平的差异，同一工程由不同承包人组织施工采用的施工技术措施也不完全相同，因此措施项目清单应根据拟建工程的实际情况列项。

五、其他项目清单

(1) 其他项目清单宜按照下列内容列项：

1) 暂列金额。暂列金额是招标人在工程量清单中暂定并包括在合同价款中的一笔款项。清单计价规范中明确规定暂列金额用于施工合同签订时尚未确定或者不可预见的所需材料、设备、服务的采购，施工中可能发生的工程变更、合同约定调整因素出现时的工程价款调整以及发生的索赔、现场签证确认等的费用。

不管采用何种合同形式，工程造价理想的标准是一份合同的价格就是其最终的竣工结算价格，或者至少两者应尽可能接近。我国规定对政府投资工程实行概算管理，经项目审批部门批复的设计概算是工程投资控制的刚性指标，即使商业性开发项目也有成本的预先控制问题，否则，无法相对准确预测投资的收益和科学合理地进行投资控制。但工程建设自身的特性决定了工程的设计需要根据工程进展不断地进行优化和调整，业主需求可能会随工程建设进展出现变化，工程建设过程还会存在一些不能预见、不能确定的因素。消化这些因素必然会影响合同价格的调整，暂列金额正是为这类不可避免的价格调整而设立，以便达到合理确定和有效控制工程造价的目标。

另外，暂列金额列入合同价格不等于就属于承包人所有了，即使是总价包干合同，也不等于列入合同价格的所有金额就属于承包人，是否属于承包人应得金额取决于具体的合同约定，只有按照合同约定程序实际发生后，才能成为承包人的应得金额，纳入合同结算价款中。扣除实际发生金额后的暂列金额余额仍属于发包人所有。设立暂列金额并不能保证合同结算价格就不会再出现超过合同价格的情况，是否超出合同价格完全取决于工程量清单编制人暂列金额预测的准确性，以及工程建设过程是否出现了其他事先未预测到的事件。

2) 暂估价。暂估价是指招标阶段直至签订合同协议时，招标人在招标文件中提供的用于支付必然发生但暂时不能确定价格的材料以及专业工程的金额。暂估价包括材料暂估单价、工程设备暂估单价和专业工程暂估价。暂估价类似于 FIDIC 合同条款中的 Prime Cost Items，在招标阶段预见肯定要发生，只是因为标准不明确或者需要由专业承包人完成，暂时无法确定价格。暂估价数量和拟用项目应当结合工程量清单中的"暂估价表"予以补充说明。

为方便合同管理,需要纳入分部分项工程项目清单综合单价中的暂估价应只是材料费、工程设备费,以方便投标人组价。

专业工程的暂估价一般应是综合暂估价,应当包括除规费和税金以外的管理费、利润等取费。总承包招标时,专业工程设计深度往往是不够的,一般需要交由专业设计人设计,国际上,出于提高可建造性考虑,一般由专业承包人负责设计,以发挥其专业技能和专业施工经验的优势。这类专业工程交由专业分包人完成是国际工程的良好实践,目前,在我国工程建设领域也已经比较普遍。公开透明地合理确定这类暂估价的实际开支金额的最佳途径,就是通过施工总承包人与工程建设项目招标人共同组织的招标。

3) 计日工。计日工是为解决现场发生的零星工作的计价而设立的,其为额外工作和变更的计价提供了一个方便快捷的途径。计日工适用的所谓零星工作一般是指合同约定之外的或者因变更而产生的、工程量清单中没有相应项目的额外工作,尤其是那些时间不允许事先商定价格的额外工作。计日工以完成零星工作所消耗的人工工时、材料数量、机械台班进行计量,并按照计日工表中填报的适用项目的单价进行计价支付。

国际上常见的标准合同条款中,大多数都设立了计日工(Daywork)计价机制。但在我国以往的工程量清单计价实践中,由于计日工项目的单价水平一般要高于工程量清单项目的单价水平,因而经常被忽略。从理论上讲,由于计日工往往是用于一些突发性的额外工作,缺少计划性,承包人在调动施工生产资源方面难免不影响已经计划好的工作,生产资源的使用效率也有一定的降低,客观上造成超出常规的额外投入。另外,其他项目清单中计日工往往是一个暂定的数量,其无法纳入有效的竞争。所以合理的计日工单价水平一定是要高于工程量清单的价格水平的。为获得合理的计日工单价,发包人在其他项目清单中对计日工一定要给出暂定数量,并需要根据经验尽可能估算一个较接近实际的数量。

4) 总承包服务费。总承包服务费是为了解决招标人在法律、法规允许的条件下进行专业工程发包,以及自行供应材料、设备,并需要总承包人对发包的专业工程提供协调和配合服务,对供应的材料、设备提供收、发和保管服务以及进行施工现场管理时发生,并向总承包人支付的费用。招标人应预计该项费用并按投标人的投标报价向投标人支付该项费用。

(2) 为保证工程施工建设的顺利实施,投标人在编制招标工程量清单时应对施工过程中可能出现的各种不确定因素对工程造价的影响进行估算,列出一笔暂列金额。暂列金额可根据工程的复杂程度、设计深度、工程环境条件(包括地质、水文、气候条件等)进行估算,一般可按分部分项工程费的10%~15%作为参考。

(3) 暂估价中的材料、工程设备暂估单价应根据工程造价信息或参照市场价格估算,列出明细表;专业工程暂估价应分不同专业,按有关计价规定估算,列出明细表。

(4) 计日工应列出项目名称、计量单位和暂估数量。

(5) 总承包服务费应列出服务项目及其内容等。

(6) 出现上述第(1)条中未列的项目,应根据工程实际情况补充。如办理竣工结算时就需将索赔及现场鉴证列入其他项目中。

六、规费

规费是根据省级政府或省级有关权力部门规定必须缴纳的,应计入建筑安装工程造价的费用。根据住房和城乡建设部、财政部"关于印发《建筑安装工程费用项目组成》的通知"(建标[2013]44号)的规定,规费主要包括社会保险费、住房公积金、工程排污费,其中社会保险费包括养老保险费、医疗保险费、失业保险费、工伤保险费和生育保险费。规费作为政府和有关权力部门规定必须缴纳的费用,政府和有关权力部门可根据形势发展的需要,对规费项目进行调整,因此,清单编制人对《建筑安装工程费用项目组成》中未包括的规费项目,在编制规费项目清单时应根据省级政府或省级有关权力部门的规定列项。

(1)规费项目清单应按照下列内容列项:
1)社会保险费:包括养老保险费、失业保险费、医疗保险费、工伤保险费、生育保险费;
2)住房公积金;
3)工程排污费。

(2)相对于《建设工程工程量清单计价规范》(GB 50500—2008)(以下简称"08 计价规范"),"13 计价规范"对规费项目清单进行了以下调整:

1)根据《中华人民共和国社会保险法》的规定,将"08 计价规范"使用的"社会保障费"更名为"社会保险费",将"工伤保险费、生育保险费"列入社会保险费。

2)根据十一届全国人大常委会第 20 次会议将《中华人民共和国建筑法》第四十八条由"建筑施工企业必须为从事危险作业的职工办理意外伤害保险,支付保险费"修改为"建筑施工企业应当依法为职工参加工伤保险缴纳工伤保险费。鼓励企业为从事危险作业的职工办理意外伤害保险,支付保险费"。由于建筑法将意外伤害保险由强制改为鼓励,因此,"13 计价规范"中规费项目增加了工伤保险费,删除了意外伤害保险,将其列入企业管理费中列支。

3)根据《财政部、国家发展改革委关于公布取消和停止征收 100 项行政事业性收费项目的通知》(财综[2008]78 号)的规定,工程定额测定费从 2009 年 1 月 1 日起取消,停止征收。因此,"13 计价规范"中规费项目取消了工程定额测定费。

七、税金

根据住房和城乡建设部、财政部"关于印发《建筑安装工程费用项目组成》的通知"(建标[2013]44 号)的规定,目前我国税法规定应计入建筑安装工程造价的税种包括营业税、城市建设维护税、教育费附加和地方教育附加。如国家税法发生变化,税务部门依据职权增加了税种,应对税金项目清单进行补充。

税金项目清单应按下列内容列项:
(1)营业税。
(2)城市维护建设税。
(3)教育费附加。
(4)地方教育附加。

根据《财政部关于统一地方教育政策有关内容的通知》(财综[2011]98 号)的有关规定,"13 计价规范"相对于"08 计价规范",在税金项目增列了地方教育附加项目。

第二节 工程量清单计价相关规定

一、计价方式

(1)使用国有资金投资的建设工程发承包,必须采用工程量清单计价。国有投资的资金包括国家融资资金、国有资金为主的投资资金。

1)国有资金投资的工程建设项目包括:
①使用各级财政预算资金的项目;

②使用纳入财政管理的各种政府性专项建设资金的项目；
③使用国有企事业单位自有资金，并且国有资产投资者实际拥有控制权的项目。

2)国家融资资金投资的工程建设项目包括：
①使用国家发行债券所筹资金的项目；
②使用国家对外借款或者担保所筹资金的项目；
③使用国家政策性贷款的项目；
④国家授权投资主体融资的项目；
⑤国家特许的融资项目。

3)国有资金为主的工程建设项目是指国有资金占投资总额50%以上，或虽不足50%但国有投资者实质上拥有控股权的工程建设项目。

(2)非国有资金投资的建设工程，"13计价规范"鼓励采用工程量清单计价方式，但是否采用，由项目业主自主确定。

(3)不采用工程量清单计价的建设工程，应执行"13计价规范"中除工程量清单等专门性规定外的其他规定。

(4)实行工程量清单计价应采用综合单价法，不论分部分项工程项目、措施项目、其他项目，还是以单价形式或以总价形式表现的项目，其综合单价的组成内容均包括完成该项目所需的、除规费和税金以外的所有费用。

(5)根据《中华人民共和国安全生产法》、《中华人民共和国建筑法》、《建设工程安全生产管理条例》、《安全生产许可证条例》等法律、法规的规定，原建设部办公厅印发了《建筑工程安全防护、文明施工措施费及使用管理规定》(建办[2005]89号)，将安全文明施工费纳入国家强制性标准管理范围，其费用标准不予竞争，并规定"投标方安全防护、文明施工措施的报价，不得低于依据工程所在地工程造价管理机构测定费率计算所需费用总额的90%"。2012年2月14日，财政部、国家安全生产监督管理总局印发《企业安全生产费用提取和使用管理办去》(财企[2012]16号)规定："建设工程施工企业提取的安全费用列入工程造价，在竞标时，不得删减，列入标外管理"。

"13计价规范"规定措施项目清单中的安全文明施工费必须按国家或省级、行业建设主管部门的规定费用标准计算，招标人不得要求投标人对该项费用进行优惠，投标人也不得将该项费用参与市场竞争。此处的安全文明施工费包括《建筑安装工程费用项目组成》(建标[2013]44号)中措施费的文明施工费、环境保护费、临时设施费、安全施工费。

(6)根据住房和城乡建设部、财政部印发的《建筑安装工程费用项目组成》(建标[2013]44号)的规定，规费是政府和有关权力部门规定必须缴纳的费用。税金是国家按照税法预先规定的标准，强制地、无偿地要求纳税人缴纳的费用。它们都是工程造价的组成部分，但是其费用内容和计取标准都不是发、承包人能自主确定的，更不是由市场竞争决定的。因而"13计价规范"规定："规费和税金必须按国家或省级、行业建设主管部门的规定计算，不得作为竞争性费用"。

二、发包人提供材料和机械设备

《建设工程质量管理条例》第14条规定："按照合同约定，由建设单位采购建筑材料、建筑构配件和设备的，建设单位应当保证建筑材料、建筑构配件和设备符合设计文件和合同要求"；《中华人民共和国合同法》第283条规定："发包人未按照约定的时间和要求提供原材料、设备、场地、资金、技术资料的，承包人可以顺延工程日期，并有权要求赔偿停工、窝工等损失"。"13计价规范"根据上述法律条文对发包人提供材料和机械设备的情况进行了如下约定：

(1)发包人提供的材料和工程设备(以下简称甲供材料)应在招标文件中按照规定填写《发包

人提供材料和工程设备一览表》，写明甲供材料的名称、规格、数量、单价、交货方式、交货地点等。承包人投标时，甲供材料价格应计入相应项目的综合单价中，签约后，发包人应按合同约定扣除甲供材料款，不予支付。

(2)承包人应根据合同工程进度计划的安排，向发包人提交甲供材料交货的日期计划。发包人应按计划提供。

(3)发包人提供的甲供材料，如规格、数量或质量不符合合同要求，或由于发包人原因发生交货日期延误、交货地点及交货方式变更等情况的，发包人应承担由此增加的费用和(或)工期延误，并应向承包人支付合理利润。

(4)发承包双方对甲供材料的数量发生争议不能达成一致的，应按照相关工程的计价定额同类项目规定的材料消耗量计算。

(5)若发包人要求承包人采购已在招标文件中确定为甲供材料的，材料价格应由发承包双方根据市场调查确定，并应另行签订补充协议。

三、承包人提供材料和工程设备

《建设工程质量管理条例》第29条规定："施工单位必须按照工程设计要求、施工技术标准和合同约定，对建筑材料、建筑构配件、设备和商品混凝土进行检验，检验应当有书面记录和专人签字；未经检验或者检验不合格的，不得使用"。"13计价规范"根据此法律条文对承包人提供材料和机械设备的情况进行了如下规定：

(1)除合同约定的发包人提供的甲供材料外，合同工程所需的材料和工程设备应由承包人提供，承包人提供的材料和工程设备均应由承包人负责采购、运输和保管。

(2)承包人应按合同约定将采购材料和工程设备的供货人及品种、规格、数量和供货时间等提交发包人确认，并负责提供材料和工程设备的质量证明文件，满足合同约定的质量标准。

(3)对承包人提供的材料和工程设备经检测不符合合同约定的质量标准，发包人应立即要求承包人更换，由此增加的费用和(或)工期延误应由承包人承担。对发包人要求检测承包人已具有合格证明的材料、工程设备，但经检测证明该项材料、工程设备符合合同约定的质量标准，发包人应承担由此增加的费用和(或)工期延误，并向承包人支付合理利润。

四、计价风险

(1)建设工程发承包，必须在招标文件、合同中明确计价中的风险内容及其范围，不得采用无限风险、所有风险或类似语句规定计价中的风险内容及范围。

风险是一种客观存在的、会带来损失的、不确定的状态。它具有客观性、损失性、不确定性的特点，并且风险始终是与损失相联系的。工程施工发包是一种期货交易行为，工程建设本身又具有单件性和建设周期长的特点。在工程施工过程中影响工程施工及工程造价的风险因素很多，但并非所有的风险都是承包人能预测、能控制和应承担其造成损失的。

工程施工招标发包是工程建设交易方式之一，一个成熟的建设市场应是一个体现交易公平性的市场。在工程建设施工发包中实行风险共担和合理分摊原则是实现建设市场交易公平性的具体体现，是维护建设市场正常秩序的措施之一。其具体体现则是应在招标文件或合同中对发承包双方各自应承担的风险内容及其风险范围或幅度进行界定和明确，而不能要求承包人承担所有风险或无限度风险。

根据我国工程建设特点，投标人应完全承担的风险是技术风险和管理风险，如管理费和利润；应有限度承担的是市场风险，如材料价格、施工机械使用费等的风险；应完全不承担的是法律、法规、规章和政策变化的风险。

(2)由于下列因素出现,影响合同价款调整的,应由发包人承担:

1)由于国家法律、法规、规章或有关政策出台导致工程税金、规费等发生变化的;

2)对于根据我国目前工程建设的实际情况,各省、自治区、直辖市建设行政主管部门均根据当地人力资源和社会保障行政主管部门的有关规定发布人工成本信息或人工费调整,对此关系职工切身利益的人工费进行调整的,但承包人对人工费或人工单价的报价高于发布的除外;

3)按照《中华人民共和国合同法》第63条规定:"执行政府定价或者政府指导价的,在合同约定的交付期限内价格调整时,按照交付的价格计价。逾期交付标的物的,遇价格上涨时,按照原价格执行;价格下降时,按照新价格执行。逾期提取标的物或者逾期付款的,遇价格上涨时,按照新价格执行;价格下降时,按照原价格执行"。因此,对政府定价或政府指导价管理的原材料价格按照相关文件规定进行合同价款调整的。因承包人原因导致工期延误的,应按本书第六章第三节"二、合同价款调整"中"2. 法律法规变化"和"7. 物价变化"中的有关规定进行处理。

(3)对于主要由市场价格波动导致的价格风险,如工程造价中的建筑材料、燃料等价格风险,应由发承包双方合理分摊,并按规定填写《承包人提供主要材料和工程设备一览表》作为合同附件;当合同中没有约定,发承包双方发生争议时,应按"13 计价规范"的相关规定调整合同价款。"13 计价规范"中提出承包人所承担的材料价格的风险宜控制在5%以内,施工机械使用费的风险可控制在10%以内,超过者予以调整。

(4)由于承包人使用机械设备、施工技术以及组织管理水平等自身原因造成施工费用增加的,应由承包人全部承担。

(5)当不可抗力发生,影响合同价款时,应按本书第六章第三节"二、合同价款调整"中"9. 不可抗力"的相关规定处理。

第九章　市政工程计量与计价

第一节　土石方工程计量与计价

一、工程计量与计价说明

土石方工程计量与计价说明见表9-1。

表 9-1　　　　　　　　　　土石方工程计量与计价说明

序号	项目	内容
1	概述	《市政工程工程量计算规范》(GB 50857—2013)中土石方工程共分：土方工程、石方工程、回填方及土石方运输等3节，共计80个项目
2	土方工程	(1)沟槽、基坑、一般土方的划分为：底宽≤7m且底长＞3倍底宽为沟槽，底长≤3倍底宽且底面积≤150m² 为基坑。超出上述范围则为一般土方。 (2)土壤的分类应按表9-2确定。 (3)如土壤类别不能准确划分时，招标人可注明为综合，由投标人根据地勘报告决定报价。 (4)土方体积应按挖掘前的天然密实体积计算。 (5)挖沟槽、基坑土方中的挖土深度，一般指原地面标高至槽、坑底的平均高度。 (6)挖沟槽、基坑、一般土方因工作面和放坡增加的工程量，是否并入各土方工程量中，按各省、自治区、直辖市或行业建设主管部门的规定实施。如并入各土方工程量中，编制工程量清单时，可按表9-3、表9-4规定计算；办理工程结算时，按经发包人认可的施工组织设计规定计算。 (7)挖沟槽、基坑、一般土方和暗挖土方清单项目的工作内容中仅包括了土方场内平衡所需的运输费用，如需土方外运时，按"余方弃置"项目编码列项。 (8)挖方出现流砂、淤泥时，如设计未明确，在编制工程量清单时，其工程数量可为暂估值。结算时，应根据实际情况由发包人与承包人双方现场签证确认工程量。 (9)挖淤泥、流砂的运距可以不描述，但应注明由投标人根据施工现场实际情况自行考虑决定报价
3	石方工程	(1)沟槽、基坑、一般石方的划分为：底宽≤7m且底长＞3倍底宽为沟槽；底长≤3倍底宽且底面积≤150m² 为基坑；超出上述范围则为一般石方。 (2)岩石的分类应按表9-5确定。 (3)石方体积应按挖掘前的天然密实体积计算。 (4)挖沟槽、基坑、一般石方因工作面和放坡增加的工程量，是否并入各石方工程量中，按各省、自治区、直辖市或行业建设主管部门的规定实施。如并入各石方工程量中，编制工程量清单时，其所需增加的工程数量可为暂估值，且在清单项目中予以注明；办理工程结算时，按经发包人认可的施工组织设计规定计算。 (5)挖沟槽、基坑、一般石方清单项目的工作内容中仅包括了石方场内平衡所需的运输费用，如需石方外运时，按"余方弃置"项目编码列项。 (6)石方爆破按现行国家标准《爆破工程工程量计算规范》(GB 50862—2013)相关项目编码列项

续表

序号	项目	内　　容
4	回填方及土石方运输	(1)填方材料品种为土时,可以不描述。 (2)填方粒径,在无特殊要求情况下,项目特征可以不描述。 (3)对于沟、槽坑等开挖后再进行回填方的清单项目,其工程量计算规则按挖方清单项目工程量加原地面线至设计要求标高间的体积,减基础、构筑物等埋入体积计算确定;当原地面线高于设计要求标高时,则其体积为负值。 (4)回填方总工程量中若包括场内平衡和缺方内运两部分时,应分别编码列项。 (5)余方弃置和回填方的运距可以不描述,但应注明由投标人根据施工现场实际情况自行考虑决定报价。 (6)回填方如需缺方内运,且填方材料品种为土方时,是否在综合单价中计入购买土方的费用,由投标人根据工程实际情况自行考虑决定报价
5	相关问题及说明	(1)隧道石方开挖按《市政工程工程量计算规则》(GB 50857—2013)附录D隧道工程中相关项目编码列项。 (2)废料及余方弃置清单项目中,如需发生弃置、堆放费用的,投标人应根据当地有关规定计取相应费用,并计入综合单价中

表 9-2　　　　　　　　　　　　　　土壤分类表

土壤分类	土壤名称	开挖方法
一、二类土	粉土、砂土(粉砂、细砂、中砂、粗砂、砾砂)、粉质黏土、弱中盐渍土、软土(淤泥质土、泥炭、泥炭质土)、软塑红黏土、冲填土	用锹,少许用镐、条锄开挖。机械能全部直接铲挖满载者
三类土	黏土、碎石土(圆砾、角砾)、混合土、可塑红黏土、硬塑红黏土、强盐渍土、素填土、压实填土	主要用镐、条锄,少许用锹开挖。机械需部分刨松方能铲挖满载者或可直接铲挖但不能满载者
四类土	碎石土(卵石、碎石、漂石、块石)、坚硬红黏土、超盐渍土、杂填土	全部用镐、条锄挖掘,少许用撬棍挖掘。机械需普遍刨松方能铲挖满载者

表 9-3　　　　　　　　　　　　　　放坡系数表

土类别	放坡起点/m	人工挖土	机械挖土		
			在坑内作业	在坑上作业	顺沟槽方向在坑上作业
一、二类土	1.20	1∶0.50	1∶0.33	1∶0.75	1∶0.50
三类土	1.50	1∶0.33	1∶0.25	1∶0.67	1∶0.33
四类土	2.00	1∶0.25	1∶0.10	1∶0.33	1∶0.25

注:1.沟槽、基坑中土类别不同时,分别按其放坡起点、放坡系数,依不同土类别厚度加权平均计算。
　　2.计算放坡时,在交接处的重复工程量不予扣除,原槽、坑做基础垫层时,放坡自垫层上表面开始计算。
　　3.本表按《全国统一市政工程预算定额》(GYD—301—1999)整理,并增加机械挖土顺沟槽方向坑上作业的放坡系数。

表 9-4　　　　　　　　　管沟施工每侧所需工作面宽度计算表　　　　　　　　　　mm

管道结构宽	混凝土管道基础 90°	混凝土管道基础＞90°	金属管道	构筑物	
				无防潮层	有防潮层
500 以内	400	400	300	400	600
1000 以内	500	500	400		
2500 以内	600	500	400		
2500 以上	700	600	500		

注：1. 管道结构宽：有管座按管道基础外缘，无管座按管道外径计算；构筑物按基础外缘计算。
　　2. 本表按《全国统一市政工程预算定额》(GYD—301—1999)整理，并增加管道结构宽 2500mm 以上的工作面宽度值。

表 9-5　　　　　　　　　　　　　　岩石分类表

岩石分类		代表性岩石	开挖方法
极软岩		1. 全风化的各种岩石 2. 各种半成岩	部分用手凿工具、部分用爆破法开挖
软质岩	软岩	1. 强风化的坚硬岩或较硬岩 2. 中等风化～强风化的较软岩 3. 未风化～微风化的页岩、泥岩、泥质砂岩等	用风镐和爆破法开挖
	较软岩	1. 中等风化～强风化的坚硬岩或较硬岩 2. 未风化～微风化的凝灰岩、千枚岩、泥灰岩、砂质泥岩等	
硬质岩	较硬岩	1. 微风化的坚硬岩 2. 未风化～微风化的大理岩、板岩、石灰岩、白云岩、钙质砂岩等	用爆破法开挖
	坚硬岩	未风化～微风化的花岗岩、闪长岩、辉绿岩、玄武岩、安山岩、片麻岩、石英岩、石英砂岩、硅质砾岩、硅质石灰岩等	

注：本表依据现行国家标准《工程岩体分级标准》(GB 50218—1994)和《岩土工程勘察规范》(GB 50021—2001)(2009年局部修订版)整理。

二、工程量清单项目设置与工程量计算规则

1. 土方工程量清单项目设置及工程量计算规则

土方工程量清单项目设置及工程量计算规则见表 9-6。

表 9-6　　　　　　　　　　　土方工程(编码：040101)

项目编码	项目名称	项目特征	计量单位	工程量计算规则	工作内容
040101001	挖一般土方	1. 土壤类别 2. 挖土深度	m³	按设计图示尺寸以体积计算	1. 排地表水 2. 土方开挖 3. 围护(挡土板)及拆除 4. 基底钎探 5. 场内运输
040101002	挖沟槽土方			按设计图示尺寸以基础垫层底面积乘以挖土深度计算	
040101003	挖基坑土方				
040101004	暗挖土方	1. 土壤类别 2. 平洞、斜洞(坡度) 3. 运距		按设计图示断面乘以长度以体积计算	1. 排地表水 2. 土方开挖 3. 场内运输
040101005	挖淤泥、流砂	1. 挖掘深度 2. 运距		按设计图示位置、界限以体积计算	1. 开挖 2. 运输

2. 石方工程工程量清单项目设置及工程量计算规则

石方工程工程量清单项目设置及工程量计算规则见表 9-7。

表 9-7　　　　　　　　　　　石方工程(编码：040102)

项目编码	项目名称	项目特征	计量单位	工程量计算规则	工作内容
040102001	挖一般石方	1. 岩石类别 2. 开凿深度	m³	按设计图示尺寸以体积计算	1. 排地表水 2. 石方开凿 3. 修整底、边 4. 场内运输
040102002	挖沟槽石方			按设计图示尺寸以基础垫层底面积乘以挖石深度计算	
040102003	挖基坑石方				

3. 回填方及土石方运输工程量清单项目设置及工程量计算规则

回填方及土石方运输工程量清单项目设置及工程量计算规则见表 9-8。

表 9-8　　　　　　　　　回填方及土石方运输(编码：040103)

项目编码	项目名称	项目特征	计量单位	工程量计算规则	工作内容
040103001	回填方	1. 密实度要求 2. 填方材料品种 3. 填方粒径要求 4. 填方来源、运距	m³	1. 按挖方清单项目工程量加原地面线至设计要求标高间的体积，减基础、构筑物等埋入体积计算 2. 按设计图示尺寸以体积计算	1. 运输 2. 回填 3. 压实
040103002	余方弃置	1. 废弃料品种 2. 运距		按挖方清单项目工程量减利用回填方体积(正数)计算	余方点装料运输至弃置点

三、工程量清单计量与计价编制实例

表 9-9   道路工程土方计算表

工程名称:某市三号路道路工程

桩号	距离/m	挖土			填土			备注
		断面积/m²	平均断面积/m²	体积/m³	断面积/m²	平均断面积/m²	体积/m³	
0+000	50	0	1.5	75	3.00	3.2	160	
0+050	50	3.00			3.40			
0+100	50	3.00	3.0	150	4.60	4.0	200	
0+150	50	3.80	3.4	170	4.40	4.5	225	
0+200	50	3.60	3.6	180	6.00	5.2	260	
0+250	50	3.40	4.0	200	4.40	5.2	260	
0+300	50	4.60	4.4	220	8.00	6.2	310	
0+350	50	4.20	4.6	230	5.20	6.6	330	
0+400	50	5.00	5.1	255	11.00	8.1	405	
0+450	50	5.20	6.0	300				
0+500	50	6.80	4.8	240				
0+550	50	2.80	2.4	120				
0+600	50	2.00	6.8	340				
		11.60						
合计				2480			2150	

1. 工程量清单项目表的编制(表 9-10)

表 9-10   分部分项工程和单价措施项目清单与计价表

工程名称:某市三号路道路工程   标段:0+000~0+600

序号	项目编码	项目名称	项目特征描述	计量单位	工程量	金额/元		
						综合单价	合价	其中:暂估价
1	040101001001	挖一般土方	四类土,人工挖土	m³	2480.00	20.89	51807.20	
2	040103001001	回填方	密实度 95%	m³	2150.00	5.84	12556.00	
3	040103002001	余方弃土	运距 5km	m³	330.00	16.57	5468.10	

2. 计价(报价)示例

(1)施工方案考虑:①挖土数量不大,拟用人工挖土。②土方平衡部分场内运输考虑用手推车运土,从道路工程土方计算表中可看出运距在 200m 内。③余方弃置拟用人工装车,自卸汽车运输。④路基填土压实拟用路机碾压,碾压厚度每层不超过 30cm,并分层检验密实度,达到要求的密实度后再填筑上一层。⑤路床碾压为保证质量按路面宽度每边再加宽 30cm,路床碾压面积为:(12+0.6)×600=7560m²。⑥路肩整形碾压面积为:2×600=1200m²。

(2)参照定额及管理费、利润的取定。①定额拟按全国市政工程预算定额;②管理费按(人工费+材料费+施工机具使用费)的 10%考虑,利润按(人工费+材料费+施工机具使用费)的 5%考虑。

根据上述考虑作如下综合单价分析(表 9-11~表 9-13)。

表 9-11　　　　　　　　　　　　综合单价分析表

工程名称：某市三号路道路工程　　　　标段：0+000～0+600　　　　第　页共　页

项目编码	040101001001	项目名称		挖一般土方		计量单位	m³	工程量	2480

清单综合单价组成明细

定额编号	定额项目名称	定额单位	数量	单价				合价			
				人工费	材料费	机械费	管理费和利润	人工费	材料费	机械费	管理费和利润
1-3	人工挖路槽土方（四类土）	100m³	0.01	1129.34	—	—	169.40	11.29			1.69
1-45	双轮斗车运土（运距50m以内）	100m³	0.01	431.65	—	—	64.75	4.32			0.65
1-46	双轮斗车运土（增运距150m）	100m³	0.01	256.17	—	—	38.43	2.56			0.38
人工单价			小　计					18.17			2.72
22.47元/工日			未计价材料费								
			清单项目综合单价					20.89			

材料费明细	主要材料名称、规格、型号	单位	数量	单价/元	合价/元	暂估单价/元	暂估合价/元
	其他材料费					—	
	材料费小计					—	

注：本书有关市政工程的清单计价实例中的定额均套用《全国统一市政工程预算定额》，在实际操作中，**各单位应根据企业的实际情况套用相应的定额**。

表 9-12　　　　　　　　　　　　　　综合单价分析表

工程名称：某市三号路道路工程　　　标段：0+000~0+600　　　第　页共　页

项目编码	040103001001	项目名称	回填方	计量单位	m³	工程量	2150

清单综合单价组成明细

定额编号	定额项目名称	定额单位	数量	单价				合价			
				人工费	材料费	机械费	管理费和利润	人工费	材料费	机械费	管理费和利润
1-359	填土压路机碾压(密度95%)	1000m³	0.001	134.82	6.75	1803.45	291.75	0.13	0.01	1.80	0.29
2-1	路床碾压检验	100m³	0.035	8.09	—	73.69	12.27	0.28	—	2.58	0.43
2-2	露肩整形展压	100m³	0.006	38.65	—	7.91	6.98	0.23	—	0.05	0.04
人工单价			小　计					0.64	0.01	4.43	0.76
22.47元/工日			未计价材料费								
清单项目综合单价								5.84			

材料费明细	主要材料名称、规格、型号	单位	数量	单价/元	合价/元	暂估单价/元	暂估合价/元
	水	m³	0.015	0.45	0.01		
	其他材料费			—		—	
	材料费小计			—	0.01	—	

表 9-13   综合单价分析表

工程名称：某市三号路道路工程　　　标段：0+000~0+600　　　　第　页共　页

| 项目编码 | 040103002001 | 项目名称 | 余方弃置 | 计量单位 | m³ | 工程量 | 330 |

清单综合单价组成明细

定额编号	定额项目名称	定额单位	数量	单价				合价			
				人工费	材料费	机械费	管理费和利润	人工费	材料费	机械费	管理费和利润
1-49	人工装汽车	100m³	0.01	370.76	—	—	55.61	3.71	—	—	0.56
1-272	自卸汽车运土	100m³	0.001	—	5.40	10691.79	1604.58	—	0.01	10.69	1.60
人工单价				小计				3.71	0.01	10.69	2.16
22.47元/工日				未计价材料费							
清单项目综合单价								16.57			

材料费明细	主要材料名称、规格、型号	单位	数量	单价/元	合价/元	暂估单价/元	暂估合价/元
	水	m³	0.012	0.45	0.01		
	其他材料费			—	—		
	材料费小计				0.01		

第二节　道路工程工程量清单与计价

一、工程计量与计价说明

道路工程计量与计价说明见表 9-14。

表 9-14　　　　　道路工程计量与计价说明

序号	项目	内容
1	概况	《市政工程工程量计算规范》(GB 50857—2013)中道路工程共分：路基处理、道路基层、道路面层、人行道及其他、交通管理设施 5 节，共计 80 个项目
2	路基处理	(1)地层情况按表 9-2 和表 9-5 的规定，并根据岩土工程勘察报告按单位工程各地层所占比例(包括范围值)进行描述。对无法准确描述的地层情况，可注明由投标人根据岩土工程勘察报告自行决定报价。 (2)项目特征中的桩长应包括桩尖，空桩长度＝孔深－桩长，孔深为自然地面至设计桩底的深度。 (3)如采用碎石、粉煤灰、砂等作为路基处理的填方材料时，应按土石方工程中"回填方"项目编码列项。 (4)排水沟、截水沟清单项目中，当侧墙为混凝土时，还应描述侧墙的混凝土强度等级

续表

序号	项目	内容
3	道路基层	(1)道路工程厚度应以压实后为准。 (2)道路基层设计截面如为梯形时,应按其截面平均宽度计算面积,并在项目特征中对截面参数加以描述
4	道路面层	水泥混凝土路面中传力杆和拉杆的制作、安装应按《市政工程工程量计算规范》(GB 50857—2013)附录 J 钢筋工程中相关项目编码列项
5	交通管理设施	(1)本表清单项目如发生破除混凝土路面、土石方开挖、回填夯实等,应分别按《市政工程工程量计算规范》(GB 50857—2013)附录 K 拆除工程及附录 A 土石方工程中相关项目编码列项。 (2)除清单项目特殊注明外,各类垫层应按《市政工程工程量计算规范》(GB 50857—2013)中附录 H 路灯工程中相关项目编码列项。 (3)立电杆按《市政工程工程量计算规范》(GB 50857—2013)中相关项目编码列项。 (4)值警亭按半成品现场安装考虑,实际采用砖砌等形式的,按现行国家标准《房屋建筑与装饰工程工程量计算规范》(GB 50854—2013)中相关项目编码列项。 (5)与标杆相连的,用于安装标志板的配件应计入标志板清单项目内

二、工程量清单项目设置及工程量计算规则

1. 路基处理工程量清单项目设置及工程计算规则

路基处理工程量清单项目设置及工程计算规则见表 9-15。

表 9-15　　　　　　　　　　路基处理(编码:040201)

项目编码	项目名称	项目特征	计量单位	工程量计算规则	工作内容
040201001	预压地基	1. 排水竖井种类、断面尺寸、排列方式、间距、深度 2. 预压方法 3. 预压荷载、时间 4. 砂垫层厚度	m^2	按设计图示尺寸以加固面积计算	1. 设置排水竖井、盲沟、滤水管 2. 铺设砂垫层、密封膜 3. 堆载、卸载或抽气设备安拆、抽真空 4. 材料运输
040201002	强夯地基	1. 夯击能量 2. 夯击遍数 3. 地耐力要求 4. 夯填材料种类			1. 铺设夯填材料 2. 强夯 3. 夯填材料运输
040201003	振冲密实 (不填料)	1. 地层情况 2. 振密深度 3. 孔距 4. 振冲器功率			1. 振冲加密 2. 泥浆运输

续一

项目编码	项目名称	项目特征	计量单位	工程量计算规则	工作内容
040201004	掺石灰	含灰量	m³	按设计图示尺寸以体积计算	1. 掺石灰 2. 夯实
040201005	掺干土	1. 密实度 2. 掺土率			1. 掺干土 2. 夯实
040201006	掺石	1. 材料品种、规格 2. 掺石率			1. 掺石 2. 夯实
040201007	抛石挤淤	材料品种、规格			1. 抛石挤淤 2. 填塞垫平、压实
040201008	袋装砂井	1. 直径 2. 填充料品种 3. 深度	m	按设计图示尺寸以长度计算	1. 制作砂袋 2. 定位沉管 3. 下砂袋 4. 拔管
040201009	塑料排水板	材料品种、规格			1. 安装排水板 2. 沉管插板 3. 拔管
040201010	振冲桩（填料）	1. 地层情况 2. 空桩长度、桩长 3. 桩径 4. 填充材料种类	1. m 2. m²	1. 以米计量，按设计图示尺寸以桩长计算 2. 以立方米计量，按设计图示桩截面乘以桩长以体积计算	1. 振冲成孔、填料、振实 2. 材料运输 3. 泥浆运输
040201011	砂石桩	1. 地层情况 2. 空桩长度、桩长 3. 桩径 4. 成孔方法 5. 材料种类、级配		1. 以米计量，按设计图示尺寸以桩长（包括桩尖）计算 2. 以立方米计量，按设计图示桩截面乘以桩长（包括桩尖）以体积计算	1. 成孔 2. 填充、振实 3. 材料运输
040201012	水泥粉煤灰碎石桩	1. 地层情况 2. 空桩长度、桩长 3. 桩径 4. 成孔方法 5. 混合料强度等级		按设计图示尺寸以桩长（包括桩尖）计算	1. 成孔 2. 混合料制作、灌注、养护 3. 材料运输
040201013	深层水泥搅拌桩	1. 地层情况 2. 空桩长度、桩长 3. 桩截面尺寸 4. 水泥强度等级、掺量	m	按设计图示尺寸以桩长计算	1. 预搅下钻、水泥浆制作、喷浆搅拌提升成桩 2 材料运输
040201014	粉喷桩	1. 地层情况 2. 空桩长度、桩长 3. 桩径 4. 粉体种类、掺量 5. 水泥强度等级、石灰粉要求			1. 预搅下钻、喷粉搅拌提升成桩 2. 材料运输
040201015	高压水泥旋喷桩	1. 地层情况 2. 空桩长度、桩长 3. 桩截面 4. 旋喷类型、方法 5. 水泥强度等级、掺量			1. 成孔 2. 水泥浆制作、高压旋喷注浆 3. 材料运输

续二

项目编码	项目名称	项目特征	计量单位	工程量计算规则	工作内容
040201016	石灰桩	1. 地层情况 2. 空桩长度、桩长 3. 桩径 4. 成孔方法 5. 掺合料种类、配合比	m	按设计图示尺寸以桩长（包括桩尖）计算	1. 成孔 2. 混合料制作、运输、夯填
040201017	灰土(土)挤密桩	1. 地层情况 2. 空桩长度、桩长 3. 桩径 4. 成孔方法 5. 灰土级配	m		1. 成孔 2. 灰土拌和、运输、填充、夯实
040201018	柱锤冲扩桩	1. 地层情况 2. 空桩长度、桩长 3. 桩径 4. 成孔方法 5. 桩体材料种类、配合比	m	按设计图示尺寸以桩长计算	1. 安拔套管 2. 冲孔、填料、夯实 3. 桩体材料制作、运输
040201019	地基注浆	1. 地层情况 2. 成孔深度、间距 3. 浆液种类及配合比 4. 注浆方法 5. 水泥强度等级、用量	1. m 2. m³	1. 以米计量，按设计图示尺寸以深度计算 2. 以立方米计量，按设计图示尺寸以加固体积计算	1. 成孔 2. 注浆导管制作、安装 3. 浆液制作、压浆 4. 材料运输
040201020	褥垫层	1. 厚度 2. 材料品种、规格及比例	1. m² 2. m³	1. 以平方米计量，按设计图示尺寸以铺设面积计算 2. 以立方米计量，按设计图示尺寸以铺设体积计算	1. 材料拌和、运输 2. 铺设 3. 压实
040201021	土工合成材料	1. 材料品种、规格 2. 搭接方式	m²	按设计图示尺寸以面积计算	1. 基层整平 2. 铺设 3. 固定
040201022	排水沟、截水沟	1. 断面尺寸 2. 基础、垫层：材料品种、厚度 3. 砌体材料 4. 砂浆强度等级 5. 伸缩缝填塞 6. 盖板材质、规格	m	按设计图示以长度计算	1. 模板制作、安装、拆除 2. 基础、垫层铺筑 3. 混凝土拌和、运输、浇筑 4. 侧墙浇捣或砌筑 5. 勾缝、抹面 6. 盖板安装
040201023	盲沟	1. 材料品种、规格 2. 断面尺寸			铺筑

2. 道路基层工程量清单项目设置及工程量计算规则

道路基层工程量清单项目设置及工程量计算规则见表 9-16。

表 9-16　　　　　　　　　　道路基层（编码：040202）

项目编码	项目名称	项目特征	计量单位	工程量计算规则	工作内容
040202001	路床（槽）整形	1. 部位 2. 范围	m²	按设计道路底基层图示尺寸以面积计算，不扣除各类井所占面积	1. 放样 2. 整修路拱 3. 碾压成型
040202002	石灰稳定土	1. 含灰量 2. 厚度	m²	按设计图示尺寸以面积计算，不扣除各类井所占面积	1. 拌和 2. 运输 3. 铺筑 4. 找平 5. 碾压 6. 养护
040202003	水泥稳定土	1. 水泥含量 2. 厚度			
040202004	石灰、粉煤灰、土	1. 配合比 2. 厚度			
040202005	石灰、碎石、土	1. 配合比 2. 碎石规格 3. 厚度			
040202006	石灰、粉煤灰、碎（砾）石	1. 配合比 2. 碎（砾）石规格 3. 厚度			
040202007	粉煤灰	厚度			
040202008	矿渣				
040202009	砂砾石	1. 石料规格 2. 厚度			
040202010	卵石				
040202011	碎石				
040202012	块石				
040202013	山皮石				
040202014	粉煤灰三渣	1. 配合比 2. 厚度			
040202015	水泥稳定碎（砾）石	1. 水泥含量 2. 石料规格 3. 厚度			
040202016	沥青稳定碎石	1. 沥青品种 2. 石料规格 3. 厚度			

3. 道路面层工程量清单项目设置及工程量计算规则

道路面层工程量清单项目设置及工程量计算规则见表 9-17。

表 9-17　　　　　　　　　　道路面层(编码:040203)

项目编码	项目名称	项目特征	计量单位	工程量计算规则	工作内容
040203001	沥青表面处治	1. 沥青品种 2. 层数			1. 喷油、布料 2. 碾压
040203002	沥青贯入式	1. 沥青品种 2. 石料规格 3. 厚度			1. 摊铺碎石 2. 喷油、布料 3. 碾压
040203003	透层、粘层	1. 材料品种 2. 喷油量			1. 清理下承面 2. 喷油、布料
040203004	封层	1. 材料品种 2. 喷油量 3. 厚度			1. 清理下承面 2. 喷油、布料 3. 压实
040203005	黑色碎石	1. 材料品种 2. 石料规格 3. 厚度	m³	按设计图示尺寸以面积计算,不扣除各种井所占面积,带平石的面层应扣除平石所占面积	1. 清理下承面 2. 拌和、运输 3. 摊铺、整形 4. 压实
040203006	沥青混凝土	1. 沥青品种 2. 沥青混凝土种类 3. 石料粒径 4. 掺合料 5. 厚度			
040203007	水泥混凝土	1. 混凝土强度等级 2. 掺合料 3. 厚度 4. 嵌缝材料			1. 模板制作、安装、拆除 2. 混凝土拌和、运输、浇筑 3. 拉毛 4. 压痕或刻防滑槽 5. 伸缝 6. 缩缝 7. 锯缝、嵌缝 8. 路面养护
040203008	块料面层	1. 块料品种、规格 2. 垫层:材料品种、厚度、强度等级			1. 铺筑垫层 2. 铺砌块料 3. 嵌缝、勾缝
040203009	弹性面层	1. 材料品种 2. 厚度			1. 配料 2. 铺贴

4. 人行道及其他工程量清单项目设置及工程量计算规则

人行道及其他工程量清单项目设置及工程量计算规则见表 9-18。

表 9-18　　　　　　　　　　人行道及其他(编码:040204)

项目编码	项目名称	项目特征	计量单位	工程量计算规则	工作内容
040204001	人行道整形碾压	1. 部位 2. 范围	m²	按设计人行道图示尺寸以面积计算,不扣除侧石、树池和各类井所占面积	1. 放样 2. 碾压
040204002	人行道块料铺设	1. 块料品种、规格 2. 基础、垫层:材料品种、厚度 3. 图形	m²	按设计图示尺寸以面积计算,不扣除各种井所占面积,但应扣除侧石、树池所占面积	1. 基础、垫层铺筑 2. 块料铺设
040204003	现浇混凝土人行道及进口坡	1. 混凝土强度等级 2. 厚度 3. 基础、垫层:材料品种、厚度			1. 模板制作、安装、拆除 2. 基础、垫层铺筑 3. 混凝土拌和、运输、浇筑
040204004	安砌侧(平、缘)石	1. 材料品种、规格 2. 基础、垫层:材料品种、厚度	m	按设计图示中心线长度计算	1. 开槽 2. 基础、垫层铺筑 3. 侧(平、缘)石安砌
040204005	现浇侧(平、缘)石	1. 材料品种 2. 尺寸 3. 形状 4. 混凝土强度等级 5. 基础、垫层:材料品种、厚度			1. 模板制作、安装、拆除 2. 开槽 3. 基础、垫层铺筑 4. 混凝土拌和、运输、浇筑
040204006	检查井升降	1. 材料品种 2. 检查井规格 3. 平均升(降)高度	座	按设计图示路面标高与原有的检查井发生负高差的检查井的数量计算	1. 提升 2. 降低
040204007	树池砌筑	1. 材料品种、规格 2. 树池尺寸 3. 树池盖面材料品种	个	按设计图示数量计算	1. 基础、垫层铺筑 2. 树池砌筑 3. 盖面材料运输、安装
040204008	预制电缆沟铺设	1. 材料品种 2. 规格尺寸 3. 基础、垫层:材料品种、厚度 4. 盖板品种、规格	m	按设计图示中心线长度计算	1. 基础、垫层铺筑 2. 预制电缆沟安装 3. 盖板安装

5. 交通管理设施工程量清单项目设置及工程量计算规则

交通管理设施工程量清单项目设置及工程量计算规则见表 9-19。

表 9-19　　　　　　　　　　交通管理设施(编码:040205)

项目编码	项目名称	项目特征	计量单位	工程量计算规则	工作内容
040205001	人(手)孔井	1. 材料品种 2. 规格尺寸 3. 盖板材质、规格 4. 基础、垫层:材料品种、厚度	座	按设计图示数量计算	1. 基础、垫层铺筑 2. 井身砌筑 3. 勾缝(抹面) 4. 井盖安装
040205002	电缆保护管	1. 材料品种 2. 规格	m	按设计图示以长度计算	敷设
040205003	标杆	1. 类型 2. 材质 3. 规格尺寸 4. 基础、垫层:材料品种、厚度 5. 油漆品种	根	按设计图示数量计算	1. 基础、垫层铺筑 2. 制作 3. 油漆或镀锌 4. 底盘、拉盘、卡盘及杆件安装
040205004	标志板	1. 类型 2. 材质、规格尺寸 3. 板面反光膜等级	块		制作、安装
040205005	视线诱导器	1. 类型 2. 材料品种	只		安装
040205006	标线	1. 材料品种 2. 工艺 3. 线型	1. m 2. m²	1. 以米计量,按设计图示以长度计算 2. 以平方米计量,按设计图示尺寸以面积计算	1. 清扫 2. 放样 3. 画线 4. 护线
040205007	标记	1. 材料品种 2. 类型 3. 规格尺寸	1. 个 2. m²	1. 以个计量,按设计图示数量计算 2. 以平方米计量,按设计图示尺寸以面积计算	
040205008	横道线	1. 材料品种 2. 形式	m²	按设计图示尺寸以面积计算	
040205009	清除标线	清除方法			清除
040205010	环形检测线圈	1. 类型 2. 规格、型号	个	按设计图示数量计算	1. 安装 2. 调试
040205011	值警亭	1. 类型 2. 规格 3. 基础、垫层:材料品种、厚度	座	按设计图示数量计算	1. 基础、垫层铺筑 2. 安装

续一

项目编码	项目名称	项目特征	计量单位	工程量计算规则	工作内容
040205012	隔离护栏	1. 类型 2. 规格、型号 3. 材料品种 4. 基础、垫层：材料品种、厚度	m	按设计图示以长度计算	1. 基础、垫层铺筑 2. 制作、安装
040205013	架空走线	1. 类型 2. 规格、型号			架线
040205014	信号灯	1. 类型 2. 灯架材质、规格 3. 基础、垫层：材料品种、厚度 4. 信号灯规格、型号、组数	套	按设计图示数量计算	1. 基础、垫层铺筑 2. 灯架制作、镀锌、喷漆 3. 底盘、拉盘、卡盘及杆件安装 4. 信号灯安装、调试
040205015	设备控制机箱	1. 类型 2. 材质、规格尺寸 3. 基础、垫层：材料品种、厚度 4. 配置要求	台		1. 基础、垫层铺筑 2. 安装 3. 调试
040205016	管内配线	1. 类型 2. 材质 3. 规格、型号	m	按设计图示以长度计算	配线
040205017	防撞筒（墩）	1. 材料品种 2. 规格、型号	个	按设计图示数量计算	制作、安装
040205018	警示柱	1. 类型 2. 材料品种 3. 规格、型号	根		
040205019	减速垄	1. 材料品种 2. 规格、型号	m	按设计图示以长度计算	
040205020	监控摄像机	1. 类型 2. 规格、型号 3. 支架形式 4. 防护罩要求	台	按设计图示数量计算	1. 安装 2. 调试
040205021	数码相机	1. 规格、型号 2. 立杆材质、形式 3. 基础、垫层：材料品种、厚度	套		1. 基础、垫层铺筑 2. 安装 3. 调试
040205022	道闸机	1. 类型 2. 规格、型号 3. 基础、垫层：材料品种、厚度			

续二

项目编码	项目名称	项目特征	计量单位	工程量计算规则	工作内容
040205023	可变信息情报板	1. 类型 2. 规格、型号 3. 立（横）杆材质、形式 4. 配置要求 5. 基础、垫层：材料品种、厚度	套	按设计图示数量计算	1. 基础、垫层铺筑 2. 安装 3. 调试
040205024	交通智能系统调试	系统类别	系统		系统调试

三、工程量清单计量与计价编制实例

（一）工程量清单表的编制示例

某市三号路 0+000～0+300 为沥青混凝土结构，0+300～0+600 为混凝土路面结构，道路的结构如图 9-4 所示。路面宽度为 11.5m，路面两边铺侧缘石，路肩各宽 1m。根据上述情况，进行道路工程工程量清单表的编制。

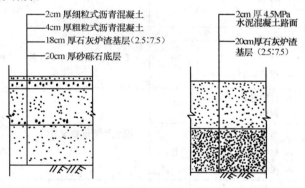

图 9-4 道路结构示意图

(1) 首先进行工程量清单的计算。

挖一般土方（四类土）：　　　1890m³
回填方（密实度 95%）：　　　1645m³
余土弃置（运距 5km）：　　　245m³
砂砾石底层面积：　　　　　　3450m²（300×11.5）
石灰炉渣基层面积：　　　　　3450m²
沥青混凝土面积：　　　　　　3450m²
水泥混凝土面积：　　　　　　3450m²
侧缘石长度：　　　　　　　　1200m（600×2）

(2) 根据(1)中列出的工程量列出相应的工程量清单，见表 9-20。

第九章 市政工程计量与计价

表 9-20　　　　　　　　　分部分项工程和单价措施项目清单与计价表

工程名称：某市三号路道路工程　　　　标段：　　　　　　　第　页共　页

序号	项目编码	项目名称	项目特征描述	计量单位	工程量	金额/元		其中
						综合单价	合价	暂估价
			A 土石方工程					
1	040101001001	挖一般土方	四类土，人工挖土	m³	1890.00			
2	040103001001	回填方	密实度95%	m³	1645.00			
3	040103002001	余方弃置	运距5km	m³	245.00			
			本部小计					
			B 道路工程					
4	040202009001	砂砾石	厚20cm	m²	3450.00			
5	040202006001	石灰、粉煤灰、碎(砾)石	2.5∶7.5，厚20cm	m²	3450.00			
6	040202006002	石灰、粉煤灰、碎(砾)石	2.5∶7.5，厚18cm	m²	3450.00			
7	040203006001	沥青混凝土	厚4cm，最大粒径5cm，石油沥青	m²	3450.00			
8	040203006002	沥青混凝土	厚2cm，最大粒径3cm，石油沥青	m²	3450.00			
9	040203007001	水泥混凝土	4.5MPa，厚22cm	m²	3450.00			
10	040204004001	安砌侧(平、缘)石		m	1200.00			
			本部小计					
			本页小计					
			合计					

(二)道路工程工程量清单计价示例

1. 施工方案确定

现以某市三号路道路工程量清单为例作为计价(或报价)举例。

(1)土石方工程施工方案的确定。

1)挖土数量不大,拟用人工挖土;

2)土方平衡部分场内运输考虑用手推车运土,从道路工程土方计算表中可看出运距在 200m 内;

3)余方弃置拟用人工装车;

4)路基填土压实拟用路机碾压,碾压厚度每层不超过 30cm,并分层检验密实度,达到要求的密实度后再填筑上一层;

5)路床碾压为保证质量按路面宽度每边再加宽 30cm,路床碾压面积为:$(11.5+0.6) \times 600 = 7260(m^2)$;

6)路肩整形碾压面积为:$2 \times 600 = 1200(m^2)$。

(2)砂砾石底层用人工铺装、压路机碾压。

(3)石灰炉渣基层用拌和机拌和、机械铺装、压路机碾压,顶层用人工洒水养护。

(4)用喷洒机喷洒粘层沥青油料。

(5)机械摊铺沥青混凝土,粗粒式沥青混凝土用厂拌运到现场,运距 5km,运到现场价为 350.82 元/m^3;细粒式沥青混凝土运到现场价为 417.92 元/m^3。

(6)水泥混凝土采取现场机械拌和、人工筑铺,用草袋覆盖洒水养护,4.5MPa 水泥混凝土组成现场材料价为 170.64 元/m^3。

(7)参照定额及管理费、利润的取定。定额拟按全国市政工程预算定额;管理费按(人工费+材料费+施工机具使用费)的 10% 考虑,利润按(人工费+材料费+施工机具使用费)的 5% 考虑。

(8)侧缘石长 50cm,每块 5.00 元。

(9)切缝机钢锯片,每片 23.00 元。

2. 施工工程量计算

(1)路床面积:$3630m^2$(300×12.1,为保证压实质量每边加宽 0.3m)。

(2)砂砾石底层面积:$3630m^2$。

(3)石灰炉渣基层面积:$3630m^2$。

(4)沥青混凝土路面面积:$3450m^2$(300×11.5)。

(5)水泥混凝土路面面积:$3450m^2$。

(6)安砌侧缘石长度:$1200m(600 \times 2)$。

(7)伸缝(沥青玛瑞脂)面积:$22.77m^2$(103.5m)。

(8)机锯缝灌缝长度:$230m(20 \times 11.5)$。

(9)水泥混凝土路面养护(草袋)面积:$3450m^2$。

综合以上条件,编制工程量清单综合单价分析表,有关土石方工程的综合单价分析可参照表 9-11~表 9-13,道路工程综合单价分析见表 9-21~表 9-27。

表 9-21　综合单价分析表

工程名称：某市三号路道路工程　　标段：　　第　页共　页

| 项目编码 | 040202009001 | 项目名称 | 砂砾石 | 计量单位 | m² | 工程量 | 3450.00 |

清单综合单价组成明细

定额编号	定额项目名称	定额单位	数量	单价				合价			
				人工费	材料费	机械费	管理费和利润	人工费	材料费	机械费	管理费和利润
2—182	砂砾石底层（厚20cm）	100m²	0.0105	160.66	1084.61	71.63	197.54	1.69	11.39	0.75	2.07
人工单价			小计					1.69	11.39	0.75	2.07
元/工日			未计价材料费								
清单项目综合单价								15.90			

材料费明细	主要材料名称、规格、型号	单位	数量	单价/元	合价/元	暂估单价/元	暂估合价/元
	砂砾石 5～80mm	m³	0.25673	44.23	11.36		
	其他材料费			—	0.03	—	
	材料费小计			—	11.39	—	

表 9-22　工程量清单综合单价分析表

工程名称：某市三号路道路工程　　标段：　　第　页共　页

| 项目编码 | 040202006001 | 项目名称 | 石灰、粉煤灰、碎（砾）石 | 计量单位 | m² | 工程量 | 3450.00 |

清单综合单价组成明细

定额编号	定额项目名称	定额单位	数量	单价				合价			
				人工费	材料费	机械费	管理费和利润	人工费	材料费	机械费	管理费和利润
2—157	石灰炉渣基层（2.5∶7.5，厚20cm）	100m²	0.01	90.83	1748.98	167.53	301.10	0.91	17.49	1.68	3.01
2—178	顶层多合土养护	100m²	0.01	6.29	0.66		1.04	0.06	0.01		0.01
人工单价			小计					0.97	17.50	1.68	3.02
42元/工日			未计价材料费								
清单项目综合单价								23.17			

材料费明细	主要材料名称、规格、型号	单位	数量	单价/元	合价/元	暂估单价/元	暂估合价/元
	生石灰	t	0.064	120	7.68		
	炉渣	m³	0.242	39.97	9.67		
	水	m³	0.050	0.45	0.02		
	其他材料费			—	0.13	—	
	材料费小计			—	17.50	—	

表 9-23 综合单价分析表

工程名称:某市三号路道路工程　　标段:　　　　第 页共 页

项目编码	040202006002	项目名称	石灰、粉煤灰、碎(砾)石	计量单位	m²	工程量	3450.00

清单综合单价组成明细

定额编号	定额项目名称	定额单位	数量	单价				合价			
				人工费	材料费	机械费	管理费和利润	人工费	材料费	机械费	管理费和利润
2-157	石灰炉渣基层(2.5:7.5,厚20cm)	100m²	0.01	90.83	1748.98	167.53	301.10	0.91	17.49	1.68	3.01
2-158	石灰炉渣基层(2.5:7.5,减2cm)	100m²	0.01	-5.84	-174.56	-1.66	-27.31	-0.06	-1.75	-0.02	-0.27
2-178	顶层多合土养护	100m²	0.01	6.29	0.66		1.04	0.06	0.01		0.01
人工单价			小计					0.91	15.75	1.66	2.75
42元/工日			未计价材料费								
清单项目综合单价								21.07			

材料费明细	主要材料名称、规格、型号	单位	数量	单价/元	合价/元	暂估单价/元	暂估合价/元
	生石灰	t	0.058	120	6.96		
	炉渣	m³	0.212	39.97	8.47		
	水	m³	0.045	0.45	0.02		
	其他材料费			—	0.3		
	材料费小计			—	15.75		

表 9-24 综合单价分析表

工程名称:某市三号路道路工程　　标段:　　　　第 页共 页

项目编码	040203006001	项目名称	沥青混凝土	计量单位	m²	工程量	3450.00

清单综合单价组成明细

定额编号	定额项目名称	定额单位	数量	单价				合价			
				人工费	材料费	机械费	管理费和利润	人工费	材料费	机械费	管理费和利润
2-267	粗粒式沥青混凝土路面(厚4cm,机械摊铺)	100m²	0.01	49.43	1429.06	146.72	243.78	0.49	14.29	1.47	2.44
2-249	喷洒沥青油料(石油沥青)	100m²	0.01	1.80	146.33	19.11	25.09	0.02	1.46	0.19	0.25
人工单价			小计					0.51	15.75	1.66	2.69
42元/工日			未计价材料费								
清单项目综合单价								20.61			

材料费明细	主要材料名称、规格、型号	单位	数量	单价/元	合价/元	暂估单价/元	暂估合价/元
	煤	t	0.0001	169.00	0.02		
	木柴	kg	0.021	0.21	0.0044		
	柴油	t	0.0004	2400.00	0.10		
	石油沥青 6C~100号	t	0.00104	1400.00	1.46		
	沥青混凝土	m³	0.0404	345	13.94		
	其他材料费			—	0.23		
	材料费小计			—	15.75		

表 9-25 综合单价分析表

工程名称：某市三号路道路工程　　　　标段：　　　　　　　　　　第　页共　页

项目编码	040203006002	项目名称	沥青混凝土	计量单位	m²	工程量	3450.00

清单综合单价组成明细

定额编号	定额项目名称	定额单位	数量	单价				合价			
				人工费	材料费	机械费	管理费和利润	人工费	材料费	机械费	管理费和利润
2—284	细粒式沥青混凝土路面（厚2cm，石油沥青）	100m²	0.01	37.08	850.43	78.74	144.94	0.37	8.50	0.79	1.45
人工单价			小计					0.37	8.50	0.79	1.45
42元/工日			未计价材料费								
清单项目综合单价								11.11			

材料费明细	主要材料名称、规格、型号	单位	数量	单价/元	合价/元	暂估单价/元	暂估合价/元
	细（微）粒沥青混凝土	m³	0.0202	415.00	8.38		
	煤	t	0.00007	169.00	0.01		
	木柴	kg	0.011	0.21	0.02		
	柴油	t	0.00002	2400.00	0.05		
	其他材料费			—	0.06		
	材料费小计			—	8.50		

表 9-26 综合单价分析表

工程名称：某市三号路道路工程　　　　标段：　　　　　　　　　　第　页共　页

项目编码	04020307001	项目名称	水泥混凝土	计量单位	m²	工程量	3450.00

清单综合单价组成明细

定额编号	定额项目名称	定额单位	数量	单价				合价			
				人工费	材料费	机械费	管理费和利润	人工费	材料费	机械费	管理费和利润
2—290	水泥混凝土路面（厚22cm，4.5MPa）	100m²	0.01	814.54	3967.81	92.52	732.23	8.15	39.68	0.93	7.31
2—294	伸缝（沥青玛琋脂）	10m²	0.00066	77.75	756.66	—	125.16	0.05	0.50	—	0.08
2—298	锯缝机锯缝	10m	0.0067	14.38	—	8.14	3.38	0.10	—	0.05	0.02
2—300	混凝土路面养护	100m²	0.01	25.84	10.66	—	5.48	0.26	0.11	—	0.05
人工单价			小计					8.56	40.29	0.98	7.46
42元/工日			未计价材料费								
清单项目综合单价								57.29			

材料费明细	主要材料名称、规格、型号	单位	数量	单价/元	合价/元	暂估单价/元	暂估合价/元
	混凝土	m³	0.2244	170.00	38.15		
	板方材	m³	0.00054	1764.00	0.95		
	圆钉	kg	0.002	6.66	0.01		
	铁件	kg	0.077	3.83	0.29		
	水	m³	0.404	0.45	0.18		
	其他材料费			—	0.71		
	材料费小计			—	40.29		

表 9-27　　　　　　　　　　　综合单价分析表

工程名称：某市三号路道路工程　　　　标段：　　　　　　　第　页共　页

项目编码	040204004001	项目名称	安砌侧(平、缘)石	计量单位	m	工程量	1200.00

清单综合单价组成明细

定额编号	定额名称	定额单位	数量	单价				合价			
				人工费	材料费	机械费	管理费和利润	人工费	材料费	机械费	管理费和利润
2—331	砂垫层	m³	0.0015	13.92	57.42	—	10.70	0.02	0.09	—	0.016
2—334	混凝土缘石（长50cm一块）	100m	0.01	114.60	1049.22	—	174.57	1.15	10.49	—	1.75
人工单价				小计				1.17	10.58	—	1.77
42元/工日				未计价材料费							
清单项目综合单价								13.52			

材料费明细	主要材料名称、规格、型号	单位	数量	单价/元	合价/元	暂估单价/元	暂估合价/元
	中粗砂	t	0.001935	44.23	0.09		
	混凝土缘石	m	1.015	10.00	10.15		
	水泥砂浆 1:3	m³	0.0001	145.38	0.01		
	石灰砂浆 1:3	m³	0.00062	52.54	0.03		
	其他材料费			—	0.30	—	
	材料费小计			—	10.58		

第三节　桥涵工程

一、工程计量与计价说明

桥涵工程计量与计价说明见表 9-28。

表 9-28　　　　　　　　　桥涵工程计量与计价说明

序号	项目	内容
1	概况	《市政工程工程量计算规范》(GB 50857—2013)中桥涵工程共分：桩基、基坑与边坡支护、现浇混凝土构件、预制混凝土构件、砌筑、立交箱涵、钢结构、装饰、其他等 9 节，共计 86 个项目

续一

序号	项 目	内 容
2	桩基	(1)地层情况按表9-2和表9-5的规定,并根据岩土工程勘察报告按单位工程各地层所占比例(包括范围值)进行描述。对无法准确描述的地层情况,可注明由投标人根据岩土工程勘察报告自行决定报价。 (2)各类混凝土预制桩以成品桩考虑,应包括成品桩购置费,如果用现场预制,应包括现场预制桩的所有费用。 (3)项目特征中的桩截面、混凝土强度等级、桩类型等可直接用标准图代号或设计桩型进行描述。 (4)打试验桩和打斜桩应按相应项目编码单独列项,并应在项目特征中注明试验桩或斜桩(斜率)。 (5)项目特征中的桩长应包括桩尖,空桩长度=孔深－桩长,孔深为自然地面至设计桩底的深度。 (6)泥浆护壁成孔灌注桩是指在泥浆护壁条件下成孔,采用水下灌注混凝土的桩。其成孔方法包括冲击钻成孔、冲抓锥成孔、回旋钻成孔、潜水钻成孔、泥浆护壁的旋挖成孔等。 (7)沉管灌注桩的沉管方法包括捶击沉管法、振动沉管法、振动冲击沉管法、内夯沉管法等。 (8)干作业成孔灌注桩是指不用泥浆护壁和套管护壁的情况下,用钻机成孔后,下钢筋笼,灌注混凝土的桩,适用于地下水位以上的土层使用。其成孔方法包括螺旋钻成孔、螺旋钻成孔扩底、干作业的旋挖成孔等。 (9)混凝土灌注桩的钢筋笼制作、安装,按《市政工程工程量计算规范》(GB 50857—3013)附录J钢筋工程中相关项目编码列项。 (10)表9-29工作内容未含桩基础的承载力检测、桩身完整性检测
3	基坑与边坡支护	(1)地层情况按表9-2和表9-5的规定,并根据岩土工程勘察报告按单位工程各地层所占比例(包括范围值)进行描述。对无法准确描述的地层情况,可注明由投标人根据岩土工程勘察报告自行决定报价。 (2)地下连续墙和喷射混凝土钢筋网制作、安装,按《市政工程工程量计算规范》(GB 50857—3013)附录J钢筋工程中相关项目编码列项。基坑和边坡支护的排桩按《市政工程工程量计算规范》(GB 50857—3013)附录C.1桩基工程中相关项目编码列项。水泥土墙、坑内加固按《市政工程工程量计算规范》(GB 50857—3013)附录B道路工程中B.1路基处理中相关项目编码列项。混凝土挡土墙、桩顶冠梁、支撑体系按《市政工程工程量计算规范》(GB 50857—3013)附录D隧道工程中相关项目编码列项
4	现浇混凝土构件	台帽、台盖梁均应包括耳墙、背墙
5	砌筑	(1)干砌块料、浆砌块料和砖砌体应根据工程部位不同,分别设置清单编码。 (2)"垫层"指碎石、块石等非混凝土类垫层
6	立交箱涵	除箱涵顶进土方外,顶进工作坑等土方应按《市政工程工程量计算规范》附录A土石方工程相关项目编码列项
7	装饰	如遇本清单项目缺项时,可按现行国家标准《房屋建筑与装饰工程工程量计算规范》(GB 50854—2013)中相关项目编码列项
8	其他	支座垫石混凝土按《市政工程工程量计算规范》(GB 50857—2013)附录C.3混凝土基础项目编码列项

续二

序号	项目	内容
9	相关问题及说明	(1)桥涵工程清单项目各类预制桩均按成品构件编制,购置费用应计入综合单价中,如采用现场预制,包括预制构件制作的所有费用。 (2)当以体积为计量单位计算混凝土工程量时,不扣除构件内钢筋、螺栓、预埋铁件、张拉孔道和单个面积≤0.3m² 的孔洞所占体积,但应扣除型钢混凝土构件中型钢所占体积。 (3)桩基陆上工作平台搭拆工作内容包括在相应的清单项目中,若为水上工作平台搭拆,应按《市政工程工程量计算规范》(GB 50857—2013)附录 L 措施项目相关项目单独编码列项

二、工程量清单项目设置及工程量计算规则

1. 桩基工程量清单项目设置及工程量计算规则

桩基工程量清单项目设置及工程量计算规则见表 9-29。

表 9-29　　　　　　　　　桩基(编码:040301)

项目编码	项目名称	项目特征	计量单位	工程量计算规则	工作内容
040301001	预制钢筋混凝土方桩	1. 地层情况 2. 送桩深度、桩长 3. 桩截面 4. 桩倾斜度 5. 混凝土强度等级	1. m 2. m³ 3. 根	1. 以米计量,按设计图示尺寸以桩长(包括桩尖)计算 2. 以立方米计量,按设计图示桩长(包括桩尖)乘以桩的断面积计算 3. 以根计量,按设计图示数量计算	1. 工作平台搭拆 2. 桩就位 3. 桩机移位 4. 沉桩 5. 接桩 6. 送桩
040301002	预制钢筋混凝土管桩	1. 地层情况 2. 送桩深度、桩长 3. 桩外径、壁厚 4. 桩倾斜度 5. 桩尖设置及类型 6. 混凝土强度等级 7. 填充材料种类			1. 工作平台搭拆 2. 桩就位 3. 桩机移位 4. 桩尖安装 5. 沉桩 6. 接桩 7. 送桩 8. 桩芯填充
040301003	钢管桩	1. 地层情况 2. 送桩深度、桩长 3. 材质 4. 管径、壁厚 5. 桩倾斜度 6. 填充材料种类 7. 防护材料种类	1. t 2. 根	1. 以吨计量,按设计图示尺寸以质量计算 2. 以根计量,按设计图示数量计算	1. 工作平台搭拆 2. 桩就位 3. 桩机移位 4. 沉桩 5. 接桩 6. 送桩 7. 切割钢管、精割盖帽 8. 管内取土、余土弃置 9. 管内填芯、刷防护材料

续一

项目编码	项目名称	项目特征	计量单位	工程量计算规则	工作内容
040301004	泥浆护壁成孔灌注桩	1. 地层情况 2. 空桩长度、桩长 3. 桩径 4. 成孔方法 5. 混凝土种类、强度等级	1. m 2. m³ 3. 根	1. 以米计量，按设计图示尺寸以桩长(包括桩尖)计算 2. 以立方米计量，按不同截面在桩长范围内以体积计算 3. 以根计量，按设计图示数量计算	1. 工作平台搭拆 2. 桩机移位 3. 护筒埋设 4. 成孔、固壁 5. 混凝土制作、运输、灌注、养护 6. 土方、废浆外运 7. 打桩场地硬化及泥浆池、泥浆沟
040301005	沉管灌注桩	1. 地层情况 2. 空桩长度、桩长 3. 复打长度 4. 桩径 5. 沉管方法 6. 桩尖类型 7. 混凝土种类、强度等级		1. 以米计量，按设计图示尺寸以桩长(包括桩尖)计算 2. 以立方米计量，按设计图示桩长(包括桩尖)乘以桩的断面积计算 3. 以根计量，按设计图示数量计算	1. 工作平台搭拆 2. 桩机移位 3. 打(沉)拔钢管 4. 桩尖安装 5. 混凝土制作、运输、灌注、养护
040301006	干作业成孔灌注桩	1. 地层情况 2. 空桩长度、桩长 3. 桩径 4. 扩孔直径、高度 5. 成孔方法 6. 混凝土种类、强度等级			1. 工作平台搭拆 2. 桩机移位 3. 成孔、扩孔 4. 混凝土制作、运输、灌注、振捣、养护
040301007	挖孔桩土(石)方	1. 土(石)类别 2. 挖孔深度 3. 弃土(石)运距	m³	按设计图示尺寸(含护壁)截面积乘以挖孔深度以立方米计算	1. 排地表水 2. 挖土、凿石 3. 基底钎探 4. 土(石)方外运
040301008	人工挖孔灌注桩	1. 桩芯长度 2. 桩芯直径、扩底直径、扩底高度 3. 护壁厚度、高度 4. 护壁材料种类、强度等级 5. 桩芯混凝土种类、强度等级	1. m³ 2. 根	1. 以立方米计量，按桩芯混凝土体积计算 2. 以根计量，按设计图示数量计算	1. 护壁制作、安装 2. 混凝土制作、运输、灌注、振捣、养护
040301009	钻孔压浆桩	1. 地层情况 2. 桩长 3. 钻孔直径 4. 骨料品种、规格 5. 水泥强度等级	1. m 2. 根	1. 以米计量，按设计图示尺寸以桩长计算 2. 以根计量，按设计图示数量计算	1. 钻孔、下注浆管、投放骨料 2. 浆液制作、运输、压浆

续二

项目编码	项目名称	项目特征	计量单位	工程量计算规则	工作内容
040301010	灌注桩后注浆	1. 注浆导管材料、规格 2. 注浆导管长度 3. 单孔注浆量 4. 水泥强度等级	孔	按设计图示以注浆孔数计算	1. 注浆导管制作、安装 2. 浆液制作、运输、压浆
040301011	截桩头	1. 桩类型 2. 桩头截面、高度 3. 混凝土强度等级 4. 有无钢筋	1. m³ 2. 根	1. 以立方米计量，按设计桩截面乘以桩头长度以体积计算 2. 以根计量，按设计图示数量计算	1. 截桩头 2. 凿平 3. 废料外运
040301012	声测管	1. 材质 2. 规格型号	1. t 2. m	1. 按设计图示尺寸以质量计算 2. 按设计图示尺寸以长度计算	1. 检测管截断、封头 2. 套管制作、焊接 3. 定位、固定

2. 基坑与边坡支护工程量清单项目设置及工程量计算规则

基坑与边坡支护工程量清单项目设置及工程量计算规则见表 9-30。

表 9-30　　　　　　　基坑与边坡支护（编码：040302）

项目编码	项目名称	项目特征	计量单位	工程量计算规则	工作内容
040302001	圆木桩	1. 地层情况 2. 桩长 3. 材质 4. 尾径 5. 桩倾斜度	1. m 2. 根	1. 以米计量，按设计图示尺寸以桩长（包括桩尖）计算 2. 以根计量，按设计图示数量计算	1. 工作平台搭拆 2. 桩机移位 3. 桩制作、运输、就位 4. 桩靴安装 5. 沉桩
040302002	预制钢筋混凝土板桩	1. 地层情况 2. 送桩深度、桩长 3. 桩截面 4. 混凝土强度等级	1. m³ 2. 根	1. 以立方米计量，按设计图示桩长（包括桩尖）乘以桩的断面积计算 2. 以根计量，按设计图示数量计算	1. 工作平台搭拆 2. 桩就位 3. 桩机移位 4. 沉桩 5. 接桩 6. 送桩
040302003	地下连续墙	1. 地层情况 2. 导墙类型、截面 3. 墙体厚度 4. 成槽深度 5. 混凝土种类、强度等级 6. 接头形式	m³	按设计图示墙中心线长乘以厚度乘以槽深，以体积计算	1. 导墙挖填、制作、安装、拆除 2. 挖土成槽、固壁、清底置换 3. 混凝土制作、运输、灌注、养护 4. 接头处理 5. 土方、废浆外运 6. 打桩场地硬化及泥浆池、泥浆沟

续表

项目编码	项目名称	项目特征	计量单位	工程量计算规则	工作内容
040302004	咬合灌注桩	1. 地层情况 2. 桩长 3. 桩径 4. 混凝土种类、强度等级 5. 部位	1. m 2. 根	1. 以米计量，按设计图示尺寸以桩长计算 2. 以根计量，按设计图示数量计算	1. 桩机移位 2. 成孔、固壁 3. 混凝土制作、运输、灌注、养护 4. 套管压拔 5. 土方、废浆外运 6. 打桩场地硬化及泥浆池、泥浆沟
040302005	型钢水泥土搅拌墙	1. 深度 2. 桩径 3. 水泥掺量 4. 型钢材质、规格 5. 是否拔出	m^3	按设计图示尺寸以体积计算	1. 钻机移位 2. 钻进 3. 浆液制作、运输、压浆 4. 搅拌、成桩 5. 型钢插拔 6. 土方、废浆外运
040302006	锚杆（索）	1. 地层情况 2. 锚杆（索）类型、部位 3. 钻孔直径、深度 4. 杆体材料品种、规格、数量 5. 是否预应力 6. 浆液种类、强度等级	1. m 2. 根	1. 以米计量，按设计图示尺寸以钻孔深度计算 2. 以根计量，按设计图示数量计算	1. 钻孔、浆液制作、运输、压浆 2. 锚杆（索）制作、安装 3. 张拉锚固 4. 锚杆（索）施工平台搭设、拆除
040302007	土钉	1. 地层情况 2. 钻孔直径、深度 3. 置入方法 4. 杆体材料品种、规格、数量 5. 浆液种类、强度等级			1. 钻孔、浆液制作、运输、压浆 2. 土钉制作、安装 3. 土钉施工平台搭设、拆除
040302008	喷射混凝土	1. 部位 2. 厚度 3. 材料种类 4. 混凝土类别、强度等级	m^2	按设计图示尺寸以面积计算	1. 修整边坡 2. 混凝土制作、运输、喷射、养护 3. 钻排水孔、安装排水管 4. 喷射施工平台搭设、拆除

3. 现浇混凝土构件工程量清单项目设置及工程量计算规则

现浇混凝土构件工程量清单项目设置及工程量计算规则见表9-31。

表 9-31　　现浇混凝土构件(编码:040303)

项目编码	项目名称	项目特征	计量单位	工程量计算规则	工作内容
040303001	混凝土垫层	混凝土强度等级	m³	按设计图示尺寸以体积计算	1. 模板制作、安装、拆除 2. 混凝土拌和、运输、浇筑 3. 养护
040303002	混凝土基础	1. 混凝土强度等级 2. 嵌料(毛石)比例			
040303003	混凝土承台	混凝土强度等级			
040303004	混凝土墩(台)帽	1. 部位 2. 混凝土强度等级			
040303005	混凝土墩(台)身				
040303006	混凝土支撑梁及横梁				
040303007	混凝土墩(台)盖梁				
040303008	混凝土拱桥拱座	混凝土强度等级			
040303009	混凝土拱桥拱肋				
040303010	混凝土拱上构件	1. 部位 2. 混凝土强度等级			
040303011	混凝土箱梁				
040303012	混凝土连续板	1. 部位 2. 结构形式 3. 混凝土强度等级			
040303013	混凝土板梁				
040303014	混凝土板拱	1. 部位 2. 混凝土强度等级			
040303015	混凝土挡墙墙身	1. 混凝土强度等级 2. 泄水孔材料品种、规格 3. 滤水层要求 4. 沉降缝要求			1. 模板制作、安装、拆除 2. 混凝土拌和、运输、浇筑 3. 养护 4. 抹灰 5. 泄水孔制作、安装 6. 滤水层铺筑 7. 沉降缝
040303016	混凝土挡墙压顶	1. 混凝土强度等级 2. 沉降缝要求			
040303017	混凝土楼梯	1. 结构形式 2. 底板厚度 3. 混凝土强度等级	1. m² 2. m³	1. 以平方米计量,按设计图示尺寸以水平投影面积计算 2. 以立方米计量,按设计图示尺寸以体积计算	1. 模板制作、安装、拆除 2. 混凝土拌和、运输、浇筑 3. 养护
040303018	混凝土防撞护栏	1. 断面 2. 混凝土强度等级	m	按设计图示尺寸以长度计算	

续表

项目编码	项目名称	项目特征	计量单位	工程量计算规则	工作内容
040303019	桥面铺装	1. 混凝土强度等级 2. 沥青品种 3. 沥青混凝土种类 4. 厚度 5. 配合比	m²	按设计图示尺寸以面积计算	1. 模板制作、安装、拆除 2. 混凝土拌和、运输、浇筑 3. 养护 4. 沥青混凝土铺装 5. 碾压
040303020	混凝土桥头搭板	混凝土强度等级	m³	按设计图示尺寸以体积计算	1. 模板制作、安装、拆除 2. 混凝土拌和、运输、浇筑 3. 养护
040303021	混凝土搭板枕梁				
040303022	混凝土桥塔身	1. 形状 2. 混凝土强度等级			
040303023	混凝土连系梁				
040303024	混凝土其他构件	1. 名称、部位 2. 混凝土强度等级			
040303025	钢管拱混凝土	混凝土强度等级			混凝土拌和、运输、压注

4. 预制混凝土构件工程量清单项目设置及工程量计算规则

预制混凝土构件工程量清单项目设置及工程量计算规则表 9-32。

表 9-32　　　　　　　　预制混凝土构件（编码:040304）

项目编码	项目名称	项目特征	计量单位	工程量计算规则	工作内容
040304001	预制混凝土梁	1. 部位 2. 图集、图纸名称 3. 构件代号、名称 4. 混凝土强度等级 5. 砂浆强度等级	m³	按设计图示尺寸以体积计算	1. 模板制作、安装、拆除 2. 混凝土拌和、运输、浇筑 3. 养护 4. 构件安装 5. 接头灌缝 6. 砂浆制作 7. 运输
040304002	预制混凝土柱				
040304003	预制混凝土板				
040304004	预制混凝土挡土墙墙身	1. 图集、图纸名称 2. 构件代号、名称 3. 结构形式 4. 混凝土强度等级 5. 泄水孔材料种类、规格 6. 滤水层要求 7. 砂浆强度等级			1. 模板制作、安装、拆除 2. 混凝土拌和、运输、浇筑 3. 养护 4. 构件安装 5. 接头灌缝 6. 泄水孔制作、安装 7. 滤水层铺设 8. 砂浆制作 9. 运输
040304005	预制混凝土其他构件	1. 部位 2. 图集、图纸名称 3. 构件代号、名称 4. 混凝土强度等级 5. 砂浆强度等级			1. 模板制作、安装、拆除 2. 混凝土拌和、运输、浇筑 3. 养护 4. 构件安装 5. 接头灌浆 6. 砂浆制作 7. 运输

5. 砌筑工程量清单项目设置及工程量计算规则

砌筑工程量清单项目设置及工程量计算规则见表9-33。

表9-33　　　　　　　　　　　砌筑(编码：040305)

项目编码	项目名称	项目特征	计量单位	工程量计算规则	工作内容
040305001	垫层	1. 材料品种、规格 2. 厚度			垫层铺筑
040305002	干砌块料	1. 部位 2. 材料品种、规格 3. 泄水孔材料品种、规格 4. 滤水层要求 5. 沉降缝要求	m^3	按设计图示尺寸以体积计算	1. 砌筑 2. 砌体勾缝 3. 砌体抹面 4. 泄水孔制作、安装 5. 滤层铺设 6. 沉降缝
040305003	浆砌块料	1. 部位 2. 材料品种、规格 3. 砂浆强度等级 4. 泄水孔材料品种、规格 5. 滤水层要求 6. 沉降缝要求			
040305004	砖砌体				
040305005	护坡	1. 材料品种 2. 结构形式 3. 厚度 4. 砂浆强度等级	m^2	按设计图示尺寸以面积计算	1. 修整边坡 2. 砌筑 3. 砌体勾缝 4. 砌体抹面

6. 立交箱涵工程量清单项目设置及工程量计算规则

立交箱涵工程量清单项目设置及工程量计算规则见表9-34。

表9-34　　　　　　　　　　　立交箱涵(编码：040306)

项目编码	项目名称	项目特征	计量单位	工程量计算规则	工作内容
040306001	透水管	1. 材料品种、规格 2. 管道基础形式	m	按设计图示尺寸以长度计算	1. 基础铺筑 2. 管道铺设、安装
040306002	滑板	1. 混凝土强度等级 2. 石蜡层要求 3. 塑料薄膜品种、规格	m^3	按设计图示尺寸以体积计算	1. 模板制作、安装、拆除 2. 混凝土拌和、运输、浇筑 3. 养护 4. 涂石蜡层 5. 铺塑料薄膜
040306003	箱涵底板	1. 混凝土强度等级 2. 混凝土抗渗要求 3. 防水层工艺要求			1. 模板制作、安装、拆除 2. 混凝土拌和、运输、浇筑 3. 养护 4. 防水层铺涂

续表

项目编码	项目名称	项目特征	计量单位	工程量计算规则	工作内容
040306004	箱涵侧墙	1. 混凝土强度等级 2. 混凝土抗渗要求 3. 防水层工艺要求	m³	按设计图示尺寸以体积计算	1. 模板制作、安装、拆除 2. 混凝土拌和、运输、浇筑 3. 养护 4. 防水砂浆 5. 防水层铺涂
040306005	箱涵顶板				
040306006	箱涵顶进	1. 断面 2. 长度 3. 弃土运距	kt·m	按设计图示尺寸以被顶箱涵的质量,乘以箱涵的位移距离分节累计计算	1. 顶进设备安装、拆除 2. 气垫安装、拆除 3. 气垫使用 4. 钢刃角制作、安装、拆除 5. 挖土实顶 6. 土方场内外运输 7. 中继间安装、拆除
040306007	箱涵接缝	1. 材质 2. 工艺要求	m	按设计图示止水带长度计算	接缝

7. 钢结构工程量清单项目设置及工程量计算规则

钢结构工程量清单项目设置及工程量计算规则见表 9-35。

表 9-35　　　　　　　　钢结构(编码:040307)

项目编码	项目名称	项目特征	计量单位	工程量计算规则	工作内容
040307001	钢箱梁	1. 材料品种、规格 2. 部位 3. 探伤要求 4. 防火要求 5. 补刷油漆品种、色彩、工艺要求	t	按设计图示尺寸以质量计算。不扣除孔眼的质量,焊条、铆钉、螺栓等不另增加质量	1. 拼装 2. 安装 3. 探伤 4. 涂刷防火涂料 5. 补刷油漆
040307002	钢板梁				
040307003	钢桁梁				
040307004	钢拱				
040307005	劲性钢结构				
040307006	钢结构叠合梁				
040307007	其他钢构件				
040307008	悬(斜拉)索	1. 材料品种、规格 2. 直径 3. 抗拉强度 4. 防护方式	t	按设计图示尺寸以质量计算	1. 拉索安装 2. 张拉、索力调整、锚固 3. 防护壳制作、安装
040307009	钢拉杆				1. 连接、紧锁件安装 2. 钢拉杆安装 3. 钢拉杆防腐 4. 钢拉杆防护壳制作、安装

8. 装饰工程量清单项目设置及工程量计算规则

装饰工程量清单项目设置及工程量计算规则见表 9-36。

表 9-36　　　　　　　　　　　装饰(编码:040308)

项目编码	项目名称	项目特征	计量单位	工程量计算规则	工作内容
040308001	水泥砂浆抹面	1. 砂浆配合比 2. 部位 3. 厚度	m²	按设计图示尺寸以面积计算	1. 基层清理 2. 砂浆抹面
040308002	剁斧石饰面	1. 材料 2. 部位 3. 形式 4. 厚度			1. 基层清理 2. 饰面
040308003	镶贴面层	1. 材质 2. 规格 3. 厚度 4. 部位			1. 基层清理 2. 镶贴面层 3. 勾缝
040308004	涂料	1. 材料品种 2. 部位			1. 基层清理 2. 涂料涂刷
040308005	油漆	1. 材料品种 2. 部位 3. 工艺要求			1. 除锈 2. 刷油漆

9. 其他工程量清单项目设置及工程量计算规则

其他工程量清单项目设置及工程量计算规则见表 9-37。

表 9-37　　　　　　　　　　　其他(编码:040309)

项目编码	项目名称	项目特征	计量单位	工程量计算规则	工作内容
040309001	金属栏杆	1. 栏杆材质、规格 2. 油漆品种、工艺要求	1. t 2. m	1. 按设计图示尺寸以质量计算 2. 按设计图示尺寸以延长米计算	1. 制作、运输、安装 2. 除锈、刷油漆
040309002	石质栏杆	材料品种、规格	m	按设计图示尺寸以长度计算	制作、运输、安装
040309003	混凝土栏杆	1. 混凝土强度等级 2. 规格尺寸			
040309004	橡胶支座	1. 材质 2. 规格、型号 3. 形式	个	按设计图示数量计算	支座安装
040309005	钢支座	1. 规格、型号 2. 形式			
040309006	盆式支座	1. 材质 2. 承载力			

续表

项目编码	项目名称	项目特征	计量单位	工程量计算规则	工作内容
040309007	桥梁伸缩装置	1. 材料品种 2. 规格、型号 3. 混凝土种类 4. 混凝土强度等级	m	以米计量,按设计图示尺寸以延长米计算	1. 制作、安装 2. 混凝土拌和、运输、浇筑
040309008	隔声屏障	1. 材料品种 2. 结构形式 3. 油漆品种、工艺要求	m²	按设计图示尺寸以面积计算	1. 制作、安装 2. 除锈、刷油漆
040309009	桥面排（泄）水管	1. 材料品种 2. 管径	m	按设计图示以长度计算	进水口、排（泄）水管制作、安装
040309010	防水层	1. 部位 2. 材料品种、规格 3. 工艺要求	m²	按设计图示尺寸以面积计算	防水层铺涂

三、工程量清单计量与计价编制实例

×桥梁工程如图 11-5、图 11-6 所示。

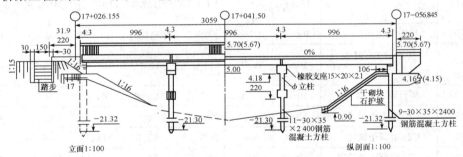

图 11-5　×桥梁工程示意图（一）

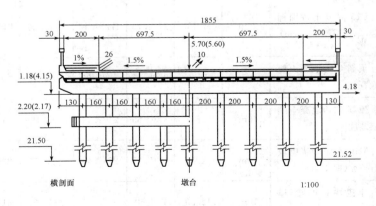

图 11-6　×桥梁工程示意图（二）

(1) 费用预(结)算表见表 9-38。

表 9-38　　　　　　　　　　费用预(结)算表

工程名称：×桥梁工程　　　　　　　　　　　　　　　　　　　　　第　页共　页

序号	定额编号	工程内容	单位	数量	单价/元	预(结)算价/元			
						合价	其中		
							人工费	材料费	机械费
1	1—20	人工挖基坑土方(三类土、2m 以内)	100m³	0.36	1429.09	514.47	514.47	—	—
2	1—50	人工挖淤泥	100m³	1.536	2255.76	3464.85	3464.85	—	—
3	1—56	填土(密实度95%)	100m³	15.89	892.31	14178.80	14167.68	11.12	—
4	1—45 换	人力手推车运土(运距 100m 以内)	100m³	0.36	517.04	186.13	186.13	—	—
5	1—51 换	人工运淤泥(运距 100m 以内)	100m³	1.536	3398.14	5219.54	5219.54	—	—
6	1—47	人工装土、机动翻斗车运土(运距 200m 以内)	100m³	15.89	1037.82	16490.96	5380.67	—	11110.29
7	3—514	搭拆 2.5t 打桩支架(水上)	100m²	7.0172	17116.86	120112.43	28277.70	33482.92	58351.81
8	1—510	草袋围堰	100m³	2.1653	9026.25	19544.54	8447.35	10329.89	767.30
9	3—261	桥台 C15 混凝土垫层	10m³	0.343	2160.77	741.14	101.97	565.72	73.45
10	3—260	桥台碎石垫层	10m³	0.343	705.72	242.06	50.33	191.73	—
11	3—265	C20 混凝土墩承台	10m³	1.74	2298.06	3998.62	557.15	3053.47	388.00
12	3—280	C20 混凝土墩柱	10m³	0.86	2421.82	2082.77	343.78	1496.10	242.89
13	3—286	C30 混凝土墩盖梁	10m³	2.50	2670.75	6676.86	938.13	5090.03	648.70
14	3—288	C30 混凝土台盖梁	10m³	3.80	2656.96	10096.46	1404.59	7738.06	953.80
15	3—331	C25 混凝土桥面铺装(车行道厚14.5cm)	10m³	6.19	2792.75	17287.12	2819.36	13564.27	903.49
16	3—372	预制 C25 混凝土侧缘石	10m³	1.01	2668.37	2695.05	576.22	1971.41	147.42
17	3—374	预制 C30 混凝土端墙端柱	10m³	0.681	3130.89	2132.14	593.42	1439.32	99.40
18	1—697	M10 水泥砂浆砌块石护坡(厚 40cm)	10m³	2.4	1142.27	2741.45	624.48	2053.13	63.84
19	1—691	干砌块石护坡(厚 40cm)	10m³	12.80	708.60	9070.08	2950.91	6119.17	—

续一

序号	定额编号	工程内容	单位	数量	单价/元	预(结)算价/元 合价	其中 人工费	材料费	机械费
20	1-703	M10 水泥砂浆砌料石踏步(台阶)	10m³	1.2	1396.23	1675.48	750.67	924.81	—
21	3-484	安装板式橡胶支座	100cm³	1360.80	121.45	165269.16	612.36	164656.80	—
22	2-498	橡胶伸缩缝安装	10m	3.985	389.51	1552.20	858.73	301.58	391.89
23	3-500	沥青麻丝伸缩缝	10m	2.808	60.98	171.23	121.14	50.09	—
24	3-323	板梁勾缝	100m	5.10	53.54	273.06	263.57	9.49	—
25	1-713	干砌块石面勾平缝	100m²	3.20	324.20	1037.44	493.25	544.19	—
26	3-336	C30 混凝土方桩预制(30×35)	10m³	10.946	2740.16	29993.79	4611.66	22557.95	2824.18
27	3-23	打混凝土预制方桩(24m以内)	10m³	4.896	1873.80	9174.12	975.82	320.00	7878.30
28	3-26	打混凝土预制方桩(28m以内)	10m³	6.05	1843.61	11153.84	740.88	513.77	9899.19
29	3-60	浆锚接桩	个	40	237.27	9490.80	494.40	3616.80	5379.60
30	3-75	送桩(8m以内)	10m³	0.366	2740.63	1003.07	212.92	64.56	725.59
31	3-356	预制C30混凝土非预应力空心板梁	10m³	16.614	2755.78	45784.53	6891.49	34655.47	4237.57
32	3-431	安装空心板梁(L≤10m)	10m³	16.614	318.33	5288.73	754.11	—	4534.62
33	3-372	预制C25混凝土人行道板	10m³	0.64	2687.90	1720.26	365.14	1261.70	93.42
34	3-475	安装人行道板	10m³	0.64	358.62	229.52	229.52	—	—
35	3-374	预制C30混凝土栏杆	10m³	0.46	3130.88	1440.21	400.84	972.23	67.14
36	3-478	安装混凝土栏杆	10m³	0.46	1076.98	495.41	226.36	134.16	134.89
37	3-476	侧缘石安装	10m³	1.01	387.61	391.49	391.49	—	—
38	3-474	端墙端柱安装	10m³	0.681	1311.63	893.22	304.97	310.37	277.88
39	1-714	浆砌块石护坡勾平缝	100m²	0.60	312.07	187.24	85.21	102.03	—
40	1-715	扶梯料石踏步勾平缝	100m²	0.60	297.82	178.69	84.66	94.03	—
41	3-546	人行道1:2水泥砂浆抹面(分格)	100m²	1.20	687.00	824.40	262.90	524.70	36.80
42	补1	凿预制桩桩头混凝土	个	40	7.00	280.00	280.00	—	—
43	补2	钢筋混凝土桩运输(运距150m以内)	10m³	10.946	288.20	3154.64	689.38	1644.42	820.84

续二

序号	定额编号	工程内容	单位	数量	单价/元	预(结)算价/元 合价	其中 人工费	材料费	机械费
44	补2	非预应力空心板梁运输(运距150m以内)	10m³	16.614	288.20	4788.15	1046.35	2495.92	1245.88
45	1—634换	预制栏杆运输(150m以内)	10m³	0.46	117.52	54.06	54.06	—	
46	1—634换	预制人行道板运输(150m以内)	10m³	0.64	117.52	75.21	75.21		
47	1—634换	预制端墙及端柱运输(150m以内)	10m³	0.681	117.52	80.03	80.03		
48	1—634换	预制侧缘石运输(150m以内)	10m³	1.01	117.52	118.70	118.70		
49	3—235	现浇混凝土钢筋(ϕ10以内)	t	1.571	4536.27	7126.48	588.10	6475.38	63.00
50	3—236	现浇混凝土钢筋(ϕ10以外)	t	7.029	4637.55	30714.41	1280.89	28943.88	489.64
51	3—233	预制混凝土钢筋(ϕ10以内)	t	11.988	4369.67	55592.55	5551.76	49450.86	589.93
52	3—234	预制混凝土钢筋(ϕ10以外)	t	36.991	4670.37	172761.66	6532.98	163734.01	2494.67
53	3—238	预埋铁件	t	2.82	4748.42	13390.54	2427.54	10087.34	875.66
54	3—267	承台模板(有底模)	10m²	4.37	504.48	2204.58	313.24	1709.94	181.40
55	3—281	墩柱模板	10m²	3.69	412.61	1522.53	533.98	678.44	310.11
56	3—287	墩盖梁模板	10m²	7.58	327.22	2480.33	851.61	940.30	688.42
57	3—373	预制侧缘石模板	10m²	2.77	278.60	771.72	299.38	422.34	50
58	3—375	预制端墙、端柱模板	10m²	25.08	506.55	12704.27	5331.26	6393.39	979.62
59	3—337	预制方桩模板	10m²	66.54	157.19	10459.42	3812.74	6646.68	—
60	3—357	预制空心板梁模板	10m²	63.08	348.00	21951.84	11155.07	7218.24	3578.53
61	3—373	预制人行道板模板	10m²	2.74	278.60	763.36	296.14	417.77	49.45
62	3—375	预制栏杆模板	10m²	16.94	506.55	8580.96	3600.94	4318.34	661.68
63	3—541	筑拆混凝土地模	100m²	6.00	8433.89	50603.34	6455.16	41478.30	2669.88

注：按照《全国统一市政工程预算定额》混凝土每立方米组成材料到工地现场价格取定为C10—156.87元，C15—162.24元，C20—170.64元，C25—181.62元，C30—198.60元。

(2)通过预(结)算表编制工程量清单表。对照市政工程工程量清单项目及计算规则与预(结)算表来划分清单项目，见表9-39。

表 9-39　　预(结)算表(直接费部分)与清单项目之间关系分析对照表

工程名称:×桥梁工程

序号	项目编码	项目名称	清单主项在预(结)算表中的序号	清单综合的工程内容在预(结)算表中的序号
1	040101003001	挖基坑土方(三类土,2m 以内)	1	4
2	040101005001	挖淤泥	2	
3	040103001001	填方(密实度 95%)	3	6
4	040103002001	余方弃置(淤泥运距 100m)	5	
5	040301001001	钢筋混凝土方桩(C30,墩、台基桩截面 30×35)	27+28	7+26+29+30+42+43
6	040303007001	墩(台)盖梁(台盖梁,C30)	14	10+9
7	040303007002	墩(台)盖梁(墩盖梁,C30)	13	
8	040303003001	混凝土承台(墩承台,C30)	11	
9	040303005001	墩(台)身(墩柱,C20)	12	
10	040302019001	桥面铺装(车行道厚 14.5cm,C25)	15	
11	040304001001	预制混凝土梁(C30,非预应力空心板梁)	31	32+24+44
12	040304005001	预制混凝土小型构件(人行道板,C25)	33	46+34
13	040304005002	预制混凝土小型构件(栏杆,C30)	35	45+36
14	040304005003	预制混凝土小型构件(端墙端柱,C30)	17	47+38
15	040304005004	预制混凝土小型构件(侧缘石,C25)	16	48+37
16	040305003001	浆砌块料[踏步(台阶),料石 30×20×100,M10 水泥砂浆]	20	40
17	040305005001	护坡(M10 水泥砂浆砌块石护坡,厚 40cm)	18	39
18	040305005002	护坡(干砌块石护坡,厚 40cm)	19	25
19	040308001001	水泥砂浆抹面(人行道水泥砂浆抹面,1:2,分格)	41	
20	040309004001	橡胶支座(板式,每个 630cm³)	21	
21	040309007001	桥梁伸缩装置(橡胶伸缩缝)	22	
22	040309007002	桥梁伸缩装置(沥青麻丝伸缩缝)	23	
23	040901009001	预埋铁件	53	
24	040901001001	现浇构件钢筋(ϕ10 以内)	49	
25	040901001002	现浇构件钢筋(ϕ10 以外)	50	
26	040901002001	预制构件钢筋(ϕ10 以内)	51	
27	040901002002	预制构件钢筋(ϕ10 以外)	52	

(3)根据以上分析编制该桥工程量清单表、综合单价计算表和措施项目费用计算表。

1)分部分项工程和单价措施项目清单与计价表见表 9-40。

表 9-40　　　　　　　　分部分项工程和单价措施项目清单与计价表

工程名称：×桥梁工程　　　　　　　　标段：　　　　　　　　第　页共　页

序号	项目编码	项目名称	项目特征描述	计量单位	工程量	金额/元		
						综合单价	合价	其中 暂估价
			A 土石方工程					
1	040101003001	挖基坑土方	三类土，2m 以内	m³	36.00			
2	040101005001	挖淤泥、流砂		m³	153.60			
3	040103001001	回填方	密实度 95% 以上	m³	1589.00			
4	040103002001	余方弃置	淤泥运距 100m	m³	153.60			
			分部小计					
			C 桥涵工程					
5	040301001001	预制钢筋混凝土方桩	C30，墩、台基桩截面 30×35	m	944.00			
6	040303007001	混凝土墩(台)盖梁	台盖梁，C30	m³	38.00			
7	040303007002	混凝土墩(台)盖梁	墩盖梁，C30	m³	25.00			
8	040303003001	混凝土承台	墩承台，C30	m³	17.40			
9	040303005001	混凝土墩(台)身	墩柱，C20	m³	8.60			
10	040303019001	桥面铺装	车行道厚 14.5cm，C25	m³	457.32			
11	040304001001	预制混凝土梁	C30，非预应力空心板梁	m³	166.14			
12	040304005001	预制混凝土小型构件	人行道板，C25	m³	6.40			
13	040304005002	预制混凝土小型构件	栏杆，C30	m³	4.60			
14	040304005003	预制混凝土小型构件	端墙端柱，C30	m³	6.81			
15	040304005004	预制混凝土小型构件	侧缘石，C25	m³	10.10			
16	040305003001	浆砌块料	踏步料石 30×20×100，M10 水泥砂浆	m³	12.00			
17	040305005001	护坡	M10 水泥砂浆砌块石护坡厚 40cm	m²	60.00			
18	040305005002	护坡	干砌块石护坡厚 40cm	m²	320.00			
19	040308001001	水泥砂浆抹面	人行道水泥砂浆抹面 1:2，分格	m²	120.00			
20	040309004001	橡胶支座	板式，每个 630cm³	个	216.00			
21	040309007001	桥梁伸缩装置	橡胶伸缩缝	m	39.85			
22	040309007002	桥梁伸缩装置	沥青麻丝伸缩缝	m	28.08			
			分部小计					

第九章 市政工程计量与计价 | 307

续表

序号	项目编码	项目名称	项目特征描述	计量单位	工程量	金额/元		其中
						综合单价	合价	暂估价
			J 钢筋工程					
23	040901009001	预埋铁件		kg	2820.00			
24	040902001001	现浇构件钢筋	φ10 以内	t	1.571			
25	040902001002	现浇构件钢筋	φ10 以外	t	7.029			
26	040902001003	预制构件钢筋	φ10 以内	t	11.988			
27	040902001004	预制构件钢筋	φ10 以外	t	36.991			
			分部小计					
			本页小计					
			合计					

2) 分部分项工程综合单价计算见表 9-41～表 9-43。

表 9-41 综合单价分析表

工程名称：×桥梁工程　　　　　标段：　　　　　　　　　第 页共 页

项目编码	040305003001	项目名称	浆砌块料	计量单位	m³	工程量	12.00

清单综合单价组成明细

定额编号	定额项目名称	定额单位	数量	单价				合价			
				人工费	材料费	机械费	管理费和利润	人工费	材料费	机械费	管理费和利润
1—703	M10 水泥砂浆砌料踏步	10m³	0.1	625.56	770.68	—	209.44	62.56	77.07	—	20.94
1—715	扶梯料石踏步勾平缝	100m²	0.05	141.12	156.71		44.67	7.06	7.84		2.23
人工单价			小计					69.62	84.91	—	23.17
22.47 元/工日			未计价材料费								
清单项目综合单价								26.08			

材料费明细	主要材料名称、规格、型号	单位	数量	单价/元	合价/元	暂估单价/元	暂估合价/元
	料石	m³	0.907	65.10	59.05		
	水泥砂浆 M10	m³	0.1945	102.65	19.97		
	水	m³	0.42	0.45	0.19		
	草袋	个	2.4575	2.32	5.70		
	其他材料费			—		—	
	材料费小计			—	84.91	—	

表9-42　　　　　　　　　　　　综合单价分析表

工程名称：×桥梁工程　　　　　标段：　　　　　　　第　页共　页

项目编码	040305005002	项目名称	护坡	计量单位	m²	工程量	320.00

综合单价组成明细

定额编号	定额项目名称	定额单位	数量	单价 人工费	单价 材料费	单价 机械费	单价 管理费和利润	合价 人工费	合价 材料费	合价 机械费	合价 管理费和利润
1—691	干砌块石护坡（厚40cm）	10m³	0.04	230.54	478.06	—	106.29	9.22	19.12	—	4.25
1—713	干砌块石面勾缝	100m²	0.01	154.14	170.06	—	48.63	1.54	1.70	—	0.49
人工单价				小计				10.76	20.82		4.74
22.47元/工日				未计价材料费							
清单项目综合单价									36.32		

材料费明细	主要材料名称、规格、型号	单位	数量	单价/元	合价/元	暂估单价/元	暂估合价/元
	块石	m³	0.4664	41.00	19.12		
	水泥砂浆 M10	m³	0.0052	102.65	0.53		
	草袋	个	0.0588	0.45	0.03		
	水	m³	0.4915	2.32	1.14		
	其他材料费			—			
	材料费小计			—	20.82	—	

表9-43　　　　　　　　　　　　综合单价分析表

工程名称：×桥梁工程　　　　　标段：　　　　　　　第　页共　页

项目编码	040901002001	项目名称	预制构件钢筋	计量单位	t	工程量	11.988

综合单价组成明细

定额编号	定额项目名称	定额单位	数量	单价 人工费	单价 材料费	单价 机械费	单价 管理费和利润	合价 人工费	合价 材料费	合价 机械费	合价 管理费和利润
3—233	预制混凝土钢筋(ϕ10以内)	t	1.00	463.11	4125.03	49.21	695.60	463.11	4125.03	49.21	695.60
人工单价				小计				463.11	4125.03	49.21	695.60
22.47元/工日				未计价材料费							
清单项目综合单价									5332.95		

材料费明细	主要材料名称、规格、型号	单位	数量	单价/元	合价/元	暂估单价/元	暂估合价/元
	钢丝 18~22#	t	1.02	4000.00	4080.00		
	铁丝 18#~22#	kg	9.54	4.72	45.03		
	其他材料费			—			
	材料费小计			—	4125.03	—	

第四节 隧道工程工程量清单与计价

一、工程计量与计价说明

隧道工程计量与计价说明见表 9-44。

表 9-44　　　　　　　　　　　　隧道工程计量与计价说明

序号	项目	内容
1	概述	《市政工程工程量计算规范》(GB 50857—2013)中隧道工程共分:隧道岩石开挖,岩石隧道衬砌,盾构掘进,管节顶升,旁通道,隧道沉井,混凝土结构,沉管隧道等 7 节,共计 85 个项目
2	隧道岩石开挖	弃渣运距可以不描述,但应注明由投标人根据施工现场实际情况自行考虑决定报价
3	岩石隧道衬砌	遇清单项目未列的砌筑构筑物时,应按《市政工程工程量计算规范》(GB 50857—2013)附录 C 桥涵工程中相关项目编码列项
4	盾构掘进	(1)衬砌壁后压浆清单项目在编制工程量清单时,其工程数量可为暂估量,结算时按现场签证数量计算。 (2)盾构基座系指常用的钢结构,如果是钢筋混凝土结构,应按《市政工程工程量计算规范》(GB 50857—2013)附录 D.7 沉管隧道中相关项目编码列项。 (3)钢筋混凝土管片按成品编制,购置费用应计入综合单价中
5	隧道沉井	沉井垫层按《市政工程工程量计算规范》(GB 50857—2013)附录 C 桥涵工程中相关项目编码列项
6	混凝土结构	(1)隧道洞内道路路面铺装应按《市政工程工程量计算规范》(GB 50857—2013)附录 B 道路工程相关清单项目编码列项。 (2)隧道洞内顶部和边墙内衬的装饰应按《市政工程工程量计算规范》(GB 50857—2013)附录 C 桥涵工程相关清单项目编码列项。 (3)隧道内其他结构混凝土包括楼梯、电缆沟、车道侧石等。 (4)垫层、基础应按《市政工程工程量计算规范》(GB 50857—2013)附录 C 桥涵工程相关清单项目编码列项。 (5)隧道内衬弓形底板、侧墙、支承墙应按表 9-50 中混凝土底板、混凝土墙的相关清单项目编码列项,并在项目特征中描述其类别、部位

二、工程量清单项目设置及工程量计算规则

1. 隧道岩石开挖工程量清单项目设置及工程量计算规则

隧道岩石开挖工程量清单项目设置及工程量计算规则见表 9-45。

表 9-45　　　　　　　　　　隧道岩石开挖（编码：040401）

项目编码	项目名称	项目特征	计量单位	工程量计算规则	工作内容
040401001	平洞开挖	1. 岩石类别 2. 开挖断面 3. 爆破要求 4. 弃渣运距	m³	按设计图示结构断面尺寸乘以长度以体积计算	1. 爆破或机械开挖 2. 施工面排水 3. 出渣 4. 弃渣场内堆放、运输 5. 弃渣外运
040401002	斜井开挖	^	^	^	^
040401003	竖井开挖	^	^	^	^
040401004	地沟开挖	1. 断面尺寸 2. 岩石类别 3. 爆破要求 4. 弃渣运距	^	^	^
040401005	小导管	1. 类型 2. 材料品种 3. 管径、长度	m	按设计图示尺寸以长度计算	1. 制作 2. 布眼 3. 钻孔 4. 安装
040401006	管棚	^	^	^	^
040401007	注浆	1. 浆液种类 2. 配合比	m³	按设计注浆量以体积计算	1. 浆液制作 2. 钻孔注浆 3. 堵孔

2. 岩石隧道衬砌工程量清单项目设置及工程量计算规则

岩石隧道衬砌工程量清单项目设置及工程量计算规则见表 9-46。

表 9-46　　　　　　　　　　岩石隧道衬砌（编码：040402）

项目编码	项目名称	项目特征	计量单位	工程量计算规则	工作内容
040402001	混凝土仰拱衬砌	1. 拱跨径 2. 部位 3. 厚度 4. 混凝土强度等级	m³	按设计图示尺寸以体积计算	1. 模板制作、安装、拆除 2. 混凝土拌和、运输、浇筑 3. 养护
040402002	混凝土顶拱衬砌	^	^	^	^
040402003	混凝土边墙衬砌	1. 部位 2. 厚度 3. 混凝土强度等级	^	^	^
040402004	混凝土竖井衬砌	1. 厚度 2. 混凝土强度等级	^	^	^
040402005	混凝土沟道	1. 断面尺寸 2. 混凝土强度等级	^	^	^

续表

项目编码	项目名称	项目特征	计量单位	工程量计算规则	工作内容
040402006	拱部喷射混凝土	1. 结构 2. 厚度 3. 混凝土强度等级 4. 掺加材料品种、用量	m²	按设计图示尺寸以面积计算	1. 清洗基层 2. 混凝土拌和、运输、浇筑、喷射 3. 收回弹料 4. 喷射施工平台搭设、拆除
040402007	边墙喷射混凝土				
040402008	拱圈砌筑	1. 断面尺寸 2. 材料品种、规格 3. 砂浆强度等级	m²	按设计图示尺寸以体积计算	1. 砌筑 2. 勾缝 3. 抹灰
040402009	边墙砌筑	1. 厚度 2. 材料品种、规格 3. 砂浆强度等级			
040402010	砌筑沟道	1. 形状 2. 材料品种、规格 3. 砂浆强度等级			
040402011	洞门砌筑	1. 形状 2. 材料品种、规格 3. 砂浆强度等级			
040402012	锚杆	1. 直径 2. 长度 3. 锚杆类型 4. 砂浆强度等级	t	按设计图示尺寸以质量计算	1. 钻孔 2. 锚杆制作、安装 3. 压浆
040402013	充填压浆	1. 部位 2. 浆液成分强度	m³	按设计图示尺寸以体积计算	1. 打孔、安装 2. 压浆
040402014	仰拱填充	1. 填充材料 2. 规格 3. 强度等级		按设计图示回填尺寸以体积计算	1. 配料 2. 填充
040402015	透水管	1. 材质 2. 规格			安装
040402016	沟道盖板	1. 材质 2. 规格尺寸 3. 强度等级	m	按设计图示尺寸以长度计算	制作、安装
040402017	变形缝	1. 类别 2. 材料品种、规格 3. 工艺要求			
040402018	施工缝				
040402019	柔性防水层	材料品种、规格	m²	按设计图示尺寸以面积计算	铺设

3. 盾构掘进工程量清单项目设置及工程量计算规则

盾构掘进工程量清单项目设置及工程量计算规则见表 9-47。

表 9-47　　　　　　　　　盾构掘进(编码:040403)

项目编码	项目名称	项目特征	计量单位	工程量计算规则	工作内容
040403001	盾构吊装及吊拆	1. 直径 2. 规格型号 3. 始发方式	台·次	按设计图示数量计算	1. 盾构机安装、拆除 2. 车架安装、拆除 3. 管线连接、调试、拆除
040403002	盾构掘进	1. 直径 2. 规格 3. 形式 4. 掘进施工段类别 5. 密封舱材料品种 6. 弃土(浆)运距	m	按设计图示掘进长度计算	1. 掘进 2. 管片拼装 3. 密封舱添加材料 4. 负环管片拆除 5. 隧道内管线路铺设、拆除 6. 泥浆制作 7. 泥浆处理 8. 土方、废浆外运
040403003	衬砌壁后压浆	1. 浆液品种 2. 配合比	m³	按管片外径和盾构壳体外径所形成的充填体积计算	1. 制浆 2. 送浆 3. 压浆 4. 封堵 5. 清洗 6. 运输
040403004	预制钢筋混凝土管片	1. 直径 2. 厚度 3. 宽度 4. 混凝土强度等级		按设计图示尺寸以体积计算	1. 运输 2. 试拼装 3. 安装
040403005	管片设置密封条	1. 管片直径、宽度、厚度 2. 密封条材料 3. 密封条规格	环	按设计图示数量计算	密封条安装
040403006	隧道洞口柔性接缝环	1. 材料 2. 规格 3. 部位 4. 混凝土强度等级	m	按设计图示以隧道管片外径周长计算	1. 制作、安装临时防水环板 2. 制作、安装、拆除临时止水缝 3. 拆除临时钢环板 4. 拆除洞口环管片 5. 安装钢环板 6. 柔性接缝环 7. 洞口钢筋混凝土环圈
040403007	管片嵌缝	1. 直径 2. 材料 3. 规格	环	按设计图示数量计算	1. 管片嵌缝槽表面处理、配料嵌缝 2. 管片手孔封堵

续表

项目编码	项目名称	项目特征	计量单位	工程量计算规则	工作内容
040403008	盾构机调头	1. 直径 2. 规格型号 3. 始发方式	台·次	按设计图示数量计算	1. 钢板、基座铺设 2. 盾构拆卸 3. 盾构调头、平行移运定位 4. 盾构拼装 5. 连接管线、调试
040403009	盾构机转场运输	1. 直径 2. 规格 3. 始发方式	台·次	按设计图示数量计算	1. 盾构机安装、拆除 2. 车架安装、拆除 3. 盾构机、车架转场运输
040403010	盾构基座	1. 材质 2. 规格 3. 部位	t	按设计图示尺寸以质量计算	1. 制作 2. 安装 3. 拆除

4. 管节顶升、旁通道工程量清单项目设置及工程量计算规则

管节顶升、旁通道工程量清单项目设置及工程量计算规则见表9-48。

表 9-48　　　　　　　管节顶升、旁通道(编码:040404)

项目编码	项目名称	项目特征	计量单位	工程量计算规则	工作内容
040404001	钢筋混凝土顶升管节	1. 材质 2. 混凝土强度等级	m^3	按设计图示尺寸以体积计算	1. 钢模板制作 2. 混凝土拌和、运输、浇筑 3. 养护 4. 管节试拼装 5. 管节场内外运输
040404002	垂直顶升设备安装、拆除	规格、型号	套	按设计图示数量计算	1. 基座制作和拆除 2. 车架、设备吊装就位 3. 拆除、堆放
040404003	管节垂直顶升	1. 断面 2. 强度 3. 材质	m	按设计图示以顶升长度计算	1. 管节吊运 2. 首节顶升 3. 中间节顶升 4. 尾节顶升
040404004	安装止水框、连系梁	材质	t	按设计图示尺寸以质量计算	制作、安装
040404005	阴极保护装置	1. 型号 2. 规格	组	按设计图示数量计算	1. 恒电位仪安装 2. 阳极安装 3. 阴极安装 4. 参变电极安装 5. 电缆敷设 6. 接线盒安装
040404006	安装取、排水头	1. 部位 2. 尺寸	个		1. 顶升口揭顶盖 2. 取排水头部安装

续表

项目编码	项目名称	项目特征	计量单位	工程量计算规则	工作内容
040404007	隧道内旁通道开挖	1. 土壤类别 2. 土体加固方式	m³	按设计图示尺寸以体积计算	1. 土体加固 2. 支护 3. 土方暗挖 4. 土方运输
040404008	旁通道结构混凝土	1. 断面 2. 混凝土强度等级			1. 模板制作、安装 2. 混凝土拌和、运输、浇筑 3. 洞门接口防水
040404009	隧道内集水井	1. 部位 2. 材料 3. 形式	座	按设计图示数量计算	1. 拆除管片建集水井 2. 不拆管片建集水井
040404010	防爆门	1. 形式 2. 断面	扇		1. 防爆门制作 2. 防爆门安装
040404011	钢筋混凝土复合管片	1. 图集、图纸名称 2. 构件代号、名称 3. 材质 4. 混凝土强度等级	m³	按设计图示尺寸以体积计算	1. 构件制作 2. 试拼装 3. 运输、安装
040404012	钢管片	1. 材质 2. 探伤要求	t	按设计图示以质量计算	1. 钢管片制作 2. 试拼装 3. 探伤 4. 运输、安装

5. 隧道沉井工程量清单项目设置及工程量计算规则

隧道沉井工程量清单项目设置及工程量计算规则见表9-49。

表9-49　　　　　　隧道沉井(编码：040405)

项目编码	项目名称	项目特征	计量单位	工程量计算规则	工作内容
040405001	沉井井壁混凝土	1. 形状 2. 规格 3. 混凝土强度等级	m³	按设计尺寸以外围井筒混凝土体积计算	1. 模板制作、安装、拆除 2. 刃脚、框架、井壁混凝土浇筑 3. 养护
040405002	沉井下沉	1. 下沉深度 2. 弃土运距		按设计图示井壁外围面积乘以下沉深度以体积计算	1. 垫层凿除 2. 排水挖土下沉 3. 不排水下沉 4. 触变泥浆制作、输送 5. 弃土外运
040405003	沉井混凝土封底	混凝土强度等级		按设计图示尺寸以体积计算	1. 混凝土干封底 2. 混凝土水下封底
040405004	沉井混凝土底板				1. 模板制作、安装、拆除 2. 混凝土拌和、运输、浇筑 3. 养护
040405005	沉井填心	材料品种			1. 排水沉井填心 2. 不排水沉井填心
040405006	沉井混凝土隔墙	混凝土强度等级			1. 模板制作、安装、拆除 2. 混凝土拌和、运输、浇筑 3. 养护

续表

项目编码	项目名称	项目特征	计量单位	工程量计算规则	工作内容
040405007	钢封门	1. 材质 2. 尺寸	t	按设计图示尺寸以质量计算	1. 钢封门安装 2. 钢封门拆除

6. 混凝土结构工程量清单项目设置及工程量计算规则

混凝土结构工程量清单项目设置及工程量计算规则见表 9-50。

表 9-50　　　　　　　　　混凝土结构（编码：040406）

项目编码	项目名称	项目特征	计量单位	工程量计算规则	工作内容
040406001	混凝土地梁	1. 类别、部位 2. 混凝土强度等级	m³	按设计图示尺寸以体积计算	1. 模板制作、安装、拆除 2. 混凝土拌和、运输、浇筑 3. 养护
040406002	混凝土底板				
040406003	混凝土柱				
040406004	混凝土墙				
040406005	混凝土梁				
040406006	混凝土平台、顶板				
040406007	圆隧道内架空路面	1. 厚度 2. 混凝土强度等级			
040406008	隧道内其他结构混凝土	1. 部位、名称 2. 混凝土强度等级			

7. 沉管隧道工程量清单项目设置及工程量计算规则

沉管隧道工程量清单项目设置及工程量计算规则见表 9-51。

表 9-51　　　　　　　　　沉管隧道（编码：040407）

项目编码	项目名称	项目特征	计量单位	工程量计算规则	工作内容
040407001	预制沉管底垫层	1. 材料品种、规格 2. 厚度	m³	按设计图示沉管底面积乘以厚度以体积计算	1. 场地平整 2. 垫层铺设
040407002	预制沉管钢底板	1. 材质 2. 厚度	t	按设计图示尺寸以质量计算	钢底板制作、铺设
040407003	预制沉管混凝土板底	混凝土强度等级	m³	按设计图示尺寸以体积计算	1. 模板制作、安装、拆除 2. 混凝土拌和、运输、浇筑 3. 养护 4. 底板预埋注浆管
040407004	预制沉管混凝土侧墙				1. 模板制作、安装、拆除 2. 混凝土拌和、运输、浇筑 3. 养护
040407005	预制沉管混凝土顶板				

续一

项目编码	项目名称	项目特征	计量单位	工程量计算规则	工作内容
040407006	沉管外壁防锚层	1. 材质品种 2. 规格	m²	按设计图示尺寸以面积计算	铺设沉管外壁防锚层
040407007	鼻托垂直剪力键	材质	t	按设计图示尺寸以质量计算	1. 钢剪力键制作 2. 剪力键安装
040407008	端头钢壳	1. 材质、规格 2. 强度			1. 端头钢壳制作 2. 端头钢壳安装 3. 混凝土浇筑
040407009	端头钢封门	1. 材质 2. 尺寸			1. 端头钢封门制作 2. 端头钢封门安装 3. 端头钢封门拆除
040407010	沉管管段浮运临时供电系统		套	按设计图示管段数量计算	1. 发电机安装、拆除 2. 配电箱安装、拆除 3. 电缆安装、拆除 4. 灯具安装、拆除
040407011	沉管管段浮运临时供排水系统	规格			1. 泵阀安装、拆除 2. 管路安装、拆除
040407012	沉管管段浮运临时通风系统				1. 进排风机安装、拆除 2. 风管路安装、拆除
040407013	航道疏浚	1. 河床土质 2. 工况等级 3. 疏浚深度	m³	按河床原断面与管段浮运时设计断面之差以体积计算	1. 挖泥船开收工 2. 航道疏浚挖泥 3. 土方驳运、卸泥
040407014	沉管河床基槽开挖	1. 河床土质 2. 工况等级 3. 挖土深度		按河床原断面与槽设计断面之差以体积计算	1. 挖泥船开收工 2. 沉管基槽挖泥 3. 沉管基槽清淤 4. 土方驳运、卸泥
040407015	钢筋混凝土块沉石	1. 工况等级 2. 沉石深度		按设计图示尺寸以体积计算	1. 预制钢筋混凝土块 2. 装船、驳运、定位沉石 3. 水下铺平石块
040407016	基槽抛铺碎石	1. 工况等级 2. 石料厚度 3. 沉石深度			1. 石料装运 2. 定位抛石、水下铺平石块

续二

项目编码	项目名称	项目特征	计量单位	工程量计算规则	工作内容
040407017	沉管管节浮运	1. 单节管段质量 2. 管段浮运距离	kt·m	按设计图示尺寸和要求以沉管管节质量和浮运距离的复合单位计算	1. 干坞放水 2. 管段起浮定位 3. 管段浮运 4. 加载水箱制作、安装、拆除 5. 系缆柱制作、安装、拆除
040407018	管段沉放连接	1. 单节管段质量 2. 管段下沉深度	节	按设计图示数量计算	1. 管段定位 2. 管段压水下沉 3. 管段端面对接 4. 管节拉合
040407019	砂肋软体排覆盖	1. 材料品种 2. 规格	m²	按设计图示尺寸以沉管顶面积加侧面外表面积计算	水下覆盖软体排
040407020	沉管水下压石		m³	按设计图示尺寸以顶、侧压石的体积计算	1. 装石船开收工 2. 定位抛石、卸石 3. 水下铺石
040407021	沉管接缝处理	1. 接缝连接形式 2. 接缝长度	条	按设计图示数量计算	1. 按缝拉合 2. 安装止水带 3. 安装止水钢板 4. 混凝土拌和、运输、浇筑
040407022	沉管底部压浆固封充填	1. 压浆材料 2. 压浆要求	m³	按设计图示尺寸以体积计算	1. 制浆 2. 管底压浆 3. 封孔

三、工程量清单计量与计价编制实例

××市××道路隧道长 150m,洞口桩号为 3+300 和 3+450,其中 3+320～0+370 段岩石为普坚石,此段隧道的设计断面见图 11-7,设计开挖断面积为 66.67m²,拱部衬砌断面积为 10.17m²。边墙厚为 600mm,混凝土强度等级为 C20,边墙断面积为 3.638m²。设计要求主洞超挖部分必须用与衬砌同强度等级混凝土充填,招标文件要求开挖出的废渣运至距洞口 900m 处弃场弃置(两洞口外 900m 处均有弃置场地)。现根据上述条件编制隧道 0+320～0+370 段的隧道开挖和衬砌工程量清单项目。

1. 根据图示计算清单工程量

平洞开挖清单工程量:66.67×50=3333.5(m³)

衬砌清单工程量:

拱部:10.17×50=508.50(m³)

边墙:3.36×50=168.00(m³)

根据以上清单工程量的计算结果编制工程量清单表,见表 9-52。

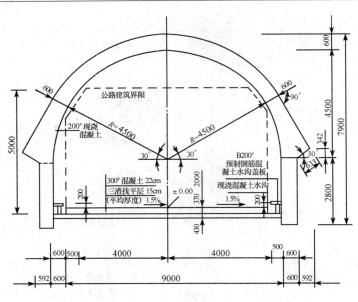

图 11-7　某段隧道设计断面图

表 9-52　　　　　　　分部分项工程和单价措施项目清单与计价表

工程名称：××市××道路隧道工程　　　　标段：0+320～0+370　　　　第　页共　页

序号	项目编码	项目名称	项目特征描述	计量单位	工程量	金额/元		
						综合单价	合价	其中暂估价
			D 隧道工程					
1	040401001001	平洞开挖	普坚石，设计断面 66.72m^2	m^3	3333.50			
2	040402002001	混凝土顶拱衬砌	拱顶厚 60cm，C20 混凝土	m^3	508.50			
3	040402003001	混凝土边墙衬砌	厚 60cm，C20 混凝土	m^3	168.00			
			本页小计					
			合计					

2. 确定施工方案

(1)从工程地质图和以前进洞 20m 已开挖的主洞看岩石比较好，拟用光面爆破，全断面开挖。

(2)衬砌采用先拱后墙法施工，对已开挖的主洞及时衬砌，减少岩面暴露时间，有利于安全。

(3)出渣运输用挖掘机装渣，自卸汽车运输。模板采用钢模板、钢模架。

3. 计算施工工程量

(1)主洞开挖量计算。设计开挖断面积为 66.67m^2，超挖断面积为 3.26m^2，施工开挖量为 (66.67+3.26)×50=3496.5(m^3)。

(2)拱部混凝土量计算。拱部设计衬砌断面为 10.17m^2，超挖充填混凝土断面积为 2.58m^2，拱部施工衬砌量为(10.17+2.58)×50=637.50(m^3)。

(3)边墙衬砌量计算。边墙设计断面积为 3.36m^2，超挖充填断面积为 0.68m^2，边墙施工衬砌量为(3.36+0.68)×50=202.0(m^3)。

(4)衬砌模板面积计算。

拱部模板面积:14.13×50＝706.5(m²)

边墙模板面积:2.8×2×50＝280.0(m²)

4. 作综合单价分析表

C20混凝土到工地现场的组价材料单价为170.64元/m³。

管理费按(人工费＋材料费＋施工机具使用费)的10%考虑,利润按(人工费＋材料费＋施工机具使用费)的5%考虑。

综合单价分析表见表9-53～表9-55。

表9-53 综合单价分析表

工程名称：××市××道路隧道工程　　标段：0＋320～0＋370　　第　页共　页

项目编码	040401001001	项目名称		平洞开挖		计量单位	m³	工程量	3333.50

清单综合单价组成明细

定额编号	定额项目名称	定额单位	数量	单价				合价			
				人工费	材料费	机械费	管理费和利润	人工费	材料费	机械费	管理费和利润
4—20	平洞全断开挖(普坚石,设计断面积66.67m²)用光面爆破	100m³	0.0105	999.69	669.96	1974.31	546.59	10.50	7.03	20.73	5.74
4—54	平洞出渣(机械装卸汽车运输,运距1000m以内)	100m³	0.0105	25.17	—	1804.55	274.46	0.26	—	18.93	2.88
人工单价			小计					10.76	7.03	39.68	8.62
元/工日			未计价材料费								
		清单项目综合单价						66.03			

	主要材料名称、规格、型号	单位	数量	单价/元	合价/元	暂估单价/元	暂估合价/元
材料费明细	电雷管(迟发)带脚线2.5m	个	1.8168	0.25	0.45		
	硝铵炸药2#	kg	1.24	3.55	4.27		
	胶质导线BV-2.5mm	m	0.7038	0.27	0.19		
	胶质导线BV-4.0mm	m	0.192	0.37	0.07		
	合金钻头(一字型)	个	0.0735	5.40	0.40		
	六角空心钢22～25	kg	0.1172	3.15	0.37		
	高压胶皮风管φ25-6P-20mm	m	0.0303	12.48	0.38		
	高压胶皮水管φ19-6P-21mm	m	0.0303	19.61	0.59		
	水	m³	0.2661	0.45	0.12		
	电	kW·h	0.1178	0.35	0.04		
	其他材料费			—	0.15	—	
	材料费小计			—	7.03	—	

表 9-54　　综合单价分析表

工程名称：××市××道路隧道工程　　标段：0+320～0+370　　第　页共　页

| 项目编码 | 040402002001 | 项目名称 | 混凝土拱部衬砌 | 计量单位 | m³ | 工程量 | 508.5 |

清单综合单价组成明细

定额编号	定额项目名称	定额单位	数量	单价				合价			
				人工费	材料费	机械费	管理费和利润	人工费	材料费	机械费	管理费和利润
4—91	平洞拱部混凝土（拱顶厚60cm，C20混凝土）	10m³	0.12537	709.15	1760.05	137.06	390.94	88.91	220.66	17.18	49.01
人工单价				小计				88.91	220.66	17.18	49.01
22.47元/工日				未计价材料费							
清单项目综合单价								375.76			

材料费明细	主要材料名称、规格、型号	单位	数量	单价/元	合价/元	暂估单价/元	暂估合价/元
	混凝土 C20	m³	1.2725	170.00	216.33		
	水	m³	1.8178	0.45	0.82		
	电	kW·h	1.334	0.35	0.47		
	其他材料费			—	3.04		
	材料费小计			—	220.66		—

表 9-55　　　　　　　　　　　　　综合单价分析表

工程名称：××市××道路隧道工程　　标段：0+320～0+370　　第　页共　页

项目编码	040402003001	项目名称	混凝土边墙衬砌	计量单位	m³	工程量	168.00

清单综合单价组成明细

定额编号	定额项目名称	定额单位	数量	单价				合价			
				人工费	材料费	机械费	管理费和利润	人工费	材料费	机械费	管理费和利润
4—109	平洞边墙衬砌（厚60cm，C20混凝土）	10m³	0.1202	535.91	1751.94	106.14	359.10	64.42	210.58	12.76	43.16
人工单价				小计				64.42	210.58	12.76	43.16
22.47元/工日				未计价材料费							
清单项目综合单价								330.92			

材料费明细	主要材料名称、规格、型号	单位	数量	单价/元	合价/元	暂估单价/元	暂估合价/元
	混凝土 C20	m³	1.2204	170.00	207.47		
	水	m³	1.6593	0.45	0.75		
	电	kW·h	0.9908	0.35	0.35		
	其他材料费			—	2.01		
	材料费小计			—	210.58	—	

第五节　管网工程工程量清单与计价

一、工程计量与计价说明

管网工程计量与计价说明见表 9-56。

表 9-56　　　　　　　　　管网工程计量与计价说明

序　号	项　目	内　容
1	概述	《市政工程工程量计算规范》(GB 50857—2013)中管网工程共分:管道铺设,管件、阀门及附件安装,支架制作及安装,管道附属构筑物等 4 节,共计 51 个项目
2	管道铺设	(1)管道架空跨越铺设的支架制作、安装及支架基础、垫层应按《市政工程工程量计算规范》(GB 50857—2013)附录 E.3 支架制作及安装相关清单项目编码列项。 (2)管道铺设项目中的做法如为标准设计,也可在项目特征中标注标准图集号
3	管件、阀门及附件安装	040502013 项目的凝水井应按《市政工程工程量计算规范》(GB 50857—2013)附录 E.4 管道附属构筑物相关清单项目编码列项
4	管道附属构筑物	管道附属构筑物为标准定型附属构筑物时,在项目特征中应标注标准图集编号及页码
5	相关问题及说明	(1)市政管网工程清单项目所涉及土方工程的内容应按《市政工程工程量计算规范》(GB 50857—2013)附录 A 土石方工程中相关项目编码列项。 (2)刷油、防腐、保温工程、阴极保护及牺牲阳极应按现行国家标准《通用安装工程工程量计算规范》(GB 50856—2013)附录 M 刷油、防腐蚀、绝热工程中相关项目编码列项。 (3)高压管道及管件、阀门安装,不锈钢管及管件、阀门安装,管道焊缝无损探伤应按现行国家标准《通用安装工程工程量计算规范》(GB 50856—2013)附录 H 工业管道中相关项目编码列项。 (4)管道检验及试验要求应按各专业的施工验收规范及设计要求,对已完工管道工程进行的管道吹扫、冲洗消毒、强度试验、严密性试验、闭水试验等内容进行描述。 (5)阀门电动机需单独安装,应按现行国家标准《通用安装工程工程量计算规范》(GB 50856—2013)附录 K 给排水、采暖、燃气工程中相关项目编码列项。 (6)雨水口连接管应按《市政工程工程量计算规范》(GB 50857—2013)附录 E.1 管道铺设中相关项目编码列项

二、工程量清单项目设置及工程量计算规则

1. 管道铺设工程量清单项目设置及工程量计算规则

管道铺设工程量清单项目设置及工程量计算规则见表 9-57。

表 9-57　　　　　　　　　　　管道铺设工程（编码：040501）

项目编码	项目名称	项目特征	计量单位	工程量计算规则	工作内容
040501001	混凝土管	1. 垫层、基础材质及厚度 2. 管座材质 3. 规格 4. 接口方式 5. 铺设深度 6. 混凝土强度等级 7. 管道检验及试验要求	m	按设计图示中心线长度以延长米计算。不扣除附属构筑物、管件及阀门等所占长度	1. 垫层、基础铺筑及养护 2. 模板制作、安装、拆除 3. 混凝土拌和、运输、浇筑、养护 4. 预制管枕安装 5. 管道铺设 6. 管道接口 7. 管道检验及试验
040501002	钢管	1. 垫层、基础材质及厚度 2. 材质及规格 3. 接口方式 4. 铺设深度 5. 管道检验及试验要求 6. 集中防腐运距			1. 垫层、基础铺筑及养护 2. 模板制作、安装、拆除 3. 混凝土拌和、运输、浇筑、养护 4. 管道铺设 5. 管道检验及试验 6. 集中防腐运输
040501003	铸铁管				
040501004	塑料管	1. 垫层、基础材质及厚度 2. 材质及规格 3. 连接形式 4. 铺设深度 5. 管道检验及试验要求			1. 垫层、基础铺筑及养护 2. 模板制作、安装、拆除 3. 混凝土拌和、运输、浇筑、养护 4. 管道铺设 5. 管道检验及试验
040501005	直埋式预制保温管	1. 垫层材质及厚度 2. 材质及规格 3. 接口方式 4. 铺设深度 5. 管道检验及试验要求			1. 垫层铺筑及养护 2. 管道铺设 3. 接口处保温 4. 管道检验及试验
040501006	管道架空跨越	1. 管道架设高度 2. 管道材质及规格 3. 接口方式 4. 管道检验及试验要求 5. 集中防腐运距		按设计图示中心线长度以延长米计算。不扣除管件及阀门等所占长度	1. 管道架设 2. 管道检验及试验 3. 集中防腐运输
040501007	隧道（沟、管）内管道	1. 基础材质及厚度 2. 混凝土强度等级 3. 材质及规格 4. 接口方式 5. 管道检验及试验要求 6. 集中防腐运距		按设计图示中心线长度以延长米计算。不扣除附属构筑物、管件及阀门等所占长度	1. 基础铺筑、养护 2. 模板制作、安装、拆除 3. 混凝土拌和、运输、浇筑、养护 4. 管道铺设 5. 管道检测及试验 6. 集中防腐运输

续一

项目编码	项目名称	项目特征	计量单位	工程量计算规则	工作内容
040501008	水平导向钻进	1. 土壤类别 2. 材质及规格 3. 一次成孔长度 4. 接口方式 5. 泥浆要求 6. 管道检验及试验 7. 集中防腐运距	m	按设计图示长度以延长米计算。扣除附属构筑物（检查井）所占的长度	1. 设备安装、拆除 2. 定位、成孔 3. 管道接口 4. 拉管 5. 纠偏、监测 6. 泥浆制作、注浆 7. 管道检测及试验 8. 集中防腐运输 9. 泥浆、土方外运
040501009	夯管	1. 土壤类别 2. 材质及规格 3. 一次夯管长度 4. 接口方式 5. 管道检验及试验要求 6. 集中防腐运距			1. 设备安装、拆除 2. 定位、夯管 3. 管道接口 4. 纠偏、监测 5. 管道检测及试验 6. 集中防腐运输 7. 土方外运
040501010	顶（夯）管工作坑	1. 土壤类别 2. 工作坑平面尺寸及深度 3. 支撑、围护方式 4. 垫层、基础材质及厚度 5. 混凝土强度等级 6. 设备、工作台主要技术要求	座	按设计图示数量计算	1. 支撑、围护 2. 模板制作、安装、拆除 3. 混凝土拌和、运输、浇筑、养护 4. 工作坑内设备、工作台安装及拆除
040501011	预制混凝土工作坑	1. 土壤类别 2. 工作坑平面尺寸及深度 3. 垫层、基础材质及厚度 4. 混凝土强度等级 5. 设备、工作台主要技术要求 6. 混凝土构件运距			1. 混凝土工作坑制作 2. 下沉、定位 3. 模板制作、安装、拆除 4. 混凝土拌和、运输、浇筑、养护 5. 工作坑内设备、工作台安装及拆除 6. 混凝土构件运输
040501012	顶管	1. 土壤类别 2. 顶管工作方式 3. 管道材质及规格 4. 中继间规格 5. 工具管材质及规格 6. 触变泥浆要求 7. 管道检验及试验要求 8. 集中防腐运距	m	按设计图示长度以延长米计算。扣除附属构筑物（检查井）所占的长度	1. 管道顶进 2. 管道接口 3. 中继间、工具管及附属设备安装拆除 4. 管内挖、运土及土方提升 5. 机械顶管设备调向 6. 纠偏、监测 7. 触变泥浆制作、注浆 8. 洞口止水 9. 管道检测及试验 10. 集中防腐运输 11. 泥浆、土方外运

续二

项目编码	项目名称	项目特征	计量单位	工程量计算规则	工作内容
040501013	土壤加固	1. 土壤类别 2. 加固填充材料 3. 加固方式	1. m 2. m³	1. 按设计图示加固段长度以延长米计算 2. 按设计图示加固段体积以立方米计算	打孔、调浆、灌注
040501014	新旧管连接	1. 材质及规格 2. 连接方式 3. 带(不带)介质连接	处	按设计图示数量计算	1. 切管 2. 钻孔 3. 连接
040501015	临时放水管线	1. 材质及规格 2. 铺设方式 3. 接口形式		按放水管线长度以延长米计算,不扣除管件、阀门所占长度	管线铺设、拆除
040501016	砌筑方沟	1. 断面规格 2. 垫层、基础材质及厚度 3. 砌筑材料品种、规格、强度等级 4. 混凝土强度等级 5. 砂浆强度等级、配合比 6. 勾缝、抹面要求 7. 盖板材质及规格 8. 伸缩缝(沉降缝)要求 9. 防渗、防水要求 10. 混凝土构件运距			1. 模板制作、安装、拆除 2. 混凝土拌和、运输、浇筑、养护 3. 砌筑 4. 勾缝、抹面 5. 盖板安装 6. 防水、止水 7. 混凝土构件运输
040501017	混凝土方沟	1. 断面规格 2. 垫层、基础材质及厚度 3. 混凝土强度等级 4. 伸缩缝(沉降缝)要求 5. 盖板材质、规格 6. 防渗、防水要求 7. 混凝土构件运距	m	按设计图示尺寸以延长米计算	1. 模板制作、安装、拆除 2. 混凝土拌和、运输、浇筑、养护 3. 盖板安装 4. 防水、止水 5. 混凝土构件运输
040501018	砌筑渠道	1. 断面规格 2. 垫层、基础材质及厚度 3. 砌筑材料品种、规格、强度等级 4. 混凝土强度等级 5. 砂浆强度等级、配合比 6. 勾缝、抹面要求 7. 伸缩缝(沉降缝)要求 8. 防渗、防水要求			1. 模板制作、安装、拆除 2. 混凝土拌和、运输、浇筑、养护 3. 渠道砌筑 4. 勾缝、抹面 5. 防水、止水
040501019	混凝土渠道	1. 断面规格 2. 垫层、基础材质及厚度 3. 混凝土强度等级 4. 伸缩缝(沉降缝)要求 5. 防渗、防水要求 6. 混凝土构件运距			1. 模板制作、安装、拆除 2. 混凝土拌和、运输、浇筑、养护 3. 防水、止水 4. 混凝土构件运输
040501020	警示(示踪)带铺设	规格		按铺设长度以延长米计算	铺设

2. 管件、阀门及附件安装工程量清单项目设置及工程量计算规则

管件、阀门及附件安装工程量清单项目设置及工程量计算规则见表9-58。

表9-58　　　　　　　　　管件、阀门及附件安装（编码：040502）

项目编码	项目名称	项目特征	计量单位	工程量计算规则	工作内容
040502001	铸铁管管件	1. 种类 2. 材质及规格 3. 接口形式	个	按设计图示数量计算	安装
040502002	钢管管件制作、安装				制作、安装
040502003	塑料管管件	1. 种类 2. 材质及规格 3. 连接方式			安装
040502004	转换件	1. 材质及规格 2. 接口形式			
040502005	阀门	1. 种类 2. 材质及规格 3. 连接方式 4. 试验要求			安装
040502006	法兰	1. 材质、规格、结构形式 2. 连接方式 3. 焊接方式 4. 垫片材质			
040502007	盲堵板制作、安装	1. 材质及规格 2. 连接方式			制作、安装
040502008	套管制作、安装	1. 形式、材质及规格 2. 管内填料材质			
040502009	水表	1. 规格 2. 安装方式			安装
040502010	消火栓	1. 规格 2. 安装部位、方式			
040502011	补偿器（波纹管）	1. 规格 2. 安装方式	套		
040502012	除污器组成、安装				组成、安装
040502013	凝水缸	1. 材料品种 2. 型号及规格 3. 连接方式			1. 制作 2. 安装
040502014	调压器	1. 规格 2. 型号 3. 连接方式	组		安装
040502015	过滤器				
040502016	分离器				
040502017	安全水封	规格			
040502018	检漏（水）管				

3. 支架制作及安装工程量清单项目设置及工程量计算规则

支架制作及安装工程量清单项目设置及工程量计算规则见表 9-59。

表 9-59　　　　　　　　　　支架制作及安装（编码：040503）

项目编码	项目名称	项目特征	计量单位	工程量计算规则	工作内容
040503001	砌筑支墩	1. 垫层材质、厚度 2. 混凝土强度等级 3. 砌筑材料、规格、强度等级 4. 砂浆强度等级、配合比	m³	按设计图示尺寸以体积计算	1. 模板制作、安装、拆除 2. 混凝土拌和、运输、浇筑、养护 3. 砌筑 4. 勾缝、抹面
040503002	混凝土支墩	1. 垫层材质、厚度 2. 混凝土强度等级 3. 预制混凝土构件运距			1. 模板制作、安装、拆除 2. 混凝土拌和、运输、浇筑、养护 3. 预制混凝土支墩安装 4. 混凝土构件运输
040503003	金属支架制作、安装	1. 垫层、基础材质及厚度 2. 混凝土强度等级 3. 支架材质 4. 支架形式 5. 预埋件材质及规格	t	按设计图示质量计算	1. 模板制作、安装、拆除 2. 混凝土拌和、运输、浇筑、养护 3. 支架制作、安装
040503004	金属吊架制作、安装	1. 吊架形式 2. 吊架材质 3. 预埋件材质及规格			制作、安装

4. 管道附属构筑物工程量清单项目设置及工程量计算规则

管道附属构筑物工程量清单项目设置及工程量计算规则见表 9-60。

表 9-60　　　　　　　　　　管道附属构筑物（编码：040504）

项目编码	项目名称	项目特征	计量单位	工程量计算规则	工作内容
040504001	砌筑井	1. 垫层、基础材质及厚度 2. 砌筑材料品种、规格、强度等级 3. 勾缝、抹面要求 4. 混凝土强度等级 5. 砂浆强度等级、配合比 6. 盖板材质、规格 7. 井盖、井圈材质及规格 8. 踏步材质、规格 9. 防渗、防水要求	座	按设计图示数量计算	1. 垫层铺筑 2. 模板制作、安装、拆除 3. 混凝土拌和、运输、浇筑、养护 4. 砌筑、勾缝、抹面 5. 井圈、井盖安装 6. 盖板安装 7. 踏步安装 8. 防水、止水

续表

项目编码	项目名称	项目特征	计量单位	工程量计算规则	工作内容
040504002	混凝土井	1. 垫层、基础材质及厚度 2. 混凝土强度等级 3. 盖板材质、规格 4. 井盖、井圈材质及规格 5. 踏步材质、规格 6. 防渗、防水要求	座	按设计图示数量计算	1. 垫层铺筑 2. 模板制作、安装、拆除 3. 混凝土拌和、运输、浇筑、养护 4. 井圈、井盖安装 5. 盖板安装 6. 踏步安装 7. 防水、止水
040504003	塑料检查井	1. 垫层、基础材质及厚度 2. 检查井材质、规格 3. 井筒、井盖、井圈材质及规格			1. 垫层铺筑 2. 模板制作、安装、拆除 3. 混凝土拌和、运输、浇筑、养护 4. 检查井安装 5. 井筒、井圈、盖板安装
040504004	砖砌井筒	1. 井筒规格 2. 砌筑材料品种、规格 3. 砌筑、勾缝、抹面要求 4. 砂浆强度等级、配合比 5. 踏步材质、规格 6. 防渗、防水要求	m	按设计图示尺寸以延长米计算	1. 砌筑、勾缝、抹面 2. 踏步安装
040504005	预制混凝土井筒	1. 井筒规格 2. 踏步规格			1. 运输 2. 安装
040504006	砌体出水口	1. 垫层、基础材质及厚度 2. 砌筑材料品种、规格 3. 砌筑、勾缝、抹面要求 4. 砂浆强度等级、配合比			1. 垫层铺筑 2. 模板制作、安装、拆除 3. 混凝土拌和、运输、浇筑、养护 4. 砌筑、勾缝、抹面
040504007	混凝土出水口	1. 垫层、基础材质及厚度 2. 混凝土强度等级			1. 垫层铺筑 2. 模板制作、安装、拆除 3. 混凝土拌和、运输、浇筑、养护
040504008	整体化粪池	1. 材质 2. 型号、规格	座	按设计图示数量计算	安装
040504009	雨水口	1. 雨水箅子及圈口材质、型号、规格 2. 垫层、基础材质及厚度等级 3. 混凝土强度等级 4. 砌筑材料品种、规格 5. 砂浆强度等级、配合比			1. 垫层铺筑 2. 模板制作、安装、拆除 3. 混凝土拌和、运输、浇筑、养护 4. 砌筑、勾缝、抹面 5. 雨水箅子安装

三、工程量清单计量与计价编制示例

××街道路新建排水工程、清单工程量表编制。平面图见图 11-8,纵断面图见图 11-9,钢筋混凝土 180°混凝土基础见图 11-10,ϕ1000 砖砌圆形雨水检查井标准图见图 11-11,平箅式单箅水口标准图见图 11-12。

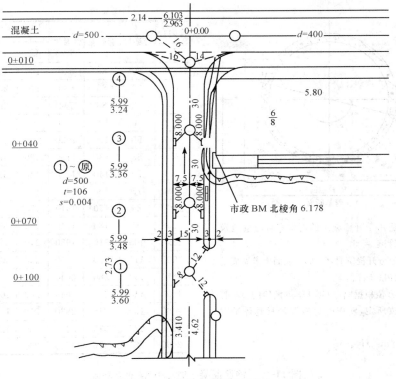

图 11-8 某排水工程平面图

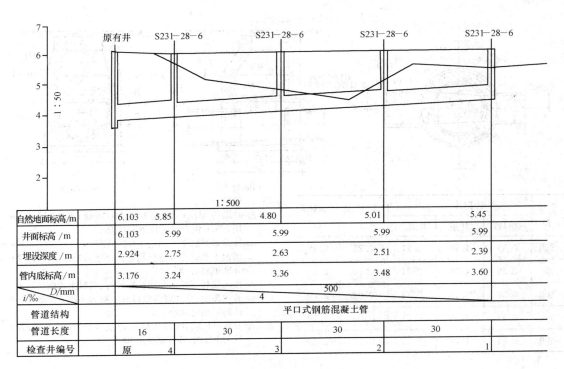

自然地面标高/m	6.103	5.85	4.80	5.01	5.45
井面标高/m	6.103	5.99	5.99	5.99	5.99
埋设深度/m	2.924	2.75	2.63	2.51	2.39
管内底标高/m	3.176	3.24	3.36	3.48	3.60
D/mm			500		
i/‰			4		
管道结构			平口式钢筋混凝土管		
管道长度	16	30		30	30
检查井编号	原	4	3	2	1

图 11-9 某排水工程纵断面图

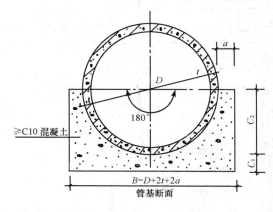

管内径 D	管壁厚	管肩管	管基宽	管基厚		基础混凝土/
				C_1	C_2	(m^3/m)
300	30	80	520	100	180	0.947
400	35	80	630	100	235	0.1243
500	42	80	744	100	292	0.1577
600	50	100	900	100	350	0.2126
700	55	110	1030	1100	405	0.2728
800	65	130	1190	130	465	0.3684
900	70	140	1320	140	520	0.4465
1000	75	150	1450	150	575	0.5319
1100	85	170	1610	170	635	0.6627
1200	90	180	1740	180	690	0.7659
1350	105	210	1980	210	780	1.0045
1500	115	230	2190	230	865	1.2227
1650	140	280	2640	280	1040	1.7858
1800	140	280	2640	280	1040	1.7858
2000	155	310	2930	310	1155	2.1970
2200	175	350	3250	350	1275	2.7277
2400	185	370	3510	370	1385	3.1469

说明：1. 本图适用于开槽施工的雨水和合流管道及污水管道。
2. G_1、G_2 分开浇筑时，C_1 部分表面要求做成毛面并冲洗干净。
3. 表中 B 值根据国标 GB 11836 所给的最小管壁厚度所定，使用时可根据管材具体情况调整。
4. 覆土 $4m < H \leqslant 6m$。

图 11-10 钢筋混凝土管 180°混凝土基础

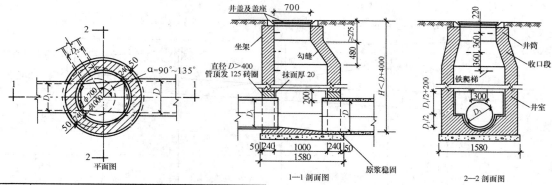

管径 D	砖砌体/m^3			C10 混凝土/m^3	砂浆抹面/m^2
	收口段	井室	井筒/m		
200	0.39	1.76	0.71	0.20	2.48
300	0.39	1.76	0.71	0.20	2.60
400	0.39	1.76	0.71	0.02	2.70
500	0.39	1.76	0.71	0.22	2.79
600	0.39	1.76	0.71	0.24	2.86

说明：1. 单位：mm。
2. 井墙用 M7.5 水泥砂浆砌 MU10 砖，无地下水时，可用 M5.0 混合砂浆砌 MU10 砖。
3. 抹面、勾缝、坐浆均用 1:2 水泥砂浆。
4. 遇地下水时井外壁抹面至地下水位以上 500，厚 20；井底铺碎石，厚 100。
5. 接入支管超挖部分用级配砂石、混凝土或砌砖填实。
6. 井室高度：自井底至收口段一般为 1800，当埋深不允许时可酌情减小。
7. 井基材料采用 C10 混凝土，厚度等于干管管基厚；若干管为土基时，井基厚度为 100。

图 11-11 $\phi 1000$ 砖砌圆形雨水检查井标准图

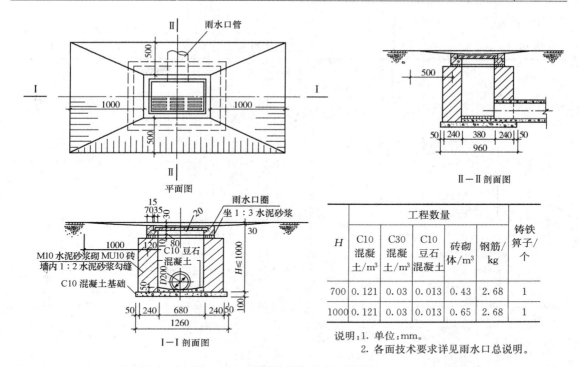

图 11-12 平箅式单箅雨水口标准图

1. ××街道路新建排水工程清单工程量计算示例

(1)主要工程材料(表 9-61)。

表 9-61　　　　　　　　主要工程材料

序号	名　称	单位	数量	规　格	备　注
1	钢筋混凝土管	m	94	$d300×2000×30$	
2	钢筋混凝土管	m	106	$d500×2000×42$	
3	检查井	座	4	$\phi1000$ 砖砌	S231-28-6
4	雨水口	座	9	$680×380$　$H=1.0$	S235-2-4

(2)管道铺设及基础(表 9-62)。

表 9-62　　　　　　　　管道铺设及基础

管段井号	管径/mm	管道铺设长度(井中至井中)/m	基础及接口形式	支管及180°平接口基础铺设	
				$d300$	$d250$
起1	500	30		32	—
2	500	30		16	—
3	500	30	180°平接口	16	—
4	500	30		30	—
止原井	500	16			
合计		106		94	

(3)检查井、进水井数量(表 9-63)。

表 9-63　　　　　　　　　检查井、进水井数量

井号	检查井设计井面标高/m	井底标高/m	井深	砖砌圆形井				砖砌雨水口井		
				雨水检查中		沉泥中				
				圆号井径	数量/个	圆号井径	数量/座	圆号规格	井深	数量/座
	1	2	3=1-2							
起1	5.99	3.6	2.39	S231-28-6 φ1000	1	—		S235-2-4 C680×380	1	3
2	5.99	3.48	2.51	S231-28-6 φ1000	1	—		S235-2-4 C680×380	1	2
3	5.99	3.35	2.64	S231-28-6 φ1000	1	—		S235-2-4 C680×380	1	2
4	5.99	3.24	2.75	S231-28-6 φ1000	1	—		S235-2-4 C680×380	1	2
止原井	(6.103)	(2.936)	3.14							
本表综合小计	\multicolumn{10}{l}{(1)砖砌圆形雨水检查井 φ1000 平均井深 2.6m,共计 4 座；(2)砖砌雨水口进水井 680×380,井深 1m,共计 9 座}										

(4)挖干管管沟土方(表 9-64)。

表 9-64　　　　　　　　　挖干管管沟土方

井号或管数	管径/mm	管沟长/m	沟底度/m	原地面标高(综合取定)/m	井底流水位标高/m	基础加深/m	平均挖深/m	土壤类别	计算式	数量/m³
		L	b	平均	流水位	平均	H		L×b×H	
起1	500	30	0.744	5.4	3.60	3.54	0.14	2.00	三类土	30×0.744×2.00	44.64
1 2	500	30	0.744	4.75	3.48	3.42	0.14	1.47	三类土	30×0.744×1.47	32.81
3 4	500	30	0.744	5.28	3.36	3.30	0.14	2.12	三类土	30×0.744×2.21	47.32
					3.24						
止原井	500	16	0.744	5.98	3.176	3.21	0.14	2.91	四类土	16×0.744×2.91	34.64

(5)挖支管管沟土方(表 9-65)。

表 9-65　　　　　　　　　挖支管管沟土方

管径/mm	管沟长/m	沟底宽/m	平均挖深/m	土壤类别	计算式	数量/m³	备注
	L	b	H		L×b×H		
d300	94	0.52	1.13	三类土	94×0.52×1.13	55.23	
d250							

(6)挖井位土方(表 9-66)。

表 9-66　　　　　　　　　　　挖井位土方

井号	井底基础尺寸/m			原地面至流水面高/m	基础加深/m	平均挖深/m	个数	土壤类别	计算式	数量/m³
	长 L	宽 B	直径 ϕ			H				
雨水井	1.26	0.96		1.0	0.13	1.13	9	三类土	1.26×0.96×1.13×9	12.30
1			1.58	1.86	0.14	2.00	1	三类土	井位2块弓形面积为 0.83×2.00	1.66
2			1.58	1.33	0.14	1.47	1	三类土	0.83×1.47	1.22
3			1.58	1.98	0.14	2.12	1	三类土	0.83×2.12	1.76
4			1.58	2.77	0.14	2.91	1	四类土	0.83×2.91	2.42

(7)挖混凝土路面及稳定层(表 9-67)。

表 9-67　　　　　　　　　　挖混凝土路面及稳定层

序号	拆除构筑物名称	面积/m²	体积/m³	备注
1	挖混凝土路面（厚22cm）	16×0.744=11.9	11.9×0.22=2.62	
2	挖稳定层（厚35cm）	16×0.744=11.9	11.9×0.35=4.17	

(8)管道及基础所占体积(表 9-68)。

表 9-68　　　　　　　　　　管道及基础所占体积

序号	部位名称	计算式	数量/m³
1	d500 管道与基础所占体积	[(0.1+0.292)×(0.5+0.084+0.16)+0.292²×3.14×1/2]×106	45.10
2	d300 管道与基础所占体积	[(0.1+0.18)×(0.3+0.06+0.16)+0.18²×3.14×1/2]×94	18.47
	小　　计		63.57

(9)土石方工程量汇总(表 9-69)。

表 9-69　　　　　　　　　　土石方工程量汇总

序号	名　　称	计　算　式	数量/m³
1	挖沟槽土方三类土 2m 以内	44.64+32.81+55.23+12.30+1.66+1.22	147.86
2	挖沟槽土方三类土 4m 以内	47.32+1.76	49.08
3	挖沟槽土方四类土 4m 以内	34.64+2.42−2.62−4.17	30.27
4	管道沟回填方	147.86+49.08+30.27−63.57	163.64
5	就地弃土		63.57

从纵断面图可看到此道路是缺方的,管沟回填至原地面标高后多余土方可就地弃置,作为将来道路施工时道路路基的土源。

工程量清单表如表9-70所示。

表9-70　　　　　　　分部分项工程和单价措施项目清单与计价表

工程名称：××街道路新建排水工程　　　　　　标段：　　　　　　第　页共　页

序号	项目编码	项目名称	项目特征描述	计量单位	工程量	金额/元		其中
						综合单价	合价	暂估价
			K 拆除工程					
1	041001001001	拆除路面	混凝土路面，厚22cm	m²	11.90			
2	041001003001	拆除基层	路面稳定层，厚35cm	m²	11.90			
			A 土石方工程					
3	040101002001	挖沟槽土方	三类土，深2m以内	m³	147.86			
4	040101002002	挖沟槽土方	三类土，深4m以内	m³	49.08			
5	040101002003	挖沟槽土方	四类土，深4m以内	m³	30.27			
6	040103001001	回填方	沟槽回填，密实度95%	m³	163.64			
			E 管网工程					
7	040501001001	混凝土管	$d300×2000×30$ 钢筋混凝土管，180° C15混凝土基础	m	94.00			
8	040501001002	混凝土管	$d300×2000×42$ 钢筋混凝土管，180° C15混凝土基础	m	106.00			
9	040504001001	砌筑井	砖砌圆形检查井，$\phi1000$，平均井深2.6m	座	4			
10	040504009001	雨水进水井	砖砌雨水进水井，680×380，井深1m，单算平算	座	9			
			本页小计					
合计								

注：为计取规费等使用，可在表中增设"其中：定额人费"。

表-08

2. ××街道路新建排水工程计价示例

(1) 确定施工方案。

1) 此道路为新建，道路施工尚未开始，原地面线绝大部分低于路基标高，根据招标文件要求管沟回填后多余土方可就地摊平，可作为道路缺方的一部分，即不需要余方外运。

2)为减少施工干涉和行车、行人安全,在原井到4号井的两个雨水进水井处设置施工护栏共长约70m。

3)4号检查井与原井连接部分的干管管沟挖土用木挡土板密板支撑,以保证挖土安全和减少路面开挖量。

4)其余干管部分管沟挖土,采取放坡。支管部分管沟挖土,因开挖深度不大,而且土质好,挖土不放坡,但挖好管沟要及时铺管覆土,不能将空管沟长时间暴露,同时要做好地面水的排除工作,防止塌方。

5)所有挖土均采用人工,土方场内运输采用手推车运输,填土采用人工夯实。

(2)施工工程量计算(表9-71)。

表9-71　　　　　　　　　　　施工工程量计算

工程名称:××街道路新建排水工程

井号或管数	管径/mm	管沟长/mm	沟底宽/mm	原地面标高(综合取定)/m	井底流水位标高/m	基础加深/m	平均挖土深度/m	计算式	挖土方量/m³ 深度(m以内)			挡土板 木支撑密板/m²
									2	4	4	
		L	b	平均	井底	平均	H	放坡 $1:i=1:0.5$ $V=LH(b+Hi)$	三类土	三类土	四类土	
				1		2	3	1-2+3				
1	500	30	1.75	5.4	3.60	3.54	0.14	2.00	30×2.00×(1.75+2.00×0.5)	165.00	—	—	
2	500	30	1.75	4.75	3.48 3.42	0.14	1.47	30×1.47×(1.75+1.47×0.5)	109.59	—	—	
3 4	500	30	1.75	5.28	3.36 3.30 3.24	0.14	2.12	30×2.12×(1.75+2.12×0.5)	—	178.72	—	
5	500	16	1.95	5.98	3.176	3.176	0.14	2.91	不放坡 $V=LbH=$ 16×2.91×1.95	—	—	90.79	16×2.91×2=93.12
								小计	274.59	178.72	90.79	93.12
支管	300	94	1.32			0.13	1.13	不放坡 $V=LbH$ =94×1.32×1.13	140.12	—	—	
								合计	414.80	178.72	90.79	93.12

(3)施工工程量汇总。

1)挖混凝土路面及稳定层(表9-72)。

表9-72　　　　　　　　　　　挖混凝土路面及稳定层

序号	拆除构筑物名称	面积/m²	体积/m³	备注
1	挖混凝土路面(厚22cm)	16×1.95=31.2	21.2×0.22=6.86	
2	挖稳定层(厚35cm)	16×1.95=31.2	31.2×0.35=10.92	

2)挖管沟土方(表9-73)。

表 9-73 挖管沟土方

序号	名称	计算式	数量/m³	备注
1	挖管沟土方(三类土,2m 以内)	414.80×1.05	435.54	
2	挖管沟土方(三类土,4m 以内)	178.72×1.05	187.66	
3	挖管沟土方(四类土,4m 以内)	90.79×1.05−6.86−10.92	77.55	

3)填方(回填管沟)(表 9-74)。

表 9-74 填方

序号	名称	计算式	数量/m³	备注
1	管沟回填	435.54+187.66+77.55−63.57	637.18	

4)支挡土板(表 9-75)。

表 9-75 支挡土板

序号	名称	计算式	数量/m³	备注
1	木挡土板密板支撑	16×2.91×2	93.12	

5)管道及基础铺筑(表 9-76)。

表 9-76 管道及基础铺筑

井号	管径/mm	管道铺设长度(井中至井中)/m	检查井所占长度/m	实铺管道及基础长度/m	基础及接口形式	支管及180°平接口基础铺设	
						φ300	φ250
起1	500	30	0.7	29.3	180°平接口	32	—
2	500	30	0.7	29.3		16	—
3	500	30	0.7	29.3		16	—
4	500	30	0.7	29.3		30	—
止原井	500	30	0.7	15.3		—	—
合计				103.2		94	—

(4)综合单价分析及计算结果(表 9-77~表 9-87)。

表 9-77 综合单价分析表

工程名称:××街道路新建排水工程　　　　标段:　　　　　　　第　页共　页

项目编码	041001001001	项目名称	拆除路面	计量单位	m²	工程量	11.90

				清单综合单价组成明细							
定额编号	定额项目名称	定额单位	数量	单价				合价			
				人工费	材料费	机械费	管理费和利润	人工费	材料费	机械费	管理费和利润
1−549	人工拆除混凝土路面(无筋厚15cm)	100m²	0.02622	390.99	—	—	58.65	10.25			1.54
1−555	人工拆除混凝土路面(增7cm)	100m²	0.02622	180.88			27.13	4.74			0.71

续表

定额编号	定额项目名称	定额单位	数量	单价				合价			
				人工费	材料费	机械费	管理费和利润	人工费	材料费	机械费	管理费和利润
1-409	明挖石方双轮推车运输50m以内	100m²	0.00576	945.76	—	—	141.86	5.45			0.82
人工单价				小计				20.44			3.07
22.47元/工日				未计价材料费							
清单项目综合单价								23.51			

材料费明细	主要材料名称、规格、型号	单位	数量	单价/元	合价/元	暂估单价/元	暂估合价/元
	其他材料费				—		—
	材料费小计				—		—

表 9-78　　　　　　　　　　　　　综合单价分析表

工程名称：××街道路新建排水工程　　　　标段：　　　　　　　　　　第　页共　页

项目编码	041001003001	项目名称	拆除基层	计量单位	m²	工程量	11.90

综合单价组成明细

定额编号	定额项目名称	定额单位	数量	单价				合价			
				人工费	材料费	机械费	管理费和利润	人工费	材料费	机械费	管理费和利润
1-549	人工拆除无骨料多合土基层路面（无筋厚10cm）	100m²	0.02622	175.04			26.26	4.59			0.69
1-570	人工拆除无骨料多合土基层路面（增25cm）	100m²	0.02622	438.15			65.72	11.49			1.72
1-45	人工装运土方（运距50m以内）	100m²	0.00918	431.65			64.75	3.96			0.59
人工单价				小计				20.04			3.00
42元/工日				未计价材料费							
清单项目综合单价								23.04			

材料费明细	主要材料名称、规格、型号	单位	数量	单价/元	合价/元	暂估单价/元	暂估合价/元
	其他材料费				—		—
	材料费小计				—		—

表 9-79　　　　　　　　　　　　综合单价分析表

工程名称：××街道路新建排水工程　　　　标段：　　　　　　第　页共　页

项目编码	040101002001	项目名称	挖沟槽土方	计量单位	m³	工程量	147.86

清单综合单价组成明细

定额编号	定额项目名称	定额单位	数量	单价				合价			
				人工费	材料费	机械费	管理费和利润	人工费	材料费	机械费	管理费和利润
1—8	人工挖沟槽土方（三类土，2m 以内）	100m³	0.0294	1294.72	—	—	194.21	38.14	—	—	5.72
人工单价				小计				38.14	—	—	5.72
22.47 元/工日				未计价材料费							
清单项目综合单价								43.86			

材料费明细	主要材料名称、规格、型号	单位	数量	单价/元	合价/元	暂估单价/元	暂估合价/元
	其他材料费				—		—
	材料费小计				—		—

表 9-80　　　　　　　　　　　　综合单价分析表

工程名称：××街道路新建排水工程　　　　标段：　　　　　　第　页共　页

项目编码	040101002002	项目名称	挖沟槽土方	计量单位	m³	工程量	49.08

清单综合单价组成明细

定额编号	定额项目名称	定额单位	数量	单价				合价			
				人工费	材料费	机械费	管理费和利润	人工费	材料费	机械费	管理费和利润
1—9	人工挖沟槽土方（三类土，4m 以内）	100m³	0.0382	1542.79	—	—	231.42	59.00	—	—	8.85
人工单价				小计				59.00	—	—	8.85
42 元/工日				未计价材料费							
清单项目综合单价								67.85			

材料费明细	主要材料名称、规格、型号	单位	数量	单价/元	合价/元	暂估单价/元	暂估合价/元
	其他材料费				—		—
	材料费小计				—		—

表 9-81 综合单价分析表

工程名称：××街道路新建排水工程　　　标段：　　　　　　　第　页共　页

项目编码	040101002003	项目名称	挖沟槽土方	计量单位	m³	工程量	30.27

清单综合单价组成明细

定额编号	定额项目名称	定额单位	数量	单价 人工费	单价 材料费	单价 机械费	单价 管理费和利润	合价 人工费	合价 材料费	合价 机械费	合价 管理费和利润
1—13	人工挖沟槽土方（四类土,4m以内）	100m³	0.02562	2175.77	—	—	326.37	55.74	—	—	8.36
1—531	木密挡土板支撑	100m²	0.03076	480.63	1126.08	—	241.01	14.78	34.64	—	7.41
人工单价				小计				70.52	34.64	—	15.77
42元/工日				未计价材料费							
清单项目综合单价								120.93			

材料费明细	主要材料名称、规格、型号	单位	数量	单价/元	合价/元	暂估单价/元	暂估合价/元
	圆木	m³	0.00695	1051.00	7.30		
	板方材	m³	0.012	1764.00	3.53		
	木挡土板	m³	0.01215	1764.00	21.43		
	铁丝 10#	kg	0.22149	6.14	1.36		
	扒钉	kg	0.28118	3.60	1.01		
	其他材料费						
	材料费小计			—	34.63		

表 9-82 综合单价分析表

工程名称：××街道路新建排水工程　　　标段：　　　　　　　第　页共　页

项目编码	040103001001	项目名称	回填土	计量单位	m³	工程量	163.64

清单综合单价组成明细

定额编号	定额项目名称	定额单位	数量	单价 人工费	单价 材料费	单价 机械费	单价 管理费和利润	合价 人工费	合价 材料费	合价 机械费	合价 管理费和利润
1—56	人工填土夯实（密实度95%以上）	100m³	0.038938	891.61	0.70	—	133.85	34.72	0.03	—	5.21
人工单价				小计				34.72	0.03	—	5.21
42元/工日				未计价材料费							
清单项目综合单价								39.96			

材料费明细	主要材料名称、规格、型号	单位	数量	单价/元	合价/元	暂估单价/元	暂估合价/元
	水	m³	0.06035	0.45	0.03		
	其他材料费				—		
	材料费小计			—	0.03		

表 9-83　　　　　　　　　　　　　综合单价分析表

工程名称：××街道路新建排水工程　　　标段：　　　　　第　页共　页

项目编码	040501002001	项目名称	混凝土管	计量单位	m	工程量	94.00

清单综合单价组成明细

定额编号	定额项目名称	定额单位	数量	单价				合价			
				人工费	材料费	机械费	管理费和利润	人工费	材料费	机械费	管理费和利润
6—18	平接式管道基础（$d300×2000×30$,180° C15混凝土基础）	100m	0.01	600.15	1578.35	150.14	349.30	6.00	15.78	1.50	3.49
6—52	混凝土管道铺设（$d300×2000×30$）	100m	0.01	281.66	4040.00	—	648.25	2.82	40.40	—	6.48
6—124	水泥砂浆接口（180°管基平接口）	10个	0.05	21.46	5.85	—	4.10	1.07	0.29		0.21
人工单价				小计				9.89	56.47	1.50	10.18
22.47元/工日				未计价材料费							
清单项目综合单价									78.04		

材料费明细	主要材料名称、规格、型号	单位	数量	单价/元	合价/元	暂估单价/元	暂估合价/元
	混凝土 C15	m^3	0.0966	160.00	15.46		
	电	kW·h	0.07728	0.35	0.03		
	水	m^3	0.1616	0.45	0.07		
	混凝土管 $\phi 300$	m	1.01	40.0	40.40		
	水泥砂浆 1:2.5	m^3	0.00145	170.50	0.25		
	水泥砂浆 1:3	m^3	0.0001	145.38	0.01		
	草袋	个	0.12115	0.232	0.03		
	其他材料费			—	0.22	—	
	材料费小计			—	56.47	—	

表 9-84　　　　　　　　　　　　综合单价分析表

工程名称：××街道路新建排水工程　　　　标段：　　　　　　第　页　共　页

项目编码	040501001002	项目名称	混凝土管	计量单位	m	工程量	106.00

清单综合单价组成明细

定额编号	定额项目名称	定额单位	数量	单价				合价			
				人工费	材料费	机械费	管理费和利润	人工费	材料费	机械费	管理费和利润
6-20	平接式管道基础（$d300×2000×300,180°$ C15 混凝土基础）	100m	0.009736	999.53	2628.15	250.43	581.72	9.73	25.59	2.44	5.66
6-54	混凝土管道铺设（$d500×2000×42$）	100m	0.009736	437.00	8542.58	—	1346.94	4.25	83.17	—	13.11
6-125	水泥砂浆接口（180°管基平接口）	10 个口	0.049	23.37	7.16		4.58	0.23	0.35		0.22
人工单价				小计				15.13	109.11	2.44	18.99
22.47 元/工日				未计价材料费							
清单项目综合单价								145.67			

材料费明细	主要材料名称、规格、型号	单位	数量	单价/元	合价/元	暂估单价/元	暂估合价/元
	混凝土 C15	m^3	0.15665	160.00	25.06		
	电	kW·h	0.12532	0.35	0.04		
	水	m^3	0.23932	0.45	0.11		
	混凝土管 $\phi500$	m	0.98332	84.58	83.17		
	水泥砂浆 1:2.5	m^3	0.001815	170.50	0.31		
	水泥砂浆 1:3	m^3	0.0002	145.38	0.03		
	草袋	个	0.1454	0.232	0.03		
	其他材料费			—	0.36		—
	材料费小计			—	109.11		—

表 9-85　　　　　　　　　　　　　　　综合单价分析表

工程名称：××街道路新建排水工程　　　　　标段：　　　　　　第　页共　页

项目编码	040504001001	项目名称	砌筑井	计量单位	座	工程量	4

清单综合单价组成明细

定额编号	定额项目名称	定额单位	数量	单价				合价			
				人工费	材料费	机械费	管理费和利润	人工费	材料费	机械费	管理费和利润
6-401	砖砌圆形雨水检查井（ϕ1000,平均井深2.6m）	座	1.00	183.06	577.65	3.31	114.60	183.06	577.65	3.31	114.60
6-581	井壁(墙)凿洞(砖墙厚37cm以内)	100m²	0.00675	261.06	112.99	—	56.11	1.76	0.76	—	0.38
	人工单价				小计			184.82	578.41	3.31	114.98
	22.47元/工日				未计价材料费						
	清单项目综合单价								881.52		

材料费明细	主要材料名称、规格、型号	单位	数量	单价/元	合价/元	暂估单价/元	暂估合价/元
	混凝土 C10	m³	0.212	180.00	38.16		
	水泥砂浆 1:2	m³	0.06563	189.17	12.42		
	水泥砂浆 1:2.5	m³	0.001456	17.50	0.25		
	机砖	千块	1.139	236.00	268.80		
	煤焦沥青漆 L01-17	kg	1.184	6.47	7.66		
	电	kW·h	0.084	0.35	0.03		
	水	m³	0.672	0.45	0.30		
	铸铁井盖井座	套	1.00	192.50	192.50		
	铸铁爬梯	kg	18.685	2.85	53.25		
	其他材料费			—	5.04		
	材料费小计			—	578.41	—	

表 9-86 综合单价分析表

工程名称：××街道路新建排水工程　　　标段：　　　　　第　页　共　页

项目编码	040504009001	项目名称	雨水进水井	计量单位	座	工程量	9

清单综合单价组成明细

定额编号	定额名称	定额单位	数量	单价				合价			
				人工费	材料费	机械费	管理费和利润	人工费	材料费	机械费	管理费和利润
6—532	砖砌圆形雨水井（单算平箅 680×380）	座	1.00	69.63	158.11	2.17	34.49	69.63	158.11	2.17	34.49
人工单价				小计				69.63	158.11	2.17	34.49
22.47元/工日				未计价材料费							
清单项目综合单价								260.40			

材料费明细	主要材料名称、规格、型号	单位	数量	单价/元	合价/元	暂估单价/元	暂估合价/元
	混凝土 C10	m³	0.137	180.00	24.66		
	水泥砂浆 1∶2	m³	0.004	189.17	0.76		
	水泥砂浆 1∶3	m³	0.004	145.38	0.58		
	机砖	千块	0.379	236.00	89.44		
	电	kW·h	0.056	0.35	0.02		
	水	m³	0.557	0.45	0.25		
	铸铁平箅	套	1.01	33.80	34.14		
	其他材料费			—	5.22	—	
	材料费小计			—	158.11	—	

(5)工程量清单综合报价见表9-87。

表9-87   分部分项工程和单价措施项目清单与计价表

工程名称：××街道路新建排水工程   标段：   第 页 共 页

序号	项目编码	项目名称	项目特征描述	计量单位	工程量	金额		
						综合单价	合价	其中:暂估价
			0410 拆除工程					
1	041001001001	拆除路面	混凝土厚22cm	m²	11.90	23.51	279.77	
2	041001003001	拆除基层	厚35cm	m²	11.90	23.04	274.18	
			0401 土石方工程					
3	040101002001	挖沟槽土方	三类土,深2m以内	m³	147.86	43.86	6485.14	
4	040101002002	挖沟槽土方	三类土,深4m以内	m³	49.08	67.85	3330.08	
5	040101002003	挖沟槽土方	四类土,深4m以内	m³	30.27	120.93	3660.55	
6	040103001001	填土	槽沟回填,密实度95%以上	m³	163.64	39.96	6539.05	
			0405 市政管网工程					
7	040501001001	混凝土管	$d300\times2000\times30$ 钢筋混凝土管	m	94.00	78.04	7335.76	
8	040501001002	混凝土管	$d500\times2000\times42$ 钢筋混凝土管	m	106.00	145.67	15441.02	
9	040504001001	砌筑检查井	砖砌圆形井$\phi1000$,平均井深2.6m	座	4	881.52	3526.08	
10	040504009001	雨水进水井	砖砌,680×380、井深1m,单箅平算	座	9	260.40	2343.60	
			本页小计					
			合　　计				49215.23	

第六节　水处理工程工程量清单与计价

一、工程计量与计价说明

水处理工程计量与计价说明见表 9-88。

表 9-88　　　　　　　　　　　水处理工程计量与计价说明

序号	项目	内容
1	概述	《市政工程工程量计算规范》(GB 50857—2013)中水处理工程共分:水处理构筑物,水处理设备等 2 节,共计 76 个项目
2	水处理构筑物	(1)沉井混凝土地梁工程量,应并入底板内计量。 (2)各类垫层应按《市政工程工程量计算规范》(GB 50857—2013)附录 C 桥涵工程相关编码列项
3	相关问题及说明	(1)水处理工程中建筑物应按现行国家标准《房屋建筑与装饰工程工程量计算规范》(GB 50854—2013)相关项目编码列项,园林绿化项目应按现行国家标准《园林绿化工程工程量计算规范》(GB 50858—2013)相关项目编码列项。 (2)水处理工程清单项目工作内容中均未包括土石方工程、回填夯实等内容,发生时应按《市政工程工程量计算规范》(GB 50857—2013)附录 A 土石方工程中相关项目编码列项。 (3)水处理工程中设备安装工程只列了水处理工程专用设备的项目,各类仪表、泵、阀门等标准、定型设备应按现行国家标准《通用安装工程工程量计算规范》(GB 50856—2013)中相关项目编码列项

二、工程量清单项目设置与工程量计算规则

1. 水处理构筑物工程量清单项目设置及工程量计算规则

水处理构筑物工程量清单项目设置及工程量计算规则见表 9-89。

表 9-89　　　　　　　　　水处理构筑物(编码:040601)

项目编码	项目名称	项目特征	计量单位	工程量计算规则	工作内容
040601001	现浇混凝土沉井井壁及隔墙	1. 混凝土强度等级 2. 防水、抗渗要求 3. 断面尺寸	m³	按设计图示尺寸以体积计算	1. 垫木铺设 2. 模板制作、安装、拆除 3. 混凝土拌和、运输、浇筑 4. 养护 5. 预留孔封口
040601002	沉井下沉	1. 土壤类别 2. 断面尺寸 3. 下沉深度 4. 减阻材料种类		按自然面标高至设计垫层底标高间的高度乘以沉井外壁最大断面面积以体积计算	1. 垫木拆除 2. 挖土 3. 沉井下沉 4. 填充减阻材料 5. 余方弃置

续表

项目编码	项目名称	项目特征	计量单位	工程量计算规则	工作内容
040601003	沉井混凝土底板	1. 混凝土强度等级 2. 防水、抗渗要求	m³	按设计图示尺寸以体积计算	1. 模板制作、安装、拆除 2. 混凝土拌和、运输、浇筑 3. 养护
040601004	沉井内地下混凝土结构	1. 部位 2. 混凝土强度等级 3. 防水、抗渗要求			
040601005	沉井混凝土顶板	1. 混凝土强度等级 2. 防水、抗渗要求			
040601006	现浇混凝土池底				
040601007	现浇混凝土池壁（隔墙）				
040601008	现浇混凝土池柱				
040601009	现浇混凝土池梁				
040601010	现浇混凝土池盖板				
040601011	现浇混凝土板	1. 名称、规格 2. 混凝土强度等级 3. 防水、抗渗要求			
040601012	池槽	1. 混凝土强度等级 2. 防水、抗渗要求 3. 池槽断面尺寸 4. 盖板材质	m	按设计图示尺寸以长度计算	1. 模板制作、安装、拆除 2. 混凝土拌和、运输、浇筑 3. 养护 4. 盖板安装 5. 其他材料铺设
040601013	砌筑导流壁、筒	1. 砌体材料、规格 2. 断面尺寸 3. 砌筑、勾缝、抹面砂浆强度等级	m³	按设计图示尺寸以体积计算	1. 砌筑 2. 抹面 3. 勾缝
040601014	混凝土导流壁、筒	1. 混凝土强度等级 2. 防水、抗渗要求 3. 断面尺寸			1. 模板制作、安装、拆除 2. 混凝土拌和、运输、浇筑 3. 养护
040601015	混凝土楼梯	1. 结构形式 2. 底板厚度 3. 混凝土强度等级	1. m² 2. m³	1. 以平方米计量，按设计图示尺寸以水平投影面积计算 2. 以立方米计量，按设计图示尺寸以体积计算	1. 模板制作、安装、拆除 2. 混凝土拌和、运输、浇筑或预制 3. 养护 4. 楼梯安装

续表

项目编码	项目名称	项目特征	计量单位	工程量计算规则	工作内容
040601016	金属扶梯、栏杆	1. 材质 2. 规格 3. 防腐刷油材质、工艺要求	1. t 2. m	1. 以吨计量,按设计图示尺寸以质量计算 2. 以米计量,按设计图示尺寸以长度计算	1. 制作、安装 2. 除锈、防腐、刷油
040601017	其他现浇混凝土构件	1. 构件名称、规格 2. 混凝土强度等级	m³	按设计图示尺寸以体积计算	1. 模板制作、安装、拆除 2. 混凝土拌和、运输、浇筑 3. 养护
040601018	预制混凝土板	1. 图集、图纸名称 2. 构件代号、名称 3. 混凝土强度等级 4. 防水、抗渗要求	m³	按设计图示尺寸以体积计算	1. 模板制作、安装、拆除 2. 混凝土拌和、运输、浇筑 3. 养护 4. 构件安装 5. 接头灌浆 6. 砂浆制作 7. 运输
040601019	预制混凝土槽				
040601020	预制混凝土支墩				
040601021	其他预制混凝土构件	1. 部位 2. 图集、图纸名称 3. 构件代号、名称 4. 混凝土强度等级 5. 防水、抗渗要求			
040601022	滤板	1. 材质 2. 规格 3. 厚度 4. 部位	m²	按设计图示尺寸以面积计算	1. 制作 2. 安装
040601023	折板				
040601024	壁板				
040601025	滤料铺设	1. 滤料品种 2. 滤料规格	m³	按设计图示尺寸以体积计算	铺设
040601026	尼龙网板	1. 材料品种 2. 材料规格	m²	按设计图示尺寸以面积计算	1. 制作 2. 安装
040601027	刚性防水	1. 工艺要求 2. 材料品种、规格			1. 配料 2. 铺筑
040601028	柔性防水				涂、贴、粘、刷防水材料
040601029	沉降(施工)缝	1. 材料品种 2. 沉降缝规格 3. 沉降缝部位	m	按设计图示尺寸以长度计算	铺、嵌沉降(施工)缝
040601030	井、池渗漏试验	构筑物名称	m³	按设计图示储水尺寸以体积计算	渗漏试验

2. 水处理设备工程量清单项目设置及工程量计算规则

水处理设备工程量清单项目设置及工程量计算规则见表9-90。

表 9-90　　水处理设备(编码:040602)

项目编码	项目名称	项目特征	计量单位	工程量计算规则	工作内容
040602001	格栅	1. 材质 2. 防腐材料 3. 规格	1. t 2. 套	1. 以吨计量,按设计图示尺寸以质量计算 2. 以套计量,按设计图示数量计算	1. 制作 2. 防腐 3. 安装
040602002	格栅除污机	1. 类型 2. 材质 3. 型号、规格 4. 参数	台	按设计图示数量计算	1. 安装 2. 无负荷试运转
040602003	滤网清污机				
040602004	压榨机				
040602005	刮砂机				
040602006	吸砂机				
040602007	刮泥机				
040602008	吸泥机				
040602009	刮吸泥机				
040602010	撇渣机				
040602011	砂(泥)水分离器				
040602012	曝气机				
040602013	曝气器		个		
040602014	布气管	1. 材质 2. 直径	m	按设计图示以长度计算	1. 钻孔 2. 安装
040602015	滗水器		套		
040602016	生物转盘				
040602017	搅拌机	1. 类型 2. 材质 3. 型号、规格 4. 参数	台		
040602018	推进器				
040602019	加药设备				
040602020	加氯机		套		
040602021	氯吸收装置				
040602022	水射器	1. 材质 2. 公称直径	个	按设计图示数量计算	1. 安装 2. 无负荷试运转
040602023	管式混合器				
040602024	冲洗装置		套		
040602025	带式压滤机	1. 类型 2. 材质 3. 型号、规格 4. 参数	台		
040602026	污泥脱水机				
040602027	污泥浓缩机				
040602028	污泥浓缩脱水一体机				
040602029	污泥输送机				
040602030	污泥切割机				
040602031	闸门		1. 座 2. t	1. 以座计量,按设计图示数量计算 2. 以吨计量,按设计图示尺寸以质量计算	1. 安装 2. 操纵装置安装 3. 调试
040602032	旋转门				
040602033	堰门				
040602034	拍门				
040602035	启闭机		台		
040602036	升杆式铸铁泥阀	公称直径	座	按设计图示数量计算	
040602037	平底盖闸				

续表

项目编码	项目名称	项目特征	计量单位	工程量计算规则	工作内容
040602038	集水槽	1. 材质 2. 厚度 3. 形式 4. 防腐材料	m²	按设计图示尺寸以面积计算	1. 制作 2. 安装
040602039	堰板				
040602040	斜板	1. 材料品种 2. 厚度			安装
040602041	斜管	1. 斜管材料品种 2. 斜管规格	m	按设计图示以长度计算	
040602042	紫外线消毒设备	1. 类型 2. 材质 3. 型号、规格 4. 参数	套	按设计图示数量计算	1. 安装 2. 无负荷试运转
040602043	臭氧消毒设备				
040602044	除臭设备				
040602045	膜处理设备				
040602046	在线水质检测设备				

第七节 生活垃圾处理工程清单与计价

一、工程计量与计价说明

生活垃圾处理工程计量与计价说明见表9-91。

表9-91 生活垃圾处理工程计量与计价说明

序号	项 目	内 容
1	概述	《市政工程工程量计算规范》(GB 50857—2013)中生活垃圾处理工程共分:垃圾卫生填埋,垃圾焚烧等2节,共计26个项目
2	垃圾卫生填埋	(1)边坡处理按《市政工程工程量计算规范》(GB 50857—2013)附录C桥涵工程中相关项目编码列项。 (2)填埋场渗沥液处理系统应按《市政工程工程量计算规范》(GB 50857—2013)附录F水处理工程中相关编码列项
3	相关问题及说明	(1)垃圾处理工程中的建筑物、园林绿化等应按相关专业计量规范清单项目编码列项。 (2)生活垃圾处理工程清单项目工作内容中均未包括土石方工程、回填夯实等内容,发生时按《市政工程工程量计算规范》(GB 50857—2013)附录A土石方工程中相关项目编码列项。 (3)本章设备安装工程只列了垃圾处理工程专用设备的项目,其余如除尘装置、除渣设备、烟气净化设备、飞灰固化设备、发电设备及各类风机、仪表、泵、阀门等标准、定型设备等应按现行国家标准《通用安装工程工程量计算规范》(GB 50856—2013)中相关项目编码列项

二、工程量清单项目设置及工程量计算规则

1. 垃圾卫生填埋工程量清单项目设置及工程量计算规则

垃圾卫生填埋工程量清单项目设置及工程量计算规则见表9-92。

表 9-92　　　　　　　　　　垃圾卫生填埋(编码:040701)

项目编码	项目名称	项目特征	计量单位	工程量计算规则	工作内容
040701001	场地平整	1. 部位 2. 坡度 3. 压实度	m²	按设计图示尺寸以面积计算	1. 找坡、平整 2. 压实
040701002	垃圾坝	1. 结构类型 2. 土石种类、密实度 3. 砌筑形式、砂浆强度等级 4. 混凝土强度等级 5. 断面尺寸	m³	按设计图示尺寸以体积计算	1. 模板制作、安装、拆除 2. 地基处理 3. 摊铺、夯实、碾压、整形、修坡 4. 砌筑、填缝、铺浆 5. 浇筑混凝土 6. 沉降缝 7. 养护
040701003	压实黏土防渗层	1. 部位 2. 压实度 3. 渗透系数	m²	按设计图示尺寸以面积计算	1. 填筑、平整 2. 压实
040701004	高密度聚乙烯(HDPE)膜	1. 铺设位置 2. 厚度、防渗系数 3. 材料规格、强度、单位重量 4. 连(搭)接方式	m²	按设计图示尺寸以面积计算	1. 裁剪 2. 铺设 3. 连(搭)接
040701005	钠基膨润土防水毯(GCL)				
040701006	土工合成材料				
040701007	袋装土保护层	1. 厚度 2. 材料品种、规格 3. 铺设位置			1. 运输 2. 土装袋 3. 铺设或铺筑 4. 袋装土放置
040701008	帷幕灌浆垂直防渗	1. 地质参数 2. 钻孔孔径、深度、间距 3. 水泥浆配比	m	按设计图示尺寸以长度计算	1. 钻孔 2. 清孔 3. 压力注浆
040701009	碎(卵)石导流层	1. 材料品种 2. 材料规格 3. 导流层厚度或断面尺寸	m³	按设计图示尺寸以体积计算	1. 运输 2. 铺筑
040701010	穿孔管铺设	1. 材质、规格、型号 2. 直径、壁厚 3. 穿孔尺寸、间距 4. 连接方式 5. 铺设位置	m	按设计图示尺寸以长度计算	1. 铺设 2. 连接 3. 管件安装
040701011	无孔管铺设	1. 材质、规格 2. 直径、壁厚 3. 连接方式 4. 铺设位置			

续表

项目编码	项目名称	项目特征	计量单位	工程量计算规则	工作内容
040701012	盲沟	1. 材质、规格 2. 垫层、粒料规格 3. 断面尺寸 4. 外层包裹材料性能指标	m	按设计图示尺寸以长度计算	1. 垫层、粒料铺筑 2. 管材铺设、连接 3. 粒料填充 4. 外层材料包裹
040701013	导气石笼	1. 石笼直径 2. 石料粒径 3. 导气管材质、规格 4. 反滤层材料 5. 外层包裹材料性能指标	1. m 2. 座	1. 以米计量,按设计图示尺寸以长度计算 2. 以座计量,按设计图示数量计算	1. 外层材料包裹 2. 导气管铺设 3. 石料填充
040701014	浮动覆盖膜	1. 材质、规格 2. 锚固方式	m²	按设计图示尺寸以面积计算	1. 浮动膜安装 2. 布置重力压管 3. 四周锚固
040701015	燃烧火炬装置	1. 基座形式、材质、规格、强度等级 2. 燃烧系统类型、参数	套	按设计图示数量计算	1. 浇筑混凝土 2. 安装 3. 调试
040701016	监测井	1. 地质参数 2. 钻孔孔径、深度 3. 监测井材料、直径、壁厚、连接方式 4. 滤料材质	口		1. 钻孔 2. 井筒安装 3. 填充滤料
040701017	堆体整形处理	1. 压实度 2. 边坡坡度			1. 挖、填及找坡 2. 边坡整形 3. 压实
040701018	覆盖植被层	1. 材料品种 2. 厚度 3. 渗透系数	m²	按设计图示尺寸以面积计算	1. 铺筑 2. 压实
040701019	防风网	1. 材质、规格 2. 材料性能指标			安装
040701020	垃圾压缩设备	1. 类型、材质 2. 规格、型号 3. 参数	套	按设计图示数量计算	1. 安装 2. 调试

2. 垃圾焚烧垃圾卫生填埋工程量清单项目设置及工程量计算规则

垃圾焚烧垃圾卫生填埋工程量清单项目设置及工程量计算规则见表9-93。

表9-93　　　　　　　　　　垃圾焚烧(编码:040702)

项目编码	项目名称	项目特征	计量单位	工程量计算规则	工作内容
040702001	汽车衡	1. 规格、型号 2. 精度	台	按设计图示数量计算	1. 安装 2. 调试
040702002	自动感应洗车装置	1. 类型 2. 规格、型号 3. 参数	套		
040702003	破碎机		台		
040702004	垃圾卸料门	1. 尺寸 2. 材质 3. 自动开关装置	m²	按设计图示尺寸以面积计算	
040702005	垃圾抓斗起重机	1. 规格、型号、精度 2. 跨度、高度 3. 自动称重、控制系统要求	套	按设计图示数量计算	
040702006	焚烧炉体	1. 类型 2. 规格、型号 3. 处理能力 4. 参数			

第八节　路灯工程工程量清单与计价

一、工程计量与计价说明

路灯工程计量与计价说明见表9-94。

表9-94　　　　　　　　　　路灯工程计量与计价说明

序号	项目	内容
1	概述	《市政工程工程量计算规范》(GB 50857—2013)中路灯工程共分:变配电设备工程,10kV以下架空线路工程,电缆工程,配管、配线工程,照明器具安装工程,防雷接地装置工程,电气调整试验等2节,共计26个项目
2	变配电设备工程	(1)小电器包括按钮、测量表计、继电器、电磁锁、屏上辅助设备、辅助电压互感器、小型安全变压器等。 (2)其他电器安装指本节未列的电器项目,必须根据电器实际名称确定项目名称。明确描述项目特征、计量单位、工程量计算规则、工作内容。 (3)铁构件制作、安装适用于路灯工程的各种支架、铁构件的制作、安装。 (4)设备安装未包括地脚螺栓安装、浇筑(二次灌浆、抹面),如需安装应按现行国家标准《房屋建筑与装饰工程工程量计算规范》(GB 50854—2013)中相关项目编码列项。 (5)盘、箱、柜的外部进出线预留长度见表9-95

续表

序号	项　目	内　　容
3	10kV以下架空线路工程	导线架设预留长度见表9-96
4	电缆工程	(1)电缆穿刺线夹按电缆中间头编码列项。 (2)电缆保护管敷设方式清单项目特征描述时应区分直埋保护管、过路保护管。 (3)顶管敷设应按《市政工程工程量计算规范》(GB 50857—2013)附录E.1管道铺设中相关项目编码列项。 (4)电缆井应按《市政工程工程量计算规范》(GB 50857—2013)附录E.4管道附属构筑物相关项目编码列项,如有防盗要求的应在项目特征中描述。 (5)电缆敷设预留量及附加长度见表9-97
5	配管、配线工程	(1)配管安装不扣除管路中间的接线箱(盒)、灯头盒、开关盒所占长度。 (2)配管名称是指电线管、钢管、塑料管等。 (3)配管配置形式是指明、暗配、钢结构支架、钢索配管、埋地敷设、水下敷设、砌筑沟内敷设等。 (4)配线名称是指管内穿线、塑料护套配线等。 (5)配线形式是指照明线路、木结构、砖、混凝土结构、沿钢索等。 (6)配线进入箱、柜、板的预留长度见表9-98,母线配置安装的预留长度见表9-99
6	照明器具安装工程	(1)常规照明灯是指安装在高度≤15m的灯杆上的照明器具。 (2)中杆照明灯是指安装在高度≤19m的灯杆上的照明器具。 (3)高杆照明灯是指安装在高度>19m的灯杆上的照明器具。 (4)景观照明灯是指利用不同的造型、相异的光色与亮度来造景的照明器具
7	防雷接地装置工程	接地母线、引下线附加长度见表9-99
8	相关问题及说明	(1)路灯工程清单项目工作内容中均未包括土石方开挖及回填、破除混凝土路面等,发生时应按《市政工程工程量计算规范》(GB 50857—2013)附录A土石方工程及附录K拆除工程中相关项目编码列项。 (2)路灯工程清单项目工作内容中均未包括除锈、刷漆(补刷漆除外),发生时应按现行国家标准《通用安装工程工程量计算规范》(GB 50856)中相关项目编码列项。 (3)路灯工程清单项目工作内容包含补漆的工序,可不进行特征描述,由投标人根据相关规范标准自行考虑报价。 (4)路灯工程中的母线、电线、电缆、架空导线等,按表9-95~表9-99规定计算附加长度(波形长度或预留量)计入工程量中

表9-95　　　　　　　柜、箱、盘的外部进出线预留长度　　　　　　　单位:m/根

序号	项　目	预留长度	说　明
1	各种箱、柜、盘、板、盒	高+宽	盘面尺寸

续表

序号	项目	预留长度	说明
2	单独安装的铁壳开关、自动开关、刀开关、启动器、箱式电阻器、变阻器	0.5	从安装对象中心算起
3	继电器、控制开关、信号灯、按钮、熔断器等小电器	0.3	
4	分支接头	0.2	分支线预留

表 9-96　　　　　　　　　　　导线架设预留长度　　　　　　　　　　　m/根

项目		预留长度
高压	转角	2.5
	分支、终端	2.0
低压	分支、终端	0.5
	交叉跳线转角	1.5
	与设备连线	0.5
	进户线	2.5

表 9-97　　　　　　　　　　电缆敷设预留量及附加长度

序号	项目	预留（附加）长度/m	说明
1	电缆敷设弛度、波形弯度、交叉	2.5%	按电缆全长计算
2	电缆进入建筑物	2.0	规范规定最小值
3	电缆进入沟内吊架时引上（下）预留	1.5	规范规定最小值
4	变电所进线、出线	1.5	规范规定最小值
5	电力电缆终端头	1.5	检修余量最小值
6	电缆中间接头盒	两端各留 2.0	检修余量最小值
7	电缆进控制、保护屏及模拟盘等	高＋宽	按盘面尺寸
8	高压开关柜及低压配电盘、箱	2.0	盘下进出线
9	电缆至电动机	2.0	从电动机接线盒算起
10	厂用变压器	3.0	从地坪算起
11	电缆绕过梁柱等增加长度	按实计算	按被绕物的断面情况计算增加长度

表 9-98　　　　　　　　配线进入箱、柜、板的预留长度（每一根线）　　　　　　　　m

序号	项目	预留长度	说明
1	各种开关箱、柜、板	高＋宽	盘面尺寸
2	单独安装（无箱、盘）的铁壳开关、闸刀开关、启动器、线槽进出线盒等	0.3	从安装对象中心算起
3	由地面管子出口引至动力接线箱	1.0	从管口计算
4	电源与管内导线连接（管内穿线与软、硬母线接点）	1.5	从管口计算

表 9-99　　　　　　　　　　　母线配置安装的预留长度　　　　　　　　　　　　　　　m

序号	项　目	预留长度	说　明
1	带形母线终端	0.3	从最后一个支持点算起
2	带形母线与分支线连接	0.5	分支线预留
3	带形母线与设备连接	0.5	从设备端子接口算起
4	接地母线、引下线附加长度	3.9%	按接地母线、引下线全长计算

二、工程量清单项目设置及工程量计算规则

1. 变配电设备工程工程量清单项目设置及工程量计算规则

变配电设备工程工程量清单项目设置及工程量计算规则见表 9-100。

表 9-100　　　　　　　　　　变配电设备工程（编码：040801）

项目编码	项目名称	项目特征	计量单位	工程量计算规则	工作内容
040801001	杆上变压器	1. 名称 2. 型号 3. 容量($kV \cdot A$) 4. 电压(kV) 5. 支架材质、规格 6. 网门、保护门材质、规格 7. 油过滤要求 8. 干燥要求	台	按设计图示数量计算	1. 支架制作、安装 2. 本体安装 3. 油过滤 4. 干燥 5. 网门、保护门制作、安装 6. 补刷（喷）油漆 7. 接地
040801002	地上变压器	1. 名称 2. 型号 3. 容量($kV \cdot A$) 4. 电压(kV) 5. 基础形式、材质、规格 6. 网门、保护门材质、规格 7. 油过滤要求 8. 干燥要求	台	按设计图示数量计算	1. 基础制作、安装 2. 本体安装 3. 油过滤 4. 干燥 5. 网门、保护门制作、安装 6. 补刷（喷）油漆 7. 接地
040801003	组合型成套箱式变电站	1. 名称 2. 型号 3. 容量($kV \cdot A$) 4. 电压(kV) 5. 组合形式 6. 基础形式、材质、规格			1. 基础制作、安装 2. 本体安装 3. 进箱母线安装 4. 补刷（喷）油漆 5. 接地

续一

项目编码	项目名称	项目特征	计量单位	工程量计算规则	工作内容
040801004	高压成套配电柜	1. 名称 2. 型号 3. 规格 4. 母线配置方式 5. 种类 6. 基础形式、材质、规格	台	按设计图示数量计算	1. 基础制作、安装 2. 本体安装 3. 补刷(喷)油漆 4. 接地
040801005	低压成套控制柜	1. 名称 2. 型号 3. 规格 4. 种类 5. 基础形式、材质、规格 6. 接线端子材质、规格 7. 端子板外部接线材质、规格			1. 基础制作、安装 2. 本体安装 3. 附件安装 4. 焊、压接线端子 5. 端子接线 6. 补刷(喷)油漆 7. 接地
040801006	落地式控制箱	1. 名称 2. 型号 3. 规格 4. 基础形式、材质、规格 5. 回路 6. 附件种类、规格 7. 接线端子材质、规格 8. 端子板外部接线材质、规格			
040801007	杆上控制箱	1. 名称 2. 型号 3. 规格 4. 回路 5. 附件种类、规格 6. 支架材质、规格 7. 进出线管管架材质、规格、安装高度 8. 接线端子材质、规格 9. 端子板外部接线材质、规格			1. 支架制作、安装 2. 本体安装 3. 附件安装 4. 焊、压接线端子 5. 端子接线 6. 进出线管管架安装 7. 补刷(喷)油漆 8. 接地
040801008	杆上配电箱	1. 名称 2. 型号 3. 规格 4. 安装方式 5. 支架材质、规格 6. 接线端子材质、规格 7. 端子板外部接线材质、规格			1. 支架制作、安装 2. 本体安装 3. 焊、压接线端子 4. 端子接线 5. 补刷(喷)油漆 6. 接地
040801009	悬挂嵌入式配电箱				
040801010	落地式配电箱	1. 名称 2. 型号 3. 规格 4. 基础形式、材质、规格 5. 接线端子材质、规格 6. 端子板外部接线材质、规格			1. 基础制作、安装 2. 本体安装 3. 焊、压接线端子 4. 端子接线 5. 补刷(喷)油漆 6. 接地

续二

项目编码	项目名称	项目特征	计量单位	工程量计算规则	工作内容
040801011	控制屏				1. 基础制作、安装 2. 本体安装 3. 端子板安装 4. 焊、压接线端子 5. 盘柜配线、端子接线 6. 小母线安装 7. 屏边安装 8. 补刷（喷）油漆 9. 接地
040801012	继电、信号屏	1. 名称 2. 型号 3. 规格 4. 种类 5. 基础形式、材质、规格 6. 接线端子材质、规格 7. 端子板外部接线材质、规格 8. 小母线材质、规格 9. 屏边规格	台		
040801013	低压开关柜（配电屏）				1. 基础制作、安装 2. 本体安装 3. 端子板安装 4. 焊、压接线端子 5. 盘柜配线、端子接线 6. 屏边安装 7. 补刷（喷）油漆 8. 接地
040801014	弱电控制返回屏			按设计图示数量计算	1. 基础制作、安装 2. 本体安装 3. 端子板安装 4. 焊、压接线端子 5. 盘柜配线、端子接线 6. 小母线安装 7. 屏边安装 8. 补刷（喷）油漆 9. 接地
040801015	控制台	1. 名称 2. 型号 3. 规格 4. 种类 5. 基础形式、材质、规格 6. 接线端子材质、规格 7. 端子板外部接线材质、规格 8. 小母线材质、规格			1. 基础制作、安装 2. 本体安装 3. 端子板安装 4. 焊、压接线端子 5. 盘柜配线、端子接线 6. 小母线安装 7. 补刷（喷）油漆 8. 接地
040801016	电力电容器	1. 名称 2. 型号 3. 规格 4. 质量	个		1. 本体安装、调试 2. 接线 3. 接地
040801017	跌落式熔断器	1. 名称 2. 型号 3. 规格 4. 安装部位	组		
040801018	避雷器	1. 名称 2. 型号 3. 规格 4. 电压(kV) 5. 安装部位			1. 本体安装、调试 2. 接线 3. 补刷（喷）油漆 4. 接地
040801019	低压熔断器	1. 名称 2. 型号 3. 规格 4. 接线端子材质、规格	个		1. 本体安装 2. 焊、压接线端子 3. 接线

续三

项目编码	项目名称	项目特征	计量单位	工程量计算规则	工作内容
040801020	隔离开关	1. 名称 2. 型号 3. 容量(A) 4. 电压(kV) 5. 安装条件 6. 操作机构名称、型号 7. 接线端子材质、规格	个	按设计图示数量计算	1. 本体安装、调试 2. 接线 3. 补刷(喷)油漆 4. 接地
040801021	负荷开关		个		
040801022	真空断路器		台		
040801023	限位开关	1. 名称 2. 型号 3. 规格 4. 接线端子材质、规格	个		
040801024	控制器		台		
040801025	接触器				
040801026	磁力启动器				
040801027	分流器	1. 名称 2. 型号 3. 规格 4. 容量(A) 5. 接线端子材质、规格	个		1. 本体安装 2. 焊、压接线端子 3. 接线
040801028	小电器	1. 名称 2. 型号 3. 规格 4. 接线端子材质、规格	个 (套、台)		
040801029	照明开关	1. 名称 2. 材质 3. 规格 4. 安装方式	个		1. 本体安装 2. 接线
040801030	插座				
040801031	线缆断线报警装置	1. 名称 2. 型号 3. 规格 4. 参数	套	按设计图示数量计算	1. 本体安装、调试 2. 接线
040801032	铁构件制作、安装	1. 名称 2. 材质 3. 规格	kg	按设计图示尺寸以质量计算	1. 制作 2. 安装 3. 补刷(喷)油漆
040801033	其他电器	1. 名称 2. 型号 3. 规格 4. 安装方式	个 (套、台)	按设计图示数量计算	1. 本体安装 2. 接线

2. 10kV 以下架空线路工程工程量清单项目设置及工程量计算规则

10kV 以下架空线路工程工程量清单项目设置及工程量计算规则见表 9-101。

表 9-101　　　　　　　　10kV 以下架空线路工程(编码:040802)

项目编码	项目名称	项目特征	计量单位	工程量计算规则	工作内容
040802001	电杆组立	1. 名称 2. 规格 3. 材质 4. 类型 5. 地形 6. 土质 7. 底盘、拉盘、卡盘规格 8. 拉线材质、规格、类型 9. 引下线支架安装高度 10. 垫层、基础:厚度、材料品种、强度等级 11. 电杆防腐要求	根	按设计图示数量计算	1. 工地运输 2. 垫层、基础浇筑 3. 底盘、拉盘、卡盘安装 4. 电杆组立 5. 电杆防腐 6. 拉线制作、安装 7. 引下线支架安装
040802002	横担组装	1. 名称 2. 规格 3. 材质 4. 类型 5. 安装方式 6. 电压(kV) 7. 瓷瓶型号、规格 8. 金具型号、规格	组		1. 横担安装 2. 瓷瓶、金具组装
040802003	导线架设	1. 名称 2. 型号 3. 规格 4. 地形 5. 导线跨越类型	km	按设计图示尺寸另加预留量以单线长度计算	1. 工地运输 2. 导线架设 3. 导线跨越及进户线架设

3. 电缆工程工程量清单项目设置及工程量计算规则

电缆工程工程量清单项目设置及工程量计算规则见表 9-102。

表 9-102　　　　　　　　电缆工程(编码:040803)

项目编码	项目名称	项目特征	计量单位	工程量计算规则	工作内容
040803001	电缆	1. 名称 2. 型号 3. 规格 4. 材质 5. 敷设方式、部位 6. 电压(kV) 7. 地形	m	按设计图示尺寸另加预留及附加量以长度计算	1. 揭(盖)盖板 2. 电缆敷设
040803002	电缆保护管	1. 名称 2. 型号 3. 规格 4. 材质 5. 敷设方式 6. 过路管加固要求		按设计图示尺寸以长度计算	1. 保护管敷设 2. 过路管加固

续表

项目编码	项目名称	项目特征	计量单位	工程量计算规则	工作内容
040803003	电缆排管	1. 名称 2. 型号 3. 规格 4. 材质 5. 垫层、基础:厚度、材料品种、强度等级 6. 排管排列形式	m	按设计图示尺寸以长度计算	1. 垫层、基础浇筑 2. 排管敷设
040803004	管道包封	1. 名称 2. 规格 3. 混凝土强度等级			1. 灌注 2. 养护
040803005	电缆终端头	1. 名称 2. 型号 3. 规格 4. 材质、类型 5. 安装部位 6. 电压(kV)	个	按设计图示数量计算	1. 制作 2. 安装 3. 接地
040803006	电缆中间头	1. 名称 2. 型号 3. 规格 4. 材质、类型 5. 安装方式 6. 电压(kV)			
040803007	铺砂、盖保护板(砖)	1. 种类 2. 规格	m	按设计图示尺寸以长度计算	1. 铺砂 2. 盖保护板(砖)

4. 配管、配线工程工程量清单项目设置及工程量计算规则

配管、配线工程工程量清单项目设置及工程量计算规则见表9-103。

表9-103　　　　　　配管、配线工程(编码:040804)

项目编码	项目名称	项目特征	计量单位	工程量计算规则	工作内容
040804001	配管	1. 名称 2. 材质 3. 规格 4. 配置形式 5. 钢索材质、规格 6. 接地要求	m	按设计图示尺寸以长度计算	1. 预留沟槽 2. 钢索架设(拉紧装置安装) 3. 电线管路敷设 4. 接地
040804002	配线	1. 名称 2. 配线形式 3. 型号 4. 规格 5. 材质 6. 配线部位 7. 配线线制 8. 钢索材质、规格		按设计图示尺寸另加预留量以单线长度计算	1. 钢索架设(拉紧装置安装) 2. 支持体(绝缘子等)安装 3. 配线

续表

项目编码	项目名称	项目特征	计量单位	工程量计算规则	工作内容
040804003	接线箱	1. 名称 2. 规格 3. 材质 4. 安装形式	个	按设计图示数量计算	本体安装
040804004	接线盒				
040804005	带形母线	1. 名称 2. 型号 3. 规格 4. 材质 5. 绝缘子类型、规格 6. 穿通板材质、规格 7. 引下线材质、规格 8. 伸缩节、过渡板材质、规格 9. 分相漆品种	m	按设计图示尺寸另加预留量以单相长度计算	1. 支持绝缘子安装及耐压试验 2. 穿通板制作、安装 3. 母线安装 4. 引下线安装 5. 伸缩节安装 6. 过渡板安装 7. 拉紧装置安装 8. 刷分相漆

5. 照明器具安装工程工程量清单项目设置及工程量计算规则

照明器具安装工程工程量清单项目设置及工程量计算规则见表9-104。

表9-104　　　　　　　　照明器具安装工程(编码:040805)

项目编码	项目名称	项目特征	计量单位	工程量计算规则	工作内容
040805001	常规照明灯	1. 名称 2. 型号 3. 灯杆材质、高度 4. 灯杆编号 5. 灯架形式及臂长 6. 光源数量 7. 附件配置 8. 垫层、基础:厚度、材料品种、强度等级 9. 杆座形式、材质、规格 10. 接线端子材质、规格 11. 编号要求 12. 接地要求	套	按设计图示数量计算	1. 垫层铺筑 2. 基础制作、安装 3. 立灯杆 4. 杆座制作、安装 5. 灯架制作、安装 6. 灯具附件安装 7. 焊、压接线端子 8. 接线 9. 补刷(喷)油漆 10. 灯杆编号 11. 接地 12. 试灯
040805002	中杆照明灯				
040805003	高杆照明灯				1. 垫层铺筑 2. 基础制作、安装 3. 立灯杆 4. 杆座制作、安装 5. 灯架制作、安装 6. 灯具附件安装 7. 焊、压接线端子 8. 接线 9. 补刷(喷)油漆 10. 灯杆编号 11. 升降机构接线调试 12. 接地 13. 试灯

续表

项目编码	项目名称	项目特征	计量单位	工程量计算规则	工作内容
040805004	景观照明灯	1. 名称 2. 型号 3. 规格 4. 安装形式 5. 接地要求	1. 套 2. m	1. 以套计量，按设计图示数量计算 2. 以米计量，按设计图示尺寸以延长米计算	1. 灯具安装 2. 焊、压接线端子 3. 接线 4. 补刷(喷)油漆 5. 接地 6. 试灯
040805005	桥栏杆照明灯		套	按设计图示数量计算	
040805006	地道涵洞照明灯				

6. 防雷接地装置工程工程量清单项目设置及工程量计算规则

防雷接地装置工程工程量清单项目设置及工程量计算规则见表 9-105。

表 9-105　　　　　　防雷接地装置工程(编码：040806)

项目编码	项目名称	项目特征	计量单位	工程量计算规则	工作内容
040806001	接地极	1. 名称 2. 材质 3. 规格 4. 土质 5. 基础接地形式	根 (块)	按设计图示数量计算	1. 接地极(板、桩)制作、安装 2. 补刷(喷)油漆
040806002	接地母线	1. 名称 2. 材质 3. 规格	m	按设计图示尺寸另加附加量以长度计算	1. 接地母线制作、安装 2. 补刷(喷)油漆
040806003	避雷引下线	1. 名称 2. 材质 3. 规格 4. 安装高度 5. 安装形式 6. 断接卡子、箱材质、规格	m		1. 避雷引下线制作、安装 2. 断接卡子、箱制作、安装 3. 补刷(喷)油漆
040806004	避雷针	1. 名称 2. 材质 3. 规格 4. 安装高度 5. 安装形式	套 (基)	按设计图示数量计算	1. 本体安装 2. 跨接 3. 补刷(喷)油漆
040806005	降阻剂	名称	kg	按设计图示数量以质量计算	施放降阻剂

7. 电气调整试验工程量清单项目设置及工程量计算规则

电气调整试验工程量清单项目设置及工程量计算规则见表 9-106。

表 9-106　　　　　　　　　电气调整试验（编码：040807）

项目编码	项目名称	项目特征	计量单位	工程量计算规则	工作内容
040807001	变压器系统调试	1. 名称 2. 型号 3. 容量(kV·A)	系统	按设计图示数量计算	系统调试
040807002	供电系统调试	1. 名称 2. 型号 3. 电压(kV)			
040807003	接地装置调试	1. 名称 2. 类别	系统（组）		接地电阻测试
040807004	电缆试验	1. 名称 2. 电压(kV)	次（根、点）		试验

第九节　钢筋工程工程量清单与计价

一、工程计量与计价说明

钢筋工程计量与计价说明见表 9-107。

表 9-107　　　　　　　　　钢筋工程计量与计价说明

序号	项目	内容
1	概述	《市政工程工程量计算规范》(GB 50857—2013)中钢筋工程只有 1 节，共计 10 个项目
2	有关问题的说明	(1)现浇构件中伸出构件的锚固钢筋、预制构件的吊钩和固定位置的支撑钢筋等，应并入钢筋工程量内。除设计标明的搭接外，其他施工搭接不计算工程量，由投标人在报价中综合考虑。 (2)钢筋工程所列"型钢"是指劲性骨架的型钢部分。 (3)凡型钢与钢筋组合(除预埋铁件外)的钢格栅，应分别列项

二、工程量清单项目设置与工程量计算规则

钢筋工程工程量清单项目设置及工程量计算规则见表 9-108。

表 9-108　　　　　　　　　　钢筋工程(编码:040901)

项目编码	项目名称	项目特征	计量单位	工程量计算规则	工作内容
040901001	现浇构件钢筋	1. 钢筋种类 2. 钢筋规格	t	按设计图示尺寸以质量计算	1. 制作 2. 运输 3. 安装
040901002	预制构件钢筋				
040901003	钢筋网片				
040901004	钢筋笼				
040901005	先张法预应力钢筋(钢丝、钢绞线)	1. 部位 2. 预应力筋种类 3. 预应力筋规格			1. 张拉台座制作、安装、拆除 2. 预应力筋制作、张拉
040901006	后张法预应力钢筋(钢丝束、钢绞线)	1. 部位 2. 预应力筋种类 3. 预应力筋规格 4. 锚具种类、规格 5. 砂浆强度等级 6. 压浆管材质、规格			1. 预应力筋孔道制作、安装 2. 锚具安装 3. 预应力筋制作、张拉 4. 安装压浆管道 5. 孔道压浆
040901007	型钢	1. 材料种类 2. 材料规格			1. 制作 2. 运输 3. 安装、定位
040901008	植筋	1. 材料种类 2. 材料规格 3. 植入深度 4. 植筋胶品种	根	按设计图示数量计算	1. 定位、钻孔、清孔 2. 钢筋加工成型 3. 注胶、植筋 4. 抗拔试验 5. 养护
040901009	预埋铁件		t	按设计图示尺寸以质量计算	
040901010	高强螺栓	1. 材料种类 2. 材料规格	1. t 2. 套	1. 按设计图示尺寸以质量计算 2. 按设计图示数量计算	1. 制作 2. 运输 3. 安装

第十节　拆除工程工程量清单与计价

一、工程计量与计价说明

拆除工程计量与计价说明见表 9-109。

表 9-109　　　　　　　　拆除工程计量与计价说明

序号	项目	内容
1	概述	《市政工程工程量计算规范》(GB 50857—2013)中拆除工程只有 1 节,共计 11 个项目

续表

序号	项目	内容
2	有关问题的说明	(1)拆除路面、人行道及管道清单项目的工作内容中均不包括基础及垫层拆除,发生时按拆除工程中相应清单项目编码列项。 (2)伐树、挖树蔸应按现行国家标准《园林绿化工程工程量计算规范》(GB 50858—2013)中相应清单项目编码列项

二、工程量清单项目设置及工程量计算规则

拆除工程工程量清单项目设置及工程量计算规则见表 9-110。

表 9-110　　　　　　　　　　拆除工程(编码:041001)

项目编码	项目名称	项目特征	计量单位	工程量计算规则	工作内容
041001001	拆除路面	1. 材质 2. 厚度	m²	按拆除部位以面积计算	1. 拆除、清理 2. 运输
041001002	拆除人行道	1. 材质 2. 厚度			
041001003	拆除基层	1. 材质 2. 厚度 3. 部位			
041001004	铣刨路面	1. 材质 2. 结构形式 3. 厚度			
041001005	拆除侧、平(缘)石	材质	m	按拆除部位以延长米计算	
041001006	拆除管道	1. 材质 2. 管径			
041001007	拆除砖石结构	1. 结构形式 2. 强度等级	m³	按拆除部位以体积计算	
041001008	拆除混凝土结构				
041001009	拆除井	1. 结构形式 2. 规格尺寸 3. 强度等级	座	按拆除部位以数量计算	
041001010	拆除电杆	1. 结构形式 2. 规格尺寸	根		
041001011	拆除管片	1. 材质 2. 部位	处		

第十章　市政工程措施项目计量与计价

第一节　脚手架工程

一、脚手架工程清单项目设置及工程量计算规则

(1)脚手架工程清单项目设置及工程量计算规则见表10-1。

表10-1　　　　　　　　　脚手架工程(编码:041101)

项目编码	项目名称	项目特征	计量单位	工程量计算规则	工作内容
041101001	墙面脚手架	墙高	m²	按墙面水平边线长度乘以墙面砌筑高度计算	1. 清理场地 2. 搭设、拆除脚手架、安全网 3. 材料场内外运输
041101002	柱面脚手架	1. 柱高 2. 柱结构外围周长	m²	按柱结构外围周长乘以柱砌筑高度计算	
041101003	仓面脚手架	1. 搭设方式 2. 搭设高度	m²	按仓面水平面积计算	
041101004	沉井脚手架	沉井高度	m²	按井壁中心线周长乘以井高计算	
041101005	井字架	井深	座	按设计图示数量计算	1. 清理场地 2. 搭、拆井字架 3. 材料场内外运输

(2)清单计价说明。各类井的井深按井底基础以上至井盖顶的高度计算。

二、脚手架工程计价

市政工程用的脚手架有竹脚手架、钢管脚手架、浇混凝土用仓面脚手架等。脚手架计价按下式计算:

$$脚手架计价 = 脚手架工程量 \times 综合单价$$

1. 脚手架工程量的计算方法

(1)脚手架面积按长度乘以高度的垂直投影面积计算。长度一般以结构中心长度计算,若池壁上有环形水槽或挑檐时,其长度按外沿周长计算;独立柱长度按外围周长加3.6m计算。

(2)墙体的竹脚手架、钢管脚手架,按墙面的面积计算,即墙面水平边线长度乘以墙面砌筑高度,计量单位为 m²。

(3)柱体的竹脚手架、钢管脚手架,按柱体外围周长另加3.6m乘以柱体砌筑高度计算。计量单位为"m²"。

(4)浇混凝土用脚手架按仓面水平面积计算,计量单位为"m²"。

2. 桥梁脚手架工程量计算

(1)立柱脚手架按原地与盖梁底面高度乘以长度计算,其长度按立柱外围周长加3.6m计算。

(2)盖梁脚手架按原地面与盖梁顶面的高度乘以长度计算,其长度按盖梁外围周长加3.6m计算。

(3)预制梁脚手架梁底勾缝及预制T形梁箱梁与梁接头,每一跨(孔)所需的脚手架按该跨(孔)梁底平均高度套用简易或双排脚手架定额,工程量以该跨(孔)梁底平均高度乘以梁长计算。

3. 综合单价中的人工费、材料费的计取

综合单价中的人工费、材料费可参照表10-2、表10-3中所列计取,也可按实际情况加以调整,计算公式如下:

$$综合单价 = (人工费 + 材料费) \times (1 + 管理费率 + 利润率)$$

表10-2　　　　　　　　　　　　脚手架　　　　　　　　　　　　　　100m²

定额编号	1-625	1-626	1-627	1-628	1-629	1-630
项目	竹脚手架		钢管脚手架			
	双排		单排		双排	
	4m内	8m内	4m内	8m内	4m内	8m内
人工费/元	172.57	188.30	138.19	142.91	188.30	189.87
材料费/元	812.26	1325.92	238.36	290.34	285.61	382.50
机械使用费/元	—	—	—	—	—	—

注:摘自《全国统一市政工程预算定额》。

表10-3　　　　　　　　　浇混凝土用仓面脚手架　　　　　　　　　　100m²

定额编号	1-631
项目	支架高度在1.5m以内
人工费/元	134.82
材料费/元	528.58
机械使用费/元	—

注:摘自《全国统一市政工程预算定额》。

第二节　混凝土模板及支架

一、混凝土模板及支架清单项目设置及工程量计算规则

(1)混凝土模板及支架清单项目设置及工程量计算规则见表10-4。

表 10-4　　　　　　　　　混凝土模板及支架(编码:041102)

项目编码	项目名称	项目特征	计量单位	工程量计算规则	工作内容
041102001	垫层模板	构件类型	m²	按混凝土与模板接触面的面积计算	1. 模板制作、安装、拆除、整理、堆放 2. 模板粘接物及模内杂物清理,刷隔离剂 3. 模板场内外运输及维修
041102002	基础模板				
041102003	承台模板				
041102004	墩(台)帽模板	1. 构件类型 2. 支模高度			
041102005	墩(台)身模板				
041102006	支撑梁及横梁模板				
041102007	墩(台)盖梁模板				
041102008	拱桥拱座模板				
041102009	拱桥拱肋模板				
041102010	拱上构件模板				
041102011	箱梁模板				
041102012	柱模板				
041102013	梁模板				
041102014	板模板				
041102015	板梁模板				
041102016	板拱模板				
041102017	挡墙模板				
041102018	压顶模板	构件类型			
041102019	防撞护栏模板				
041102020	楼梯模板				
041102021	小型构件模板				
041102022	箱涵滑(底)板模板	1. 构件类型 2. 支模高度			
041102023	箱涵侧墙模板				
041102024	箱涵顶板模板				

续表

项目编码	项目名称	项目特征	计量单位	工程量计算规则	工作内容
041102025	拱部衬砌模板	1. 构件类型 2. 衬砌厚度 3. 拱跨径	m²	按混凝土与模板接触面的面积计算	1. 模板制作、安装、拆除、整理、堆放 2. 模板粘接物及模内杂物清理,刷隔离剂 3. 模板场内外运输及维修
041102026	边墙衬砌模板				
041102027	竖井衬砌模板	1. 构件类型 2. 壁厚			
041102028	沉井井壁(隔墙)模板	1. 构件类型 2. 支模高度			
041102029	沉井顶板模板				
041102030	沉井底板模板				
041102031	管(渠)道平基模板	构件类型			
041102032	管(渠)道管座模板				
041102033	井顶(盖)板模板				
041102034	池底模板				
041102035	池壁(隔墙)模板	1. 构件类型 2. 支模高度			
041102036	池盖模板				
041102037	其他现浇构件模板	构件类型			
041102038	设备螺栓套	螺栓套孔深度	个	按设计图示数量计算	
041102039	水上桩基础支架、平台	1. 位置 2. 材质 3. 桩类型	m²	按支架、平台搭设的面积计算	1. 支架、平台基础处理 2. 支架、平台的搭设、使用及拆除 3. 材料场内外运输
041102040	桥涵支架	1. 部位 2. 材质 3. 支架类型	m³	按支架搭设的空间体积计算	1. 支架地基处理 2. 支架的搭设、使用及拆除 3. 支架预压 4. 材料场内外运输

(2)清单计价说明。原槽浇灌的混凝土基础、垫层不计算模板。

二、混凝土模板及支架计价

1. 混凝土、钢筋混凝土模板及支架计价的公式

混凝土、钢筋混凝土模板及支架计价的公式为

$$模板计价 = 模板工程量 \times 综合单价$$

(1)模板工程量除另有规定者外,均按混凝土与模板接触面面积以 m^2 计算。

(2)道路水泥混凝土面层模板 $A =$ 水泥混凝土面层道路长度 $\times$（车行道横断面宽度 $\div$ 一块板块宽度）$\times$ 水泥混凝土面层厚度 $+$ 道路横断面宽度 $\times$ 2端 $\times$ 水泥混凝土面层厚度。

(3)预制混凝土构件按模板与混凝土的接触面积计算,计量单位为 m^2。

综合单价中的人工费、材料费、机械使用费,可从《全国统一市政工程预算定额》及《全国建筑工程基础定额》中查取其综合工日定额、材料消耗定额、机械台班定额,再按人工工日单价、材料单价、机械台班单价,计算出相应的人工费、材料费、机械使用费。

2. 混凝土、钢筋混凝土模板及支架的类型与计算

(1)预制混凝土构件模板类型和计算：

1)预应力混凝土构件及T形梁、工形梁等构件可计侧模、底模。

2)非预应力混凝土构件(T形梁、工形梁除外)只计侧模,不计底模。

3)空心板可计内模。

4)空心板梁不计内模。

5)栏杆等其他构件不按接触面积计算,按预制时的平面投影面积(不扣除空心面积)计算。

(2)现场预制混凝土构件地模类型与计算：

1)板式梁按 $4m^2/m^3$ 混凝土地模计算。

2)其他梁按 $6m^2/m^3$ 混凝土地模计算。

3)桩按 $3.5m^2/m^3$ 砖地模计算。

4)其他构件按 $4m^2/m^3$ 砖地模计算。

5)拆除地模砖地模,混凝土地模厚度分别为 7.5cm 和 10cm。

6)利用原有场地时不计地模费。

7)利用原有场地时,需加固时,可另行计算。

(3)桥梁支架类型与计算：

1)桥梁支架(除悬挑支架按防撞护栏长度计算外)以立方米空间计算,水上支架高度从工作平台顶算起。

2)现浇梁、板支架按高度(结构底与原地面的纵面平均高度)乘以纵向距离(两盖梁间的净距离)计算。

3)两盖梁间的净距离乘以宽度(桥宽 $+1.5m$)计算。

4)现浇盖梁支架按高度(盖梁底与承台顶面高度)乘以长度(盖梁长 $+0.9m$)乘以宽度(盖梁宽 $+0.9m^3$)计算,并扣除立柱所占体积。

5)桥梁支架使用以吨计算。

6)满堂式钢管支架每立方米空间体积按 50kg(包括连接件等)计算。

7)装配式钢支架除万能杆件以每立方米空间体积 125kg(包括连接件等)计算外,其他形式的装配式支架按实计算。

8)支架的使用天数按施工合同计算。

(4)桥梁挂篮。

1)推移工程按挂篮质量乘以推移距离以"吨(t)"、"米"计算。

2)钢挂篮质量按设计要求确定。

3)0号块扇形支架安拆工程量按顶面梁宽计算。边跨采用挂篮施工时,其合龙段扇形支架安拆工程量按梁宽的 50% 计算。

4)挂篮、扇形支架的制作工程量按安拆定额括号内所列的摊销量计算。

5)挂篮、扇形支架发生场外运输可另行计算。

第三节 围 堰

一、围堰清单项目设置及工程量计算规则

围堰清单项目设置及工程量计算规则见表10-5。

表10-5　　　　　　　　　　围堰(编码:041103)

项目编码	项目名称	项目特征	计量单位	工程量计算规则	工作内容
041103001	围堰	1. 围堰类型 2. 围堰顶宽及底宽 3. 围堰高度 4. 填心材料	1. m³ 2. m	1. 以立方米计量,按设计图示围堰体积计算 2. 以米计量,按设计图示围堰中心线长度计算	1. 清理基底 2. 打、拔工具桩 3. 堆筑、填心、夯实 4. 拆除清理 5. 材料场内外运输
041103002	筑岛	1. 筑岛类型 2. 筑岛高度 3. 填心材料	m³	按设计图示筑岛体积计算	1. 清理基底 2. 堆筑、填心、夯实 3. 拆除清理

二、围堰的类型及计价

(一)围堰的类型及适用条件

1. 土草围堰

(1)土围堰,适用于水深<2m、流速≤0.5m/s、河床土质渗水性较小的河床、河边浅滩;如外坡有防护措施时,以0.5m/s的流速计。

(2)草袋围堰,适用于水深3.5m以内、流速1.0~2.0m/s、河床土质渗水性较小的河床或淤泥较浅的河床。

2. 板桩围堰

(1)圆木桩围堰,适用于水深3~5m而流速不大于3.5m/s、河床土质渗水性差的河床。一般利用河中支承打桩架的圆木桩,在圆木桩之间插入竹篱笆,再在竹篱笆之间填以黏土,既可作桩架行走之用,又可作围堰。

(2)钢板桩围堰,当水深大于5m且不能用其他围堰的情况下,砂性土、半干硬性黏土、碎卵石类土及风化岩石等透水性好的河床,根据需要可修筑成单、双层和构体式,适用于防水及挡土,施工方便,入土深度应大于河床以上部分长度,防水性能好,整体刚度较强。可布置成矩形、圆形,在双层围堰夹层中应填以黏土;特殊情况下,夹层下部浇筑水下混凝土以提高防渗能力。

(3)竹笼堰,适用范围较广,尤其是盛产竹木的地区。

3. 筑岛

筑岛(筑岛填心)是指在围堰围成的区域内填土、砂及砂砾石。

(二)围堰计价

1. 围堰

围堰计价按下式计算：

$$围堰计价 = 围堰工程量 \times 综合单价$$

(1) 土草围堰、土石混合围堰：按围堰的体积计算，即围墙的施工断面乘以围堰中心线长度，计量单位为"100m³"。

(2) 圆木桩围堰、钢桩围堰、钢板桩围堰、双层竹笼围堰，按围堰中心线的长度计算，计量单位为"10m"。

(3) 围堰高度按施工期内的最高临水面加 0.5m 计算。

(4) 综合单价中的人工费、材料费及机械使用费可参照表 10-6～表 10-11 中所列计取。

表 10-6　　土草围堰　　100m³

定额编号	1—509	1—510
项目	筑土围堰	草袋围堰
人工费/元	2433.73	3901.24
材料费/元	—	4770.65
机械使用费/元	354.36	354.36

注：1. 土草围堰的堰顶宽为 1～2m，堰高为 4m 以内。
　　2. 摘自《全国统一市政工程预算定额》。

表 10-7　　土石混合围堰　　100m³

定额编号	1—511	1—512
项目	过水土石围堰	不过水土石围堰
人工费/元	2662.25	3745.75
材料费/元	2695.59	3791.12
机械使用费/元	351.08	298.88

注：1. 土石混合围堰的堰顶宽为 2m，堰高为 6m 以内。
　　2. 摘自《全国统一市政工程预算定额》。

表 10-8　　圆木桩围堰　　10m

定额编号	1—513	1—514	1—515
项目	双排圆木桩围堰高		
	3m 以内	4m 以内	5m 以内
人工费/元	1780.27	3212.09	4270.20
材料费/元	744.94	973.11	1176.16
机械使用费/元	201.26	334.86	417.13

注：1. 圆木桩围堰的堰顶宽为 2～2.5m，堰高 5m 以内。
　　2. 摘自《全国统一市政工程预算定额》。

第十章　市政工程措施项目计量与计价

表 10-9　　　　　　　　　　钢桩围堰　　　　　　　　　　10m

定额编号	1—516	1—517	1—518
项目	双排钢桩围堰高		
	4m 以内	5m 以内	6m 以内
人工费/元	3101.08	4034.49	6041.51
材料费/元	969.08	1155.73	1343.63
机械使用费/元	334.86	417.13	602.27

注：1. 钢桩围堰的堰顶宽为 2.5~3m，堰高 6m 以内。
　　2. 摘自《全国统一市政工程预算定额》。

表 10-10　　　　　　　　　　钢板桩围堰　　　　　　　　　　10m

定额编号	1—519	1—520	1—521
项目	双排钢板围堰高		
	4m 以内	5m 以内	6m 以内
人工费/元	2770.10	3810.24	5734.57
材料费/元	418.98	516.40	729.81
机械使用费/元	334.86	417.13	602.27

注：1. 钢板桩围堰的堰顶宽为 2.5~3m，堰高 6m 以内。
　　2. 摘自《全国统一市政工程预算定额》。

表 10-11　　　　　　　　　　双层竹笼围堰　　　　　　　　　　10m

定额编号	1—522	1—523	1—524
项目	双层竹笼围堰高		
	3m 以内	4m 以内	5m 以内
人工费/元	3644.63	5937.25	8132.57
材料费/元	6213.58	8314.42	10440.52
机械使用费/元	187.50	277.50	345.00

2. 筑岛计价

筑岛计价按下式计算：

$$筑岛计价 = 筑岛填心工程量 \times 综合单价$$

(1) 筑岛填心工程量的计算方法。

筑岛填心工程量，按所填土、砂、砂砾石的体积计算，计量单位为"$100m^3$"。

(2) 综合单价中人工费、材料费以及机械使用费的计取。

综合单价中的人工费、材料费、机械使用费可参照表 10-12 所列计取。

$$综合单价 = (人工费 + 材料费 + 机械使用费) \times (1 + 管理费率 + 利润率)$$

表 10-12　　　　　　　　　　　　　筑岛填心　　　　　　　　　　　　　100m³

定额编号	1—525	1—526	1—527	1—528	1—529	1—530
项目	填土		填砂		填砂砾石	
	夯填	松填	夯填	松填	夯填	松填
人工费/元	2144.76	1824.34	1307.53	1024.18	1914.89	1382.58
材料费/元	—	—	5926.82	4599.92	5617.21	4511.46
机械使用费/元	390.36	286.50	474.36	337.50	457.86	337.50

注：摘自《全国统一市政工程预算定额》。

第四节　便道及便桥

一、便道及便桥清单项目设置及工程量计算规则

便道及便桥清单项目设置及工程量计算规则见表 10-13。

表 10-13　　　　　　　　　　便道及便桥（编码：041104）

项目编码	项目名称	项目特征	计量单位	工程量计算规则	工作内容
041104001	便道	1. 结构类型 2. 材料种类 3. 宽度	m²	按设计图示尺寸以面积计算	1. 平整场地 2. 材料运输、铺设、夯实 3. 拆除、清理
041104002	便桥	1. 结构类型 2. 材料种类 3. 跨径 4. 宽度	座	按设计图示数量计算	1. 清理基底 2. 材料运输、便桥搭设 3. 拆除、清理

二、便道及便桥计价

1. 便道计价

便道计价是指工程项目在施工过程中，为运输需要而修建的临时道路所发生的费用，包括人工费、材料费和机械使用费等。

便道计价应根据便道施工面积、使用材料等因素，按实际情况估算。施工便道类别及应用范围见表 10-14。

表 10-14　　　　　　　　施工便道的类别及应用范围

类别	应用范围
便道长度	道路工程按道路长度的 30% 计算； 排水管道工程：管道按总管长度的 60% 计算（平行或同沟槽施工的雨污水管道可共用便道时，按单根管道长度的 60% 计算），现浇箱涵按长度的 80% 计算； 泵站工程按沉井基坑坡顶周长计算； 桥涵及护岸、污水处理厂及隧道工程按批准的施工组织设计计算； 当一个工地同时施工道路和埋管时，应选取其中一项大值计算便道长度，不得重复计算； 排水管道工程遇有泵站时，管道长度计算至泵站平面布置的围墙处

续表

类别	应用范围
便道宽度	桥梁、隧道及泵站沉井工程为5m； 道路、护岸、排水管道工程为4m

注：1. 新建道路的内侧路边或排水管道的中心线距原有道路边30m以上时，可按规定计算修筑施工临时便道。原有道路不能满足运输工程材料需要需加固拓宽时，另行计算；
2. 便道定额按20cm厚道渣取定，实行结构不同允许调整，当便道采用混凝土结构时，按道路工程人行道混凝土基础定额计算；
3. 便道及堆场不计翻挖及旧料外运。

2. 便桥计价

便桥计价是指工程项目在施工过程中，为交通需要而修建的临时桥梁所发生的费用，包括人工费、材料费、机械使用费等。

便桥计价应根据便桥施工的长度及宽度、使用材料等因素，按实际情况估算。

第五节 洞内临时设施

一、洞内临时设施清单项目设置及工程量计算规则

（1）洞内临时设施清单项目设置及工程量计算规则见表10-15。

表10-15　　　　　　　洞内临时设施（编码：041105）

项目编码	项目名称	项目特征	计量单位	工程量计算规则	工作内容
041105001	洞内通风设施	1. 单孔隧道长度 2. 隧道断面尺寸 3. 使用时间 4. 设备要求	m	按设计图示隧道长度以延长米计算	1. 管道铺设 2. 线路架设 3. 设备安装 4. 保养维护 5. 拆除、清理 6. 材料场内外运输
041105002	洞内供水设施				
041105003	洞内供电及照明设施				
041105004	洞内通信设施				
041105005	洞内外轨道铺设	1. 单孔隧道长度 2. 隧道断面尺寸 3. 使用时间 4. 轨道要求		按设计图示轨道铺设长度以延长米计算	1. 轨道及基础铺设 2. 保养维护 3. 拆除、清理 4. 材料场内外运输

（2）清单项目相关说明。设计注明轨道铺设长度的，按设计图示尺寸计算；设计未注明时可按设计图示隧道长度以延长米计算，并注明洞外轨道铺设长度由投标人根据施工组织设计自定。

二、洞内施工的通风、供水、供气、供电、照明及通信设施计价

洞内施工的通风、供水、供气、供电、照明及通信设施计价是指隧道洞内施工所用的通风、供水、供气、供电、照明及通信设施的安装拆除年摊销费用。一年内不足一年按一年计算,超过一年按每增一季定额增加,不足一季按一季计算(不分月)。

洞内设施计价按下式计算:

$$洞内设施计价=设施工程量×综合单价$$

1. 设施工程量的计算方法(计量单位:100m)

(1)粘胶布通风筒、薄钢板风筒,按每一硐口施工长度减30m计算。
(2)风、水钢管,按硐长加100m计算。
(3)照明线路,按硐长计算;安双排照明时,应按实际双线部分增加。
(4)动力线路,按硐长加50m计算。
(5)轻便轨道,按设计布置的轻便轨道长度计算,双线应加倍计算,每处道岔折合30m计算。

2. 综合单价中的人工费、材料费以及机械使用费计取

综合单价中的人工费、材料费、机械使用费可参照表10-16~表10-18所列计取。各种设施计价只算一次。

$$综合单价=(人工费+材料费+机械使用费)×(1+管理费率+利润率)$$

表10-16 洞内通风筒安、拆年摊销

定额编号	4—60	4—61	4—62	4—63	4—64	4—65	4—66	4—67
项目	\$\phi\$500 通风筒以内				\$\phi\$1000 通风筒以内			
	粘胶布轻便软管		2mm厚薄钢板风筒		粘胶布轻便软管		2mm厚薄钢板风筒	
	一年内	每增一季	一年内	每增一季	一年内	每增一季	一年内	每增一季
人工费/元	1887.48	359.52	2283.85	359.52	2831.22	539.28	3425.78	539.28
材料费/元	558.43	93.08	1619.95	290.99	683.57	91.71	3219.42	577.94
机械使用费/元	—	—	118.17	24.16	—	—	236.35	48.31

表10-17 洞内风、水管道安、拆年摊销   100m

定额编号	4—68	4—69	4—70	4—71	4—72	4—73	4—74	4—75	4—76	4—77
项目	镀锌钢管				钢管					
	\$\phi\$25		\$\phi\$50		\$\phi\$80		\$\phi\$100		\$\phi\$150	
	一年内	每增一季	一年内	每增一季	一年内	每增一季	一年内	每增一季	一年内	每增一季
人工费/元	1385.28	224.70	1462.12	224.70	1626.83	224.70	1691.77	224.70	1923.21	224.70
材料费/元	165.41	24.04	526.21	85.57	816.33	151.44	1015.85	186.19	1914.50	355.62
机械使用费/元	10.35	2.07	28.64	5.76	395.62	79.63	473.51	93.71	919.69	184.45

注:摘自《全国统一市政工程预算定额》。

表 10-18	洞内电路架设、拆除年摊销			100m
定额编号	4—78	4—79	4—80	4—81
项目	照明		动力	
	一年内	每增一季	一年内	每增一季
人工费/元	1568.41	269.64	1633.79	269.64
材料费/元	4763.78	1067.82	4091.58	768.02
机械使用费/元	—	—	—	—

注：摘自《全国统一市政工程预算定额》。

第六节 大型机械设备进出场及安拆

一、大型机械设备进出场及安拆清单项目设置及工程量计算规则

大型机械设备进出场及安拆清单项目设置及工程量计算规则见表10-19。

表 10-19　　　　大型机械设备进出场及安拆（编码：041106）

项目编码	项目名称	项目特征	计量单位	工程量计算规则	工作内容
041106001	大型机械设备进出场及安拆	1. 机械设备名称 2. 机械设备规格型号	台·次	按使用机械设备的数量计算	1. 安拆费包括施工机械、设备在现场进行安装拆卸所需人工、材料、机械和试运转费用以及机械辅助设施的折旧、搭设、拆除等费用 2. 进出场费包括施工机械、设备整体或分体自停放地点运至施工现场或由一施工地点运至另一施工地点所发生的运输、装卸、辅助材料等费用

二、大型机械设备进出场及安拆计价

大型机械设备进出场（场外运输）计价包括人工费、材料费、机械费、架线费、回程费，这五项费用之和称为台次单价。

大型机械设备进出场计价的台次单价及费用组成可参照表10-20。

大型机械设备安拆计价包括人工费、材料费、机械费，这三项费用之和称为台次单价。大型机械设备安拆计价的台次单价及费用组成可参照表10-21。

塔式起重机基础费包括人工费、材料费、机械费，这三项费用之和称为单价。塔式起重机基础的单价及费用组成可参照表10-22。

计算大型机械设备进出场及安拆计价、塔式起重机基础费，应计取管理费和利润。

表 10-20　　　　　　　　　　大型机械设备进出场计价

编号	项目	台次单价/元	费用组成				
			人工费/元	材料费/元	机械费/元	架线费/元	回程费/元
3001	履带式挖掘机 1m³ 以内	3063.14	287.76	132.58	1715.17	315.00	612.63
3002	履带式挖掘机 1m³ 以外	3399.84	287.76	170.08	1947.03	315.00	679.97
3003	履带式推土机 90kW 以内	2426.90	143.88	184.06	1613.58		485.38
3004	履带式推土机 90kW 以外	3455.44	143.88	184.06	2121.41	315.00	691.09
3005	履带式起重机 30t 以内	4551.20	287.76	162.58	2875.62	315.00	910.24
3006	履带式起重机 50t 以内	6440.05	287.76	162.58	4466.70	315.00	1308.01
3007	强夯机械	6436.02	143.88	162.58	3975.70	315.00	1838.86
3008	柴油打桩机 5t 以内	8253.20	287.76	82.50	5209.88	315.00	2358.06
3009	柴油打桩机 5t 以外	9532.89	287.76	82.50	6123.95	315.00	2723.68
3010	压路机	2676.68	119.90	119.08	1587.36	315.00	535.34
3011	静力压桩机 900kN	9807.66	575.52	82.50	6347.45		2802.19
3012	静力压桩机 1200kN	11332.40	575.52	82.50	7436.55		3237.83
3013	静力压桩机 1600kN	14364.13	863.28	82.50	9314.31		4104.04
3014	塔式起重机 60kN·m 以内	6481.95	287.76	82.50	4500.30	315.00	1296.39
3015	塔式起重机 80kN·m	8940.86	575.52	105.00	6157.17	315.00	1788.17
3016	塔式起重机 150kN·m	12859.70	743.38	136.50	9092.88	315.00	2571.94
3017	塔式起重机 250kN·m	19217.28	1199.00	220.50	13639.32	315.00	3843.46
3018	自升式塔式起重机	15850.92	959.20	162.01	11772.89	315.00	2641.82
3019	施工电梯 75m	5145.27	239.80	70.50	3647.60		1187.37
3020	施工电梯 100m	6207.84	335.72	91.50	4348.04		1432.58
3021	施工电梯 200m 以内	8997.89	479.60	131.25	6310.60		2076.44
3022	混凝土搅拌站	5456.42	623.48	52.50	3221.46		1558.98
3023	潜水钻孔机	2544.76	119.90	24.00	1891.91		508.95
3024	转盘钻孔机	1916.24	119.90	24.00	1389.09		383.25

注：摘自《全国统一施工机械台班费用编制规则》。

表 10-21　　　　　　　　　　大型机械设备安拆计价

编号	项目	台次单价/元	费用组成		
			人工费/元	材料费/元	机械费/元
2001	塔式起重机 60kN·m 以内	4919.13	1438.80	53.40	3426.93
2002	塔式起重机 80kN·m	7862.69	2158.20	53.40	5651.09
2003	塔式起重机 150kN·m	17295.91	6474.60	160.20	10661.11
2004	塔式起重机 250kN·m	51643.91	19423.80	480.60	31739.51
2005	自升式塔式起重机	13878.19	2877.60	244.20	10756.39

续表

编号	项目	台次单价/元	费用组成		
			人工费/元	材料费/元	机械费/元
2006	柴油打桩机	4295.70	959.20	37.50	3299.00
2007	静力压桩机 900kN	3115.37	575.52	11.35	2528.50
2008	静力压桩机 1200kN	4398.57	863.28	15.13	3520.16
2009	静力压桩机 1600kN	5675.95	1151.04	18.91	4506.00
2010	施工电梯 75m	4505.89	1294.92	43.20	3167.77
2011	施工电梯 100m	5285.65	1726.56	43.20	3515.89
2012	施工电梯 200m 以内	6472.34	2158.20	53.40	4260.74
2013	潜水钻孔机	1741.00	719.40	6.00	1015.60
2014	混凝土搅拌站	6804.57	2158.20		4646.37

注:摘自《全国统一施工机械台班费用编制规则》。

表 10-22　　　　　　　　　塔式起重机基础费

编号	项目	单位	单价/元	费用组成		
				人工费/元	材料费/元	机械费/元
1001	固定式基础(带配重)	座	4169.87	647.46	3367.82	154.59
1002	轨道式基础	m(双轨)	134.10	35.97	95.11	3.02

注:摘自《全国统一施工机械台班费用编制规则》。

第七节　施工排水、降水

一、施工排水、降水工程清单项目设置及工程量计算规则

施工排水、降水工程清单项目设置及工程量计算规则见表 10-23。

表 10-23　　　　　　　　　施工排水、降水(编码:041107)

项目编码	项目名称	项目特征	计量单位	工程量计算规则	工作内容
041107001	成井	1. 成井方式 2. 地层情况 3. 成井直径 4. 井(滤)管类型、直径	m	按设计图示尺寸以钻孔深度计算	1. 准备钻孔机械、埋设护筒、钻机就位;泥浆制作、固壁;成孔、出渣、清孔等 2. 对接上、下井管(滤管),焊接、安放,下滤料,洗井,连接试抽等
041107002	排水、降水	1. 机械规格型号 2. 降排水管规格	昼夜	按排、降水日历天数计算	1. 管道安装、拆除,场内搬运等 2. 抽水、值班、降水设备维修等

二、施工排水、降水计价

市政工程施工降水可采用井点降水,分为轻型井点降水、喷射井点降水、大口径井点降水。井点降水计价按下式计算:

$$井点降水计价＝井点降水工程量×综合单价$$

1. 井点降水工程量计算

(1)井点降水安装工程量,按井点数量计算,计量单位为"10根"。

(2)井点降水拆除工程量,按井点数量计算,计量单位为"10根"。

(3)井点降水使用工程量,按井点数量与使用天数的乘积计算,计量单位为"套天"。轻型井点50根为一套,喷射井点30根为一套,大口径井点10根为一套,累计根数不足一套者按一套计算,一天按24h计算。

2. 综合单价中的人工费、材料费、机械使用费

综合单价中的人工费、材料费、机械使用费可参照表10-24～表10-26计取。

$$综合单价＝(人工费＋材料费＋机械使用费)×(1＋管理费率＋利润率)$$

表10-24 轻型井点降水

定额编号	1—653	1—654	1—655
项目	安装	拆除	使用
	10根	10根	50根天
人工费/元	272.79	97.30	67.41
材料费/元	268.70	5.47	99.92
机械使用费/元	177.04	—	383.70

注:摘自《全国统一市政工程预算定额》。

表10-25 喷射井点降水

定额编号	1—656	1—657	1—658	1—659	1—660	1—661
	井管深10m			井管深15m		
项目	安装	拆除	使用	安装	拆除	使用
	10根	10根	30根天	10根	10根	30根天
人工费/元	763.98	229.87	134.82	1160.35	439.51	134.82
材料费/元	868.24	22.99	89.05	1283.82	52.33	123.44
机械使用费/元	1287.86	622.05	392.49	1757.67	1048.51	392.49
定额编号	1—662	1—663	1—664	1—665	1—666	1—667
	井管深20m			井管深25m		
项目	安装	拆除	使用	安装	拆除	使用
	10根	10根	30根天	10根	10根	30根天
人工费/元	1483.02	561.75	134.82	1834.45	712.52	134.82
材料费/元	1706.33	81.78	166.37	2218.88	100.52	242.12
机械使用费/元	2147.17	1253.66	392.49	2717.43	1739.58	392.49

续表

定额编号	1-668	1-669	1-670
项目	井管深30m		
	安装	拆除	使用
	10根	30根天	
人工费/元	2116.67	820.16	134.82
材料费/元	2747.52	119.88	332.61
机械使用费/元	2968.63	1924.95	392.49

表 10-26　　　　　大口径井点降水

定额编号	1-671	1-672	1-673	1-674	1-675	1-676
项目	井管深15m			井管深25m		
	安装	拆除	使用	安装	拆除	使用
	10根	10根	10根天	10根	10根	10根天
人工费/元	3662.61	1808.84	134.82	4724.77	2333.51	134.82
材料费/元	3872.86	1424.97	481.59	6214.34	1566.63	718.26
机械使用费/元	7221.77	4923.54	392.49	9754.94	7111.78	392.49

注：摘自《全国统一市政工程预算定额》。

第八节　处理、监测、监控

一、处理、监测、监控清单项目设置及工程量计算规则

处理、监测、监控清单项目设置及工程量计算规则见表10-27。

表 10-27　　　　　处理、监测、监控（编码：041108）

项目编码	项目名称	工作内容及包含范围
041108001	地下管线交叉处理	1. 悬吊 2. 加固 3. 其他处理措施
041108002	施工监测、监控	1. 对隧道洞内施工时可能存在的危害因素进行检测 2. 对明挖法、暗挖法、盾构法施工的区域等进行周边环境监测 3. 对明挖基坑围护结构体系进行监测 4. 对隧道的围岩和支护进行监测 5. 盾构法施工进行监控测量

二、处理、监测、监控清单项目相关说明

地下管线交叉处理指施工过程中对现有施工场地范围内各种地下交叉管线进行加固及处理所发生的费用，但不包括地下管线或设施改、移发生的费用。

第九节 安全文明施工及其他措施项目

一、安全文明施工及其他措施项目清单项目设置及工程量计算规则

安全文明施工及其他措施项目清单项目设置及工程量计算规则见表10-28。

表10-28 安全文明施工及其他措施项目(编码:041109)

项目编码	项目名称	工作内容及包含范围
041109001	安全文明施工	(1)环境保护:施工现场为达到环保部门要求所需要的各项措施。包括施工现场为保持工地清洁、控制扬尘、废弃物与材料运输的防护、保证排水设施通畅、设置密闭式垃圾站、实现施工垃圾与生活垃圾分类存放等环保措施;其他环境保护措施。 (2)文明施工:根据相关规定在施工现场设置企业标志、工程项目简介牌、工程项目责任人员姓名牌、安全六大纪律牌、安全生产记数牌、十项安全技术措施牌、防火须知牌、卫生须知牌及工地施工总平面布置图、安全警示标志牌,施工现场围挡以及为符合场容场貌、材料堆放、现场防火等要求采取的相应措施;其他文明施工措施。 (3)安全施工:根据相关规定设置安全防护设施,现场物料提升架与卸料平台的安全防护设施、垂直交叉作业与高空作业安全防护设施、现场设置安防监控系统设施、现场机械设备(包括电动工具)的安全保护与作业场所和临时安全疏散通道的安全照明与警示设施等;其他安全防护措施。 (4)临时设施:施工现场临时宿舍、文化福利及公用事业房屋与构筑物、仓库、办公室、加工厂、工地实验室以及规定范围内的道路、水、电、管线等临时设施和小型临时设施等的搭设、维修、拆除、周转;其他临时设施搭设、维修、拆除
041109002	夜间施工	(1)夜间固定照明灯具和临时可移动照明灯具的设置、拆除。 (2)夜间施工时,施工现场交通标志、安全标牌、警示灯等的设置、移动、拆除。 (3)夜间照明设备及照明用电、施工人员夜班补助、夜间施工劳动效率降低等
041109003	二次搬运	由于施工场地条件限制而发生的材料、成品、半成品一次运输不能到达堆积地点,必须进行的二次或多次搬运
041109004	冬雨期施工	(1)冬雨期施工时增加的临时设施(防寒保温、防雨设施)的搭设、拆除。 (2)冬雨期施工时对砌体、混凝土等采用的特殊加温、保温和养护措施。 (3)冬雨期施工时施工现场的防滑处理、对影响施工的雨雪的清除。 (4)冬雨期施工时增加的临时设施、施工人员的劳动保护用品、冬雨季施工劳动效率降低等
041109005	行车、行人干扰	(1)由于施工受行车、行人干扰的影响,导致人工、机械效率降低而增加的措施。 (2)为保证行车、行人的安全,现场增设维护交通与疏导人员而增加的措施
041109006	地上、地下设施、建筑物的临时保护设施	在工程施工过程中,对已建成的地上、地下设施和建筑物进行的遮盖、封闭、隔离等必要保护措施所发生的人工和材料
041109007	已完工程及设备保护	对已完工程及设备采取的覆盖、包裹、封闭、隔离等必要保护措施所发生的人工和材料

三、安全文明施工及其他措施项目清单项目相关说明

表10-28中所列的项目应根据工程实际情况计算措施项目费用,需分摊的应合理计算摊销费用。

参 考 文 献

[1] 中华人民共和国住房和城乡建设部.GB 50500—2013 建设工程工程量清单计价规范[S]. 北京:中国计划出版社,2013.
[2] 中华人民共和国住房和城乡建设部.GB 50857—2013 市政工程工程量计算规范[S]. 北京:中国计划出版社,2013.
[3] 规范编制组.2013 建设工程计价计量规范辅导[M].北京:中国计划出版社,2013.
[4] 中华人民共和国建设部.GYD—301—1999～GYD—309—1999 全国统一市政工程预算定额[S].北京:中国计划出版社,1999.
[5] 段惠光.建设工程造价[M].北京:中国建筑工业出版社,2004.
[6] 尹贻林.工程造价计价与控制[M].北京:中国计划出版社,2003.
[7] 中国建设工程造价管理协会.建设工程造价管理文件汇编[M].天津:天津大学出版社,2001.
[8] 韩双林.基本建设预算[M].大连:东北财经大学出版社,1991.
[9] 成虎.建设工程施工合同管理与索赔[M].3 版.南京:东南大学出版社,2000.

我们提供

图书出版、图书广告宣传、企业/个人定向出版、设计业务、企业内刊等外包、代选代购图书、团体用书、会议、培训,其他深度合作等优质高效服务。

编辑部	图书广告	出版咨询	图书销售	设计业务
010-68343948	010-68361706	010-68343948	010-68001605	010-88376510转1008

邮箱:jccbs-zbs@163.com　　网址:www.jccbs.com.cn

发展出版传媒　　服务经济建设

传播科技进步　　满足社会需求

(版权专有,盗版必究。未经出版者预先书面许可,不得以任何方式复制或抄袭本书的任何部分。举报电话:010-68343948)